Série Química: Ciência e Tecnologia
**Fundamentos de Espectrometria**
e Aplicações

## Série Química: Ciência e Tecnologia

Vol. 1  – Fundamentos de Química
Vol. 2  – Química Orgânica: Estrutura e Propriedades de Compostas Orgânicos
Vol. 3  – Química Orgânica: Estereoquímica e Reatividade de Compostos Orgânicos
Vol. 4  – Química Inorgânica e Bioinorgânica
Vol. 5  – Química Analítica: Instrumentação Analítica
Vol. 6  – Fundamentos de Físico-Química
Vol. 7  – Fundamentos de Espectrometria e Aplicações
Vol. 8  – Princípios de Síntese Orgânica
Vol. 9  – Biologia Química
Vol. 10 – Química Supramolecular e Nanotecnologia
Vol. 11 – Polímeros e Suas Aplicações
Vol. 12 – Química e Meio-Ambiente
Vol. 13 – Biocatálise na Indústria
Vol. 14 – Petróleo e (Bio)Combustíveis
Vol. 15 – Operações e Processos Químicos Industriais
Vol. 16 – Compostos Heterocíclicos: Estudo e Aplicações Sintéticas

**Série Química: Ciência e Tecnologia**
Editor da Série: Adilson Beatriz

# Fundamentos de Espectrometria e Aplicações

### Editor da Série
### Adilson Beatriz
Professor Associado da Universidade Federal de Mato Grosso do Sul (UFMS).
Doutor em Ciências (Química) pela Faculdade de Filosofia, Ciências e
Letras de Ribeirão Preto (FFCLRP) da Universidade de São Paulo (USP).

### Editor do Volume
### Valdemar Lacerda Jr.
Professor Associado da Universidade Federal do Espírito Santo (UFES).
Doutor em Ciências (Química) pela Faculdade de Filosofia, Ciências e Letras de
Ribeirão Preto (FFCLRP) da Universidade de São Paulo (USP).

volume
**7**

*EDITORA ATHENEU*

| | |
|---|---|
| *São Paulo* | *Rua Jesuíno Pascoal, 30*<br>*Tel.: (11) 2858-8750*<br>*Fax: (11) 2858-8766*<br>*E-mail: atheneu@atheneu.com.br* |
| *Rio de Janeiro* | *Rua Bambina, 74*<br>*Tel.: (21) 3094-1295*<br>*Fax: (21) 3094-1284*<br>*E-mail: atheneu@atheneu.com.br* |
| *Belo Horizonte* | *Rua Domingos Vieira, 319, conj. 1.104* |

*PRODUÇÃO EDITORIAL:* MKX Editorial
*CAPA:* Equipe Atheneu

CIP-BRASIL. CATALOGAÇÃO NA PUBLICAÇÃO
SINDICATO NACIONAL DOS EDITORES DE LIVROS, RJ

F977

Fundamentos da espectrometria e aplicações, volume 7 / editor da série Adilson Beatriz, editor do volume Valdemar Lacerda Júnior. – 1. ed. – Rio de Janeiro : Atheneu, 2018.
il.      (Química : ciência e tecnologia; 7)

Inclui bibliografia
ISBN: 978-85-388-0807-7

1. Química. 2. Ciências (Tecnologias Nucleares). I. Beatriz, Adilson. II. Lacerda Jr., Valdemar. III. Título. IV. Série.

18-48514

CDD: 540
CDU: 54

*LACERDA JR., V.*
*SÉRIE QUÍMICA: CIÊNCIA E TECNOLOGIA*
*FUNDAMENTOS DE ESPECTROMETRIA E APLICAÇÕES*

©*Direitos reservados à Editora ATHENEU — São Paulo, Rio de Janeiro, Belo Horizonte, 2018.*

# Colaboradores

## ÁLVARO CUNHA NETO

*Professor Associado da Universidade Federal do Espírito Santo (UFES).
Doutor em Ciências (Química) pela Faculdade de Filosofia, Ciências e Letras de
Ribeirão Preto (FFCLRP) da Universidade de São Paulo (USP-Ribeirão Preto).*

## ANDRÉ ALVES DE SOUZA

*Pesquisador Associado, Schlumberger Brazil Research and Geoengineering Center
(BRGC), Rio de Janeiro, RJ. Doutor em Ciência e Engenharia de Materiais pelo Programa
Interunidades em Ciência e Engenharia de Materiais da Universidade de São Paulo
(EESC/IFSC/IQSC-USP).*

## BONIEK GONTIJO VAZ

*Professor Adjunto da Universidade Federal de Goiás (UFG).
Doutor em Ciências (Química) pelo Instituto de Química da Universidade Estadual de
Campinas (IQ-Unicamp).*

## EUSTÁQUIO VINICIUS RIBEIRO DE CASTRO

*Professor Associado da Universidade Federal do Espírito Santo (UFES).
Doutor em Físico-Química pelo Instituto de Física e Química da
Universidade de São Paulo (USP-São Carlos).*

## GLAUCIA BRAZ ALCANTARA

*Professora Associada da Universidade Federal do Mato Grosso do Sul (UFMS).
Doutora em Química Orgânica pelo Centro de Ciências Exatas e de Tecnologia da
Universidade Federal de São Carlos (UFSCar).*

## JAIR C. C. FREITAS

*Professor Titular da Universidade Federal do Espírito Santo (UFES).
Doutor em Física pelo Centro Brasileiro de Pesquisas Físicas (CBPF-RJ).*

## KEYLLER BASTOS BORGES

*Professor Associado da Universidade Federal de São João Del Rey (UFSJ).
Doutor em Ciências Farmacêuticas pela Faculdade de Ciências Farmacêuticas de
Ribeirão Preto da Universidade de São Paulo (USP).*

## LUCIANO MORAIS LIÃO
*Professor Titular da Universidade Federal de Goiás (UFG).*
*Doutor em Química Orgânica pelo Centro de Ciências Exatas e de Tecnologia da*
*Universidade Federal de São Carlos (UFSCar).*

## LÚCIO LEONEL BARBOSA
*Professor Associado da Universidade Federal de São Paulo (Unifesp).*
*Doutor em Química Analítica pelo Centro de Ciências Exatas e de Tecnologia*
*da Universidade Federal de São Carlos (UFSCar).*

## LUIZ ALBERTO BERALDO DE MORAES
*Professor Associado da Universidade de São Paulo (USP-Ribeirão Preto).*
*Doutor em Ciências (Química) pelo Instituto de Química da Universidade Estadual de*
*Campinas (IQ-Unicamp).*

## LUIZ ALBERTO COLNAGO
*Pesquisador A na Embrapa Instrumentação, São Carlos, SP.*
*Doutor em Química pelo Instituto Militar de Engenharia (IME), RJ.*

## RENZO CORRÊA SILVA
*Pesquisador no Departamento de Geosciencias da Universidade de Calgary. Doutor em*
*Química pelo Instituto de Química da Universidade Federal do Rio de Janeiro (IQ-UFRJ).*

## RODRIGO BAGUEIRA DE VASCONCELLOS AZEREDO
*Professor Associado da Universidade Federal Fluminense (UFF). Doutor em Físico-Química*
*pelo Instituto de Química da Universidade de São Paulo (USP-São Carlos).*

## WANDERSON ROMÃO
*Professor Adjunto do Instituto Federal do Espírito Santo (IFES).*
*Doutor em Ciências (Química) pelo Instituto de Química da Universidade Estadual de*
*Campinas (IQ-Unicamp).*

## WARLEY DE SOUZA BORGES
*Professor Adjunto da Universidade Federal do Espírito Santo (UFES).*
*Doutor em Ciências Farmacêuticas pela Faculdade de Ciências Farmacêuticas de*
*Ribeirão Preto da Universidade de São Paulo (USP).*

# Apresentação da Série

A Química é ciência central para a compreensão do meio em que vivemos, tendo por isso inúmeras interfaces com outros ramos do saber. Particularmente, tem impacto significativo no crescente conhecimento do corpo humano, na saúde, na revolução da produção alimentar, no controle e preservação ambiental e na produção energética. A disponibilidade de livros tecnocientíficos voltados ao ensino universitário é de extrema importância para a formação e o aperfeiçoamento de profissionais competentes nessa área.

A produção de obras de Química de autores brasileiros é ainda pequena, o que não reflete, porém, a real massa crítica existente no país em torno de temas ligados a essa ciência. Nesse sentido, a Editora Atheneu empreende uma iniciativa louvável ao lançar uma coleção tecnocientífica inédita – a Série Química: Ciência e Tecnologia – que visa contribuir para preencher a lacuna de obras em língua portuguesa e que tem como característica e missão ser um instrumento de estudo fundamental para todos os estudantes de graduação em Química, Química Industrial, Engenharia Química, Alimentos, Agronomia, Biologia, Farmácia e outras áreas afins.

Os volumes desta série trazem os conceitos mais fundamentais dessa ciência para dar ao estudante a oportunidade de desenvolver conhecimentos sólidos sobre essa área, além de apresentarem aplicações tecnológicas modernas desse ramo de atividade. As obras foram agrupadas de modo a abranger não só campos tradicionais, como os de química geral, química orgânica, química inorgânica, química analítica e fisicoquímica, mas também os da espectroscopia e suas aplicações (infravermelho, ultravioleta e ressonância magnética nuclear), síntese orgânica, compostos heterocíclicos, biologia química, bioinorgânica, química supramolecular, nanotecnologia, polímeros, meio ambiente, catálise na indústria, petróleo e (bio)combustíveis, além de operações e processos químicos industriais.

Estamos certos de que esta série contribuirá sobremaneira para a formação de todos os que necessitam aprender Química, refletindo-se na formação de profissionais altamente competentes para o país.

Adilson Beatriz
Editor da Série Química: *Ciência e Tecnologia*

# Apresentação do Volume

Neste volume, os estudantes de cursos de graduação em Química e áreas afins serão introduzidos a disciplinas que utilizam o conceito de Espectrometria. Os temas desenvolvidos contêm aspectos introdutórios e fundamentais para uma boa compreensão dos fundamentos da Espectrometria e suas aplicações, de acordo com a experiência didática dos autores.

A distribuição e o aprofundamento dos conteúdos dos temas deste volume foram organizados de modo a garantir que o processo de ensino-aprendizagem fosse construído gradativamente. Esse processo evolui desde os conceitos fundamentais até o maior aprofundamento dos demais assuntos relacionados com a Espectrometria.

O volume tem dois grandes diferenciais em relação a outros livros do mesmo tema disponíveis no mercado. O primeiro deles é a presença de capítulos específicos sobre RMN de 13C e multinúcleos, RMN no estado sólido e RMN em baixo campo. O segundo diferencial, e mais importante, é que esta obra foge do foco tradicional de outros livros, que é a elucidação estrutural de compostos orgânicos. Neste volume, uma gama enorme de outras aplicações é apresentada e discutida, como: petroleômica, química forense, desenvolvimento de métodos analíticos, famacocinética, metabolômica e proteômica, aplicações qualitativas e quantitativas, multinúcleos, materiais lignocelulósicos e materiais carbonizados, alimentos/agropecuária, entre outras.

Quero expressar o meu apreço e gratidão a todos os autores de capítulos que contribuíram para este volume e também à equipe da Editora Atheneu.

Valdemar Lacerda Jr.

# Sumário

## 1. Fundamentos de Espectrometria de Massas e Aplicações, 1

Boniek Gontijo Vaz,
Luiz Alberto Beraldo de Moraes
Wanderson Romão

### Introdução, 1

### Histórico e Terminologia, 2

Terminologias utilizadas em espectrometria de massas

### Métodos de Ionização, 7

Ionização por elétrons (EI)
Ionização química (CI)
Ionização por electrospray (ESI)
Ionização química à pressão atmosférica (APCI)
Fotoionização à pressão atmosférica (APPI)
Dessorção/ionização por matriz assistida por Laser (MALDI)
Técnicas de ionização ambiente
    Desorption Electrospray Ionization (DESI)
    Direct Analysis in Real Time (DART)
    Easy Ambient Sonic Spray Ionization (EASI)

### Analisadores de Massas, 23

Setor magnético
Quadrupolo (Q)
Ion trap (IT)
Tempo de voo (TOF)
Orbitrap
Ressonância ciclotrônica de íons com transformada de Fourier (FT-ICR-MS): alta exatidão
    e resolução

### Aplicações, 36

Petroleômica
MALDI-IMS e DESI imaging
Química forense
Aplicações da espectrometria de massas no desenvolvimento de
    métodos analíticos

*Estudos de farmacocinética*

*Metabolômica*

*Proteômica*

Conclusão, 61

Exercícios, 63

Bibliografia, 65

## 2. Fundamentos de Espectroscopia no Infravermelho e Aplicações, 73

Eustáquio Vinicius Ribeiro de Castro

Renzo Corrêa Silva

Introdução, 73

*Aspectos teóricos*

*Faixas espectrais*

*Aplicações dos princípios: uma nova visão*

Características experimentais, 80

*Interferômetro de Michelson e transformada de Fourier*

*Técnicas e materiais*

    *Medidas de transmissão*

        *Líquidos*

        *Gases*

        *Sólidos*

    *Medidas por reflexão*

        *Reflexão total atenuada*

        *Reflexão difusa*

Interpretação de experimentos, 86

*Identificação de grupos funcionais*

    *Interpretação dos picos de alta intensidade*

        *1.820-1.630 $cm^{-1}$ (forte)[2]*

        *1.300-1.000 $cm^{-1}$ (forte)*

        *2.830-2.700 $cm^{-1}$ (média)*

        *3.500-3.070 $cm^{-1}$ (média)*

        *3.200-2.500 $cm^{-1}$ (larga)*

    *Outras interpretações*

        *1.300-1.000 $^{cm-1}$ (forte)*

        *1.570-1.500 e 1.380-1.300 $cm^{-1}$ (forte)*

    *Outros grupos funcionais*

        *3.600-3.200 $cm^{-1}$ (fraca - média)*

        *2.600-2.550 $cm^{-1}$ (fraca - média)*

        *2.260-2.220 $cm^{-1}$ (fraca - média)*

        *1.360-1.030 cm-1 (fraca - média)*

        *1.400-500 $cm^{-1}$ (fraca - média)*

*Considerações sobre a cadeia carbônica*
*Métodos computacionais*
*Considerações quantitativas*
   *Infravermelho e a estatística multivariada*

Aplicações, 91

*Identificação de grupos funcionais e análise de misturas*

Exercícios, 96

Bibliografia, 96

## 3. Fundamentos de Espectroscopia na Região do Ultravioleta e Aplicações, 99

Keyller Bastos Borges
Warley de Souza Borges

Introdução, 100

Princípios básicos, 101

O gráfico de absorção, 104

Instrumentação – Os espectrofotômetros, 104

Absorções características de alguns compostos orgânicos, 106

*Alcanos*
*Compostos saturados contendo oxigênio, nitrogênio, enxofre ou halogênio em sua estrutura*
*Compostos contendo elétrons π em sua estrutura química*
*Regras de Woodward-Fieser para dienos*
*Regras de Woodward-Fieser para enonas*
*Compostos carboxílicos*
*Compostos aromáticos*

Aplicações da espectroscopia na região do ultravioleta visível, 112

*Aplicações qualitativas*
   *Escolha do solvente*
   *Efeito da largura da fenda*
   *Radiação espalhada em comprimentos de onda extremos*
*Aplicações quantitativas*
   *Procedimento*
   *Amostras*
   *Recipiente*
   *Influência de variáveis*
   *Escolha do comprimento de onda*
   *Relação entre absorbância e a concentração*
   *Análise de múltiplos analitos*

Principais técnicas que empregam espectroscopia de ultravioleta visível, 120

*Titulação fotométrica e espectrofotométrica*

Cromatografia líquida de alta eficiência com detector de ultravioleta visível
Eletroforese capilar com detector de ultravioleta visível
Análise por injeção em fluxo

Principais áreas que empregam a espectroscopia de ultravioleta visível, 124

Exercícios, 124

Bibliografia, 127

## 4. Fundamentos de RMN e Aplicações. Parte 1: Ressonância Magnética Nuclear de Hidrogênio ($^1$H), 131
Álvaro Cunha Neto
Valdemar Lacerda Jr.

Introdução, 131

Conceitos básicos, 132

Momentos magnéticos e estados de spin
Diferença energética e população
Obtenção do espectro

Deslocamento químico, 136

Deslocamento químico $\delta$ e referência
Integração
Equivalência
Fatores que afetam o deslocamento químico
Eletronegatividade
Hibridização
Acidez e ligação de hidrogênio

Constante de acoplamento, 141

Origem dos desdobramentos
Equivalência magnética – Regra do n+1
Não equivalência magnética
Acoplamentos a longa distância ($^4J$ e $^5J$)
Espectros de 2ª ordem – notação de Pople

Exercícios, 148

Bibliografia, 151

## 5. Fundamentos de RMN e Aplicações. Parte 2: Ressonância Magnética Nuclear de carbono 13 ($^{13}$C) e de multinúcleos, 153
Luciano Morais Lião
Glaucia Braz Alcantara

Propriedades do núcleo de $^{13}$C, 153

Sinal de RNM de $^{13}$C e acoplamentos, 154

Processos de relaxação e efeito nuclear Overhauser (NOE) na ressonância nuclear magnética de $^{13}$C, 156

Outros experimentos de RNM para observação dos núcleos de $^{13}$C, 157

Deslocamentos químicos de ressonância magnética nuclear de $^{13}$C, 159

Carbonos equivalentes
Blindagem e desblindagem eletrônica

Alternativas para obtenção de espectros de $^{13}$C de amostras diluídas, 167

Ressonância magnética nuclear multinuclear, 168

Resumo de algumas propriedades nucleares
Deslocamentos químicos de multinúcleos

Softwares para simulação de espectros e sites da internet com dados de ressonância magnética nuclear, 176

Exercícios, 177

Bibliografia, 187

## 6. Fundamentos de RMN no Estado Sólido e Aplicações, 189

Jair C. C. Freitas

Introdução, 189

Propriedades nucleares de interesse para a RMN, 191

Spin nuclear
Momento de dipolo magnético
Momento de quadrupolo elétrico

Interações de spin nuclear, 198

Deslocamento químico
Acoplamento dipolar direto
Acoplamento escalar
Interação quadrupolar
Outras interações
Manifestação das interações de spin nuclear nos espectros de RMN

Técnicas de alta resolução em RMN de sólidos, 210

Rotação em torno do ângulo mágico (MAS)
Desacoplamento
Polarização cruzada (CP)
Métodos avançados em RMN de sólidos

Aplicações de RMN no estado sólido, 220

RMN de $^{27}$Al em aluminas
RMN de $^{13}$C em materiais lignocelulósicos e materiais carbonizados

*Ressonância magnética nuclear de $^{29}Si$ em silicatos*

Exercícios, 228

Referências Bibliográficas, 229

Bibliografia, 231


## 7. Fundamentos de RMN em Baixo Campo e Aplicações, 233

André Alves de Souza
Lúcio Leonel Barbosa
Luiz Alberto Colnago
Rodrigo Bagueira de Vasconcellos Azeredo

Introdução, 234

Fundamentos, 235

*O fenômeno da RMN*
    *Momento magnético e* spin *nuclear*
    *Precessão, polarização e relaxação longitudinal*
    *Ressonância e relaxação transversal*
*Medidas de relaxação e difusão molecular*
    *Medida do tempo de relaxação longitudinal ($T_1$)*
    *Medida do tempo de relaxação transversal ($T_2$)*
    *Coeficiente de difusão translacional*
    *Relaxação e difusão multiexponencial*
    *Experimentos bidimensionais (RMN 2D)*

Instrumentação, 252

*Equipamentos convencionais*
    *Magneto*
    *Transmissor*
    *Sonda*
    *Chave T/R*
    *Receptor*
    *Pré-amplificador*
    *Conversor analógico-digital*
    *Detector*
    *Unidade de gradiente de campo magnético pulsado*

Aplicações, 265

*Métodos homologados*
    *Análises quantitativas*
    *Conteúdo de hidrogênio em destilados médios derivados do petróleo*
    *Conteúdo de sólidos em matérias graxas comestíveis*
    *Determinação simultânea de óleo e umidade em grãos e sementes*
*Demais aplicações*
    *Aplicações em alimentos/agropecuária*

*Aplicações em petróleo*

*Aplicações em eletroquímica: monitoramento* online *de reações químicas*

Exercícios, 276

Bibliografia, 277

## Anexo, 279

Respostas dos Exercícios, 279

*Capítulo 1*
*Capítulo 2*
*Capítulo 3*
*Capítulo 4*
*Capítulo 5*
*Capítulo 6*
*Capítulo 7*

## Índice Remissivo, 295

# Fundamentos de Espectrometria de Massas e Aplicações

1

Boniek Gontijo Vaz
Luiz Alberto Beraldo de Moraes
Wanderson Romão

## INTRODUÇÃO

A espectrometria de massas (MS) é hoje uma poderosa técnica analítica atuante em todas as áreas e fronteiras da ciência. Seu grande sucesso resulta da sua capacidade em detectar, contar e caracterizar átomos e moléculas dos mais variados tipos, composições e tamanhos. A combinação da alta sensibilidade, seletividade e velocidade é, de longe, uma das maiores vantagens da MS. Todas essas características decorrem dos contínuos avanços experimentados pela espectrometria de massas ao longo de sua história que incorporaram novos conceitos em ionização e na discriminação da razão massa/carga (*m/z*). Com todo esse desenvolvimento, a MS tornou-se mais generalista a respeito dos tipos de moléculas e misturas que por ela podem ser analisados, sendo capaz de discriminar não apenas moléculas relativamente pequenas, mas também todos os tipos de biomoléculas, sais orgânicos e inorgânicos, complexos organometálicos, entidades supramolecular e espécies biológicas como vírus e bactérias.

Neste capítulo, descreveremos um breve relato histórico da MS, relatando os principais fatos que transformaram essa técnica em uma das mais importantes na área científica. Como a MS é uma técnica que consiste na ionização das moléculas de interesse e separação dos íons com base em suas diferentes razões *m/z,* antes de discriminar os íons é necessário, primeiramente, gerá-los utilizando um sistema de ionização ou fonte de íons. Os diferentes tipos de fonte de ionização e analisadores de massas são o que determinam a aplicabilidade da MS. Os principais métodos de ionização e os analisadores de massa são descritos com peculiaridades neste capítulo, bem como um breve estado-da-arte dos principais campos de aplicações da MS.

## SUMÁRIO

Histórico e Terminologia
   Terminologias utilizadas em espectrometria
     de massas
Métodos de Ionização
   Ionização por elétrons (EI)
   Ionização química (CI)

Ionização por electrospray (ESI)
Ionização química à pressão atmosférica
  (APCI)
Fotoionização à pressão atmosférica (APPI)
Dessorção/ionização por matriz assistida por
  laser (MALDI)

Técnicas de ionização ambiente
- *Desorption electrospray ionization* (DESI)
- *Direct analysis in real time* (DART)
- *Easy ambient sonic spray ionization* (EASI)

Analisadores de Massas
- Setor magnético
- Quadrupolo (Q)
- *Ion trap* (IT)
- Tempo de voo (TOF)
- *Orbitrap*
- FT-ICR MS

Aplicações
- Petroleômica
- MALDI-IMS E DESI *imaging*
- Química forense
- Aplicações da espectrometria de massas no desenvolvimento de métodos analíticos
- Estudos de farmacocinética
- Metabolômica
- Proteômica

Conclusão

Exercícios

## HISTÓRICO E TERMINOLOGIA

A história da Espectrometria de Massas (MS) começa com o professor Joseph John Thomson no Laboratório Cavendish da Universidade de Cambridge. Estudando descargas elétricas em gases, Thomson descobriu o elétron em 1897. Na primeira década do século XX, o professor construiu o primeiro espectrômetro de massas (também denominado parábola espectrográfica) para determinar a razão massa/carga (*m/z*) dos íons. Nesse instrumento, os íons gerados por descargas elétricas nos tubos eram submetidos a campos elétricos e magnéticos, os quais faziam os íons percorrerem trajetórias parabólicas.

Com seu espectrômetro rudimentar, Thomson usou vários gases para medir a razão *m/z*. No entanto, quando usou neônio como o gás de preenchimento, deparou com uma situação muito intrigante. O espectro apresentava duas parábolas referentes à *m/z* 20 e *m/z* 22. Thomson acreditava que apenas a parábola de *m/z* 20 fosse referente ao neônio e a de *m/z* 22 fosse $NeH_2$ ou dióxido de carbono ($CO_2$) duplamente carregado e não acreditava que este poderia ser outro sinal de neônio referente ao seu isótopo de número de massa 22, que ainda não era conhecido na época. [1]

Francis William Aston, aluno de Thomson, na tentativa de solucionar definitivamente o problema, construiu um espectrógrafo com o campo magnético posicionado ao lado do campo elétrico (*tandem*) e com um sistema de colimação dos íons produzidos no tubo de vidro após a descarga. Aston acreditava que o *m/z* 22 era proveniente do neônio. O novo "espectrômetro de massas" permitiu um espectro mais resolvido que ajudou a provar que o sinal era de fato um isótopo de neônio. Até aquele momento não se sabia da existência de isótopos para elementos estáveis na natureza. Sabia-se apenas de isótopos de elementos radioativos gerados nos estudos de decaimento realizados pelo radioquímico inglês Fredrerick Soddy, ganhador do prêmio Nobel em Química de 1921, com seus estudos sobre substâncias radioativas. Soddy foi o primeiro a cunhar o termo isótopo para elementos de mesmo número de prótons, mas diferentes números de nêutrons.[1]

Por volta de 1920, o professor A. J. Dempster da Universidade de Chicago desenvolveu um novo protótipo de espectrômetro de massas. Esse instrumento utilizava uma deflexão magnética com foco de direção dos íons – formato este que mais tarde seria adotado comercialmente e que permanece em uso. Dempster também desenvolveu a primeira fonte de ionização por elétrons (EI), a qual ioniza moléculas volatilizadas com um feixe de elétrons a partir de um filamento aquecido. EI ainda é usada amplamente em espectrômetros de massas modernos.

Durante a Segunda Guerra Mundial, os espectrômetros de setor magnético foram otimizados por Alfred O. C. Nier. Ele introduziu os conceitos de focalização dupla para minimizar os efeitos dispersivos oriundos da distribuição de energia cinética dos íons e, consequentemente, aumentar o poder de resolução do instrumento. Essa nova versão foi utilizada para separar $^{235}U$ do $^{238}U$, por meio de um protótipo delineado especialmente para tal função. O Calutron, um gigante, baseado na versão do instrumento de Nier possibilitou os Estados Unidos a desenvolverem sua primeira bomba atômica.

Willian E. Stephens, da Universidade da Pensilvânia, propôs o conceito de "tempo de voo" (TOF) como princípio para discriminação de $m/z$ em 1946. Em um analisador TOF, íons são separados com base na diferença de suas velocidades à medida que se movem em direção ao detector. O analisador TOF é rápido, apresenta alto poder de resolução e alta exatidão e é aplicável à detecção cromatográfica, além de ser usado para determinar massas de biomoléculas grandes em virtude de sua capacidade virtual ilimitada de faixa de massa.

Em meados da década de 1950, Wolfang Paul da Universidade de Bonn, introduziu o quadrupolo como analisador de massas que se apresentou ideal para o acoplamento com cromatografia gasosa e líquida. Nesse analisador, um campo elétrico quadrupolar (composto por corrente contínua (RF) e constante (DC)) foi utilizado para separar os íons. No entanto, o quadrupolo fornece apenas resolução unitária.

Na busca de alta resolução e exatidão, surge a ressonância ciclotrônica de íons (ICR). Inicialmente descrito por J. A. Hipple e colaboradores, a ICR opera submetendo íons em um campo elétrico oscilante e em um campo magnético uniforme, levando os íons a seguir um caminho em espiral na cela de ICR. Em 1974, Melvin B. Comissarow e Alan G. Marshall, da Universidade de British Columbia, revolucionaram a ICR desenvolvendo o FT-ICR MS. A grande vantagem é que vários íons são discriminados simultaneamente e a exatidão na ordem de ppb é rotineiramente obtida.

Em 2005, Alexander Makarov inventou o mais recente analisador de massas, o *Orbitrap*. Esse analisador consiste em dois eletrodos dispostos coaxialmente, uma superfície externa cilíndrica e um eletrodo interno orientado na forma de eixo. Um potencial elétrico constante é aplicado nesses dois eletrodos, criando um campo eletrostático com distribuição de potencial quadrologarítmica. Os íons oscilam na presença desse campo, a imagem da corrente induzida nos eletrodos é convertida por transformada de Fourier no espectro de massas. O *Orbitrap* tem como característica alta exatidão (< 1 ppm) e resolução de massas (até 240.000,00).

Do mesmo modo que os analisadores, as fontes de ionização também experimentaram um forte desenvolvimento ao longo da história. No entanto, até a década de 1980, a MS era aplicada basicamente a moléculas voláteis. Não era possível a análise de moléculas de elevada massa molecular como biomoléculas e polímeros. No final da década de 1980, John Fenn, da Universidade de Yale, desenvolveu a ionização por eletrospray (ESI), permitindo a análise de macromoléculas: proteínas; polímeros por MS. Na mesma época, Franz Hillenkamp e Michael Karas, da Universidade de Frankfurt, desenvolveram a técnica de MALDI que também permitiu a análise de proteínas e macromoléculas. Esses dois adventos revolucionaram a espectrometria de massas, pois ampliou o horizonte de aplicações dessa poderosa técnica analítica. Desde então, praticamente todos os tipos de analitos são analisados por MS. Em 2004, R. G. Cooks, da Universidade de Purdue, foi o protagonista da segunda grande revolução da MS, a introdução de técnicas de ionização ambiente. A DESI desenvolvida por Cooks consiste em impactar o feixe de gotículas carregadas provenientes de ESI diretamente na superfície da amostra a ser analisada. Por um processo de dessorção, íons do analitos são entregues ao analisador de forma suave e branda. A partir do desenvolvimento de DESI, uma gama de técnicas de ionização foi introduzida com os preceitos de preparo mínimo de amostras e com o propósito de universalizar a espectrometria de massas.

Outros grandes cientistas contribuíram para o desenvolvimento da espectrometria de massas para que hoje esta chegasse a ser umas das técnicas analíticas de maior importância na ciência, movimentando um mercado bilionário em todo o mundo.[1] A Tabela 1.1 ilustra a linha do tempo da espectrometria de massas.

A MS tornou-se uma técnica poderosa e multidisciplinar no campo analítico e bioanalítico. Esse sucesso de grande amplitude é resultado, principalmente, de sua capacidade em detectar, contar e caracterizar átomos e moléculas dos mais variados tipos, composições e tamanhos.[2] A combinação da alta sensibilidade, seletividade e velocidade é, de longe, uma das maiores vantagens da MS. Recentemente, a MS também se tornou mais generalista a respeito dos tipos de moléculas e misturas que por ela podem ser analisados, sendo capaz de discriminar não apenas

**Tabela 1.1.** Desenvolvimentos históricos da MS

| Investigador | Ano | Contribuição |
|---|---|---|
| Thomson | 1899–1911 | Primeiro MS |
| Dempter | 1918 | EI |
| Aston | 1919 | Descoberta dos isótopos |
| Stephens | 1946 | TOF |
| Hipple, Sanner e Thomas | 1949 | ICR |
| Johnson e Nier | 1953 | Equipamentos com focalização dupla (B e E) |
| Paul e Steinwedel | 1953 | Analisadores quadrupolos e *Ion traps* |
| McLafferty | 1956 | CG-MS |
| Muson e Field | 1966 | Ionização química - CI |
| Beckey | 1969 | Dessorção por campo |
| Comisarow e Marshall | 1974 | FT-ICR MS |
| Yost e Enke | 1978 | Triplo-quadrupolo |
| Barber | 1981 | FAB |
| Tanaka, Karas e Hillenkamp | 1987 | MALDI |
| Fenn | 1988 | ESI |
| Cooks | 2004 | DESI – Ionização ambiente |
| Makarov | 2005 | *Orbitrap* |

moléculas relativamente pequenas, mas também todos os tipos de biomoléculas, sais orgânicos e inorgânicos, complexos organometálicos, entidades supramolecular e espécies biológicas como vírus e bactérias.[3]

A MS é uma técnica que consiste na ionização das moléculas de interesse e separação dos íons com base em suas diferentes razões $m/z$.[4] É importante ressaltar que a MS não analisa átomos neutros ou moléculas neutras, e sim espécies iônicas. Antes de discriminar os íons, é necessário, primeiramente, gerá-los utilizando um sistema de ionização ou fonte de íons. Os diferentes tipos de fonte de ionização e analisadores de massas são o que determinam a aplicabilidade da MS.[5] A Figura 1.1 apresenta um diagrama esquemático de um espectrômetro de massas. Em geral, a análise de um composto compreende cinco etapas:

1. A introdução da amostra;
2. A ionização das moléculas;
3. A passagem por um analisador de massas que separa os íons formados de acordo com a razão $m/z$;
4. O detector que "conta" os íons e transforma o sinal em corrente elétrica;
5. O processador que converte a magnitude do sinal elétrico em função da razão $m/z$ em dados, proporcionando um espectro de massas correspondente.[6]

A Figura 1.1 também mostra que o analisador de massas e o sistema de detecção são mantidos sob alto vácuo, o que não se aplica necessariamente aos sistemas de ionização, pois alguns deles estão à pressão atmosférica, fato que revolucionou o sistema MS. Os sistemas de ionização determinam a versatilidade da MS, pois as fontes de íons são responsáveis pelos tipos de analitos que podem ser analisados. Inicialmente, abordaremos as principais fontes de ionização desenvolvida ao longo da história da MS. Desse modo, há métodos de ionização aplicáveis praticamente a todos os tipos de analitos, desde moléculas apolares e voláteis (como a ionização por elétrons (EI); ou a ionização química (CI)) passando por moléculas polares e de alta massa molar (como a ionização por eletrospray (ESI)), e por dessorção e ionização por *laser* favorecida por matriz (MALDI)); até técnicas de ionização ambiente como a *direct analysis in real time* (DART), *desorption electrospray*

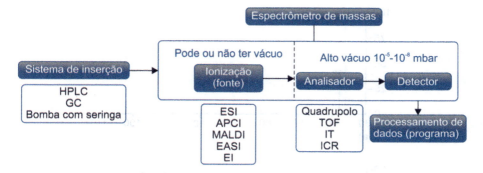

**Figura 1.1.** Diagrama esquemático de um espectrômetro de massas.[6]

(DESI) e *easy ambient sonic-spray ionization* (EASI), que tornaram a introdução da amostra em MS mais simples e prática.[6]

## Terminologias utilizadas em espectrometria de massas

Relação massa/carga - *m/z*: unidade adimensional formada pela divisão da massa de um íon (em unidade de massa atômica unificada) pelo seu número de carga (independente do sinal). O símbolo é escrito em itálico, letras minúsculas e sem espaços. O sinal de igualdade não deve ser usado para designar um valor de *m/z*, por exemplo, *m/z* = 100. O correto é usar *m/z* 100.

Isóbaro: átomos ou moléculas com a mesma massa nominal, porém com massas exatas diferentes. No caso de átomos, isso equivale a diferentes nuclídeos de mesmo número de massa.

Isótopo: átomos ou moléculas com o mesmo número de prótons, porém com número de nêutrons diferentes. Em espectrometria de massas (Figura 1.2), o sistema de classes A, A+1 e A+2 é utilizado para indicar o tipo de isótopos presentes.

A - significa que o elemento existe apenas como um único isótopo, por exemplo o Flúor, ou a abundância do outro isótopo é muito pequena para ser utilizada; por exemplo, Deutério e trítio para o caso do hidrogênio;

A + 1 – significa que o elemento tem dois isótopos como o carbono e o nitrogênio;

A + 2 – significa que existem pelo menos dois isótopos e o isótopo de maior massa (A) apresenta duas unidades de massas acima do menor (A+2); por exemplo, oxigênio, enxofre, cloro e bromo.

Íon: uma espécie atômica ou molecular que apresentam uma carga elétrica líquida positiva ou negativa. A terminologia "íon molecular" é a designação para um íon formado pela remoção de um ou mais elétrons de uma molécula, formando um íon positivo ($M^{•+}$ ou $M^+$), ou pela adição de um ou mais elétrons a uma molécula, formando um íon negativo ($M^{•-}$ ou $M^-$). O termo íon molecular é reservado para a molécula intacta ionizada sem adição ou retirada de um componente, somente de elétrons ($M^{•+}$ ou $M^{•-}$). Desse modo, $[M+H]^+$ não é um íon molecular.

Íons análogos: íons isoeletrônicos como os cátions acetila
$$CH_3—CO^+ \text{ e o tioacetila } CH_3—CS^+$$

Íons isotopólogos: diferem somente pela composição isotópica de um ou mais átomos constituintes como $^{12}CH_3^+$ e $^{13}CH_3^+$.

Íons isotopoméricos: íons isoméricos que têm o mesmo número de cada isótopo, mas que diferem em suas posições dentro do íon. Íons isotopoméricos podem ser tanto isômeros configuracionais, nos quais dois isótopos trocam de posição, como estereoisômeros. Exemplo: $H_3C$ – $^{13}CH_2$ – $CH_3$ e $H_3C$ – $CH_2$ – $^{13}CH_3$.

Massa exata: calculada para um íon ou molécula contendo um isótopo específico de cada átomo, obtida a partir das massas desses isótopos usando um grau específico de precisão e exatidão.

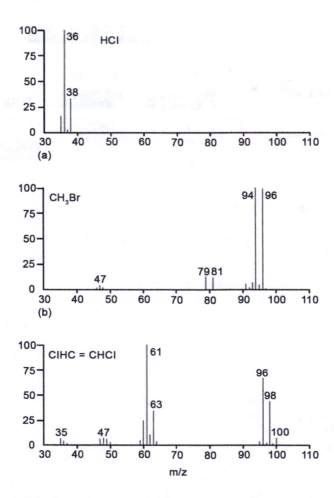

**Figura 1.2.** Espectros de EI de três compostos contendo halogênios. Veja o perfil isotópico.

Massa média: calculada para um íon ou molécula usando-se a massa atômica média de cada elemento, a qual é obtida ponderando-se a massa atômica de cada isótopo com sua abundância natural.

Massa molar: massa de um mol ($6.022 \times 10^{23}$ átomos ou moléculas) de um composto. O termo "peso molecular" não é adequado porque "peso" está relacionado à força gravitacional sobre um objeto, a qual pode variar com sua localização geográfica. Historicamente, o termo tem sido utilizado para designar a massa molar calculada a partir das massas atômicas médias dos isótopos dos elementos constituintes.

Massa monoisotópica: massa exata de um íon ou molécula calculada a partir da massa do isótopo de ocorrência natural mais abundante de cada elemento.

Massa nominal: massa de um íon ou molécula calculada a partir da massa do isótopo natural mais abundante de cada elemento, arredondada para o valor inteiro mais próximo e multiplicada pelo número de átomos de cada elemento.

Defeito de massa: diferença entre as somas das massas dos nêutrons e dos prótons que formam um átomo e a massa exata desse átomo. Esse defeito é a base da energia de ligação das partículas elementares no núcleo e do grau de estabilidade este último. A explicação para esse fato está fundamentada na liberação de energia que ocorre durante a formação dos elementos.

Pela equação desenvolvida por Einstein, $E = mc^2$, se há liberação de energia, consequentemente, há perda de massa.

**Poder de resolução:** a habilidade de um espectrômetro de massas em fornecer um valor específico de resolução de massas. O procedimento pelo qual $\Delta m_{/z}$ foi obtido e os valores de $m/z$ em que a medição foi realizada devem ser comunicados. Poder de resolução está relacionado ao espectrômetro de massas.

**Resolução ou resolução de massas:** em um espectro de massas, o valor de $m/z$ observado dividido pela menor diferença de $m/z$ para dois íons que podem ser separados: $m/z/(\Delta m/z)$. O valor de $m/z$ utilizado para a medição deve ser comunicado. A definição e o método de medição de $\Delta m/z$ devem ser notificados. Normalmente, isso é feito usando-se a largura do pico em um determinado percentual da altura do pico. Alternativamente, $\Delta m/z$ é definido como a separação entre dois picos adjacentes de igual magnitude, de maneira que o vale entre eles seja uma fração determinada da altura do pico. Resolução está relacionada ao espectro de massas.

## MÉTODOS DE IONIZAÇÃO

Para lidar com uma grande variedade de átomos e moléculas, matrizes e misturas, a MS necessita promover a ionização eficiente para gerar íons diagnósticos, idealmente para cada componente que são, assim, transferidos para o ambiente de alto vácuo dos espectrômetros de massas, onde eles são caracterizados e contabilizados. Analisadores de massas não podem manipular moléculas neutras. Uma carga positiva ou negativa é necessária para que ocorra a interação do íon com campos magnéticos e elétricos utilizados pelos analisadores de massas. As diferentes magnitudes de resposta para os íons de diferentes massas é a base para suas separações no analisador de massas. A fonte de ionização converte, portanto, esses compostos neutros em íons, ou extrai íons da solução e transferem-nos para dentro do analisador de massas. Inicialmente, discutiremos os princípios das técnicas de ionização utilizadas em espectrometria de massas.

### Ionização por elétrons (EI)

Uma das maneiras mais antigas e práticas de se converter moléculas neutras em íons é por meio da ionização por elétrons (EI). A primeira fonte de EI data do início do século XX e foi construída por Dempster, um dos pais da espectrometria de massas.[7]

Em EI, o processo de ionização (Figura 1.3) é um resultado direto da interação de elétrons energéticos com os elétrons das moléculas de interesse. Os elétrons são emitidos de um filamento de metal (usualmente ródio) por meio do qual passa uma corrente de 3-4 amperes. Essa corrente aquece o filamento em torno de 2.000 °C; os elétrons são expelidos do metal e acelerados para dentro da fonte. O espectro clássico de EI a 70 eV de um composto orgânico é obtido quando a diferença de potencial entre o filamento e a fonte é 70 eV, sendo a fonte mantida em um potencial mais positivo. Variações nos espectros de massas e nas seções de ionização dos compostos orgânicos decorrentes de mudanças na energia dos elétrons foram estudadas desde o desenvolvimento da espectrometria de massas por ionização por EI. O valor de 70 eV foi escolhido, pois os espectros de massas obtidos com essa energia de elétrons não variam fortemente com pequenas alterações na energia dos elétrons, e a sensibilidade (número de íons produzidos pelo número introduzido na fonte) é essencialmente constante por volta desse valor.

Os elétrons incidentes devem ter sua energia superior à energia de ionização das moléculas (M) de interesse, definida como a energia necessária para remover um elétron fracamente ligado na molécula. O processo de ionização por elétrons pode ser escrito da seguinte maneira para uma molécula M:

A Equação 1.1 é a equação fundamental de EI e, apesar de simples, ela apresenta um conceito muito importante; se um dos elétrons da fonte de ionização ($e-$) se aproximar de um dos elétrons

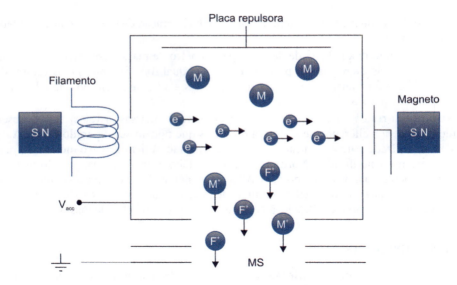

**Figura 1.3.** Esquema geral de uma fonte de EI.

que estão orbitando em uma molécula (M), estes se repelirão. Com isso, o elétron da molécula será ejetado gerando um íon molecular carregado positivamente (M$^{•+}$).

$$M + e^- \rightarrow M^+ \tag{1.1}$$

Os íons formados estão sujeitos a modificações antes de saírem da câmara, podendo fragmentar-se espontaneamente ou depois de certo tempo, em reposta ao excesso de energia interna adquirida durante o processo de ionização. Como o processo de ganho de energia interna é estatístico, dentro da população de moléculas neutras que entram na câmara de ionização, ocorrerá a formação de íons moleculares em diferentes níveis de energia e estes acessarão caminhos dissociativos diferentes, ou seja, gerarão fragmentos iônicos diferentes que ajudam a caracterizar a molécula inicial. Um exemplo é dado na Figura 1.4 que mostra um espectro de EI-MS para uma amostra de tetraidrocanabinol, THC. Observe-se que o íon molecular, M$^{•+}$, do THC é $m/z$ 314. Na maioria dos casos, como o M$^{•+}$ apresenta um excesso de energia, é comum que ele não seja a espécie mais abundante. Nesse caso, o fragmento de $m/z$ 299, correspondendo ao [M - CH$_3$]$^+$, é identificado como íon base, ou seja, a espécie mais abundante.

Em virtude da formação de fragmentos das moléculas neutras e da reprodutibilidade de uma análise de EI, independentemente do espectrômetro de massas em que a análise está sendo realizada, EI ainda é amplamente utilizada em espectrometria de massas, sendo principalmente

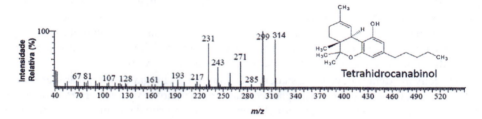

**Figura 1.4.** Espectro de EI-MS para uma amostra de maconha contendo o ingrediente ativo THC. Estrutura identificada pela biblioteca do sistema MS com uma similaridade superior a 95%.

acoplada a técnicas de separação como a cromatografia gasosa. As bibliotecas de espectros de massas mais utilizadas são aquelas compostas por espectros obtidos por EI, gerados sob condições padrões e universais para todos os espectrômetros de massas.

### Ionização química (CI)

A ionização química, CI, é uma técnica de ionização suave quando comparado com à EI, ou seja, é um processo de ionização que produz um íon que representa o analito intacto, sem fragmentações excessivas. Desse modo, o espectro de CI consiste em um pequeno conjunto de sinais representando os íons provenientes de moléculas intactas, sem fragmentação, do analito. Portanto, a técnica de CI é complementar à de EI, fornecendo informações sobre a massa molecular do analito, algumas vezes inacessível por EI. Em geral, o mecanismo de ionização por CI consiste na produção de íons por meio da colisão de moléculas do analito com íons primários presentes na câmera de ionização (Equação.1.2), na qual o analito em fase gasosa (M) colide com um íon reagente ($RH^+$). O resultado é uma transferência de próton em fase gasosa. O analito que tiver a maior afinidade por produto será o íon em maior abundância.

$$M + RH^+ \rightarrow MH^+ + R \qquad (1.2)$$

Uma fonte de CI (Figura 1.5) é uma fonte de EI modificada, em que um reagente gasoso é introduzido na câmera de ionização. Os elétrons emitidos pelo filamento são acelerados na câmera de ionização e adquirem energia próximo a 70 eV. Os gases colocados dentro da câmera de ionização (normalmente metano, isobutano ou amônia) estão em maior abundância que o analito e são ionizados preferencialmente. Os íons provenientes dessa ionização formam uma sequência de reações secundárias até levar à formação de espécies do tipo $RH^+$ (Equação 1.2). Com a formação dessas espécies, há uma reação de transferência de próton entre $RH^+$ e o analito (M). Outras possibilidades de ionização ocorrem, com destaque, para ionização por troca de carga, formação de aduto e transferência de hidreto.

A condição para que a Equação 1.2 ocorra está associada aos valores de afinidade por próton, que é medida pela entalpia de afinidade por próton ($\Delta H_{PA}$). Em outras palavras para que o íon $MH^+$ seja formado, é necessário que o analito tenha uma maior afinidade por próton do que o

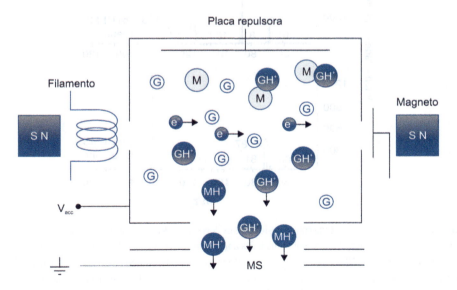

**Figura 1.5.** Esquema geral de uma fonte de EI.

gás reagente (para os gás metano, isobutano e amônia, os valores de $\Delta H_{PA}$ são de 5,7, 8,5 e 9.0 eV respectivamente).[2] Em geral, isobutano e amônia são gases reagentes mais seletivos, entretanto a protonação deles é considerada menos exortémica do que a protonação do metano. Um exemplo é mostrado na Figura 1.6 para o composto metacrilato de butila (de massar molar de 142 Da) que foi ionizado via EI-MS (Figura 1.6a) e CI-MS (Figura 1.6b-c). O último usa metano e isobutano como gás reagente. Para o espectro de EI-MS, observe-se que o íon $M^{·+}$ apresenta uma baixa abundância e uma extensa fragmentação a menores valores de $m/z$, sendo o íon de $m/z$ 69 observado como pico base. Diferentemente, uma ionização mais sutil é observada para os espectros de CI-MS (Figura 1.6b-c), especialmente quando usamos como gás reagente o isobutano. Agora, o composto é identificado como molécula protonada $[M + H]^+$ de $m/z$ 143 sendo também o pico base[2] (Figura 1.6c).

### Ionização por electrospray (ESI)

A ESI foi o centro da grande revolução experimentada pelo sistema MS na década de 1990. Com o advento da ESI, não apenas compostos voláteis e termicamente estáveis puderam ser

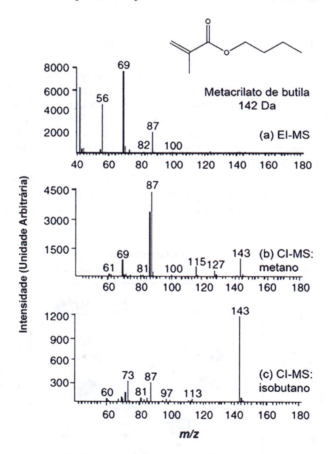

**Figura 1.6.** EI-MS *versus* CI-MS: uma comparação entre os dois métodos na ionização do metacrilato de butila, 142 Da. Na fonte de (a) EI-MS, o íon $M^{·+}$ apresenta uma baixa abundância e uma extensa fragmentação a menores valores de $m/z$. Na fonte de (b-c) CI-MS, gases reagentes como (b) metano e (c) isobutano foram usados e a molécula de metacrilato de butila é identificada agora na forma de $[M + H]^+$ com $m/z$ 143. Um menor padrão de fragmentação foi observado e, no último caso, o íon $[M + H]^+$ é também o pico base. Figura adaptada a partir da literatura.[2]

analisados por MS, mas uma grande variedade de compostos não voláteis e termicamente lábeis, incluindo polímeros, biomoléculas, sais orgânicos e inorgânicos, complexos organometálicos e até mesmo vírus e bactérias.

ESI é uma técnica de ionização à pressão atmosférica (API) e foi desenvolvida por John Fenn, prêmio Nobel de 2002. Na ionização por ESI, moléculas de baixo ou alto peso molecular, alta polaridade e complexidade estrutural são facilmente ionizadas e analisadas por MS. Nessa técnica,[8] as espécies do analito são ionizadas em solução e transferidas para fase gasosa como entidades isoladas, geralmente na forma de moléculas protonadas ou cátions (modo positivo), ou ainda moléculas desprotonadas ou ânions (modo negativo). A Figura 1.7 ilustra um esquema típico de uma fonte de ESI.

A ionização por ESI é produzida aplicando-se um campo elétrico forte, sob pressão atmosférica, ao líquido que passa pelo capilar em um fluxo contínuo baixo (1-10 µLmin$^{-1}$). O campo elétrico é resultante da diferença de potencial aplicada (1-4 kv) entre o capilar e o contraeletrodo separado por 0,3 a 2 cm. Esse campo induz o acúmulo de cargas na superfície do líquido ao final do capilar, onde gotas altamente carregadas serão formadas. Um gás injetado coaxialmente permite a dispersão delas e a formação do *spray*, em um espaço limitado. Essas gotas atravessam uma corrente de gás quente (gás de dessolvatação), sendo o mais comum o nitrogênio, ou passam por um capilar aquecido para remover as últimas moléculas de solvente.[9]

O solvente evapora e o volume das gotas é reduzido, o que provoca um aumento na repulsão entre os íons de mesma carga.[10] Como resultado, formam-se gotas contendo apenas um íon (modelo CRM – *charged residue model*)[11] ou os íons evaporam (são "ejetados") das gotas para fase gasosa (modelo IEM – *ion evaporation model*).[12]

As cargas dos íons gerados por ESI não refletem o estado de cargas dos compostos em solução, mas é o resultado do acúmulo de cargas nas gotas e da modificação de cargas pelo processo eletroquímico que ocorre no capilar. Isso foi claramente evidenciado por experimentos reportados por Fenselau e colaboradores.[13] Eles demonstraram que os íons negativos da mioglobina poderiam ser observados em pH 3, enquanto os cálculos apontavam que somente uma molécula em cada 3.500 poderia ter uma carga negativa na solução original nesse pH. Esses resultados demonstram o processo de acúmulo de cargas nas gotas sob influência do campo elétrico. Entretanto, a extração das cargas negativas é possível se, no mesmo tempo, o número de cargas positivas estiver eletroquimicamente neutro no capilar.

A fonte de ESI apresenta uma característica peculiar em relação às demais, ela é a única fonte capaz de produzir, além de moléculas monocarregadas, íons multicarregados a partir de macromoléculas. Esse fenômeno acontece principalmente em peptídeos e proteínas com vários sítios

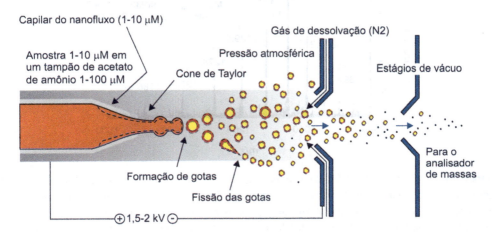

**Figura 1.7.** Ilustração esquemática de uma fonte de ionização por *eletrospray*.[8]

de protonação ou desprotonação. Em geral, uma protonação ocorre para cada mil Dalton de unidades de massa. A massa molecular de uma proteína (*Mw*) para um espectro de ESI(+)-MS pode ser calculada a partir da Equação 1.3 e 1.4, onde $m_1$ e $z_1$ correspondem à massa medida do íon e sua respectiva carga e $m_p$, a massa de um próton (1,0073 Da):[2]

$$z_1 m_1 = M_w + z_1 m_p \tag{1.3}$$

$$M_w = z_1 (m_1 - m_p) \tag{1.4}$$

A Figura 1.8 mostra o espectro de ESI(+)-MS para um (Figura 1.8a) peptídeo duplamente carregado e um sistema (Figura 1.8b) multicarregado, como ocorre com a Lisozima λ. No primeiro caso, a carga pode ser determinada pela diferença entre o íon monoisotópico e o seu isótopo mais próximo. O valor calculado corresponde ao inverso da carga do sinal detectado (785,97 − 785,46 = 0,5 = 1/2). Portanto a carga do íon é +2. Para determinar o valor de $M_w$, basta apenas aplicar a Equação 1.4. De maneira geral, em matrizes proteicas simples (onde $z_1$ = 1 a 10), a carga do íon pode ser diretamente determinada. Entretanto, para sistemas mais complexos, onde $z_1$ > 10 como é o caso da Lisozima λ (b), a carga é determinada usando o próprio *software* do sistema MS. O

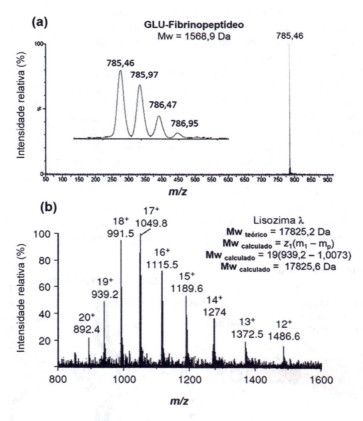

**Figura 1.8.** (a) Espectro de ESI(+)-MS para um peptídeo de $M_w$ = 1568,9 Da. A detecção da carga do íon é determinada mediante a observação dos valores de *m/z* da série isotópologa. A diferença entre o íon monoisotópico e o seu isótopo mais próximo fornece o valor inverso da carga do sinal detectado (785,97 − 785,46 = 0,5 = 1/2). Em matrizes simples ($z_1$ = 1 a 10), a carga do íon pode ser diretamente determinada. Entretanto, quando $z_1$ > 10 como é o caso da Lisozima l (b), a carga é determinada usando o próprio *software* do sistema MS. O valor de $M_w$ é obtido partir da Eq. 1.4.

valor de $M_w$ é novamente obtido a partir da Equação 1.4. Para sistemas multicarregados, onde a molécula é detectado no modo negativo de aquisição de íons, ESI(-)-MS, o valor de $M_w$, pode ser determinado pela Equação 1.5:

$$M_w = z_1 (m_1 + m_p)  \qquad (1.5)$$

## Ionização química à pressão atmosférica (APCI)

A ionização química à pressão atmosférica, APCI, é uma técnica de ionização que utiliza reações íon-molécula em fase gasosa em condições de pressão atmosférica com a finalidade de ionizar o analito. É um método análogo ao CI (ionização química). APCI é aplicada tanto para compostos polares como para os compostos de baixa polaridade.

O esquema geral da fonte de APCI é ilustrado na Figura 1.9. A solução do analito é inserida em um nebulizador pneumático, onde é convertida em uma névoa fina por um jato de nitrogênio em alta velocidade. As gotículas são deslocadas pelo fluxo de gás para um tubo de quartzo aquecido, denominado câmara de dessolvatação/vaporização. O calor transferido para as gotas pulverizadas permite a vaporização da fase móvel e do analito. A temperatura dessa câmara é controlada, o que torna as condições de vaporização independentes do fluxo e da natureza da fase móvel. O gás quente (120 °C) e moléculas de analito vaporizadas deixam essa câmara e são direcionadas para região da descarga corona. Os processos que resultam na ionização em APCI são semelhantes aos que ocorrem em CI, contudo ocorrem sob pressão atmosférica. Basicamente, três mecanismos de ionização podem se instalar:

1. ionização por *Penning* ($M^{·+}$);
2. transferência de prótons ($[M + H]^+$ ou $[M - H]$);
3. formação de adutos do gás reagente ($[M + NH_4]^+$).

A fase móvel (ao evaporar), atua como gás ionizante e produz íons reagentes a partir do contato do solvente nebulizador com a descarga corona. A descarga corona substitui o filamento de elétrons em CI e produz $N_2^{·+}$ e $O_2^{·+}$ por ionização de elétrons denominados de íons primários. Esses íons colidem com moléculas de solvente vaporizadas para formar íons secundários reativos na fase gasosa ($H_3O^+$).

## Fotoionização à pressão atmosférica (APPI)

APPI é uma técnica relativamente nova, desenvolvida por Bruns no ano de 2000, sendo complementar à ESI e APCI, em que uma maior faixa de compostos pode ser analisada, como os

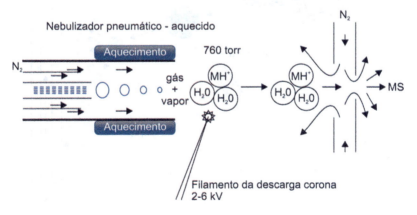

**Figura 1.9.** Ilustração esquemática de uma fonte de APCI.

compostos de baixa polaridade, por exemplo: hidrocarbonetos aromáticos policíclicos. A fonte de ionização de APPI é semelhante à de APCI, consistindo de um nebulizador aquecido para dispersar e dessolvatar o eluente, e de uma fonte de UV (Figura 1.10).

A fonte de APPI tornou-se um método de escolha para área de ciências da vida e em indústria farmacêutica, pois pode ser aplicada para a análise de compostos de extensa faixa de polaridade e nas mais diferentes condições de cromatografia líquida. Geralmente, a análise de APPI tem uma sensibilidade superior à da APCI e é menos susceptível a efeitos de supressão iônica.

A fotoionização é baseada na interação de um feixe de fótons produzido pela descarga de uma lâmpada com os vapores formados pela nebulização de uma solução líquida. Primeiramente, ocorre a absorção de um fóton (E = $h\nu$) por uma molécula (M), resultando na formação de um molécula eletronicamente excitada ($M^{+\bullet}$) (Equação 1.6):

$$M + h\nu \rightarrow M^{+\bullet} \tag{1.6}$$

Como esse processo ocorre à pressão atmosférica, o mecanismo dominante é por reações íons-moléculas, como a abstração de um hidrogênio da molécula de solvente, Equação 1.7:

$$M^{\bullet+} + S \rightarrow [M + H]^+ + [S-H]^{\bullet-} \tag{1.7}$$

Para aumentar a eficiência de ionização, pequenas quantidades de compostos que possam absorver radiação UV, dopantes, são adicionados na solução do analito. Os dopantes mais utilizados são acetona e tolueno. Essas moléculas são facilmente fotoionizáveis e produzem uma grande quantidade de íons moleculares que desencadearam inúmeras reações em fase gasosa, originando íons do analito em questão (Equação 1.8-10):

$$D + h\nu \rightarrow D^{\bullet+} + e^- \tag{1.8}$$

$$D^{\bullet+} + S \rightarrow [S + H]^+ + [D-H]^{\bullet-} \tag{1.9}$$

$$M + [S + H]^+ \rightarrow [M + H]^+ + S \tag{1.10}$$

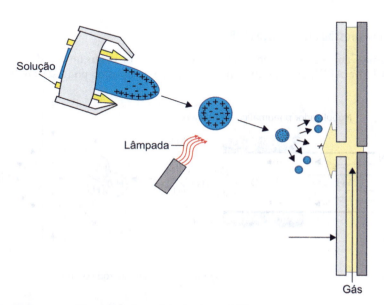

**Figura 1.10.** Ilustração esquemática de uma fonte de ionização por APPI.

A formação dos íons radicalares ou de moléculas protonadas ou ambas dependerão da energia de ionização relativa ou da afinidade de próton da molécula da amostra e dos componentes do solvente.

A ionização em modo negativo é vinculada ao uso de um dopante. Nesse modo, solventes com alta afinidade por elétrons, por exemplo, solventes halogenados, inibem a ionização do analito por causa da captura de elétrons pelas moléculas desse solvente. A produção de um íon negativo molecular dá-se pela captura de um elétron pela molécula do analito (Equação 1.11) ou pela transferência de carga de uma espécie carregada do solvente (Equação 1.12-14):

$$M + e^- \rightarrow M^{\bullet-}$$
(1.11)

$$D + h\nu \rightarrow D^{\bullet-} + e^-$$
(1.12)

$$D^{\bullet-} + S \rightarrow [S-H]^- + [D+H]^{\bullet+}$$
(1.13)

$$M + [S-H]^- \rightarrow [M-H]^- + S$$
(1.14)

Comparando com a APCI, a APPI é mais sensível em condições experimentais. Propriedades do solvente, do dopante e dos tampões podem influenciar fortemente a seletividade ou sensibilidade de detecção do analito. Em 2004, Hanold e colaboradores[14] compararam a eficiência das fontes ESI, APCI e APPI na ionização de fármacos e sua viabilidade no acoplamento com técnicas de separação. Para o teste de linearidade e sensibilidade, uma solução de reserpina foi injetada nas fontes de APCI e APPI (1ng µL$^{-1}$) e um fluxo de injeção contínuo foi variado e monitorado como mostrado na Figura 1.11a. A fonte de APPI apresentou uma melhor linearidade principalmente a baixos fluxos de injeção (menor do que 200 µL min$^{-1}$). A técnica também foi superior no que tange a efeitos de supressão iônicos provocados pelo uso de soluções tampões (sais de borato, pH = 9,3, fosfato, pH = 2,5, e fase móvel contendo ácido acético/água/metanol na proporção 1/49/50 wt %) em sistema de separação como a eletroforese capilar, CE, Figura 1.11b-c. O autor afirma que a supressão iônica nas fontes de APCI e ESI pode ser causada pela baixa afinidade por próton do analito e a formação de adutos (em virtude da alta concentração de Na$^+$, K$^+$ etc.), aumentando, assim, o *background,* ou seja, diminuindo a relação sinal/ruído

## Dessorção/ionização por matriz assistida por *laser* (MALDI)

A MALDI foi introduzida principalmente por M. Karas e F. Hillemkamp. Entretanto, Koichi Tanacha foi quem ganhou o Nobel em 2002 pelos seus pioneiros trabalhos de MALDI na análise de proteínas.

A fonte de ionização MALDI é considerada uma técnica de ionização branda (assim como ESI e demais técnicas API), pois os íons formados à pressão reduzida ($\cong 10^{-6}$ mbar) apresentam baixa energia interna e pouca ou nenhuma fragmentação ocorre. Na análise de MALDI, a amostra é embebida em uma matriz (geralmente em excesso molar de 100 vezes). A matriz tem a capacidade de induzir a produção de íons intactos em fase gasosa (absorvendo a energia do *laser* incidente) a partir de compostos de alto massa molar não voláteis e termicamente lábeis como proteínas, oligonucletídeos, polímeros sintéticos e compostos orgânicos pesados.

Um feixe de laser (ultravioleta ou infravermelho pulsado) serve como fonte de dessorção e ionização. A matriz absorve a energia do *laser* induzindo a vaporização da amostra. Assim que a vaporização e ionização das moléculas ocorrem, elas são transferidas para o analisador de massas, onde são individualmente contadas (Figura 1.12). Em geral, o analisador utilizado é o TOF.

A matriz típica para uso em MALDI é um ácido aromático que deve absorver intensamente no comprimento de onda do *laser* utilizado. O mecanismo de ionização da técnica MALDI é

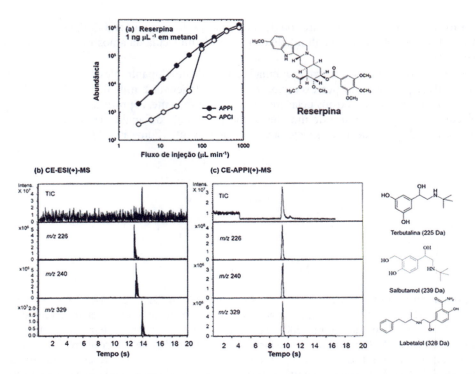

**Figura 1.11.** (a) Comparação da sensibilidade entre as fontes de APPI e APCI na detecção da molécula de reserpina (concentração de 1 ng mL$^{-1}$); e (b) CE-ESI(+)-MS e (c) CE-APPI(+)-MS na detecção de medicamentos. Condições da CE: I) voltagem do capilar: 30 kV; II) temperatura do capilar: 25°C; III) solução tampão contendo 50 mM de borato pH = 9,3 ou 50 mM de fosfato pH = 2,5; e IV) fluxo de injeção de 50 mL min$^{-1}$ usando ácido acético/água/metanol na proporção 1/49/50 wt %) como fase móvel. Figura adaptada a partir da literatura.[14]

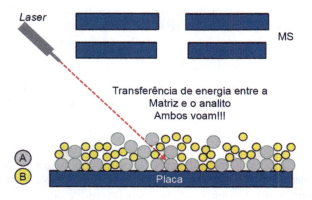

**Figura 1.12.** Ilustração esquemática de uma fonte de ionização por MALDI.

complexo e envolve interações de processos físicos e químicos com um pulso do *laser* tem duração de nanossegundos. Entretanto, o tempo necessário para que o vapor se expanda a uma densidade livre de colisão corresponde a vários microssegundos. A evaporação suave a partir da superfície é denominada dessorção. Embora esse termo esteja no nome da técnica, não é o principal fenômeno que ocorre em MALDI. A taxa de profundidade do aquecimento proporcionado pelo *laser* causa a formação de uma bolha de gás e de *clusters* de gotículas de material condensado, o qual pode ou não evaporar dependendo da sua quantidade de energia. O material ejetado é conhecido como pluma. Os processos envolvendo a parte gasosa da pluma são de interesse, pois gerarão os íons que compõem o espectro de massas. Na pluma, os íons primários reagirão com outras moléculas do analito, formando sempre íons monocarregados.

Dessa maneira, o conhecimento básico necessário para predizer e interpretar espectros de MALDI baseia-se na termodinâmica das reações entre a matriz e o analito. Os íons são obtidos por reações de protonação, desprotonação de moléculas neutras, ou mesmo a formação de adutos com $Na^+$, $K^+$, $NH_4^+$ e $Cl^-$. Compostos que não sejam facilmente protonados podem ser cationizados pela adição de pequenas quantidades de sal à amostra (cátions alcalinos, Cu ou Ag). Por fim, MALDI é aplicado principalmente na análise de macromoléculas como polímeros, proteínas e peptídeos. É uma interface com grande uso nas áreas de proteômica e ciências da vida.

Romão e colaboradores usaram a técnica MALDI-MS para estudar o mecanismo de degradação termomecânica e termoxidativa da resina de poli (tereftalato de etileno) grau-garrafa, $PET_{btg}$. Apesar do $PET_{btg}$ apresentar um $M_w \cong 40 kDa$, a detecção de oligômeros na região de $m/z$ de 800 a 2.500 (Figura 1.13) foi o suficiente para classificar a qualidade do material polimérico em função da sua massa molar, teor de mistura (virgem/reciclado) e da marca do fabricante.[15] A Figura 1.13 mostra um espectro de MALDI(+)-MS para uma resina virgem de PET. Em geral, a maioria dos sinais foi detectada como adutos de sódio, $[M + Na]^+$, apesar de nenhum agente cationizante ter sido usado.

## Técnicas de ionização ambiente

Apesar de as técnicas API terem simplificado as análises de MS, o preparo de soluções apropriadas para essas técnicas ainda requer o seguinte procedimento de preparação de amostras:
1. extração das moléculas dos seus ambientes naturais ou matrizes;
2. preparação das soluções em solventes ultrapuros com ajustes de pH e salinidade e algumas vezes derivatização;

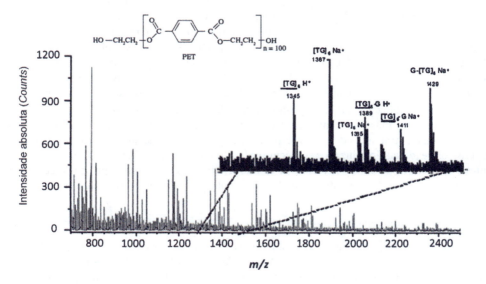

**Figura 1.13.** Espectro de MALDI(+)-MS de oligômeros extraídos a partir de uma resina de PET virgem com $M_w$ de 40 kDa.

3. etapas de pré-separação. Análises em MS com as técnicas API ainda envolvem, portanto, um substancial preparo de amostras que pode ocasionar interferência química e distúrbios no ambiente do analito e na distribuição espacial da matriz.

Recentemente, uma segunda revolução ocorreu em MS com a introdução de uma nova família de técnicas de ionização/dessorção, conhecidas agora como espectrometria de massas ambiente.[16] Essas técnicas de ionização têm mostrado que a espectrometria de massas pode analisar moléculas diretamente dos seus ambientes naturais – "mundo real" – ou quando colocadas em superfícies auxiliares. A ionização e dessorção que forma os íons gasosos requeridos pelas análises de MS ocorrem sob condições de atmosfera ambiente com muito pouco ou nenhum preparo de amostras. *Desorption electrospray* (DESI)[17] e a *direct analysis in real time* (DART)[18] são as técnicas precursoras e protagonistas da segunda revolução da MS. Depois que essas duas grandes técnicas foram introduzidas, um grande conjunto de técnicas surgiram. Essas técnicas incluem, como exemplos mais típicos, *desorption atmospheric pressure photon ionization* (DAPPI), *atmospheric pressure solid analysis probe* (ASAP), *desorption atmospheric pressure chemical ionization* (DAPCI), *dielectric barrier discharge ionization* (PADI), *low-temperature plasma ionization* (LTP), *laser ablation-electrospray ionization* (LAESI), *paper spray ionization* (PSI) e *easy ambient sonic--spray ionization* (EASI).[16] Em termos de número de publicação, as duas técnicas mais utilizadas são DESI e DART com cerca de 30 e 16% das publicações, respectivamente. Em terceiro lugar, é dividido por publicações envolvendo LTP (5%) e as técnicas de EASI (4%)[19] e LAESI (4%)[20] e, bem recentemente, a técnica de *paper spray ionization* (PSI)[21] que vem ganhando destaque no grupo de técnicas de ionização ambiente.

Essas revolucionárias técnicas de ionização/dessorção têm grandes vantagens de simplificar aplicações analíticas e bioanalíticas de MS em virtude da eliminação do tempo de preparo de amostras e, algumas vezes, do distúrbio químico dessas etapas, e a consequente análise das amostras em atmosfera aberta do laboratório ou diretamente dos seus ambientes naturais. Elas, portanto, colocaram uma nova característica nas análises de MS – a simplicidade. A simplicidade está principalmente relacionada com a rotina da técnica de MS em que, para o manuseio, não são necessários especialistas nem treinamento extensivo. A relevância das técnicas de ionização ambiente é refletida pelo grande crescimento em variantes e, particularmente, em número de aplicações,[16] que variam desde ao *screening* (ou *fingerprinting*) como análises de explosivos, drogas de abuso (na área de segurança pública ou química forense), produtos farmacêuticos, lipídeos, proteínas e peptídeos e patologia (proteômica ou metabolômica), meio ambiente, combustíveis, óleos vegetais e minerais, polímeros, perfumes, monitoramento de reações até as situações complexas como a construção de imagens químicas a partir de matrizes biológicas (*DESI-Imaging MS*). A combinação dessas técnicas de ionização simples com espectrômetros de massas portáveis[22] possibilitou o derradeiro sonho de um espectrometrista de massas – levar a técnica de MS até o mundo real e fazer a análise de MS em qualquer lugar – sempre que for necessária.

As técnicas de ionização ambiente estão sendo aplicadas diretamente sobre as amostras em seus ambientes naturais, mas elas foram construídas a partir do gigantesco conhecimento acumulado desde os pioneiros trabalhos de muitos espectrometristas de massas que desenvolveram os conceitos clássicos de ionização utilizados em técnicas de alto vácuo ou API. Elas são técnicas novas, emergentes e carecem de estudos sistemáticos e fundamentais para o entendimento dos mecanismos de ionização e consequente aumento da amplitude de aplicações dessas técnicas de ionização.

## Desorption Electrospray Ionization (DESI)

O principal método de ionização ambiente é a dessorção por *eletrospray* (DESI do inglês *desorption electrospray ionization*) que foi introduzida por Cooks e colaboradores em 2004.[17] Uma probe de ESI modificada pode ser usada em condições ambientes sem nenhum preparo da amostra.[23] A principal diferença da técnica DESI em relação à ESI é a otimização de variáveis como solvente, ângulo de incidência, distâncias da dessorção e até a construção de uma superfície 2D para a construção de imagens químicas. Em geral, em uma fonte típica de DESI (Figura 1.14), a amostra é colocada em uma superfície planar (p. ex.: vidro, papel, metal, plástico, placa do TLC), onde íons são produzidos a partir de gotículas de solventes carregadas de uma fonte de ESI. Os analitos na superfície são dessorvidos e ionizados. A DESI é uma das técnicas mais universais com uma ampla faixa dinâmica de $m/z$ (similar ao ESI, 50 a 3.000) aplicada tanto para analisar biomoléculas maiores como explorar a química reativa de pequenas moléculas.[24]

O mecanismo de ionização consiste em um processo em que gotículas aquosas com diâmetros menores que 10 µm incidem na superfície da amostra com velocidade superior a 100 $m/s$.[25] Gotículas começam a se mover para a superfície e, em alguns milissegundos, gotas maiores são separadas do líquido com velocidades mais baixas. A medida do tamanho e da velocidade da gotícula indica que o mecanismo provavelmente não depende do impacto da gotícula na superfície, mas sim da dessorção do analito na superfície e sua transferência para a camada de solvente. O impacto de novas gotículas sobre a camada de solvente acaba criando gotículas ainda menores que contêm o analito, esse mecanismo é conhecido como *droplet pick-up*, assim, a dessorção do analito ocorre por transferência durante o impulso sob a forma de gotículas carregadas que são ionizadas, então, por ESI.[25]

A ionização por DESI pode ser feita acoplada a vários analisadores de massas, incluindo triplo quadrupolos,[26] *ion trap* lineares,[27] *Orbitrap*,[28] instrumentos do tipo quadrupolo-tempo de voo (QTOF),[29] ion mobility-TOF[30] e ressonância ciclotrônica de íons com transformada de Fourier FT-ICR.[31] Como as amostras são analisadas geralmente sem nenhuma preparação, a alta resolução, a massa exata e a habilidade de executar a fragmentação em tandem (MS[2]) são características valiosas para ajudar a identificar a complexidade de misturas e serão exploradas no próximo capítulo. Desde sua introdução em 2004, a DESI tem sido aplicada e utilizada em numerosas áreas incluindo forense,[32] imagem,[33] metabolômica,[34] fármacos,[35] proteínas[36] e estudos de oxidação[37] e transformação redox,[38] entre outros.

## *Direct Analysis in Real Time (DART)*

Uma nova fonte de ionização foi desenvolvida em 2005 pelos pesquisadores Cody and Laramée.[18] Denominada DART (do inglês *direct analysis in real time*), esta técnica vem sendo empregada nas mais diversificadas áreas como forense,[39] farmacêutica,[40] alimentícia,[41] biológica,[42] química,[43] entre outras.[44] O termo *real time* deve-se ao fato de a DART poder ser aplicada a amostras no seu estado físico sólido, líquido ou gasoso; podendo ter características polares e apolares, em que a análise pode ser realizada em qualquer superfície, sem a necessidade de uma preparação da amostra. Atualmente, vários trabalhos têm sido publicados usando a técnica DART. Empresas

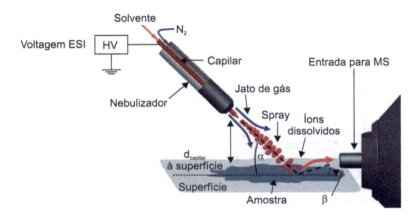

**Figura 1.14.** Esquema geral de DESI-MS.

como a *JEOL USA Inc.* laboratories e Edgewood Chemical Biological Center favorecem a comercialização dessa nova fonte de ionização, divulgando-a para outras empresas e universidades. A principal motivação que levou os inventores a desenvolverem DART foi buscar uma técnica alternativa e segura que substituísse o uso de materiais radioativos como Níquel-63 e Amerício-241, usados como sensores, para monitorar produtos químicos com alto caráter toxicológico. A técnica até então empregada era a TEEM (*tunable energy electron monochromator*).[45]

A fonte básica do DART é ilustrada pela Figura 1.15, consistindo de um tubo dividido em várias câmaras, onde um gás de hélio ou nitrogênio é introduzido na fonte (*Gas in*). Ao entrar em contato com a primeira câmara (*discharge chamber*) onde existem dois eletrodos – um cátodo e um ânodo (*needle electrode*) –, um potencial elétrico de alguns kilovolts (1 a 5 kV) é aplicado, na presença do gás, gerando uma descarga elétrica. Essa descarga elétrica é responsável por produzir várias espécies: substâncias com estado eletrônico excitado, íons e elétrons que, em outras palavras, constituem o plasma. A descarga elétrica produzida não deve ser definida como uma descarga corona, e sim como uma descarga irradiante (do inglês como *glow discharge*), sendo mais eficiente do que a corona na ionização do gás Hélio.[46] O gás, juntamente com o plasma formado, flui em direção à segunda câmara, que contém eletrodos perfurados (*perforated disk electrodes*) que favorecem a remoção de espécies iônicas oriundas da mistura gasosa. Posteriormente, a mistura gasosa passa pela terceira câmara (*gas heater*), onde é aquecida a uma temperatura de operação que pode variar da ambiente até 250 °C. Entretanto, trabalhos recentes têm demonstrado a possibilidade da utilização de temperaturas mais elevadas (até 500 °C).[46] Por fim, a mistura gasosa atravessa um terceiro eletrodo perfurado (*gas electrode*) que é direcionado ao orifício do analisador de massas. O *gas electrode* atua como um "repelente iônico" removendo íons de polaridade oposta. Desse modo, ele previne a recombinação iônica melhorando a resposta sinal/ruído observada pelo sistema MS. Um sistema de isolamento também é utilizado para proteger a amostra e o operador de qualquer exposição provocada pelo plasma liberado da fonte de DART (*insulator cap*). O fluxo de gás produzido pode ser direcionado a um ângulo de zero grau ou ser refletido pela superfície do analito para o orifício do capilar.

Diferentes mecanismos de ionização podem estar presentes na técnica DART, em que alguns fatores como o gás utilizado ($N_2$ ou He), concentração do analito e polaridade dos íons podem favorecer a um mecanismo de ionização específico. Em geral, dois mecanismos estão presentes: ionização por *Penining*; ou transferência de prótons. Na ionização de *Penining*, o mecanismo é similar ao mostrado pela Equação 1.15, entretanto o íon molecular $M^{+\bullet}$ é formado a partir de um átomo ou molécula neutra que é excitado, formando um composto "metaestável" ($N^*$); este, por fim, transfere energia ao analito M, Equação 1.15. Essa reação ocorrerá se o analito tiver uma energia de ionização menor do que $N^*$. Normalmente, o gás $N_2$ favorece o mecanismo de ionização de *Pennin*.[18,43]

$$N^* + M \rightarrow M^{+\bullet} + e^-$$

(1.15)

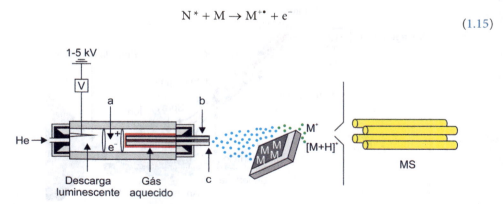

**Figura 1.15.** Esquema geral de uma fonte de DART.

Diferentemente do $N_2$, o gás He apresenta estado excitado ($2^3S$) de longa vida e uma energia interna de 19,8 eV, sendo maior do que toda a energia de ionização dos gases presentes na atmosfera e da maior parte dos analitos estudados. Portanto, o He pode ionizar a mistura gasosa presente na atmosfera com alta eficiência (Equação 1.16). Esta, por sua vez, transfere prótons para o analito produzindo a molécula protonada [M+H]⁺ (Equação 1.17). Nesse caso, o analito deverá ter maior afinidade por próton do que a mistura gasosa ionizada (*clusters* de água). A formação de fragmentos oriundos do analito não pode ser excluída a partir da fonte DART. Ela é favorecida quando a diferença por afinidade por próton entre a amostra e o *cluster* de água ionizado é muito grande. Outra maneira de induzirmos a fragmentação é elevar a temperatura de aquecimento da câmara de gás (*gas heater*).[18,43]

$$He(2^3S) + nH_2O \rightarrow [(H_2O)_{n-1} + H]^+ + OH^{\bullet} + He(1S^1) \tag{1.16}$$

$$[(H_2O)_n + H]^+ + M \rightarrow [M + H]^+ + nH_2O \tag{1.17}$$

A Figura 1.16a-d mostra um estudo fundamental de ionização usando a fonte DART-MS e uma molécula modelo como dibenzosuberona. Um espectro de DART-MS sem o analito (*background*) é mostrado na Figura 1.16a. Ele é adquirido usando as seguintes condições: 10 mm de distância entre a saída da fonte de DART e o analisador MS, potencial da agulha (*needle potencial*) de 3500 V e potencial do *gas eletrode* (ou grid) de 250 V. Pode-se observar a presença de cluster de água detectada como íons de m/z 19, 37, e 55 (Figura 1.16a). Entretanto, quando a fonte de DART é aproximada ao analisador de MS a uma distância de 3 mm, e o potencial do *gas eletrode* é aumentado simultaneamente para 650 V, um sinal abundante de $O_2^{+\bullet}$ com m/z 32 é observado (Figura 1.16b). Nesse caso, existe abundância da espécie M⁺• e [M + H]⁺ e, assim, tanto o mecanismo por transferência de prótons como a formação do íon molecular poderão ser observados se trabalharmos nessa condição. Um exemplo é mostrado na Figura 1.16c-d, quando analisamos a molécula de dibenzosuberona, utilizando as duas diferentes condições. Na Figura 1.16c, apenas o sinal [M + H]⁺ para o composto dibenzosuberona é observado. Na Figura 1.16d, além do sinal [M + H]⁺, espécies contendo o íon molecular também são observadas: M⁺• e [M – CO] ⁺•. A última é um fragmento do analito analisado.[43]

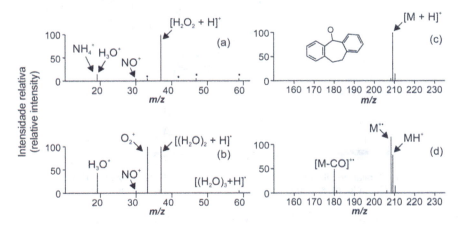

**Figura 1.16.** Espectro de DART-MS em condições normais (a) sem analito (*background*) e com analito (c); e quando a distância entre a fonte e o analisador de massas é diminuída e o potencial do eletrodo é aumentado: (b) *background* e (d) com o analito (d) dibenzosuberona.[43]

## Easy Ambient Sonic Spray Ionization (EASI)

Entre as técnicas de MS com ionização ambiente, EASI (do inglês, *easy ambient sonic-spray ionization*)[19] é a mais simples, suave e facilmente implementada. A ionização em EASI acontece sem a necessidade de aplicação de voltagem, luz UV, *laser*, descarga corona ou aquecimento. Uma fonte de EASI pode ser construída empregando-se materiais simples, comuns em laboratórios de MS, e instalada em poucos minutos (Figura 1.17). A EASI baseia-se na ionização por *sonic-spray* (SSI)[47] que cria microgotas de solvente carregadas em virtude da distribuição estatística não balanceada de cátions e ânions. O denso fluxo de microgotas carregadas promove a dessorção do analito da superfície, ionização e transferência dos íons para a fase gasosa. Assim como em ISS, a composição do solvente no *spray*, a superfície de ionização, a pressão do gás de nebulização e a polaridade do analito são parâmetros importantes no desenvolvimento de um método EASI-MS. Essas variáveis podem afetar a estabilidade do sinal e sua detectibilidade. Uma variedade de superfícies tem sido empregada, incluindo papel de envelope pardo, placas de cromatografia em camada fina (TLC, do inglês *thin-layer chromatography*) recobertas com sílica-gel 60 F254 e vidro. A composição do solvente no *spray* representa outro importante parâmetro que deve ser considerado na otimização do método EASI-MS. Normalmente, é utilizado metanol, mas água/metanol (1:1) ou acetonitrila, acidificados ou não com ácido fórmico têm também sido utilizados como solvente, na vazão de 10 a 30 µL min$^{-1}$. Como gás nebulizador, usualmente emprega-se $N_2$ em uma pressão de 3 L min$^{-1}$, mas ar é um possível substituto para $N_2$, uma vez que EASI parece não induzir à oxidação por $O_2$ ambiente.

O sistema EASI-MS tem sido aplicado com sucesso na análise de uma variedade de analitos e matrizes, tais como comprimidos,[48] perfumes,[49] surfactantes,[50] óleos vegetais,[51] biodiesel[52] e petróleo.[53] Como EASI-MS se baseia em SSI, é a técnica mais suave de ionização em espectrometria

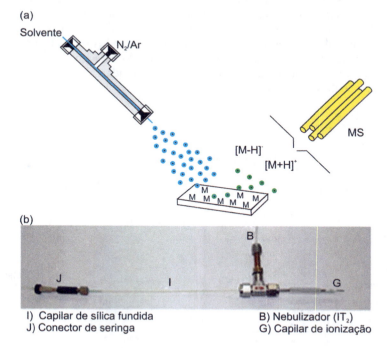

**Figura 1.17.** (a) Ilustração de uma fonte de EASI e (b) uma visão detalhada das principais peças necessárias para sua construção: (B) conector metálico em T para entrada de (B) gás, (I) solvente e do (G) capilar de ionização (pode ser metálico ou de sílica fundida). A conexão (J) é constituída de dois *peeks* e um conector de plástico designado para seringas de 250 ou 500 µL.

de massas ambiente, gerando íons do analito intactos, sem ou com muito pouca dissociação. Essa característica do EASI é útil na análise de moléculas frágeis e misturas complexas, pois para cada molécula é formado apenas um íon no espectro. Uma vez que não se aplica alta voltagem nem aquecimento no capilar do *spray*, transformações térmicas ou eletroquímicas que ocorrem em outras técnicas são minimizadas ou eliminadas. EASI é fácil de usar e sua implementação parece ser ideal para análises em campo.

## ANALISADORES DE MASSAS

Após a produção dos íons em fase-gasosa, é necessário separá-los em relação à sua relação *m/z*. Existem diferentes estratégias para se discriminar os íons dependendo do analisador de massas. Os principais analisadores de massas são:

1. O setor magnético;
2. Quadrupolo (Q);
3. Aprisionamento de íons (do inglês: *ion trap – IT*);
4. Tempo de voo (do inglês: *time-of-flight – TOF*);
5. *Orbitrap*;
6. Ressonância ciclotrônica de íons (do inglês: *ion cyclotron resonance – ICR*). A principal diferença entre os analisadores são os princípios físicos utilizados em cada um para discriminar as razões *m/z*, o que leva a espectros de massas com magnitudes de resolução e exatidão distintos[6,54] A Tabela 1.2 apresenta uma comparação entre os principais analisadores utilizados pelo sistema MS.[2,54]

Entre os analisadores de massas apresentados na Tabela 1.2, o quadrupolo é um dos mais populares sendo um analisador robusto, de fácil operação, manutenção e sensibilidade. Adicionalmente, ele permite o acoplamento com técnicas de separação como cromatografia líquida, gasosa e eletroforese capilar, não impactando significativamente no custo do produto final. A principal limitação desse analisador é a sua baixa resolução e exatidão, o que limita seu uso para certas áreas de estudo, como as áreas *omics* (petroleômica, metabolômica e proteômica). Nesses casos, ele é apenas utilizado como filtro de massas ou focalizador de íons sendo acoplado

**Tabela 1.2.** Comparação entre analisadores de massas[2,54]

| Analisador (símbolo) | Limite de massas (Da) | Resolução (m/z 1.000) | Exatidão (ppm) | Vantagens/Desvantagens | Princípio de separação |
|---|---|---|---|---|---|
| Setor magnético (B) | 20.000 | 100.000 | < 10 | Alta resolução/ Alto custo e difícil manuseio | Energia cinética e momento magnético |
| Quadrupolo (Q) | 4.000 | 2.000 | 100 | Fácil manuseio; baixo custo e alta sensibilidade/Baixa resolução e baixo limite de massa | Estabilidade na trajetória |
| *Ion trap* (IT) | 6.000 | 4.000 | 100 | Fácil manuseio; baixo custo; muito sensível; (MS$^n$)/ Baixa resolução e baixo limite de massa | Frequência ressonância |
| Tempo de voo linear (TOF) | > 1.000.000 | 5.000 | 200 | Alto limite de massa | Velocidade |
| Tempo de voo *reflecton* (TOF) | 10.000 | 20.000 | 10 | Alta resolução | Velocidade |
| Ressonância ciclotrônica de íons com transformada de Fourier (FT-ICR) | 4.000 | > 1.000.000 | < 1 | Altíssima resolução/Difícil manuseio, alto custo (instalação e manutenção) | Frequência ressonância |
| *Orbitrap* | 6.000 | > 200.000 | < 1 | Alta resolução; menor custo comparado com o FT-ICR/Ainda não é utilizado em Petroleômica | Frequência ressonância |

com analisadores de maiores resoluções (TOF e ICR). Por outro lado, com o desenvolvimento dos analisadores ICR e *Orbitrap*, magnitudes maiores em relação ao poder de resolução e exatidão de massas foram alcançadas, possibilitando a atribuição de fórmula moleculares a partir das medidas de m/z.[6] O custo de um espectrômetro de massas é diretamente influenciado em função do analisador de massas escolhido. O preço comercial de um sistema de MS pode variar a partir de US$75.000 – U$100.000 (para um analisador quadrupolar) a valores superiores a US$1.500.000 (para um sistema FT-ICR MS).

O poder de resolução de um analisador de massas pode ser definido como a habilidade em produzir sinais distintos no espectro de massas quando são analisados íons que têm uma pequena diferença na razão m/z. O poder de resolução é calculado aplicando-se a Equação. 1.18, onde m é o valor de m/z do íon analisado e Δm (que é designado como FWHM, do inglês *full width at half maximum*), a largura do pico à meia altura.[2]

$$R = m / \Delta m \tag{1.18}$$

Na Figura 1.18, pode ser vista a diferença do poder de resolução entre dois analisadores. O analisador que opera com resolução unitária constante mede apenas a massa nominal (massa do íon calculada por meio do isótopo mais abundante, Figura 1.18a), assim o íon que tem m/z 249 pode se referir às seguintes fórmulas moleculares: $C_{20}H_9^+$, $C_{19}H_7N^+$ ou ainda $C_{13}H_{19}N_3O_2^+$, ou seja, para um único sinal atribuem-se três fórmulas moleculares distintas. Entretanto, um analisador com um alto poder de resolução (TOF, FT-ICR MS ou *Orbitrap*) é capaz de medir a massa exata de cada isótopo mais abundante (Figura 1.18b); o que possibilita a atribuição de fórmulas moleculares para cada sinal resolvido, de acordo com o seu defeito de massa (diferença entre a massa exata e a nominal).[6]

Outro aspecto importante na MS é a exatidão em massas. Ela é a razão da diferença entre a massa medida e a massa teórica pela massa teórica (Equação 1.19). A exatidão em massa é geralmente expressa em ppm, ou seja, ela indica o quão próximo o valor experimental está do valor verdadeiro. A alta exatidão de massas oscila entre valores menores que 1 ppm de erro, e quanto menor for o erro, maior é a probabilidade da fórmula molecular atribuída ser a verdadeira.[6]

$$\text{Erro (ppm)} = \frac{^{massa}\text{medida} - {}^{massa}\text{teórica}}{^{massa}\text{teórica}} \times 10^6 \tag{1.19}$$

Ao se trabalhar com amostras de alta complexidade composicional, por exemplo em petróleo, faz-se necessário a utilização de técnicas cujas características principais são o alto poder de resolução e a exatidão em massas. Em geral, uma exatidão de massas inferior a 1 ppm e um poder de resolução > 400.000 são características primordiais para uma atribuição de fórmula molecular inequívoca.

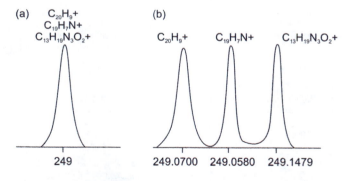

**Figura 1.18.** Ilustração da resolução em analisadores de massas com (a) resolução unitária e (b) alta resolução.[6]

## Setor magnético

O analisador de setor magnético (Figura 1.19) tem por base de funcionamento o princípio da ação da força exercida sobre os íons que penetram em um campo magnético $B_0$, perpendicular à direção do seu movimento. O raio de curvatura da trajetória, mais comumente 180°, 90° ou 60°, descrito pelo feixe de íons no analisador, é função da relação $m/z$, da sua energia e da intensidade do campo magnético. Os íons de diferentes massas podem ser analisados variando-se a intensidade do campo magnético ou o potencial de aceleração dos íons. Os íons que passam pela fenda de entrada incidem no eletrodo coletor resultando em uma corrente iônica que é amplificada e registrada.[55]

O feixe de íons produzido na fonte de íons é separado no analisador magnético em tantos feixes de íons de número de massa $m/z_i$, por exemplo caso haja três íons de $m/z1$, $m/z2$, $m/z3$, há três feixes de íons, cada um correspondendo a cada uma das $m/z$. Os feixes de íons dos compostos diferentes, após discriminados, são direcionados para o coletor de íons, um por vez, no caso de MS com coletor simples, pela variação da indução magnética do eletroímã. A intensidade de corrente gerada em uma resistência R é proporcional à concentração da espécie isotópica. Essa corrente, circulando por meio de R, produz uma diferença de potencial que, após a sua amplificação, pode acionar um registrador ou ser digitalizado.

O tipo de coletor de íons mais utilizado para análises no setor magnético é o copo de Faraday – do inglês *Faraday cup*. A geometria desses coletores é projetada para minimizar os efeitos de elétrons secundários emitidos pelo impacto dos íons nas paredes internas do tubo analisador e do próprio coletor.

Uma grande aplicação para os analisadores magnéticos é a determinação precisa de razões isotópicas. Nessas determinações, faz-se necessários, dependendo da aplicação, dois ou três coletores,[56] podendo haver condições de MS com cinco coletores, de modo que sejam coletados simultaneamente os feixes de íons das espécies isotópicas de interesse. Como exemplo, para análise da razão isotópica de nitrogênio ($^{15}N/^{14}N$) com triplo coletor, tem-se a medida simultânea da intensidade das massas 28 ($^{14}N^{14}N$), 29 ($^{15}N^{14}N$) e 30 ($^{15}N^{15}N$), podendo-se chegar às razões $I_{29}/I_{28}$ e $I_{30}/I_{28}$. No caso de sistema com dois coletores, tem-se o coletor do tipo copo-placa (*cup-plate*) e o copo-copo (*cup-cup*). No primeiro caso (*cup-plate*), o coletor ou a fenda recebe o feixe de íons da espécie mais abundante (p. ex.: 28), juntamente com outras cuja massa esteja muito próxima à espécie, e a placa recebe o feixe ou feixes menos abundante (p. ex.: 29, em uma análise de nitrogênio).

Os espectrômetros de massas de monitoramento da razão isotópica (IRMS) modernos[55] cobrem a faixa de escala de número de massa ($m/z$) de 2-100, sendo projetados para detectar feixes de íons que produzem correntes elétricas de $10^{-11}$ a $10^{-8}$ A. As amostras são gases simples como $H_2$, $CO_2$, $N_2$ e $SO_2$, requerendo baixo poder de resolução (m/$\Delta$m < 100). Por outro lado, espectrômetros de massas para análise de orgânicos requerem um poder de resolução maior a fim de separar

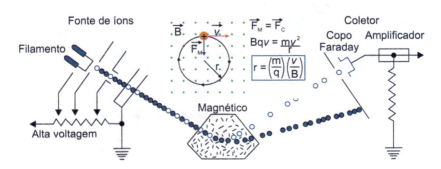

**Figura 1.19.** Esquema geral de um setor magnético e descrição matemática da determinação da razão $m/z$ ($m/q$).

feixes de íons muito próximos e de massas com $m/z > 500$ e que produzem corrente elétrica no coletor menor que $10^{-12}$ A.

As medidas de razão isotópica são realizadas por espectrômetros de massas de setor magnético, visto que os espectrômetros de massas mais comuns como quadrupolos, *íons traps* e TOF não fornecem a precisão e sensibilidade requeridas para detectar diferenças sutis nas abundâncias dos isótopos de ocorrência natural. O espectrômetro utilizado para as medidas da abundância isotópica natural é o IRMS.[57] Eles apresentam, geralmente, cinco seções principais: sistema de introdução da amostra; uma fonte de ionização; analisador de setor magnético; conjunto de detectores tipo copo de Faraday; e um sistema de aquisição de dados. Diversas interfaces são usadas para introduzir amostras no IRMS, sendo a principal e mais utilizada a cromatografia gasosa (CG-IRMS) (Figura 1.20).

A cromatografia gasosa (CG) é uma técnica de introdução de amostras para IRMS, também denominado fluxo contínuo. Nessa interface, há uma separação prévia dos componentes da amostra antes da análise de razão isotópica, provendo, assim, informações adicionais sobre a variação da razão isotópica de determinados compostos e classes moleculares. A amostra eluída da coluna do CG é direcionada para a câmera de combustão, normalmente um tubo não poroso

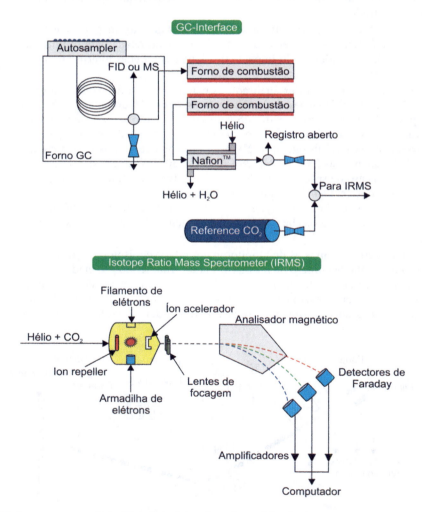

**Figura 1.20.** Esquema mostrando as duas principais interfaces das medidas da composição isotópica de carbono.

de alumina que contém três tubos retorcidos de cobre, níquel e platina. A amostra é queimada em altas temperaturas e transformada em gases como $CO_2$, $NO_x$ e $H_2O$. Para medidas de razão isotópica de $^{13}C$, a amostra carbonizada é direcionada para uma câmara de redução, onde óxidos de nitrogênio são convertidos em $N_2$ e qualquer excesso de $O_2$ é removido.

## Quadrupolo (Q)

O princípio de funcionamento desse analisador foi inicialmente descrito por Paul e Steinwegen, na Universidade de Bonn, em 1953.[58] O primeiro instrumento comercial foi lançado por Shoulders, Finnigan e Story.[59] Os analisadores quadrupolares Q são feitos de quatro cilindros metálicos ou cerâmicos hiperbólicos que devem estar posicionados de modo paralelo (Figura 1.21a). Os polos são conectados em pares de modo que os polos diagonalmente opostos apresentem o mesmo potencial, mas contrário ao outro par.[2] A pequena distância entre a fonte de ionização e o detector (usualmente menor do que 15 cm, Figura 1.21b) potencializa a sua difusão no acoplamento com técnicas de separação (LC, GC, EC e ICP) em virtude de seu excelente potencial de focalização iônico. Outra característica do analisador quadrupolar é sua simplicidade instrumental: ele apresenta um menor volume, massa, custo e menor velocidade de varredura quando comparado a outros analisadores de massas que dependem do campo magnético ou da velocidade iônica para discriminar os valores de m/z (FT-ICR MS, Orbitrap, B ou TOF).[60]

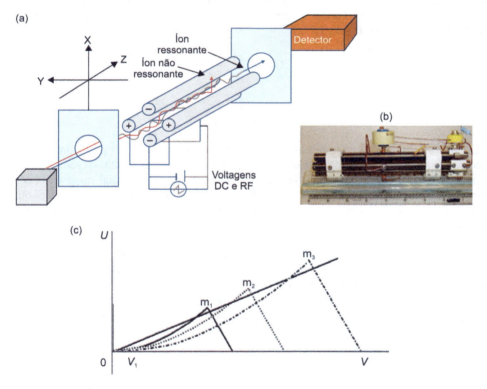

**Figura 1.21.** (a) Ilustração do analisador monoquadrupolar; (b) foto de um analisador monoquadrupolar (note que a distância percorrida pelo íon entre a fonte de ionização até a chegada no detector é menor do que 15 cm); e (c) Diagrama de estabilidade a uma coleção de pontos no espaço a-q. Variando linearmente U em função de V, é possível a detecção de diferentes valores de m/z; matendo U = 0, e variando V a partir de 0 até V1, todos os íons de massas menores que $m_1$ terão uma trajetória instável; por outro lado, todos os íons com massa molares acima de $m_1$ terão trajetórias estáveis.

O analisador quadrupolar consiste basicamente da aplicação de uma corrente elétrica contínua (*direct current* (DC)) e um potencial de rádio frequência (RF) nos quatro cilindros metálicos paralelos (Figura 1.21a). Os íons que apresentarem uma trajetória estável no campo elétrico quadrupolar resultante alcançarão em direção ao detector. Para isso, é necessário que os íons produzidos na fonte de ionização sejam focalizados na região central na entrada do quadrupolo. Suas trajetórias serão dependentes do campo elétrico resultantes, onde apenas os íons de uma razão *m/z* específica terão uma trajetória estável e chegarão ao detector. A RF é variada para que íons de diferentes razões *m/z* obtenham uma trajetória estável ao longo do quadrupolo. A estabilidade do íon no interior do quadrupolo é estudada por meio da dedução matemática da equação de movimento (Equações 1.20 e 1.21), onde U está relacionado ao potencial elétrico aplicado e V a amplitude do potencial RF. Analisando U em função de V (Figura 1.21c), é possível construir um diagrama de estabilidade para uma coleção de pontos no espaço *a-q* correspondente a soluções das equações diferenciais dos potenciais quadrupolares nos planos XZ e YZ.[60] Os termos físicos desse diagrama permitem entender a operação do quadrupolo como filtro de massas, onde uma equação diferencial em seis dimensões é reduzida para duas, envolvendo agora apenas $a_u$ e $q_u$, (Equações 1.20 e 1.21). Em geral, se U variar linearmente em função de V, o quadrupolo atua como filtro de massas e é possível detectar íons em função de um determinado valor de *m/z* (Figura 1.21c). Quando U é mantido $\cong 0$ (ou seja, o quadrupolo operando apenas no modo RF), os valores de V determinaram a região de *m/z* que deverá ter trajetória estável. Se V variar em um ponto até atingir ligeiramente a área da região $m_1$ (valor *V1*) todos os íons de massas menores que $m_1$ terão uma trajetória instável; por outro lado, todos os íons com massas igual e acima de $m_1$ terão trajetórias estáveis (Figura 1.21c).[2]

$$U = a_u \frac{m}{z} \frac{\omega^2 r_0^2}{8e}$$

(1.21)

$$V = q_u \frac{m}{z} \frac{\omega^2 r_0^2}{4e}$$

(1.22)

Em um sistema de MS é sempre necessário transportar os íons; seja a partir da fonte de ionização para o analisador de massas, seja entre diferentes analisadores de massas sem a necessidade de sua separação. A transmissão de íons é uma característica primordial no sistema MS para alcançar uma alta resolução de massas, ou realizar experimentos de fragmentação (MS$^2$ ou MS$^n$). O analisador quadrupolar apresenta uma excelente eficiência de focalização de íons, entretanto, uma baixa faixa de transmissão de massa, veja a Tabela 1.3. Isso pode ser explicado medindo-se o potencial efetivo, $U_{(r)}$ (Equação 1.23). Para melhorar o sistema de transmissão de íons, é necessário diminuir o valor de $U_{(r)}$ que é dependente do número de cilindros metálicos que, na Equação 1.23, representa parte do denominador, $(r/r_0)2n - 2$, sendo que para o quadrupolo, n = 2 e $(r/r_0)^2$. Portanto, aumentando-se o número de multipolos (hexapolo ou octapolo, conforme a Tabela 1.3, onde n = 3 e 4, respectivamente), a expressão $(r/r_0)2n - 2$ torna-se maior, reduzindo, assim, o valor de $U_{(r)}$. Portanto, sistemas contendo hexapolos ou octapolos estão sempre presentes em espectrômetro de massas comerciais com o intuito de melhorar sua capacidade na transmissão de íons, ou seja, sua sensibilidade.[2]

$$U(r) = n^2 z^2 e^2 V^2 / (4 m r_0^2 \omega^2)(r / r_0)^{2n-2}$$

(1.23)

O sistema MS que apresenta a melhor sensibilidade (menor limite de detecção) na quantificação de matrizes biológicas, alimentos, agroindústria, farmacêutica etc. é o sistema híbrido triploquadrupolar ($Q_1 q_2 Q_3$), como se vê na Figura 1.22a. Em geral, esse analisador de massas é acoplado com a cromatografia líquida e designado como LC-MS/MS. O símbolo $q_2$ (quadrupolo central) serve para diferenciar dos demais quadrupolos, significando que nesse quadrupolo U = 0 e V ≠ 0 (apenas o RF atua). O $q_2$ é também conhecido como câmera de colisão, onde um gás inerte é inserido (normalmente nitrogênio ou argônio) e a energia cinética de um determinado íon é variada para promover a fragmentação.

Em geral, os triploquadrupolos, $Q_1q_2Q_3$, são utilizados em experimentos de espectrometria de massas *tandem* (MS/MS) como na Figura 1.22b-d. A técnica mais utilizada em MS/MS é o monitoramento de reação selecionada (SRM). Essa é uma técnica que monitora a corrente iônica associada a *m/z* de uma transição de um íon precursor a um fragmento em específico durante uma dissociação induzida por colisão (CID – *colision induced dissociation*). Nesse caso (Figura 1.22b), um determinado íon de interesse é selecionado no $Q_1$ (o íon precursor), onde $U \neq 0$ e $V \neq 0$, em seguida fragmentado na cela de colisão ($q_2$) e, por fim, um determinado íon fragmento é discriminado em $Q_3$, ($U \neq 0$ e $V \neq 0$). SRM não é restrita a uma única transição. Quando múltiplas transições são monitoradas, o termo SRM muda para monitoramento múltiplo de reações

**Tabela 1.3.** Características principais dos diferentes multipolos[2]

| Tipo | Poder de focalização | Faixa de transmissão de íons |
|---|---|---|
| Quadrupolo | Alto | Estreito |
| Hexapolo | Médio | Médio |
| Octapolo | Baixo | Grande |

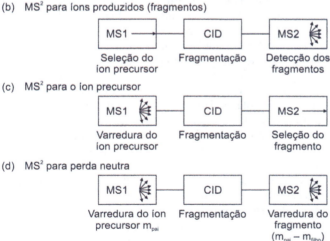

**Figura 1.22.** (a) Foto de um sistema triploquadrupolar e os diferentes modos de varredura para experimentos de CID em um triploquadrupolo: (b) MS[2] para os íons produzidos; (c) MS[2] para o íon precursor e (d) MS[2] para a perda neutra. Figura adaptada a partir da literatura.[2]

# Fundamentos de Espectrometria e Aplicações

(MRM, do inglês *multiple reaction monitoring*). O termo MRM foi incorporado para designar em um experimento de SRM com mais de uma transição monitorada. Outra técnica comumente utilizada é o monitoramento de íon precursor. Nesse caso (Figura 1.22c), a faixa dinâmica de aquisição de íons no $Q_1$ é variada, o $q_2$ atua como cela de colisão e $Q_3$ como filtro de massas. Agora, um único íon é determinado. Todos os íons que produzem o íon selecionado (íon precursor) podem ser detectados por esse experimento. Outro experimento típico (Figura 1.22d) consiste em determinar as diferenças de massas ($m_{pai} - m_{filho}$) quem ocorre entre o monitoramento de alguns íons pai no $Q_1$ e seus íons filhos no $Q_3$. Para isso, a faixa dinâmica de $m/z$ de $Q_1$ e $Q_3$ pode ser variada.[2]

## Ion trap (IT)

Os analisadores de massas do tipo *ion trap* (aprisionamento de íons) foram primeiramente introduzidos por Wolfgang Paul, em 1953, e comercializados em meados de 1980. Em 1989, Wolfgang Paul e Hans Dhemelt receberam o Prêmio Nobel.[61]

O funcionamento do IT baseia-se na utilização de um campo RF oscilante para armazenar íons, sendo classificados em dois tipos: o *ion trap* 3D (QIT) e o linear (LIT), também conhecido como 2D. Historicamente, o primeiro analisador *ion trap* desenvolvido foi QIT, cuja geometria é feita de eletrodos circulares com dois revestimentos elipsoidais na região superior e inferior, criando um tipo de campo quadrupolar 3D. Os IT podem ser imaginados como um quadrupolo dobrado com objetivo de formar um circuito fechado. A Figura 1.23a ilustra um esquema de um instrumento comercial da Thermo Scientific, Finningain LCQ, contendo o analisador QIT. Percebe-se que, antes dos íons chegarem ao QIT, eles são gerados por uma fonte de ionização à pressão atmosférica (ESI), passando pelas lentes focalizadoras *skimmer* e chegando a dois octapolos (que funcionam apenas no modo RF). A última lente (*gating lens*) tem a função de controlar o número de íons que entram no QIT. Se o QIT trabalhar com uma grande quantidade de íons, existe uma perda de resolução. Por outro lado, se uma pequena quantidade de íons estiver presente, existe problema de sensibilidade. O *gating lens* é importante, portanto, para controlar a quantidade de íons que entram no analisador.[2]

No analisador quadrupolo, os potenciais elétricos são ajustados para que os íons possam ser selecionados em função de sua razão $m/z$ e possam "viajar" no eixo axial (eixo z) no interior do quadrupolo em direção ao sistema de detecção. No analisador QIT, o princípio é diferente, os íons de diferentes $m/z$ são armazenados e permanecem juntos aprisionados por meio de um eletrodo anelar no qual uma voltagem de RF com V variável é aplicada (Figura 1.23b). Adicionalmente, nos dois eletrodos circulares convexos (*end-cap*), aplica-se uma voltagem RF ressonante com V = 0. Os íons podem ficar armazenados por até 15 minutos dentro do *trap*. Como pode existir repulsão iônica no interior do QIT, o que leva a um aumento das trajetórias dos íons (expanção em função do tempo), o QIT é preenchido com gás hélio com o objetivo de remover o excesso de energia desses íons. Portanto, em geral uma pressão de $10^{-3}$ Torr é usada (superior às pressões usadas em analisadores do tipo quadrupolares, TOF e FT-ICR). Durante o armazenamento, cada íon tem uma discreta órbita em função da voltagem RF. Aumentando a rampa de voltagem RF aplicada no eletrodo anelar, começa o processo de ejeção seletiva de massas, em que íons de menores $m/z$ tornam-se inicialmente instáveis e voam em direção aos dois eletrodos circulares convexos (*end-cap*). Entretanto, apenas um dos eletrodos apresenta uma abertura e permite que os íons expulsos cheguem ao detector. Atualmente, novos modelos de QIT têm permitido maior eficiência, e todos os íons armazenados são conduzidos diretamente ao detector (Figura 1.23b). Por fim, o sinal iônico é amplificado pela fotomultiplicadora.[2]

Outro tipo de analisador IT foi desenvolvido posteriormente ao QIT, o LIT. Apesar de mais caro, a alta sensibilidade do LIT possibilita que ele seja acoplado com outro analisador de massas (*Orbitrap* ou FT-ICR). Nesse caso, ele pode funcionar como analisador ou apenas para melhorar a sensibilidade de outro instrumento. Na primeira hipótese, os íons são aprisionados no *trap* e ejetados radialmente para o detector de massas. Na segunda, os íons são também aprisionados, mas agora ejetados axialmente para outro analisador de massas.

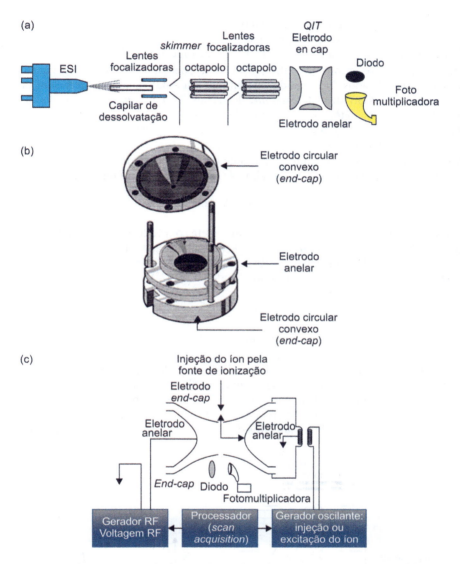

**Figura 1.23.** Esquema de um *ion trap* 3D (QIT) contendo uma fonte de ionização ESI (Finningan LCQ, Themo): os íons produzidos pela fonte ESI são focalizados por meio do *skimmer* e transmitidos pelos dois octapolos até o QIT. Figura adaptada a partir da literatura.[2]

Os analisadores IT apresentam a vantagem de serem robustos, compactos e de menor custo do que outros analisadores de massas como TOF, *Orbitrap* e FT-ICR (Figura 1.23c). Adicionalmente, podem ser acoplados tanto com fontes de ionização à pressão reduzida (EI) como a fontes à pressão atmosférica (API). Em ambos os casos, é possível realizar experimentos de multiestágios de fragmentação, $MS^n$.

## Tempo de voo (TOF)

O TOF foi desenvolvido por Willian Stephens, em 1946,[62] mas só comercializado depois de 1955 por Wiley e McLaren usando o analisador TOF linear. Atualmente, o analisador TOF pode ser comercializado individualmente (TOF linear e ou TOF *reflectron*) ou na forma híbrida como

Q-TOF ou TOF-TOF. O grande diferencial desse analisador é atribuído à simplicidade de operação (eletrônica simples em que o princípio de separação é baseado na cinética dos íons) e ao excelente acoplamento com a fonte MALDI (que transmite os íons de forma pulsada).[6]

Inicialmente, todos os íons que entram no TOF recebem um pulso de energia igual (pulso de extração) e são acelerados. Em seguida, eles entram em uma região livre de potencial (tubo do TOF) e são separados em razão das suas $m/z$. Íons com diferentes $m/z$ têm velocidades diferentes e, portanto, chegam ao detector em tempos diferentes. Os íons mais leves chegam mais rapidamente ao detector do que os mais pesados, uma vez que a energia cinética das espécies ionizadas é teoricamente a mesma (Figura 1.24).

A velocidade de um íon ($v$) que sai da fonte de ionização pode ser calculada pela Equação 1.24, onde ze corresponde à sua carga total, $V_s$ ao o potencial e m é a massa do íon:[2]

$$v = (2zeV_s / m)^{1/2} \tag{1.24}$$

Depois que o íon é acelerado, ele viaja em linha reta com velocidade constante. Assim, $v$ pode ser também definido pela Equação 1.25, onde $t$ corresponde ao tempo necessário para o íon percorrer uma distância L dentro do TOF. Rearranjando a Equações 1.24 e 1.25, temos a Equação 1.26. Agora o $m/z$ pode ser calculado em função do tempo ($t^2$).[2]

$$v = L/t \tag{1.25}$$

$$t^2 = m/z.(L^2 / 2eV_s) \tag{1.26}$$

Desse modo, pela medida do tempo de voo dos íons, pode-se deduzir sua razão $m/z$, podendo analisar compostos de baixa massa molar até macromoléculas (> 100.000 Da). Em teoria, os analisadores TOF não têm um limite máximo de massas, portanto são adequados para serem combinados com técnicas suaves de ionização como ESI e MALDI, que podem ionizar macromoléculas sem induzir a fragmentação. Equipamentos do tipo MALDI-TOF, por exemplo, transmitem os

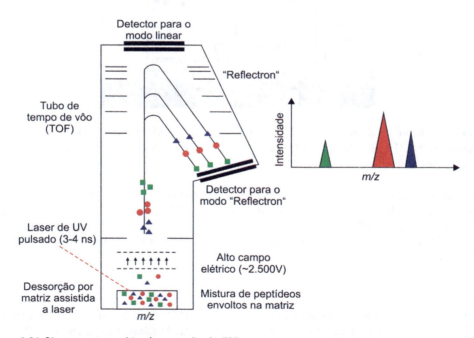

**Figura. 1.24.** Diagrama esquemático de um analisador TOF.

íons de forma pulsada. Essa característica, quando combinada com o pulso de extração do TOF, prioriza a sua alta resolução (5 a 20.000), exatidão (até 5 ppm) e sensibilidade.[6]

Os analisadores do tipo TOF podem operar em dois modos: linear ou reflectron. O modo linear é utilizado para moléculas de massa molar elevada, como proteínas, peptídeos e polímeros. O modo *reflectron* é utilizado para moléculas de baixa massa molar (< 10.000 Da). O emprego desse modo promove um aumento da resolução, em contrapartida uma diminuição da sensibilidade.[63]

## *Orbitrap*

Várias áreas de pesquisa, tais como proteômica e metabolômica, estão impulsionando a demanda por sistemas MS de altíssima resolução e exatidão de massas. A MS de altíssima resolução e exatidão de massas surgiu como uma ferramenta de valor inestimável para analisar a composição química de misturas complexas (petróleo, proteína e metabólitos). Sua sensibilidade para as frações polares e não voláteis a torna um complemento às técnicas tradicionais como GC e GC-MS.[64]

Um analisador de massas lançado recentemente no mercado (em 2004) foi o LTQ *Orbitrap* XL (*thermo scientific*). Ele é um equipamento híbrido que combina à sensibilidade de um analisador de baixa resolução (LTQ) com um analisador de altíssima resolução que pertence à classe dos FT-MS (*Orbitrap*), veja a Figura 1.25.[65-66,67]

Embora recente, o analisador *Orbitrap* foi projetado com base no *Trap* de Kingdom, desenvolvido em 1922 (Watson & Sparkman), ele consiste em dois eletrodos na forma de eletrodos coaxiais simétricos, uma superfície externa cilíndrica e um eletrodo interno orientado na forma de eixo. Um potencial elétrico constante é aplicado entre esses dois eletrodos (não há campo magnético ou potenciais elétricos oscilantes envolvidos). As superfícies opostas dos eletrodos não são paralelas (apresentam-se na forma de uma pera). Assim, o campo elétrico entre as duas superfícies varia em função da posição ao longo do eixo z, e o eixo longitudinal dos dois eletrodos coaxiais, e é mínimo no ponto de maior distância entre as superfícies dos eletrodos, ou seja, no centro do *Orbitrap*, como mostrado na Figura 1.25. Valores de *m/z* são medidos ao longo do eixo do campo elétrico a partir da frequência de oscilações harmônicas dos íons orbitalmente aprisionados. A frequência dessas oscilações harmônicas independe da velocidade dos íons e é inversamente proporcional à raiz quadrada da relação *m/z*. *Orbitraps* têm uma alta precisão de massa (< 1 ppm), um alto poder de resolução (> 150.000) e uma alta faixa de relação *m/z* (*m/z* de até 6.000). As principais vantagens desse analisador são:

1. A baixa manutenção sem a necessidade de criogenia (em comparação com o analisador ICR);

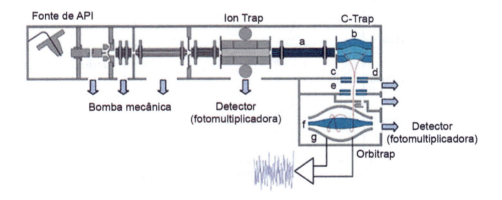

**Figura 1.25.** Diagrama esquemático de um LTQ *Orbitrap* (*Thermo Scientific*).

2. A possibilidade de realizar experimentos de CID em três diferentes lugares: LTQ, C *trap* ou no *Orbitrap*;
3. É uma máquina compacta, robusta e de tamanho reduzido. A sua principal desvantagem continua sendo seu alto custo (quando comparado com analisadores IT e TOF) e a sua menor resolução e exatidão de massas em comparação com o analisador ICR de alto campo magnético (7 e 12 tesla), conforme Figura 1.26.[64]

A Figura. 1.26 mostra uma comparação do poder de resolução (PR) em função do $m/z$ para os analisadores *Orbitrap* e ICR (7 e 12 Tesla). Note-se que o PR diminuiu em função do $m/z$. Em geral, para o *Orbitrap* uma R ≅ 100.000 é observada para $m/z$ de 100. Para o analisador ICR, valores superiores a R ≅ 200.000 são observados.[67]

### Ressonância ciclotrônica de íons com transformada de Fourier (FT-ICR-MS): alta exatidão e resolução

O FT-ICR ou simplesmente FT-MS é considerado, até o momento, o tipo mais complexo de analisadores de massas. Os equipamentos de FT-ICR, normalmente utilizados na caracterização de petróleo e proteínas, são equipamentos híbridos que, além da cela de ICR, podem apresentar, na sua configuração, um *ion trap* linear (LTQ FT Ultra, *Thermo Scientific*, Bremen, Germany) ou um quadrupolo/hexapolo (Solarix, Bruker Daltonics, Bremen, Germany) que une a alta sensibilidade do *ion trap*, por exemplo, com a altíssima resolução do ICR.[2]

O LIT é um analisador de massas que faz uso da estrutura básica de um quadrupolo, ou seja, um arranjo de quatro cilindros metálicos; no entanto, em vez de filtrar íons de todas as razões $m/z$, ele é utilizado para capturar os íons e fazer ejeção radial para o analisador ICR.[52]

O ICR determina a razão $m/z$ dos íons a partir da frequência ciclotrônica destes na presença de um campo magnético espacialmente uniforme (Figura 1.27a). Essa frequência é inversamente proporcional à razão $m/z$. Os íons gerados por uma fonte de ionização (p. ex.: ESI), são aprisionados na cela de ICR, também designada como *penning trap* (*trap* na presença de um campo magnético), em que cada íon começa a se movimentar em uma determinada posição pela ação do campo magnético uniforme. Contudo, o sinal do ICR é detectável apenas se os íons apresentarem um movimento sincronizado (em fase). Com intuito de obter essa sincronia, aplica-se um campo elétrico (RF) espacialmente uniforme com a mesma frequência ciclotrônica, tornando o movimento dos íons detectáveis. O sinal de ICR (domínio de tempo) é resultante, portanto, da corrente oriunda da detecção de uma imagem oscilante de uma carga ao se aproximar de dois eletrodos condutores opostos paralelamente. O espectro em domínio de frequência é obtido pela

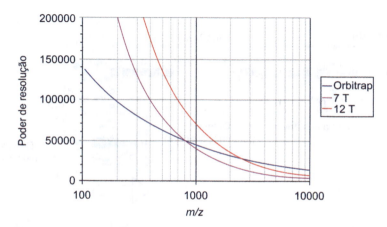

**Figura 1.26.** Comparação do poder de resolução entre os analisadores *Orbitrap* e ICR (7 e 12 Tesla).

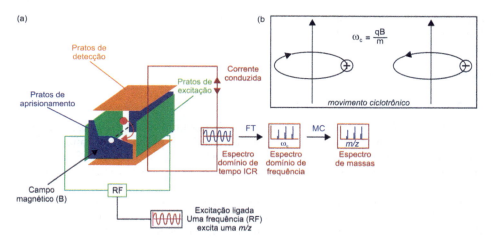

**Figura 1.27.** Esquema do funcionamento de uma cela de ICR. (a) Diagrama do movimento ciclotrônico de íons e (b) a cela de ICR. A rotação dos íons ocorre perpendicularmente ao campo magnético B.

transformada de Fourier em um sinal de ICR digitalizado no domínio de tempo. Em seguida, após uma simples conversão matemática, este é transformado em domínio de massas ou espectro de massas (Figura 1.27b).[68]

O controle do número de íons dentro da cela de ICR é essencial para obtenção de valores ótimos de resolução, exatidão e relação sinal-ruído. O efeito *space charge* altera o movimento dos íons dentro da cela de ICR, podendo aumentar o tamanho do pacote de íons dentro da cela, produzindo maior dispersão dos íons e, consequentemente, diminuindo a resolução. Do mesmo modo, a alta densidade de carga na cela de ICR provoca fenômenos de coalescência que diminuem rapidamente o sinal de transiente.[69] A altíssima resolução é obtida quando o sinal do transiente é coletado por períodos relativamente longos que precisam ser controlados a fim de evitar perdas de resolução.

A Figura 1.28a ilustra a trajetória dos íons dentro de um espectrômetro de massas FT-ICR MS comercial. Após o processo de ionização, os íons são focalizados e atraídos para dentro do analisador a partir de lentes que funcionam como uma espécie de cone de *Taylor*, responsáveis pela atração e transição do íon a partir de um sistema à pressão atmosférica para uma pressão reduzida ($\cong 10^{-6}$ âmbar). Caso exista algum fenômeno de supressão iônica, ele pode ser reduzido usando um mecanismo de fragmentação induzida na fonte de ionização. O processo ocorre quando uma voltagem é aplicada em uma das lentes focalizadoras (aqui nomeadas de *skimmer*) perturbando, assim, a trajetória de espécies majoritárias. Consequentemente, ocorre uma diminuição na população de íons na cela de ICR e da energia do sistema (Figura 1.28b). Em seguida, os íons atravessam o analisador quadrupolar (que atua unicamente como filtro de massas) e um hexapolo (*collision cell*). O último tenta imitar o funcionamento de um analisador IT. Quando os íons chegam ao hexapolo, a *beam valve* é fechada e eles são acumulados. Portanto, o tempo de acumulação dos íons pode ser controlado e, consequentemente, a população de íons na cela de ICR. O hexapolo também funciona como cela de colisão e experimentos de $MS^2$ podem ser realizados. Por fim, o íon alcança a cela de ICR, e a quantidade de íons deve ser mantida em um valor ótimo usualmente menor que $10^7$ (para celas de 1 cm de diâmetro). Isso assegura que as interações espaciais de cargas sejam minimizadas, permitindo ao analisador ICR medir $m/z$ com um altíssimo valor de resolução e exatidão. Usando uma linguagem mais coloquial, para que o analisador ICR possa medir, por exemplo, a massa de um íon de $m/z$ 100, é necessário que ele percorra 30 km em 1s na presença de um campo magnético de 3 T, o que evidencia o motivo pelo qual o ICR fornece sinais com as características mencionadas, já que a frequência ciclotrônica de qualquer íon é coletada em milhares de ciclos em poucos segundos, fornecendo, assim, valores m/z com alta relação sinal/ruído.[70]

## APLICAÇÕES

### Petroleômica

A análise dos constituintes do petróleo é realizada por uma variedade de técnicas analíticas. A composição dos hidrocarbonetos saturados é caracterizada por cromatografia gasosa uni ou bidimensional acoplada à espectrometria de massas (CG-EM e CG/CG-EM),[71] espectrometria de massas de alta resolução[72] e cromatografia líquida acoplada à espectrometria de massas.[73] No entanto, pouco é conhecido sobre a composição das espécies menos abundantes, como os compostos polares, ou sobre a composição de petróleos pesados, cuja complexidade composicional excede o poder de resolução dessas técnicas analíticas. Com o advento da espectrometria de massas de ressonância ciclotrônica de íons por transformada de Fourier (FT-ICR MS),[74] obteve-se a resolução necessária para resolver individualmente cada componente de uma matriz complexa.

A geração de íons [(M + H)$^+$ e (M – H)$^-$ ] por ionização química, ESI, LDI e MALDI permitiu a caracterização detalhada de compostos não voláteis, antes não acessíveis. Em 2000, Fenn e Zhan[75] foram os primeiros a assinalar que ESI poderia ionizar a maioria das espécies polares do petróleo e, consequentemente, sua detecção por espectrometria de massas. Nessa técnica, os compostos polares podem ser analisados nos dois modos de ionização, dependendo da sua natureza ácida ou básica, como ilustrado na Figura 1.29.

As análises por ESI FT-ICR MS do petróleo e seus derivados têm identificado milhares de espécies que compõem dezenas de diferentes classes de compostos graças à seletividade do processo de ESI.[76] A análise no modo negativo por ESI favorece a ionização de espécies ácidas e, portanto, reflete na ionização dos nitrogenados não básicos (como os pirrólicos) e ácidos naftênicos. Já a análise no modo positivo favorece a ionização de nitrogenados básicos como os compostos homólogos da piridina. É interessante notar que ESI leva a uma especiação química, uma vez que os compostos da classe N, nitrogenados, identificados no modo positivo, são diferentes dos identificados no modo negativo, embora ambos pertencessem à classe N. O mesmo raciocínio poderá ser utilizado para realizar discriminações entre as funções químicas $O_x$, $SO_x$, $NS_x$, $N_x$, $NO_x$

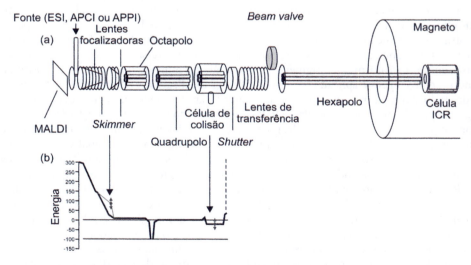

**Figura 1.28.** (a) Esquema de um espectrômetro de massas FT-ICR MS; (b) diagrama de energia em função da trajetória do caminho percorrido pelo íon.

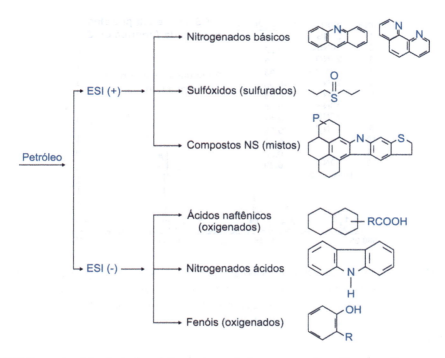

**Figura 1.29.** Compostos típicos ionizados seletivamente por electrospray no modo positivo e negativo.

e $S_x$.[77] Contudo, cabe salientar, essa especiação limitada de classes é realizada sem a utilização de técnicas de separação.

O grande sucesso dessa especiação de classes por ESI está na ultra-alta resolução fornecida pelo FT-ICR MS que rapidamente identifica a classe de heteroátomo correta, mesmo para espécies isobáricas que podem apresentar diferenças de massas uma da outra de até 3.4 mDa ($C_3$ versus $SH_4$) (Figura 1.30). Desse modo, o acoplamento das técnicas, ESI e FT-ICR MS[78] produziu uma excelente técnica analítica para análise dos componentes polares presentes em misturas complexas como o petróleo, que está redefinindo a composição do petróleo, uma vez que mais de 15.000 compostos são caracterizados em uma única análise.[79]

ESI FT-ICR MS abriu as portas para análise da composição polar do petróleo, considerado a mistura orgânica de maior complexidade, constituído tipicamente por milhares ou até dezenas de milhares desses componentes. A obtenção de perfis (*fingerprints*) de diferentes petróleos e derivados com tamanha abrangência reascendeu algumas ideias antigas, como as de Quann e Jaffe,[80] que, já no início da década de 1990, apontavam que a variabilidade da composição deve ser considerada para predizer com maior exatidão o comportamento e a reatividade do petróleo. Assim, a técnica ESI FT-ICR MS concretizou o surgimento do termo petroleômica.[81]

Petroleômica, portanto, é um termo utilizado para descrever o estudo, com maior abrangência possível, dos componentes presentes no petróleo e como esses componentes afetam as propriedades e a reatividade de um óleo específico. O objetivo principal é o de predizer as propriedades e o comportamento do petróleo a partir da sua composição com finalidade de fornecer respostas para diversas questões em toda a cadeia da indústria petrolífera, desde a exploração até o refino, para assegurar o controle da qualidade dos combustíveis.

O FT-ICR MS acoplado a uma fonte de *electrospray* (ESI(-)FT-ICR MS) tem sido utilizado para caracterização de componentes ácidos em petróleos. Em 2013, Colati e colaboradores[82] caracterizaram frações de ácidos naftênicos extraídas em meio alcalino (pH 7, 10 e 14) em amostras de petróleos com alto valor de TAN (número de acidez total, onde TAN = 4.95 e 3.19 mgKOH

*Fundamentos de Espectrometria e Aplicações*

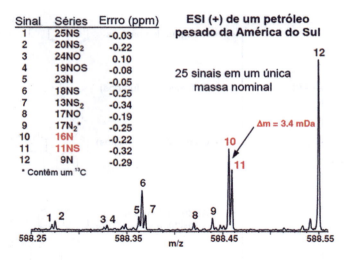

**Figura 1.30.** Expansão de um segmento de um espectro de ESI FT-ICR MS de um petróleo pesado da América do Sul. Apenas 12 dos 25 sinais identificados estão listados. Os sinais 10 e 11 denotam uma problemática comum em petroleômica, a distinção de íons cujas *m/z* estão separados em *m*Da ($C_3$ versus $SH_4$, 0.0034 Da). Adaptado de Hughey et al.[76b] Os compostos identificados estão denotados pelo valor do DBE e pela classe, por exemplo, o composto 1 apresenta DBE 25 e pertence à classe NS.

$g^{-1}$). A metodologia de extração desenvolvida conseguiu reduzir o TAN no petróleo a níveis de até 92% quando um pH = 14 de extração era utilizado. Os resultados de ESI(-)-FT-ICR MS identificaram as principais espécies ácidas responsáveis pela elevada acidez no petróleo original (Figura 1.31a-d). Perceba-se que para as frações ácidas (Figura 1.31b-d), as espécies foram identificadas na região de *m/z* de 200 a 600, apresentando número de carbono menor que $C_{44}$ e DBE = 3-4. A distribuição da massa molar média ($M_w$) e da quantidade de espécies ácidas variava em função do pH de extração ($M_w$ = 270 → 390).[82]

A ultra-alta resolução e exatidão fornecidas pelo FT-ICR MS permitem a atribuição da composição elementar dos milhares de compostos encontrados em amostras complexas como o petróleo. A composição elementar possibilita agrupar os milhares de componentes identificados em *classes* (p. ex.: classificação em relação ao número de $N_x$, $S_x$ e $O_x$), *tipo* (número de anéis mais duplas ligações) e o grau de alquilação (ou seja, o número de unidades $-CH_2$ para compostos de uma determinada classe e um determinado tipo). A questão remanescente é como agrupar e exibir a composição para melhor ilustrar as diferenças entre amostras de petróleo. Com a finalidade de sumarizar, visualizar e interpretar os dados de petroleômica, alguns gráficos são comumente utilizados, como o de Kendrick,[83] diagrama de van Krevelen[84] e diagramas retratando o número de carbono *versus* DBE.

No gráfico de Kendrick, a massa nominal de Kendrick (KNM do inglês *Kendrick mass nominal*) é calculada convertendo a massa dos grupos -$CH_2$ a qual é 14.01565 para 14.00000 (Equação 1.27).[83]

$$\text{Massa de Kendrick} = \text{Massa IUPAC} \times (14.0000 / 14.01565) \tag{1.27}$$

Desse modo, os defeitos de massa das unidades de repetição ($CH_2$) são anulados e as séries homólogas (compostos contendo mesmo número de heteroátomos e números de anéis mais ligações duplas – DBE –, mas com diferentes números de unidades de $CH_2$) terão o mesmo defeito de massa de Kendrick (KMD do inglês *Kendrick mass defect*) (Equação 1.28) e, como ilustrado na Figura 1.32, ficarão todos agrupados em uma linha.

Fundamentos de Espectrometria de Massas e Aplicações

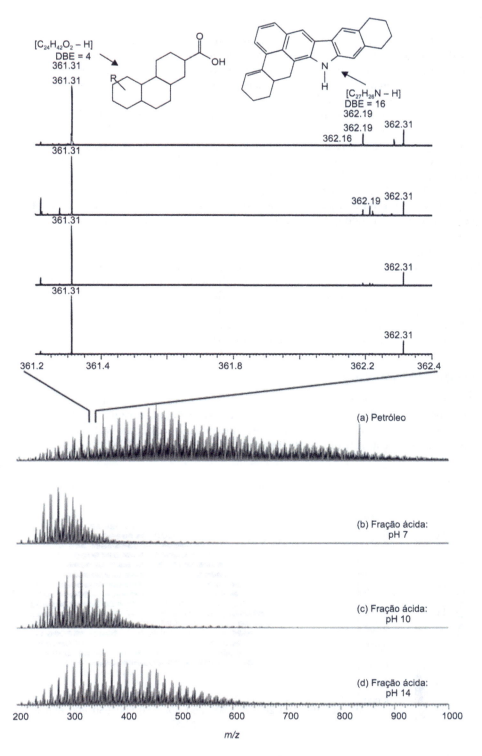

**Figura 1.31.** Espectros de ESI(-)-FT-ICR MS para um (a) óleo cru brasileiro e suas respectivas frações ácidas extraídas a (b) pHs 7, (c) 10 e (d) 14 adquiridos a partir de um FT-ICR MS 9,4 T (Solarix, Bruker Daltonics).[82]

Defeito de Massa de Kendrick = (Massa nominal de Kendrick − Massa exata de Kendrick) (1.28)

As insaturações (valores diferentes de DBE) aumentarão o defeito de Kendrick em 0.01340 Da (KMD para dois átomos de H), portanto os elementos de uma mesma classe que apresentam valores diferentes de DBE cairão em linhas paralelas características separadas por 0.01340 KMD, sendo que, quanto maior o DBE, mais alta será a posição da linha no eixo das ordenadas. O gráfico de Kendrick fornece, desse modo, a distribuição em massa de determinadas classes de compostos em função do nível de insaturação. A Figura 1.32 retrata um gráfico típico de Kendrick utilizado em petroleômica.[53]

Nos diagramas de van Krevelen,[84] a composição elementar dos componentes do petróleo é comparada pela projeção das razões atômicas como H/C, O/C e N/C em dois (ou três) eixos (Figura 1.33). A razão H/C separa compostos de acordo com o grau de sua insaturação. Já a razão O/C ou N/C os separa em relação ao respectivo conteúdo de O ou N. Esse gráfico fornece, portanto, uma comparação visual das classes em função do tipo de heteroátomo e insaturação e é um gráfico clássico utilizado pelos geoquímicos no processamento de dados de petróleo.[85]

Os diagramas de número de carbono *versus* DBE sumarizam os componentes de um determinado DBE em função do grau de alquilação. Assim, cada ponto nesse gráfico corresponde a uma fórmula molecular corresponde a um dos milhares de íons de um espectro de ESI FT-ICR MS. O gráfico é útil para comparação de amostras de petróleo, visto que, por uma simples análise visual, é possível identificar alterações tanto em termos de DBE como na amplitude do grau de alquilação de componentes de uma determinada classe. A Figura 1.34 retrata um diagrama típico do número de carbono *versus* DBE para uma amostra de diesel.[70]

## MALDI-IMS e DESI *imaging*

Entre as inúmeras aplicações da espectrometria de massas, a que merece mais destaque é a área de imagem (*imaging MS*), a qual tem recentemente sido cada vez mais utilizada em diversas áreas científicas em razão da característica de fontes de ionização como MALDI e DESI em investigarem diretamente a distribuição de lipídeos, drogas, agentes de defesa biológica, pigmentos e

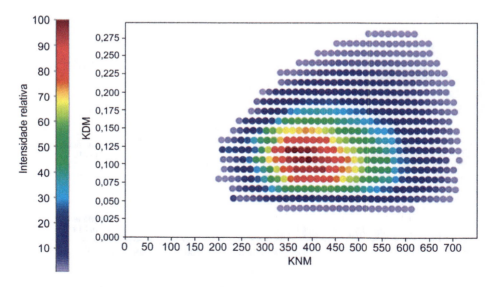

**Figura 1.32.** Gráfico de Kendrick para classe N$_1$ dos constituintes polares obtidos a partir dos dados de ESI(+) FT-ICR MS de uma amostra de petróleo.[70]

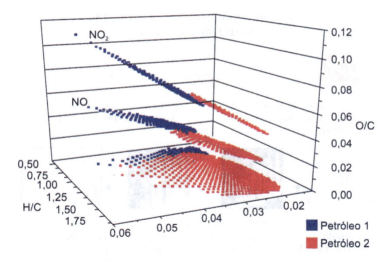

**Figura 1.33.** Comparação entre duas amostra de petróleo por ESI(+). Relação H/C, N/C e O/C para as classes N, NO e NO$_2$.[70]

proteínas em tecido animal e vegetal nas mais variadas matrizes, sem a necessidade de métodos histoquímicos.

Caprioli e colaboradores[86] foram pioneiros no imageamento químico em tecidos utilizando MALDI como fonte de ionização. Após 2 anos, houve um grande avanço na técnica de MALDI-IMS, uma vez que esta foi automatizada, passando a ser implementada na prática. A inserção de MALDI baseado em técnicas de IMS, então denominada MALDI-IMS, levou a um aumento em estudos nesta área e, consequentemente, em desenvolvimentos instrumentais e metodológicos e, portanto, nas aplicações de imageamento por MS. Desde então, estratégias de desenvolvimentos em IMS, tanto na parte instrumental quanto nas metodologias de análises, têm feito dessa técnica uma ferramenta poderosa na localização espacial e na identificação de fármacos, metabólitos, lipídeos, peptídeos e proteínas em tecidos biológicos complexos.[87]

MALDI-IMS é uma derivação da técnica MALDI, porém, nesse caso, a amostra aderida na placa de MALDI é movida nos eixos x/y e cada posição da amostra é analisada. Então, a partir do armazenamento do espectro de MS em função do plano x/y, uma imagem bidimensional do perfil metabólico da amostra pode ser obtida (Figura 1.35).[88] Ou seja, o MALDI-IMS nada mais é do

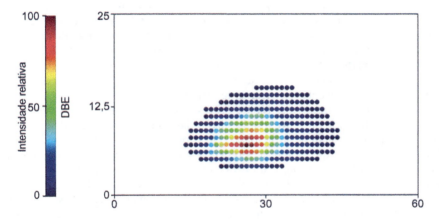

**Figura 1.34.** Gráficos de número de carbono *versus* DBE de uma amostra de Diesel por ESI(+) FT-ICR MS.[70]

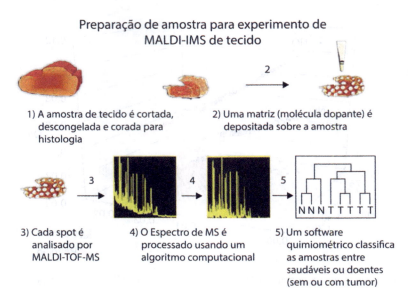

**Figura 1.35.** Fluxograma geral de um experimento de MALDI-IMS de tecido.

que o somatório de várias aquisições pontuais geradas por MALDI, processadas por um *software*, fornecendo, assim, uma imagem química da superfície total analisada. Estudos recentemente publicados demonstraram a possibilidade de se obter um perfil de massas de compostos presentes na superfície de um tecido com uma resolução espacial de 25 µm o que resulta em imagens com alta resolução. Imagens tridimensionais de peptídeos e proteínas presentes em cérebro de rato foram descritas na literatura demonstrando o potencial de imagens 3D, e não apenas de imagens bidimensionais, as quais são normalmente obtidas.

Uma das vantagens mais atrativas do MALDI-IMS é a visualização de moléculas individuais, presentes nas superfícies de seções de tecidos sem a necessidade da utilização de anticorpos, coloração, ou etapas demoradas de pré-tratamentos. Portanto, essa técnica fornece a análise pontual das moléculas e não é necessária a homogeneização de todo tecido, havendo uma mistura de várias moléculas presentes em toda superfície, por exemplo a forma como é realizado nos métodos tradicionais de proteoma utilizando-se eletroforese em gel (1D e 2D) e cromatografia líquida.[89]

Em 2006, DESI *imaging* surgiu como uma técnica em *imaging* MS cujas características supriam as necessidades até então existentes nessa área.[89] Diferentemente da técnica MALDI-IMS, DESI *imaging* é uma técnica ambiente que permite análise direta de tecidos biológicos e outras superfícies e tem vantagens distintas como mínima ou nenhuma preparação de amostras, análise simplificada e ionização gentil de moléculas presentes na superfície. Em DESI *imaging*, não há necessidade de adição de matriz ou qualquer outro tratamento de amostra, sendo a análise realizada sob condições ambientes, à pressão atmosférica. Durante a análise, a superfície em estudo é impactada por gotas de solventes eletricamente carregadas, sendo essas gotas geradas pelo mesmo mecanismo de ESI. Durante esse rápido processo, uma fina camada de solvente é formada no ponto (*spot*) de análises, promovendo dessorção das moléculas da superfície que, então, são carregadas ao sistema de analisador de massas pelas próximas gotas que impactam a superfície (cálculos teóricos indicam que esse processo ocorre em uma escala de tempo menor que 1 µs). Em experimentos por DESI *imaging*, a amostra (colocada sobre uma superfície como um simples *slide* de vidro, ou analisado *in situ*) é movida embaixo da fonte de DESI que permanece fixa. A plataforma que contém a amostra é continuamente movida e a amostra analisada em uma linha na dimensão "x" e, posteriormente, no final dessa linha, um passo é tomado na dimensão "y", e uma nova linha "x" é analisada, até que toda a área de interesse seja investigada.[90] Esse processo gera um espectro de MS para cada ponto exposto à análise, ou cada pixel na superfície (Figura 1.36). Finalmente, imagens de íons presentes na amostra analisada mostrando sua distribuição espacial (2D ou 3D) em escala de intensidade absoluta e/ou relativa são criados a partir dos dados obtidos. Em DESI *imaging*, o tamanho do "ponto" (*spot size*) analisado, ou a resolução espacial, depende no diâmetro do capilar utilizado e da distância entre o capilar e a amostra, entre outros parâmetros. Tipicamente, uma resolução de 200 μm é utilizada em DESI *imaging*, entretanto, resolução de até 40 μm por DESI já foi descrita na literatura.[91] Diferentes resoluções podem ser utilizadas dependendo da otimização de parâmetros como velocidade da plataforma, fluxo de solvente e pressão do gás do spray.[92]

Desde sua criação, a DESI *imaging* tem sido utilizada na análise de diversas amostras. Exemplos incluem análise de fosfolipídeos em diferentes tecidos como cérebro de rato e camundongo, análise da distribuição de drogas e seus metabólitos em tecidos animais, análise e distinção entre tecidos animais cancerígenos e normais baseadas no perfil de lipídeos presentes, análises de lipídeos e drogas de abuso em impressões digitais e análise de adulteração de documentos. Uma das grandes vantagens em DESI *imaging* que aumenta ainda mais as opções de sua aplicação é a possibilidade de adicionar qualquer solvente e/ou composto químico no *spray* sendo utilizado. Consequentemente, reações entre específicas moléculas presentes em uma superfície e reagentes adicionados ao *spray* podem ser utilizadas para aumentar a seletividade do método e também ionizar moléculas de baixa polaridade. Denominado "Reactive *DESI*" (DESI reativo), essa modalidade de DESI foi recentemente utilizada para mapear colesterol em tecidos animais e tem grande potencial de aplicações em ciências biológicas.[93]

Nos últimos anos, DESI *imaging* tem se estabelecido como uma técnica com grande potencial de aplicação em diversas áreas de ciência (Figura 1.36), principalmente em ciências biológicas, biomedicina, ecologia e forenses. Por ser uma técnica de ionização ambiente, a DESI *imaging* oferece vantagens como análise simplificada em condições de pressão atmosférica e mínima ou nenhuma necessidade de tratamento ou preparação de amostras. Permite análises de tecidos humanos, animais, plantas, impressões digitais, documentos, entro outros,[93] e é uma técnica normalmente utilizada na investigação do perfil de lipídeos, metabólitos e outros compostos de baixa massa molar. Já que reações entre reagentes adicionados ao *spray* e compostos presentes na superfície podem ser realizadas, a DESI *imaging* pode ser utilizada com alta seletividade e uma grande quantidade de aplicações. Na área de biomedicina, é esperado que seja utilizada no futuro como uma técnica de patologia molecular para investigação e diagnóstico de doenças como o câncer.[33] Entretanto, é importante ressaltar que limitações na sua aplicação podem ser causadas pelas principais desvantagens de DESI *imaging* como baixa resolução de aquisição (em comparação a métodos como MALDI e SIMS) e restrição de análise a compostos de baixo valor de *m/z*.

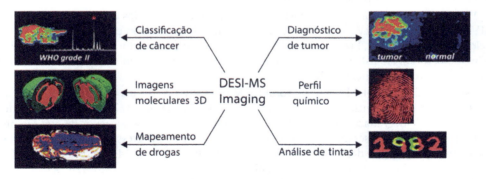

**Figura 1.36.** Exemplos de aplicação de DESI-MS *imaging*.[94]

# Química forense

Ramo das ciências forenses voltado para a produção de provas materiais para a justiça, por meio da análise de substâncias diversas em matrizes, tais como drogas lícitas e ilícitas, venenos, acelerantes e resíduos de incêndio, explosivos, resíduos de disparo de armas de fogo, combustíveis, tintas, fibras, entre outros. Embora a química forense seja um tema muito importante e que desperte cada vez mais interesse na sociedade científica, a sua aplicação no campo da criminalística ainda constitui uma nova linha de pesquisa no Brasil. Entre as subáreas da química forense, aqui destacaremos a documentoscopia e análise de drogas de abuso.

Na documentoscopia, até 2000, as técnicas de espectroscopia molecular (infravermelho,[94-97] Raman,[98,99] fluorescência molecular[100]) e de separação: cromatografia[101-103] e eletroforese[104-108]) foram as mais empregadas. A partir de 2001, com a evolução do sistema MS, problemas complexos que existiam até o momento tornaram-se solucionáveis. Entre eles, podemos destacar: cruzamento de traços; falsificação de documentos; e datação de tintas. Essas análises podem ser realizadas de maneira rápida, sensível e sem nenhuma preparação de amostra. Essa evolução na área de MS decorre principalmente do surgimento de novos sistemas de ionização ambiente como EASI, DESI e DART.[109-115] A partir de 2005, vários trabalhos começaram a ser publicados (13 publicações e 151 citações, respectivamente), sendo atualmente a EASI uma das técnicas usadas pela Polícia Federal brasileira na investigação da autenticidade de documentos questionados.[116]

A documentoscopia é a parte da criminalística que estuda a autenticidade de documentos e, em caso contrário, determina a sua autoria. Ela se distingue de outras disciplinas, que também se preocupam com os documentos, porque tem um cunho nitidamente policial: não se satisfaz com a prova da ilegitimidade do documento, mas procura determinar quem foi o seu autor e os meios empregados para sua produção. Atualmente, as metodologias desenvolvidas são destinadas principalmente a problemas como análise e datação de tintas, falsificação de documentos e cruzamento de traços.[117] No Brasil, o papel-moeda é sem dúvida o principal exemplo de falsificação. Adicionalmente, a datação de tintas em documentos questionados é, sem dúvida, uma análise controversa. Se a idade de uma tinta for conhecida, a falsificação de documentos envolvendo canetas esferográficas certamente seria de fácil resolução.[117]

Recentemente, um novo conjunto de técnicas de ionização em espectrometria de massas foi desenvolvida. Os primeiros estudos direcionados para a análise de tintas em documentos surgiram no período de 2005-2006.[111] *Laser desorption ionization mass spectrometry* (LDI-MS) e MALDI-MS são ferramentas analíticas muito utilizadas na análise de corantes. O uso de MALDI-MS e LDI-MS pode envolver pouca preparação de amostra.[118] Posteriormente, elas são colocadas sobre uma superfície metálica, introduzidas em uma câmara de ionização e irradiadas com um laser pulsado ($N_2$, 337 nm, 3ns, $\approx$ 20μm). Ocorre a dessorção e a ionização do analito, sendo os íons formados atraídos para o analisador de massas.

Weyermann e colaboradores[117] investigaram o envelhecimento dos corantes violeta de metila (MV) e violeta de etila (EV), usados em canetas esferográficas de coloração azul. Envelhecimentos acelerados (temperatura, luz e umidade) e naturais (1 ano) foram estudados ao longo do tempo. Além disso, foram analisados diversos métodos de preparação de amostras, e seus possíveis efeitos nos estudos de envelhecimento.

Espectros de MALDI-MS para os corantes MV e EV a um t = 0 s são mostrados na Figura 1.37a. Os íons mais intensos correspondem às espécies $M^+$ de $m/z$ 372 e 456, respectivamente. Após 6 horas de degradação fotoquímica, vários outros sinais de menor valor de $m/z$ são observados (Figura 1.37b). Esses íons são formados a partir da perda progressiva de grupos $C_nH_{2n}$. Para o MV, cinco produtos de degradação são formados via eliminação de 14 u ($m/z$ 358, 344, 330, 316 e 302). Para o EV, cinco produtos são formados via eliminação de 28 u ($m/z$ 428, 400, 372, 344 e 316) e outros cinco, via eliminação de 14 u ($m/z$ 442, 414, 386, 358, 330 e 302). Essa degradação pode ser quantificada pela fórmula: RPA = $(A_i/A_{total}) \times 100$, onde $A_i$ é o valor da intensidade absoluta de um sinal com $m/z = i$, e $A_{total}$ é o somatório dos valores de intensidade absoluta do íon precursor e os seus produtos de degradação. Em geral, esse trabalho apresenta resultados inovadores e importantes para estudos futuros de datação de tintas. Entretanto, o uso dessa técnica apresenta algumas desvantagens:

a. Destruição do documento – é necessário conduzir parte do papel contendo o pigmento para a plataforma do MALDI;
b. Uso de matrizes orgânicas – otimização e a reprodutibilidade das condições de ionização nem sempre são um processo simples;
c. Uso de solventes – caso seja necessário extrair o corante do papel, os estudos de contraprova de documentos questionados não poderiam ser realizados;
d. *Laser* – dependendo de sua potência, pode haver degradação do analito. É importante ressaltar que esse trabalho apresenta grandes méritos e, como consequência, tem despertado o interesse de vários grupos de pesquisa que desenvolveram métodos de ionização mais modernos, não destrutíveis e rápidos na análise de documentos questionados.

No contexto forense, os trabalhos realizados pelo grupo do professor Marcos Eberlin, usando a técnica EASI-MS, demonstraram que outros corantes empregados em canetas esferográficas, além do MV, sofrem degradação fotoquímica. Entre estes, *Basic Blue* 26 ($m/z$ 470), *Basic Blue* 7 ($m/z$ 478), *Basic Violet* e o *Basic Red* 1, (ambos de $m/z$ 443) foram detectados. Em alguns casos, corantes como niquelato de ftalocianina ($m/z$ 571) e 1,3-dimetil-1,3-ditoliguanidida ($m/z$ 268) são estáveis, não sofrendo degradação quando expostos à luz incandescente durante 72 horas. Documentos antigos fornecidos pela Polícia Federal foram também analisados (1987, 1993, 1997 e 2001). O corante MV novamente funcionou como um "relógio químico". Os autores afirmam

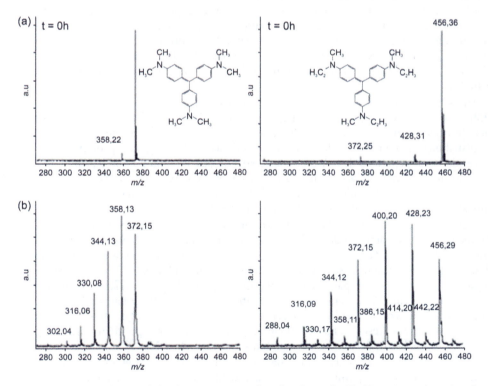

**Figura 1.37.** (a) Espectros de MALDI(+)-MS para os corantes de violeta de metila, MV: [M$^+$ = 372,2 u] e violeta de etila, VE: [M$^+$ = 456,3 u] dissolvidas em etanol em t = 0 s. (b) Espectros de MALDI(+)-MS para os corantes ME e EV, depois do envelhecimento acelerado com lâmpada de xenônio onde t = 6 h. Figura adaptada a partir da literatura.[117]

que a degradação natural ocorrida com os documentos antigos são fatores não controláveis, em que cada documento pode ter sido armazenado ou exposto a condições diferentes, sendo necessário, portanto, um grande número de documentos para a realização de uma metodologia de validação analítica. Entretanto, uma estimativa é feita para um documento de 10 anos, em que os cálculos de $RPA_{372}$ mostraram corresponder a um envelhecimento acelerado de 6 horas. Outro resultado interessante é que a variação do $RPA_{372}$ com o tempo apresenta uma relação linear quando se usa uma lâmpada incandescente, diferentemente do trabalho anterior, em que o valor de $RPA_{372}$ se estabiliza em 30%, corroborando a importância da elaboração de metodologias de validação analítica em que os valores de $RPA_{372}$ obtidos pelos estudos de envelhecimentos acelerados e naturais poderiam ser correlacionados. Os autores também mostram que é possível analisar uma interseção homogênea de traços feitos por canetas esferográficas azuis e números suspeitos de falsificação.[117]

Recentemente, a falsificação de dinheiro é outro grande problema que a Casa da Moeda vem enfrentando no Brasil. Os falsificadores vêm aprimorando suas técnicas de falsificação, conseguindo "imitar" os vários elementos de segurança presentes no papel-moeda, adicionados no processo de impressão.[118]

A obtenção do perfil químico do dinheiro torna-se uma metodologia eficiente para as investigações criminais no combate à falsificação do dinheiro nacional. A autenticidade das principais moedas (real, dólar e euro) pode ser averiguada em poucos segundos (Figura 1.38a-c). Para o espectro de EASI-MS correspondente a nota de 50 reais (Figura 138a), uma série de íons diagnósticos é detectada com valores de $m/z$ de 391, 413, 429, 803 e 819. Na maioria dos casos, é comum também encontrar como contaminante o íon de $m/z$ 304, que corresponde à molécula de cocaína protonada. Como os dados obtidos foram feitos no EASI(+)-FT-ICR MS, eles têm altíssima resolução e exatidão, havendo a possibilidade de se realizar experimentos de MSn (*multistage mass spectrometry*). Portanto, é fácil elucidar a estrutura desses íons diagnósticos. A maior parte deles corresponde ao plastificante bis (2-etilhexil)ftalato, detectado como $[M + H]^+$ de $m/z$ 391; $[M + Na]^+$ de $m/z$ 413; $[M + K]^+$ de $m/z$ 429, $[2M + Na]^+$ de $m/z$ 803 e $[2M + K]^+$ de $m/z$ 819. O íon de $m/z$ 494 é atribuído ao biocida, que é um sal de amônio quaternário, di-hexadecildimetrila de amônio.

Amostras de notas de dólar e euro foram também analisadas pelo EASI-FT-ICR MS (Figura 1.38b-c). Foi observado que os íons diagnósticos de $m/z$ 391, 413, 429, 803 e 831 presentes nas notas brasileiras não são detectados. Para as notas estrangeiras, o perfil químico é dominado por distribuições oligoméricas de íons correspondentes a álcoois graxos propoxilados, separados por unidades de repetição de $m/z$ 58. Essas distribuições, no entanto, são bastante distintas para ambas as notas. Para o euro, essa distribuição é centrada na região de $m/z$ de 900 (Figura 1.38c), onde os oligômeros detectados são espécies $[M + Na]^+$. Para o dólar, a distribuição oligomérica é centrada na região de $m/z$ de 500, formando espécies $[M + H]^+$.[32]

Perfis químicos foram também obtidos para as notas falsas reproduzidas no Laboratório Thomson de Espectrometria de Massas da Unicamp usando três diferentes marcas de impressoras: *inkjet, phaser e laserjet* (Figura 1.39a-c). Os íons detectados para as impressoras *inkjet* e *phaser* correspondem a uma série oligomérica de $m/z$ 300-900 e $m/z$ 700-1300, respectivamente (Figura 1.39a-b). Em contrapartida, o perfil químico para a impressora *laserjet* apresenta poucos íons marcadores ($m/z$ 629, 734, 793 e 835), conforme Figura 1.39c. É bastante nítida a diferença dos perfis químicos obtidos entre as notas falsificadas (Figura 1.39a-c) e autênticas (Figura 1.38a). Os íons marcadores presentes nas impressoras (notas falsas) correspondem a álcoois graxos etoxilados e propoxilados, detectados como adutos de sódio, $[M + Na]^+$.[32]

A análise de drogas de abuso é uma das áreas que desperta grande interesse da comunidade científica no que tange à química forense. O combate ao narcotráfico e o aumento de dependentes químicos são grandes desafios que a humanidade enfrenta diariamente. A química forense, além de identificar os principais componentes que constituem uma amostra de droga e caracterizá-la como ilícita, pode ser utilizada na identificação de compostos químicos remanescentes

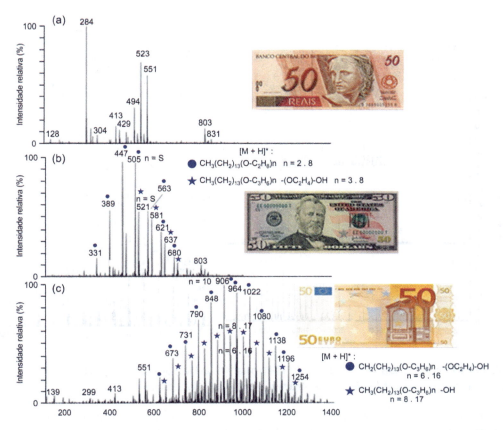

**Figura 1.38.** EASI(+)-FT-ICR MS para notas autênticas de cédulas de 50 reais (a), 50 dólares (b) e 50 euros (c). Figura adaptada a partir da literatura.[117]

do processo de refino ou fabricação, fornecendo perfis químicos e elementos que correlacionam amostras de diferentes apreensões, identificando rotas e origens geográficas de produção.[32] Técnicas que exigem pouca, ou mesmo nenhuma, preparação de amostras vêm sendo aplicadas com esse propósito, permitindo resultados rápidos, seguros e reprodutíveis. A EASI-MS, por exemplo, permite detectar ingredientes ativos e excipientes orgânicos diretamente a partir da superfície de um comprimido de *ecstasy*, ou mesmo fornecer resultados mais robustos na análise de placas cromatográficas de camada delgada (TLC), normalmente empregadas em rotinas de perícia forense.

O composto 3,4-metilenodioximetanfetamina (MDMA), princípio ativo mais comumente encontrado na droga conhecida como *ecstasy*, é um derivado anfetamínico, classificado como droga alucinógica. O consumo de *ecstasy* tem aumentado entre os adolescentes e jovens adultos, ao longo dos últimos anos. O acesso cada vez mais amplo e a redução gradativa de preços favorecem a procura e o consumo dessa droga de abuso. Muitos dos comprimidos vendidos com a designação de *ecstasy* contêm uma enorme variedade de drogas. Além do MDMA, outras anfetaminas e seus derivados são normalmente encontrados. Portanto, o termo *ecstasy* normalmente é usado para designar a forma de apresentação de como ela é vendida (comprimidos coloridos, com logotipos característicos), sendo sua real composição desconhecida.[32,119-120,121,122]

Atualmente, novas classes de drogas sintéticas, como derivados da piperazina, estão sendo introduzidas no mercado como alternativas aos compostos anfetamínicos e, dependendo do país, são vendidas livremente na internet na forma de pó, cápsulas ou comprimidos. Os derivados da

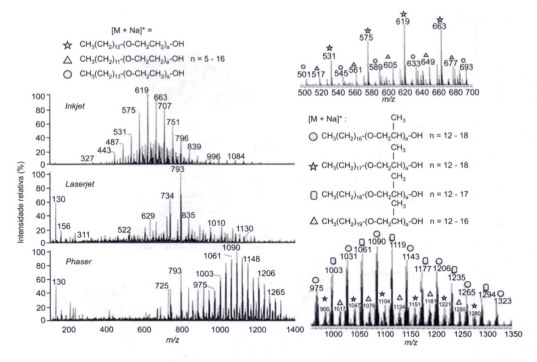

**Figura 1.39.** Perfis químicos obtidos usando EASI(+)-MS para as notas falsas produzidas no Laboratório Thomson usando as impressoras *inkjet*, *laserjet* e *phaser*. Figura adaptada a partir da literatura.[117]

piperazina incluem a benzilpiperazina (BZP), 1-(3,4-metilenodioxibenzil) piperazina (MDBP), trifluormetil-fenilpiperazina (TFMPP), metaclorofenil-piperazina ($m$-CPP) e metoxifenilpiperazina (MeOPP). Esses compostos estão se espalhando cada vez mais pelo mundo, causando efeitos que ainda são muito pouco estudados.[6]

A análise de triagem dos derivados anfetamínicos pode ser feita por técnicas de imunoensaios (em matrizes biológicas) e/ou ensaios colorimétricos (em drogas brutas) que são muito úteis, mas que costumam apresentar tanto reações cruzadas como resultados falso-negativos ou positivos, em diversas situações. Os métodos confirmatórios ou definitivos e, portanto, mais confiáveis e específicos para evidenciar a presença de compostos anfetamínicos são, geralmente, cromatográficos e/ou espectrofotométricos. No caso de testes colorimétricos como o reativo de Marquis, em que a adição de algumas gotas de formaldeído em meio ácido produz uma cor preta para resultados positivos na presença de MDMA, fornecem resultados negativos, se apenas derivados da piperazina estiverem presentes no comprimido, onde nenhuma variação de cor será observada.[123] Outras técnicas são usadas para identificação das piperazinas como cromatografia gasosa acoplada com espectrômetro de massas (GC-MS),[124] cromatografia líquida de alta eficiência acoplada com detector na região do ultravioleta (HPLC-UV)[125] e LC-MS.[126] Entretanto, a grande maioria das metodologias analíticas é considerada complexa por envolver preparação da amostra, ou pouco específica como a TLC. Uma forma alternativa, rápida, confiável e reprodutível é a utilização da técnica EASI-MS.

Romão e colaboradores[127] mostraram que a técnica EASI-MS é capaz de detectar diversas drogas sintéticas diretamente sobre a superfície de comprimidos, sem a necessidade de preparação de amostra. O resultado é altamente específico e, em poucos segundos, indica a massa molar dos ingredientes ativos protonados, [M+H]⁺. Fragmentações típicas e experimentos de MS/MS reforçam ainda mais o potencial de identificação da técnica. Entre as drogas de abuso estudadas pelo grupo de pesquisa, os derivados de piperazina, como $m$-CPP[128] e TFMPP, têm sido comumente identificados no mercado de drogas sintéticas do *ecstasy*, especialmente em amostras apreendidas pela Polícia Civil do Estado do Rio de Janeiro (PCERJ) e identificadas por GC-MS pelo Instituto de Criminalística Carlos Éboli (ICCE-RJ), conforme Figura 1.40a-b. O perfil químico desses comprimidos é bastante diferente de um típico comprimido de *ecstasy*, Figura 1.40d, cujo ingrediente ativo é detectado como molécula protonada ([M + H]$^+$: $m/z$ 197 para $m$-CPP e [M + H]$^+$: $m/z$ 231 para o TFMPP). Como excipientes, uma grande quantidade de íons é observada apenas para o comprimido de $m$-CPP ($m/z$ de 300-900), conforme Figura 1.40a.

Outra droga sintética que também vem sendo identificada pelo ICCE-RJ em comprimidos de *ecstasy* apreendidos pela PCERJ é a anfepramona ([M + H]$^+$: $m/z$ 206 e [2M + Cl + 2H]$^+$: $m/z$ 447) ou dietilpropiona (Figura 1.40c). Esse derivado de anfetamina tem ação anorexígena e menor potência estimulante em relação à anfetamina propriamente dita. Atualmente, encontra-se na lista de substâncias psicotrópicas anorexígenas que constam na Resolução RDC n. 58 de 3 de Janeiro de 2008, publicada pela Agência Nacional de Vigilância Sanitária. Porém, apesar de ser considerada droga pela legislação sanitária em vigor, essa substância não se encontra proscrita no Brasil, podendo ser utilizada como medicamento.[6]

Um espectro de EASI-MS para o comprimido de *ecstasy* é mostrado na Figura 1.40d, contendo o princípio ativo MDMA, identificado como molécula protonada, ([M+H]$^+$: $m/z$ 194), juntamente com seus fragmentos característicos ($m/z$ 163, 135 e 105). A lactose também foi identificada e atua como diluente no comprimido, um excipiente cuja finalidade é aumentar sua massa. O sinal de $m/z$ 423 corresponde a um sal protonado de cloridrato de MDMA formado por duas moléculas de MDMA e uma de ácido clorídrico [2MDMA + Cl + 2H]$^+$, podendo servir também como um "marcador químico" na identificação do MDMA e de seu processo de síntese, desde que o HCl seja utilizado na etapa de purificação.[132]

Outra droga de abuso, frequentemente apreendida pelo Departamento de Polícia Federal (DPF) do Brasil, é a dietilamida do ácido lisérgico (LSD), substância semissintética, produzida a partir do ácido lisérgico (um alcaloide produzido pelo *Claviceps purpurea*). O LSD é vendido ilegalmente na forma de selos (*blotter papers*) que têm diferentes impressões. A própria forma de apresentação do LSD acaba sendo conveniente para a implementação de análises por meio da EASI-MS, uma vez que o ingrediente ativo adsorvido no papel é facilmente encontrado nas análises na forma de molécula protonada, LSD ([M+H]$^+$: $m/z$ 324, Figura 1.41a).

Recentemente, selos apreendidos pelo DPF e pela PCERJ e analisadas no Instituto Nacional de Criminalística (INC-DF) e no ICCE-RJ, respectivamente, indicaram a presença de um novo composto, com estrutura bastante similar ao LSD, o 9,10-dihidro-LSD. Essa nova droga ainda não se encontra na lista de substâncias psicotrópicas controladas e sua presença em selos apreendidos, em vez da substância LSD, pode levar a resultados falso-positivos quando analisados por laboratórios forenses no Brasil, especialmente quando métodos com baixa especificidade são utilizados (testes de cor ou TLC). Aplicando o *spray* supersônico do EASI-MS, o 9,10-dihidro-LSD é facilmente identificado como molécula protonada, [M+H]$^+$: $m/z$ 326 (Figura 1.41b). A confirmação estrutural do 9,10-dihidro-LSD é alcançada quando são utilizados experimentos de MS$^n$, analisadores de massas de altíssima resolução e exatidão (EASI-FT-ICR MS)[134] ou medidas de ressonância magnética nuclear. Sete resultados positivos foram observados para a presença do 9,10-di-hidro-LSD em 30 selos aprendidos e analisados pelo INC-DPF e ICCE-RJ em colaboração com o Laboratório Thomson.[129]

A cocaína é um alcaloide encontrado nas folhas do vegetal *Erytroxylum coca Lam*, um arbusto ramificado originário da zona tropical dos Andes. Ilegal em vários países do mundo, a cocaína pode ser comercializada, principalmente por duas formas:

1. Na forma de cloridrato;
2. Na forma de base livre (pasta base, cocaína base livre, merla, *free-base* e *crack*). A principal diferença entre as formas está na via de administração: o cloridrato, um pó branco e cristalino, administrado por via intravenosa e intranasal, e a base livre, que é fumada, administrado via intrapulmonar, por apresentar baixo ponto de fusão e volatilizar-se em

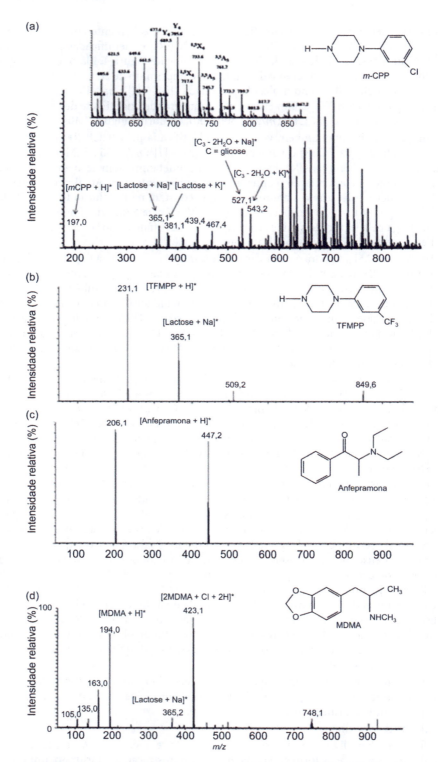

**Figura 1.40.** EASI(+)-MS de comprimidos tipicamente vendidos como *ecstasy*: (a) *m*-CPP, (b) TFMPP, (c) Anfepramona e (d) MDMA. Figura adaptada a partir da literatura.[117]

torno de 95°C. Com menor custo do que a cocaína na forma de cloridrato, a "pedra" de cocaína base livre (*crack*) é hoje uma das drogas em grande expansão no mercado ilícito, principalmente entre os indivíduos de classes populacionais de menor poder aquisitivo, mas expandindo-se para outras populações.[117] Na cocaína é comum encontrar algumas impurezas do processo de extração e refino e de adulterantes químicos, adicionados com o objetivo de imitar a ação farmacológica da droga e enganar o usuário. Empregando-se a técnica EASI-MS para o *screening* de algumas amostras apreendidas pela PCERJ, além do princípio ativo ser facilmente detectado, vários adulterantes também foram identificados (Figura 1.42). Lidocaína, benzocaína (ambos anestésicos) e cafeína (estimulante) são alguns exemplos de adulterantes. Em alguns casos, a cetamina é também detectada. A presença da cocaína na sociedade é de tal magnitude, que é comum encontrar a droga até na superfície do papel-moeda.[32]

Por fim, a técnica EASI-MS também permite acoplar em seu sistema de ionização métodos de separação como a TLC, uma técnica de baixo custo e de grande versatilidade, gerando o sistema chamado TLC/EASI-MS. [130,131] Em 2010, Sabino e colaboradores[132] analisaram vários padrões (MDMA, MDA, metilenodioxianfetamina, MDEA, 3,4-metilenodioxietil-

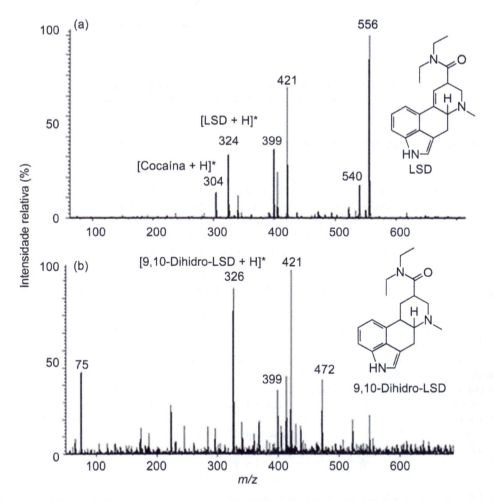

**Figura 1.41.** EASI(+)-MS de amostras vendidas como LSD: (a) LSD e (b) 9,10-Dyhidro-LSD. Figura adaptada a partir da literatura.[117]

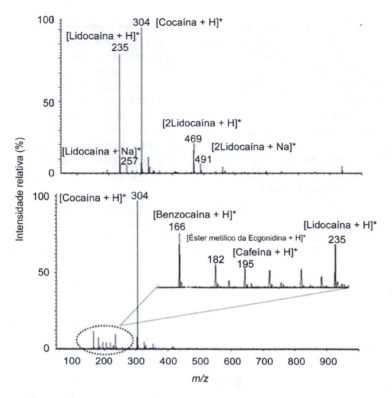

**Figura 1.42.** EASI-MS para amostras de cocaína apreendidas pela Polícia Civil do Rio de Janeiro.

-anfetamina, cafeína, cetamina, metanfetamina e anfetamina) e compararam as suas distâncias de retenção com amostras "reais" de *ecstasy* apreendidas pela PCERJ. Usando o sistema TLC/EASI-MS, após a otimização do sistema cromatográfico, foi possível analisar os *spots*, confirmando, assim, o ingrediente ativo presente na amostra analisada. Desse modo, resultados falso-negativos podem ser totalmente excluídos.

## Aplicações da espectrometria de massas no desenvolvimento de métodos analíticos

Como citado anteriormente, avanços recentes em instrumentação tornaram a MS uma das ferramentas analíticas mais versáteis e eficientes para o desenvolvimento de métodos analíticos qualitativos e quantitativos.[133]

Embora o sistema MS possa ser empregado separadamente na análise de amostras puras via inserção direta de amostras na fonte de ionização,[134] essa metodologia é menos empregada quando comparada a métodos cromatográficos (LC e GC) como formas de introdução de amostras. A utilização de um sistema cromatográfico acoplado à espectrometria de massas possibilita a análise de amostras contendo uma mistura complexa de substâncias.[135] Essa técnica adiciona um parâmetro importante ao espectro de massas que é o tempo de retenção de cada analito. Desse modo, a aplicação da cromatografia acoplada à espectrometria de massas possibilita a identificação e caracterização de isômeros, atribuindo tempos de retenções específicos para cada um dos isômeros, os quais apresentam espectros de massas indistinguíveis.[136]

Certamente, o primeiro grande sucesso no desenvolvimento de métodos analíticos utilizando a espectrometria de massas foi o emprego do GC-MS como ferramenta analítica.[137] Essa

Fundamentos de Espectrometria de Massas e Aplicações

técnica concilia o alto poder de separação de compostos pela cromatografia gasosa, principalmente quando se utilizam colunas capilares (30 de m de comprimento com mais de 200.000 pratos teóricos de resolução), com a capacidade de identificação e caracterização estrutural de compostos fornecidos pela espectrometria de massas. A cromatografia gasosa é empregada com eficiência para a separação de compostos voláteis e termoestável, essa exigência é o principal fator limitante na utilização das fontes de ionização disponíveis na espectrometria de massas.[138] Assim, as principais fontes de ionização empregada no GC-MS são a EI, a CI e a ionização por campo (FI). Os espectros gerados pela utilização da EI com alta energia, além de fornecerem informações sobre a massa molecular nominal, também fornecem informações estruturais importantes, baseadas em um padrão de fragmentação característico para cada classe de compostos em estudo.[139] A grande reprodutibilidade dos espectros, produzidos por diferentes instrumentos operando nas mesmas condições de ionização (energia do elétron em 70 eV), possibilitou a criação de bibliotecas de espectros com mais de 400.000 compostos (Wiley e NIST).

Em virtude das características intrínsecas de cada técnica individual, o GC-MS apresenta algumas limitações no desenvolvimento de métodos analíticos.[140] A principal delas está relacionada à estabilidade térmica, necessária dos analitos submetidos ao sistema cromatográfico e à fonte de ionização por EI. Desse modo, aproximadamente 20% das moléculas descritas no *Chemical Abstract* são termicamente estáveis e, portanto, compatíveis com a cromatografia gasosa e a ionização por elétron.[141]

O desenvolvimento tecnológico das técnicas de ionização brandas como ESI e MALDI possibilitaram a análise de macromoléculas e moléculas termicamente instáveis e, o mais importante, essas técnicas de ionização possibilitaram a análise de biomoléculas, tais como proteínas, sacarídeos, ácidos nucléicos e peptídeos sem a necessidade de derivatização prévia.[142]

Em particular, o desenvolvimento da fonte de ionização por ESI possibilitou o acoplamento da espectrometria de massas com a cromatografia líquida de alta eficiência. A LC-MS tornou-se uma das ferramentas analíticas mais versáteis no desenvolvimento de métodos qualitativos e quantitativos. Aproximadamente 90% das moléculas descritas na literatura são compatíveis com o sistema de LC.

Algumas considerações quanto à peculiaridade dos espectros de massas obtidos pelas técnicas de GC-MS e LC-MS devem ser feitas.[143] Para o GC-MS, a ionização das moléculas é realizada empregando uma fonte de EI de alta energia, a qual fornece informações sobre a massa nominal do composto, além de fornecer um padrão de fragmentação intrínseco para cada analito. O padrão de fragmentação é utilizado na caracterização estrutural do composto em estudo. Já para o LC-MS, a fonte de ionização mais comumente empregada é o ESI. O sistema ESI é uma fonte de ionização branda, consequentemente, os íons são gerados pela reação de transferência ou abstração de próton do meio para a molécula do analito, levando à formação de moléculas protonadas $[M+H]^+$ ou desprotonadas $[M-H]^-$. Adicionalmente, na ionização por ESI, nenhum fragmento é observado no espectro de massas, consequentemente, nenhuma informação estrutural sobre o analito é obtida.

Por consequência, compostos que apresentarem estruturas químicas diferentes, entretanto com a mesma massa molecular nominal, produzirão o mesmo íon molecular $[M+H]^+$. Por exemplo, em uma busca realiza na biblioteca de espectros (NIST 2005) por compostos de massa molecular 200 Da, foram obtidas 698 estruturas possíveis. Por esse motivo, o LC-MS é mais eficiente quando utilizados analisadores de massas sequencias, denominados LC-MS/MS. Assim, sistemas empregando a espectrometria de massas sequencial possibilita a obtenção de informações estruturais de íons selecionados, empregando experimentos de dissociação induzida por colisão (CID). Com essa metodologia, compostos que apresentem estrutura química diferente produzirão espectros de fragmentação diferentes, possibilitando a diferenciação e caracterização estrutural do íon selecionado.[144]

## Estudos de farmacocinética

Historicamente, a técnica analítica inicialmente utilizada para a realização de estudos de farmacocinética era a GC-MS; muito empregada entre as décadas de 1960 e 1970 no monitoramento de compostos voláteis ou termicamente estáveis, usando reações de derivatizações pré-coluna em razão, principalmente, das condições exigidas pela cromatografia gasosa.

Nikolau e colaboradores desenvolveram e validaram um método analítico empregando a GC-MS para a quantificação de tadalafil em plasma humano, usando derivatização com N,O-bis(trimethylsilyl)-trifluoracetamide (BSTFA) e trimetilclorosilano (TMCS).[145] Kaartama e colaboradores desenvolveram um método para a quantificação de midazolan e seu metabólito ativo o 1-hidroxi-midazolan em plasma de rato, empregando a GC-MS com ionização química com metano em modo negativo.[146]

A partir do final da década de 1980, com o desenvolvimento de técnicas de ionização à pressão atmosférica, em especial o ESI, a cromatografia líquida de alta eficiência pôde ser acoplada com sucesso ao espectrômetro de massas. Nos dias de hoje, a aplicação da técnica de LC-MS/MS utilizando um analisador de massas do tipo triploquadrupolo, é, sem dúvida alguma, o equipamento de 1ª escolha para os estudos de biodisponibilidade farmacêutica.[147]

Esses sistemas são capazes de monitorar simultaneamente a massa molecular do analito selecionando, um fragmento específico gerado por CID e propiciar análises quantitativas altamente precisas com uma alta sensibilidade e seletividade. A aplicação dessa combinação de técnicas analíticas revolucionou o processo de desenvolvimento de métodos bioanalíticos, reduzindo drasticamente o tempo de semanas, para alguns dias e possibilitando a determinação de analitos com níveis de quantificação em picograma mL$^{-1}$ em matrizes complexas como plasma, urina, soro e meio celular.

O sistema de LC-MS/MS empregado para estudos de quantificação é mais eficiente quando opera no modo de análise de monitoramento de reações múltiplas (MRM). Nessa condição experimental, o espectrômetro de massas trabalha monitorando um íon de $m/z$ específico selecionado no primeiro quadrupolo. Esse íon é submetido a um processo dissociação induzida por colisão como gás inerte, normalmente empregando o argônio, na câmara de colisão e, finalmente, um fragmento específico é selecionado no segundo quadrupolo. Nessas condições experimentais, o espectrômetro de massas opera com alta sensibilidade porque os quadrupolos Q1 e Q2 selecionam íons específicos. Essa seleção especifica de íons também proporciona uma altíssima seletividade analítica, pois vários íons de mesma razão $m/z$ podem ser selecionados em Q1, mas apenas aquele que produz o fragmento selecionado em Q2 chegará ao detector e será registrado com um sinal analítico.

O desenvolvimento do método analítico consiste primeiramente em determinar as condições ideais para a seleção do íons em Q1 e Q2, bem como as energias de extração e colisão que propiciarão maior sensibilidade e seletividade analítica. As condições da fonte de ionização como potencial do capilar, voltagem do cone de extração e temperatura de dessolvatação propiciam melhor intensidade na seleção do íon precursor em Q1; enquanto a energia de colisão, a resolução e a pressão do gás de colisão influenciam na intensidade do íon fragmento produzido em Q2.

Essa metodologia foi aplicada com sucesso na validação analítica e no estudo da biodisponibilidade farmacêutica da bromoprida em plasma humano.[148] A bromoprida é um antimético e regulador da monotricidade gastrodoudenal que estimula o peristaltismo gástrico a partir do centro, promovendo ativamente no esvaziamento do estômago. O íon de $m/z$ 344,6 referente à molecula da bromoprida protonada [M+H]$^+$ foi fragmentado por experimentos de CID e o espectro de íons produtos mostra a formação do íon de $m/z$ 271,3 como fragmento mais intenso (Figura 1.43). Desse modo, a transição escolhida para o monitoramento analítico por MRM da bromoprida foi 344,6 > 271,3, com uma energia de colisão de 25 eV. A formação dos íons de $m/z$ 344,6 [M+H]$^+$ e 346,6 [(M+2)+H]$^+$ com intensidades semelhantes confirma a presença de bromo.

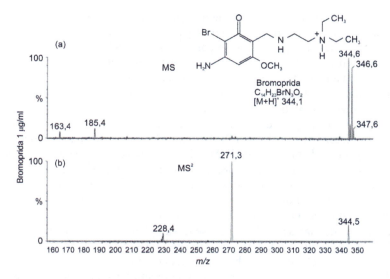

**Figura 1.43.** (a) Espectro ESI(+)-MS e (b) ESI(+)-MS/MS da bromoprida.

A grande versatilidade do modo de monitoramento por MRM também pode ser aplicada no desenvolvimento de métodos analíticos de multirresíduos. Khou e colaboradores aplicaram essa metodologia para o monitoramento de antibioticos em água potável empregando condições otimizadas de extração em fase solida (SPE).[149] Stubbings e Bigwood e colaboradores também a aplicaram para o monitoramento de resíduo de drogas veterinais e tecidos animal.[150]

Para o desenvolvimento de um metodo multirresíduo cada analito de interesse terá uma transição específica monitorada. Desse modo, o espectrômetro de massas trabalha como se fosse um detector específico para cada analito, possibilitando a realização de análises quantitativas mesmo quando os analitos apresentarem o mesmo tempo de retenção. No entanto, o aumento no número de canais de MRM com diferentes transições causa uma perda de sensibilidade para o método analítico quando comparado a métodos com menor número de transições. Essa perda de sensibilidade está relacionada diretamente ao valor de *dwell time* aplicado nesses casos. O *dweel time* é o tempo em que os quadruplos Q1/Q2 fazem as análises das transições selecionadas. Quanto maior o número de transições analisadas no método analítico, menor o valor de *dwell time* para cada monitoramento e, consequentemente, ocorrerá perda de sensibilidade analítica em função do tempo de monitoramento de cada transição.[151]

## Metabolômica

A espectrometria de massas sequenciais também tem sido aplicada com sucesso no estudo do metoboloma de uma grande variedade de organismos, podendo ser aplicada no estudo de um metabólito específico ou no estudo de um perfil metabólico de um determinado organismo em condições adversas de crescimento.[152]

Nosso grupo de pesquisa vem aplicando com sucesso a espectrometria de massas com fonte de ionização à pressão atmosférica (API), em especial o ESI, no desenvolvimento de métodos analíticos para o monitoramento de perfis metabólicos e na caracterização de metabólitos específicos na química de produtos naturais de origem microbiana. A sensibilidade analítica e o alto poder de discriminação em massas tornam essa metodologia extremamente atraente para o monitoramento de extratos brutos de origem microbiana.

Duas abordagens têm sido realizadas no emprego da espectrometria de massas no estudo de metabolômica. A primeira consiste no monitoramento do perfil metabólico produzido em

*Fundamentos de Espectrometria e Aplicações*

função das diferentes condições de cultivo empregadas na produção dos extratos brutos. Nesses estudos, as análises de MS são realizadas empregando-se inserção direta (DI-MS) de amostra, sem a necessidade de nenhum processo de separação cromatográfico. Essa abordagem torna possível o monitoramento de um grande número de extratos brutos em virtude do baixo tempo necessário para cada análise, por volta de no máximo 2 minutos.[153]

Essa metodologia foi aplicada com sucesso para o monitoramento da produção do antibiótico valinomicina produzido pela *Streptomices* sp., fermentada em diferentes meios de cultivo. A valinomicina é um do decadepsipeptídeo antibiótico do grupo dos ionóforos naturais neutros, constituída de enantiômeros D e L-valina (Val), D- ácido hidroxivalérico e L- ácido láctico. A Figura 1.44 mostra os espectros de massas por DI-MS obtidos para cada meio de cultivo específico.

Os íons de $m/z$ 1111, 1128 e 1133 foram atribuídos a valinomicina $[M+H]^+$, $[M+NH_4]^+$ e $[M+Na]^+$, respectivamente. A formação desses íons confirma o alto poder sequestrador de íons da valinomicina. Como pode ser observado na Figura 1.44, os meios de cultivo meio 1, TSB e Voguel foram os mais eficientes para a produção de valinomicina.

A espectrometria de massas também vem sendo amplamente empregada em estudos de desreplicação de extratos brutos.[154] A desreplicação (do inglês *dereplication*) consiste no estudo da identificação prévia de metabólitos conhecidos presentes em diferentes extratos brutos, os quais já foram isolados e caracterizados anteriormente na literatura. Essa metodologia tenta minimizar o árduo processo de reisolamento de substâncias já descritas na literatura, centrando o foco no isolamento e na caracterização de substâncias inéditas.[155]

A desreplicação foi empregada na identificação e caracterização de mais de 20 metabólitos secundários de diferentes classes químicas, produzidos por uma única cepa da actinobactérias Streptomyces AMC23, isolada da rizosfera do mangue. A Figura 1.45 apresenta o espectro de massas por ESI para o extrato bruto.

Na desreplicação empregando a espectrometria de massas sequencial, os íons são selecionados e submetidos a experimentos de CID (Figura 1.46). Assim, todos os íons de maior intensidade, presentes no espectro da Figura 1.45, foram fragmentados e suas estruturas foram caracterizadas com base nas suas massas exatas e em seus perfis de fragmentação (Figura 1.46). Empregando essa metodologia, foi possível caracterizar a presença de uma série de compostos da classe dos macrolídeos, os quais apresentam padrões de fragmentação intrínsecos.

A Figura 1.46 apresenta os espectros de íons produtos para três compostos dessa classe. A Figura 1.47 apresenta uma proposta de fragmentação para essa classe química. Como pode ser observado, todos os espectros de íons produtos apresentam o mesmo padrão de dissociação. As fragmentações ocorrem com perdas sucessivas de 184 e 198 u (Figura 1.46). Essa informação é bastante relevante, pois compostos pertencentes à mesma classe química apresentam padrão de fragmentação semelhantes entre si.

## Proteômica

A espectrometria de massas tem sido aplicada de uma forma surpreendente no desenvolvimento de métodos analíticos nos vários ramos da ciência. No entanto, podemos afirmar que a proteômica é a área da ciência que mais se beneficiou dos avanços tecnológicos recentes em MS; em particular, em razão do desenvolvimento das fontes de ionização por MALDI e ESI. A ionização branda intrínseca dessas duas técnicas permite a análise de proteínas intactas, proporcionando a geração de informações sobre as massas moleculares de proteínas com alta precisão. A espectrometria de massas também tem sido aplicada com sucesso no estudo da identificação de modificações pós-translacional de proteínas decorrente do fato de que essas modificações levam a uma previsível modificação nas massas moleculares dessas proteínas.[156]

MALDI e ESI são fontes de ionização bastante diferentes para análise de peptídeos e proteínas, tendo suas vantagens e desvantagens uma sobre a outra.[157] Provavelmente, a principal vantagem da utilização do MALDI é a possibilidade de realizar análises diretas de misturas complexas de

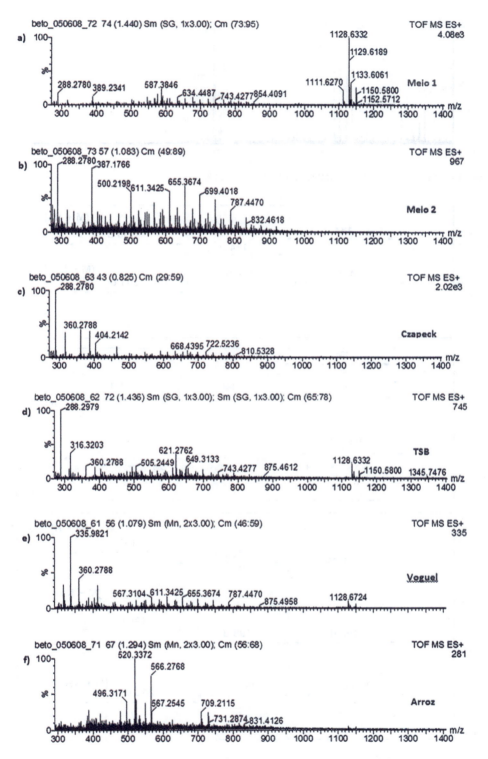

**Figura 1.44.** Espectros *full scan* por inserção direta dos extratos produzidos pela Streptomyces AMC14 fermenta em diferentes meios de cultivo a) meio 1, b) meio c) meio, d) meio, e) meio Voguel e f) meio semissólido de arroz.

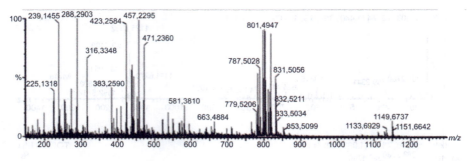

**Figura 1.45.** Espectro de DI-MS do extrato bruto da Streptomices AMC23.

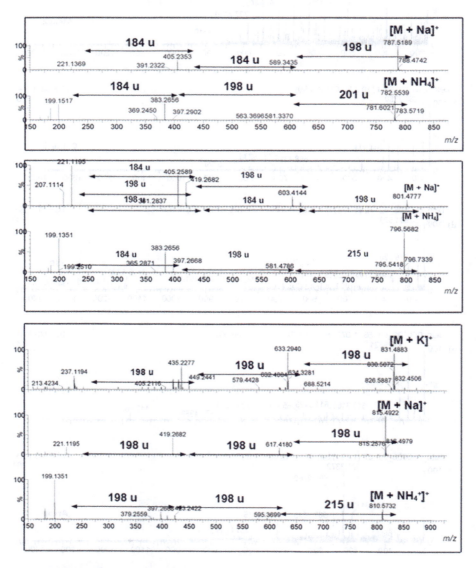

**Figura 1.46.** Espectros de íons produtos (ESI-Q-TOF) dos íons precursores de m/z 787 e de m/z 782 (dinactina), de m/z 801 e de m/z 796 (trinactina), de m/z 831, m/z 815 e de m/z 810 (tetranactina).

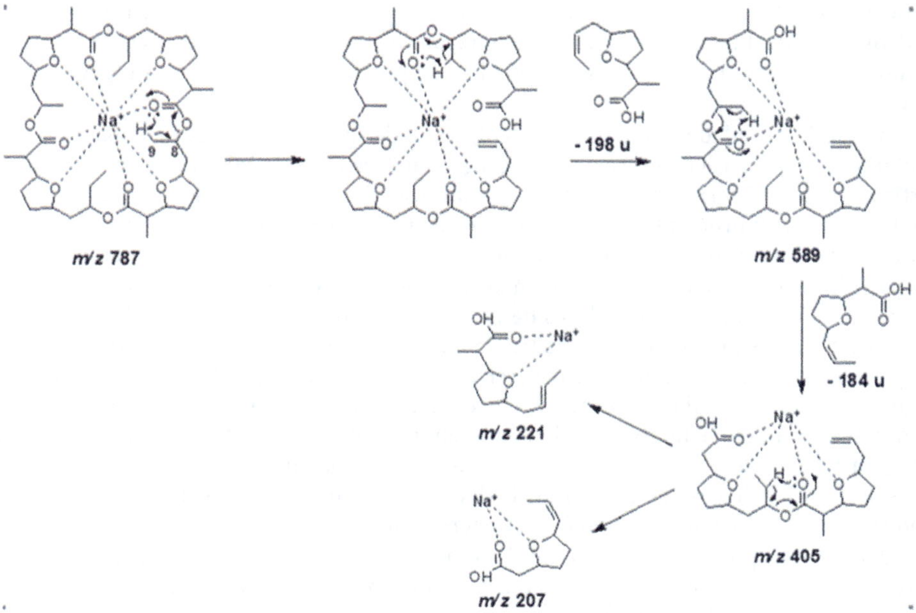

*m/z* 787

− 198 u

*m/z* 589

− 184 u

*m/z* 221

*m/z* 405

*m/z* 207

**Figura 1.47.** Proposta de fragmentação do íon precursor de m/z 787 (dinactina).

proteínas. Já para o ESI, a análise de misturas de proteínas necessita de uma separação prévia por LC. Na análise de peptídeos, os sinais produzidos pela matriz do MALDI podem interferir nas análises de moléculas de massas moleculares abaixo de *m/z* 700, o que não ocorre nas análises por ESI. Outra consideração importante é que, pelo fato de a ionização por ESI ser mais branda, ela propicia o estudo de interações não covalentes entre proteína ligante.

De modo geral, a espectrometria de massas apresenta uma boa sensibilidade na análise de peptídeos e proteínas. Para os peptídeos, a sensibilidade pode alcançar níveis de attomols, enquanto para as proteínas os níveis são mais altos, chegando a picomols. Proteínas apresentam altas massas moleculares e, por esse motivo, chegam ao detector com uma velocidade cinética menor do que as moléculas de baixas massas moleculares, isso resulta em menor intensidade do sinal eletrônico produzido pelos detectores.

Na teoria, a medida de massa exata de uma proteína não digerida pode ser empregada na identificação de proteínas. Porém, na prática a identificação de proteínas utilizando somente a massa molecular da proteína intacta é muito difícil devido à necessidade de um alto teor de pureza e a possibilidade de inúmeras modificações pós-translacional.

Tradicionalmente, a identificação de proteína é realizada pela digestão proteolítica, seguida da separação cromatográfica por HPLC dos peptídeos formados. Posteriormente, esses peptídeos/ aminoácidos são sequenciados pelas reações de Edman na sua porção N-terminal. Entretanto, essa metodologia é laboriosa, de baixa sensibilidade e não pode ser aplicada a peptídeos com N-terminais modificados.

Mais recentemente, a identificação de proteínas tem sido feita pela associação da espectrometria de massas com a digestão proteolítica, utilizando uma metodologia denominada *peptide mass mapping* ou *peptide mass fingerprint* (PMF), a qual consiste na comparação dos perfis de massas dos peptídeos formados pela digesta proteolítica, quando são comparadas com valores preditos em bancos de dados de proteínas. Vários bancos de dados de proteínas estão disponíveis na Web e podem se utilizados em conjunto com outros programas de busca como o *Profound* (desenvolvido pela Universidade Rockefeller), *Spectrum Mill* (originário da Universidade da Califórnia) e o *Mascot* (Matrix Science, limitado). Posteriormente, informações adicionais sobre o sequenciamento dessa proteína podem ser obtidas por meio de estudos de fragmentação dos peptídeos individualmente selecionados, empregando a espectrometria de massas sequencial.[158] A Figura 1.48 mostra um esquema para análise de proteoma empregando a espectrometria de massas.

Uma grande variedade de enzimas proteolítica pode ser empregada para a obtenção do PMF. No entanto, a tripsina é a protease mais empregada nos estudos de MS. A tripsina cliva proteínas a partir da cadeia C-terminal nas ligações peptídicas dos aminoácidos arginina (Arg) e lisina (Lys). Essa clivagem produz um grande número de peptídeos, com tamanhos variando de 500 a 3.000 Daltons (Da), os quais propiciam uma identificação inequívoca da proteína-alvo estudada.

A grande maioria dos peptídeos formados é linear, o que facilita a interpretação dos seus espectros de fragmentação. Os padrões de fragmentação obtidos podem ser divididos em duas classes principais. A primeira classe de fragmentos retém a carga positiva na parte N-terminal do peptídeo e a fragmentação pode ocorrer em três posições específicas, denominadas *a*, *b* e *c* (Figura 1.49). A segunda classe de íons é formada com retenção da carga positiva na parte C-terminal do peptídeo e também pode ocorre em três ligações específicas, denominadas de *x*, *y* e *z* (Figura 1.49). Vale a pena ressaltar que a maioria dos íons fragmentos formados em equipamentos do tipo ITs, triploquadrupolos, QTOF e FTMS é obtida pela clivagem da ligação amida, levando à formação dos íons do tipo *b* e *y*, preferencialmente.

Uma limitação possível dessa metodologia para a identificação de proteínas pode ocorrer quando dois peptídeos com diferentes sequências de aminoácidos apresentarem a mesma massa molecular exata. Na prática, essa limitação é contornada pelo monitoramento de 5 a 8 sequências dos peptídeos trípticos, os quais são suficientes para uma identificação inequívocas de uma proteína com massa molecular de aproximadamente 50 kDa. Para proteínas maiores, esse número de

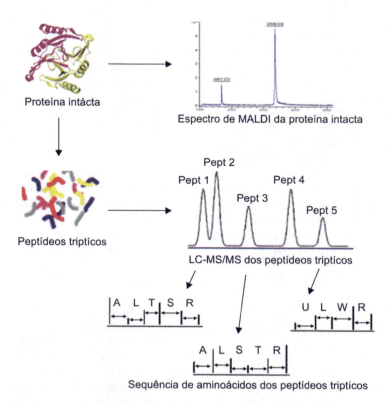

**Figura 1.48.** Esquema para análise de proteoma empregando espectrometria de massas.

sequências de peptídeos pode ser maior. Vale a pena ressaltar que a aplicação dessa metodologia não significa que a proteína será completamente caracterizada em termos da sua sequência completa de aminoácidos.

Empregando essa metodologia, nosso grupo de pesquisa purificou e caracterizou uma enzima com atividade α-amilase, termoestável produzida pelo fungo *Paecilomyces variotti*[159] (Figura 1.50).

A Figura 1.50b apresenta o gel de eletroforese da α-amilase purificada. O gel revelado com Coomassie foi cortado e submetido a uma digestão proteolítica empregando tripsina. As análises foram feitas em um espectrômetro de massas a Q-TOF acoplado a um sistema cromatográfico CapLC. Os peptídeos trípticos formados foram purificados utilizando-se uma coluna trap Opti-Pak C18. Os peptídeos foram eluídos usando-se um gradiente de $H_2O$/ACN (v/v) 0,1% de ácido fórmico e separados em uma coluna capilar C18 (75 mL i.d. home-pack). Os dados foram adquiridos em modo *datadependent* e os íons multicarregados foram submetidos a experimentos de CID. Os espectros de íons produtos foram processados usando-se os programas MAXENT 3 e PEPSEQ. A sequência primária dos peptídeos foi analisada usando-se o banco de dados BLAST.

A sequência de aminoácidos revelou a presença de um peptídeo com 13 resíduos de aminoácidos HAQTGIENMVGFR, o qual apresentou 100% de homologia com uma enzima α-amilase produzida pelo *Bacillus* sp. Esse resultado suporta que a enzima isolada é uma α-amilase.

## CONCLUSÃO

A espectrometria de massas, desde sua infância e criação, é a protagonista ou em grandes descobertas e desenvolvimentos científicos ou os têm a auxiliado. Desde a descoberta dos elétrons, dos isótopos, da energia nuclear até avanços recentes e extraordinários na análise de proteínas, polímeros e macromoléculas, no imagiamento químico dos mais variados tecidos animais e

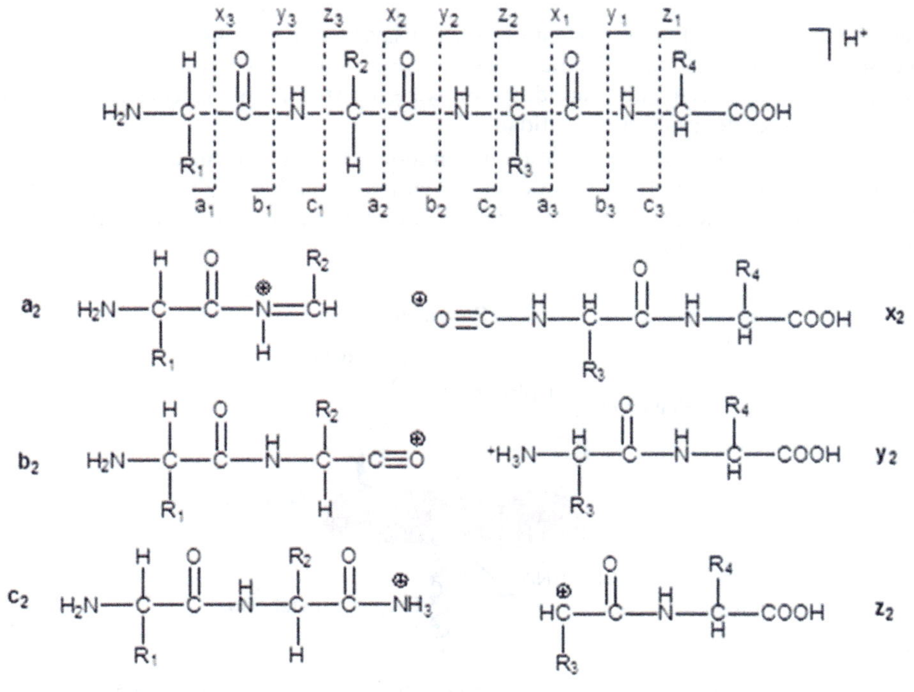

**Figura 1.49.** Padrão de fragmentação de peptídeos por MS/MS.

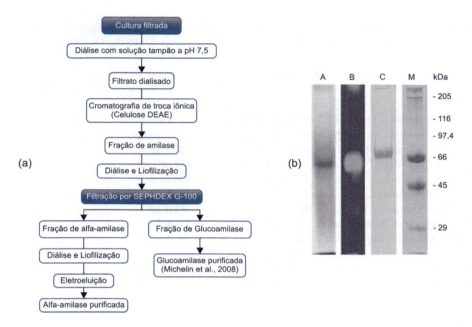

**Figura 1.50.** (a) Protocolo de purificação de enzimas amilolíticas produzidas pelo fungo *Paecilomyces variotti* e (b) Análise por eletroforese da α-amylase purificada em: (A) 7% PAGE revelada em nitrato de prata; (B) aplicando solução de iodo; (C) 8% SDS–PAGE revelado com prata e (M) Marcador de massa molecular em 8% SDS–PAGE revelado com prata: miosina (205 kDa), β-galactosidase (116 kDa), fosforilase B (97,4 kDa), seroalbumina bovina (66 kDa), albumina de ovo (45 kDa) e carbônica anidrase (29 kDa).

vegetais, a MS tornou-se uma importante e indispensável técnica analítica. Todo esse extraordinário desenvolvimento resulta basicamente das criativas maneiras de gerar íons de forma "suave" em fase gasosa, além é claro dos variados modos de discriminar as relações *m/z* com as mais variadas magnitudes de resolução e exatidão.

Atualmente, a MS tem posição de destaque em todas as áreas da ciência e principalmente nas fronteiras científicas, em particular as de medicina, nanotecnologia e biotecnologia. A técnica de MS é um canivete suíço, com suas mil e uma utilidades, consagrando a multidisciplinaridade como sua principal bandeira (Figura 1.51).

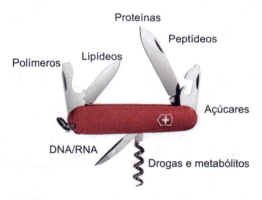

**Figura 1.51.** Áreas de atuação da MS em termos de moléculas e biomoléculas analisáveis. Ilustração do Prof. Fábio C. Gozzo.

# EXERCÍCIOS

1. Assinale as afirmações a seguir com F para as que considerar falsas e com um V para as que considerar verdadeiras, justificando as alternativas consideradas falsas:
   a. A fonte MALDI é usada na ionização de espécies com $m/z < 700$.
   b. A fonte EI gera espécies na forma de íon molecular ($M^{+\cdot}$) à pressão de 1 atm.
   c. A fonte ESI é feita a partir de um capilar metálico, no qual se aplica: i) uma diferença de potencial (DDP = 3-4 kV); ii) gás nebulizador; iii) e temperatura.
   d. A fonte EI é usada para moléculas com massa molar maior que 500 Da.
   e. A fonte MALDI forma moléculas multicarregadas.
   f. A Fonte ESI forma moléculas mono ($M + H^+$) e ou multicarregadas.
   g. A Fonte APCI é usada principalmente na ionização de moléculas de alta polaridade.
   h. No funcionamento da fonte APCI, é usado uma lâmpada na região do ultravioleta.
   i. A fonte APPI gera espectros contendo tipicamente íons moleculares ($M^{+\cdot}$) ou moléculas protonadas ($MH^+$).
   j. A fonte DART gera somente espectros contendo moléculas protonadas ($MH^+$).
   k. A fonte EASI é feita a partir de um capilar metálico posicionado a 45° da entrada do analisador, onde um potencial 3-4 kV e temperatura são usados para favorecer a ionização.

2. Identifique a massa da proteína a seguir (Figura 1.52) de acordo com o espectro de ESI(+)-MS (*1 ponto*):

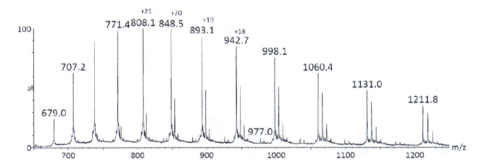

**Figura 1.52.**

3. O espectro de ESI(+) MS a seguir é referente a uma amostra de *ecstasy*. O ingrediente ativo apresenta um valor de $m/z$ 194 para o íon $[MDMA + H]^+$. O seu dímero foi detectado na forma de $[2MDMA + Cl + H]^+$ com $m/z$ 423. Pergunta-se:
   a. Quais são a resolução e a exatidão para o íon de $m/z$ 194,1022?
   b. A partir do resultado obtido, qual(is) foi(ram) o(s) analisador(es) de massas usado(s)?
   c. O que se poderia esperar da resolução (Figura 1.53) obtida para o íon de $m/z$ 423,1949 em relação ao íon de $m/z$ 194,1022? Explique.

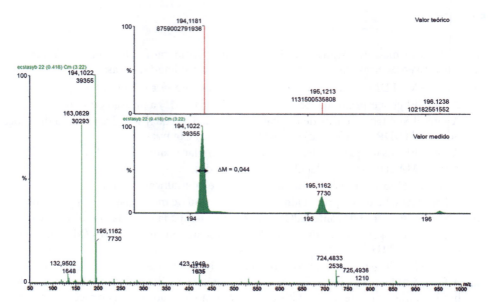

**Figura 1.53.**

4. Os primeiros analisadores com setor magnético tinham focalização única, sendo construídos por Francis Aston em 1919. Eles apresentavam um baixo poder de resolução (< 2000) e, consequentemente, pobre exatidão. O que foi modificado no analisador com setor magnético para que hoje seja possível trabalhar com resoluções ≈ 50.000 e exatidões de 10-20 ppm?

5. Sobre os analisadores quadrupolares, responda:
   a. Qual é a resolução de massas?
   b. Em um sistema triplo quadrupolo ($Q_1 q_2 Q_3$), em qual compartimento ficaria o gás de colisão ($Q_1$, $q_2$ ou $Q_3$)? Que gás poderia ser usado?
   c. O que significam os termos *full scan*, SIM e MRM? Qual deles é o mais adequado para se obter um menor limite de detecção? Por quê?

6. Com relação aos analisadores *ion trap*, quadrupolo, TOF, *Orbitrap* e FTMS, coloque-os em ordem crescente de:
   a. Preço;
   b. Resolução e consequentemente exatidão;
   c. Faixa dinâmica de trabalho
   d. limite de *m/z*;

7. Sobre os analisadores *ion trap*, responda:
   a. Qual é a principal característica ou vantagem desse analisador?
   b. Qual é a diferença entre o analisador *ion trap* 3D e *ion trap* linear ou 2D?

8. Sobre o analisador TOF, responda:
   a. Com base na equação $m/z = 2eEs(t/d)^2$, explique como funciona o princípio físico do analisador TOF. Como poderia ser aumentada a resolução desse analisador?
   b. Quais são os fenômenos físicos que determinam uma baixa resolução do TOF (< 5 000). O que pode ser feito para melhorar? Quais as consequências?
   c. Qual o objetivo de combinar o TOF com outros analisadores de massas? Qual é a principal desvantagem provocada por esse analisador?

*Fundamentos de Espectrometria de Massas e Aplicações*

9. Sobre o analisador FTMS, responda:
   a. Com base na equação $w_c = qB_o/m$, nos termos excitação, detecção, transformada de Fourier, explique resumidamente o analisador de massas FTMS.
   b. Por que o analisador FTMS é comercializado na forma híbrida (LTQ-FT-ICR MS ou Q-FT-ICR MS)?
   c. Quais são as principais áreas de aplicação dos analisadores FTMS e *Orbitrap*?
   d. Qual é a principal desvantagem do analisador FTMS em relação aos outros analisadores de massas?

## BIBLIOGRAFIA

1. Benassi M. Método absoluto e geral para a avaliação estrutural direta de isômeros constitucionais por espectrometria de massas pentaquadrupolar. Tese de Doutorado, Instituto de Química, Universidade Estadual de Campinas, Campinas, 2010.

2. Hoffmann E, Stroobant V. Mass spectrometry: principles and applications, 3rd ed. London: Wiley: 1-10, 15-62, 85-139, 2007.

3. Oberacher H. On the use of different mass spectrometric techniques for characterization of sequence variability in genomic DNA. Analytical and Bioanalytical Chemistry, 391:135–49, 2008.

4. Silverstein RM, Webster FX, Kiemle DJ. Spectrometric identification of organic compounds, 7th ed. Danvers: John Wiley & Sons; 2-60, 2005.

5. Ham BM. Even electron mass spectrometry with bimolecular applications. Hoboken: Jonh Wiley & Sons, 2008.

6. Romão W. Novas Aplicações da Espectrometria de Massas em Química Forense. Tese de Doutorado, Instituto de Química, Universidade Estadual de Campinas, Campinas, 2010.

7. Bleakney W. The ionization of hydrogen by single electron impact. Physical Review, 35:1180-6, 1930.

8. Cole RB. Some tenets pertaining to electrospray ionization mass spectrometry. Journal of Mass Spectrometry, 35:763-72, 2000.

9. Kebarle PA. A brief overview of the present status of the mechanisms involved in electrospray mass spectrometry. Journal of Mass Spectrometry, 35:804-17, 2000.

10. Kebarle PA, Tang L. From ions in solution to ions in the gas phase. Analytical Chemistry, 65:972-86, 1993.

11. Watkins PFE, Jardine I, Zhou JXG. Mass spectrometry software for biochemical analysis in electrospray and fast atom bombardment modes Biochemical Society Transactions, 19:957-62, 1991.

12. Covey TR, Huang EC, Henion JD. Structural characterization of protein tryptic peptides via liquid chromatography/mass spectrometry and collision-induced dissociation of their doubly charged molecular ions. Analytical Chemistry, 63:1193-2000, 1991.

13. Kelly MA, Vestling MM, Fenselau C, Smith PB. Organic Mass Spectrometry, 27:1143-7, 1992.

14. Hanold KA, Fischer SM, Cormia PH, Miller CE, Syage JA. Atmospheric pressure photoionization: general properties for LC/MS. Analytical Chemistry, 76:2842-51, 2004.

15. Romão W, Franco MF, Iglesias AH, Sanvido, GB, Maretto DA, et. al. Fingerprinting of bottle-grade poly(ethylene terephthalate) via matrix-assisted laser desorption/ionization mass spectrometry. Polymer degradation and stability, 95: 666-71, 2010.

16. Alberici RM, Simas RC, Sanvido GB, Romão W, Lalli PM, Benassi M, et al. Ambient mass spectrometry: bringing MS into the "real world". Analytical bionalytical chemistry, 398:265-94, 2010. b) Harris GA, Galhena AS, Fernández FM. Ambient sampling/ionization mass spectrometry: applications and current trends. Analytical Chemistry, 83:4508-38, 2011.

17. Takats Z, Wiseman JM, Cooks RG. Ambient mass spectrometry using desorption electrospray ionization (DESI): instrumentation, mechanisms and applications in forensics, chemistry, and biology. Journal of Mass Spectrometry, 40:1261–75, 2006.

18. Cody RB, Laramée JA, Durst HD. Versatile new ion source for the analysis of materials in open air under ambientconditions. Analytical Chemistry, 77:2297–303, 2005.

19. a) Haddad R, Sparrapan R, Eberlin M. N. Desorption sonic spray ionization for (high) voltage-free ambient mass spectrometry. Rapid communication mass spectrometry, 20:2901–5, 2006. b) Haddad R, Sparrapan R, Kotiaho T, Eberlin MN. Easy ambient sonic-spray ionization-membrane interface mass spectrometry for direct analysis of solution constituents. Analytical Chemistry, 80:898–903, 2008.

20. Nemes P, Vertes A. Laser ablation electrospray ionization for atmospheric pressure, in vivo, and imaging mass spectrometry. Analytical Chemistry, 79:8098–106, 2007.

21. Liu J, Wang H, Manicke NE, Lin JM, Cooks RG, Ouyang Z. Development, characterization, and application of paper spray ionization. Analytical Chemistry, 82:2463–71, 2010.

22. Ouyang Z, Cooks RG. Miniature mass spectrometers. Annual Reviews of the Analytical Chemistry, 2:187–214, 2009.

23. Venter A, Nefliu M, Cooks RG. Ambient Desorption mass spectrometry. Trends in Analytical Chemistry, 27(4):284-90, 2008.

24. Harris GA, Nyadong L, Fernandez FM. Recent developments in ambient ionization techniques for analytical mass spectrometry. Analyst, 133:1297-301, 2008.

25. Costa AB, Cooks RG, Simulated splashes: elucidating the mechanism of desorption electrospray ionization mass spectrometry. Chemical Physics Letters, 464:1-8, 2008.

26. Shin YS, Drolet B, Mayer R, Dolence K, Basile F. Desorption electrospray ionization-mass spectrometry of proteins. Analytical Chemistry, 79: 3514-18, 2007.

27. Myung S, Wiseman JM, Valentine SJ, Takats Z, Cooks RG, Clemmer DE. Coupling desorption electrospray ionization with ion mobility/mass spectrometry for analysis of protein structure: evidence for desorption of folded and denatured States. Journal of Physical Chemistry, 110:5045-50, 2006.

28. Hu QZ, Talaty N, Noll RJ, Cooks RG. Desorption electrospray ionization using an Orbitrap mass spectrometer: exact mass measurements on drugs and peptides. Rapid Communication in Mass Spectrometry, 20:3403-07, 2006.

29. Weston DJ, Bateman R, Wilson ID, Wood TR, Creaser CS. Direct Analysis of Pharmaceutical Drug Formulations Using Ion Mobility Spectrometry/Quadrupole-Time-of-Flight Mass Spectrometry Combined with Desorption Electrospray Ionization. Analytical Chemistry, 77:7572-76, 2005.

30. Kauppila TJ, Talaty N, Salo PK, Kotiah T, Kostiainen R, Cooks RG. New surfaces for desorption electrospray ionization mass spectrometry: porous silicon and ultra-thin layer chromatography plates. Rapid Communication in Mass Spectrometry, 20:2143-48, 2006.

31. Bereman MS, Nyadong L, Fernandez FM, Muddiman DC. Direct high-resolution peptide and protein analysis by desorption electrospray ionization Fourier transform ion cyclotron resonance mass spectrometry. Rapid communication in mass spectrometry, 20:3409-15, 2006.

32. Eberlin LS, Haddad R, Neto RCS, Cosso RG, Maia DRJ, Maldaner AO, et. al. Instantaneous chemical profiles of banknotes by ambient mass spectrometry. Analyst, 135:2533-9, 2010.

33. Eberlin LS, Norton I, Orringer D, Dunn IF, Liu X, Ide JL, et al. Ambient mass spectrometry for the intraoperative molecular diagnosis of human brain tumors. PNAS, 110:1611-16, 2013.

34. Miura D, Fujimura Y, Wariishi H. In situ metabolomic mass spectrometry imaging: recent advances and difficulties. Journal of Proteomics, 75:5052-60, 2012.

35. Williams JP, Scrivens JH. Rapid accurate mass desorpition electrospray ionization tandem mass spectrometry of pharmaceutical samples. Rapid Communication in Mass Spectrometry, 19:3643-50, 2005.

36. Liu Y, Miao Z, Lakshmanan R, Loo RRO, Loo JA, Chen H. Signal and charge enhancement for protein analysis by liquid chromatography-mass spectrometry with desorption electrospray ionization. International Journal of Mass Spectrometry, 325-7:161-6, 2012.

37. Lu M, Wolff C, Cui W, Chen H. Investigation of some biologically relevant redox reactions using electrochemical mass spectrometry interfaced by desorption electrospray ionization Analytical and Bioanalytical Chemistry, 403:355-65, 2012.

38. Benassi M, Wu C, Nefliu M, Ifa DR, Volný M, Cooks RG. Redox transformations in desorption electrospray ionization. International Journal of Mass Spectrometry, 280:235-40, 2009.

39. Laramée JA, Cody RB, Nilles JM, Durst HD. Forensic Applications of DART (Direct Analysis in Real Time) Mass Spectrometry. In Forensic Analysis on the Cutting Edge. Hoboken, John Wiley and Sons: 175-95, 2007.

40. Fernandez FM, Cody RB, Green MD, Hampton CY, McGready R, Sengaloundeth S, et. al. Characterization of solid counterfeit drug samples by desorption electrospray ionization and direct-analysis-in-real-time coupled to time-of-flight mass spectrometry. ChemMedChem, 1:702-5, 2006.

41. Haefliger OP, Jeckelman N. Direct mass spectrometric analysis of flavors and fragrances in real applications using DART. Rapid Communication in Mass Spectrometry, 21:1361-6, 2007.

42. Yu S, Crawford E, Tice J, Musselman B, Wu J-T. Bioanalysis without sample cleanup or chromatography: the evaluation and initial implementation of direct analysis in real time ionization mass spectrometry for the quantification of drugs in biological matrixes. Analytical Chemistry, 81:193-9, 2009.

43. Cody RB. Observation of molecular ions and analysis of nonpolar compounds with the direct analysis in real time ion source. Analytical Chemistry, 81:1101-6, 2009.

44. Wells JM, Roth MJ, Keil AD, Grossenbacher JW, Justes DR, Patterson GE, et. al. Implementation of DART and DESI ionization on a fieldable mass spectrometer. Journal of the American Society for Mass Spectrometry, 19:1419-23, 2008.

45. Laramée JA, Cody RB, Deinzer MI. Discrete energy electron capture negative ion mass spectrometry. In Encyclopedia of Analytical Chemistry; Meyers RA. Chichester, Wiley: 11651-79, 2000.

46. Cody RB. Observation of molecular ions and analysis of nonpolar compounds with the direct analysis in real time ion source. Analytical Chemistry, 81:1101-7, 2009.

47. Hirabayashi A, Hirabayashi Y, Sakairi M, Koizumi H. Multiply-charged ion formation by sonic spray. Rapid Communication in Mass Spectrometry, 10:1703–5, 1997.

48. Amaral PH, Fernandes R, Eberlin MN. Direct monitoring of drug degradation by easy ambient sonic-spray ionization mass spectrometry: the case of enalapril. Journal of Mass Spectrometry, 46:1269-73, 2011.

49. Haddad R, Catharino RR, Marques LA, Eberlin MN. Perfume fingerprinting by easy ambient sonic-spray ionization mass spectrometry: nearly instantaneous typification and counterfeit detection. Rapid Communication in Mass Spectrometry, 22:3662-6, 2008.

50. Saraiva SA, Abdelnur PV, Catharino RR, Nunes G, Eberlin MN. Fabric softeners: nearly instantaneous characterization and quality control of cationic surfactants by easy ambient sonic-spray ionization mass spectrometry. Rapid Communication in Mass Spectrometry, 23:357-62, 2009.

51. Riccio MF, Sawaya ACHF, Abdelnur PV, Saraiva SA, Haddad R, Eberlin MN, et. al. Easy ambient sonic-spray ionization mass spectrometric of olive oils: Quality control and certification of geographical origin. Analytical Letters, 44:1489-97, 2011.

52. Abdelnur PV, Eberlin LS, De Sá GF, De Souza V, Eberlin MN. Single-shot biodiesel analysis: nearly instantaneous typification and quality control solely by ambient mass spectrometry analytical chemistry, 80:7882-6, 2008.

53. Corilo YE, Vaz BG, Simas RC, Lopes HDN, Klitzke CF, Pereira RCL, et. al. Petroleomics by EASI($\pm$) FT-ICR MS. Analytical Chemistry, 82(10):3990-6, 2010.

54. Dalmaschio GP. Caracterização de compostos polares no petróleo por espectrometria de massas de altíssima resolução e exatidão ESI($\pm$)-FT-ICR MS. Dissertação de Mestrado, Departamento de Química, Universidade Federal do Espírito Santo, 2012.

55. Platzner IT. Modern isotope ratio mass spectrometry, New York, Wiley: 1999.

56. Brand WA. Mass spectrometer hardware for analyzing stable isotope ratios, handbook of stable isotope analytical techiniques. Amsterdam: Elsevier Science, 835-58, 2004.

57. Muccio Z, Jackson GP. Isotope ratio mass spectrometry. Analyst, 134:213-22, 2009.

58. Paul W, Steinwedel HS. Ein neues Massenspektrometer ohne Magnetfeld. Z. Naturforsch, 8:448-50, 1953.

59. Finnigan, RE. Quadrupole mass spectrometers: from development to commercialization analytical chemistry, 66:969-75, 1994.

60. Miller PE, Denton MB. The quadrupole mass filter: basic operating concepts. Journal of Chemical Education, 63:617-22, 1986.

61. Holler FJ, Skoog DA, Crouch SR. Princípios de análise instrumental. 6th ed. Porto Alegre: Bookman, 564-92, 2009.

62. Stephens W. A pulsed mass spectrometer with time dispersion. Physical Review, 69:691-691 1946.

63. Dass C. Fundamental of contemporary mass spectrometry. New Jersey, Jonhn Wiley & Sons: 2007.

64. Fontes RA. Estudo qualitativo e quantitativo de biomarcadores ácidos e hidrocarbonetos presentes em óleos da bacia potiguar. Tese de Doutorado, Instituto de Química, Universidade Estadual de Campinas, Campinas, 2011.

65. Hu Q, Noll RJ, Li H, Makarov A, Hardmanc M, Cooks RG. The Orbitrap: a new mass spectrometer. Journal of Mass Spectrometry, 40:430–43, 2005.

66. Perry RH, Cooks RG, Noll RJ. Orbitrap mass spectrometry: instrumentation, ion motion and applications. Mass Spectrometry Reviews, 27:661–99, 2008.

67. Scigelova M, Makarov A. Orbitrap mass analyzer–overview and applications in proteomics. Education & Training. Practical Proteomics, 16-21, 2006.

68. Marshall AG, Hendrickson CL, Ernmetta MR, Rodgers RP, Blakney GT, Nilsson CL. Fourier transform ion cyclotron resonance: state of the art. European Journal of Mass Spectrometry, 13:57-9, 2007.

69. Deng W, Gomez A. Influence of space charge on the scale-up of multiplexed electrospray. Aerosol Science, 38:1062-78, 2007.

70. Vaz BG. Petroleômica por FT-ICR MS: Desvendando a Composição de Polares do Petróleo e Derivados. Tese de Doutorado, Instituto de Química, Universidade Estadual de Campinas, Campinas, 2011.

71. a) Zadro S, Haken JK, Pinczewski WV. Analysis of Australian crude oils by high-resolution capillary gas-chromatography mass-spectrometry. Journal of Chromatography, 323:305-22, 1985. b) Wang FCY, Wan KN, Green LA. GC x MS of diesel: A two dimensional separation approach. Analytical Chemistry, 77:2777-85, 2005.

72. Guan SH, Marshall AG, Scheppele SE. Resolution and chemical formula identification of aromatic hydrocarbons and aromatic compounds containing sulfur, nitrogen, or oxygen in petroleum distillates and refinery streams. Analytical Chemistry, 68:46-71, 1996.

73. a) Qian KN, Hsu CS. Molecular-transformation in hydrotreating processes studied by online liquid-chromatography mass-spectrometry. Analytical Chemistry, 64:2327-33, 1992. b) Hsu CS, Qian KG. Charge-exchange as a low-energy ionization technique for hydrocarbon characterization. Analytical Chemistry, 65:767-71, 1993.

74. a) Comisarow MB, Marshall AG. Fourier transform ion cyclotron resonance spectroscopy. Chemical Physics Letters, 25:282-83, 1974. b) Marshall AG. Fourier transform ion cyclotron resonance mass spectrometry. Accounts of Chemical Research, 18:316-22, 1985.

75. Zhan DL, Fenn JB. Electrospray mass spectrometry of fossil fuels. International Journal of Mass Spectrometry, 194:197-208, 2000.

76. a) Hughey CA, Hendrickson CL, Rodgers RP, Marshall A G. Elemental composition analysis of processed and unprocessed diesel fuel by electrospray ionization Fourier transform ion cyclotron resonance mass spectrometry. Energy & Fuels. 15:1186-93, 2011. b) Hughey CA, Rodgers RP, Marshall AG. Resolution of 11000 compositionally distinct components in a single electrospray ionization Fourier transform ion cyclotron resonance mass spectrum of crude oil. Analytical Chemistry, 74:4145-49, 2002.

77. Hughey CA, Rodgers RP, Marshall AG, Qian K, Robbins WR. Identification of acidic NSO compounds in crude oils of different geochemical origins by negative ion electrospray Fourier transform ion cyclotron resonance mass spectrometry. Organic Geochemistry, 33:743–59, 2002.

78. a) Senko MW, Hendrickson CL, Pasa-Tolic L, Marto J A, White FM, Guan S, Marshall AG. Electrospray ionization FT-ICR mass spectrometry at 9.4 Tesla. Rapid Communication Mass Spectrometry, 10:1824-28, 1996.

79. Marshall AG. Rodgers RP. Petroleomics: the next grand challenge for chemical analysis. Accounts of Chemical Research, 37:53-9, 2004.

80. Quann RJ, Jaffe SB. Building useful models of complex reaction systems in petroleum refining. Chemical Engineering Science, 51:1615-35, 1996.

81. Rodgers RP, Schaub TM, Marshall AG. Petroleomics: MS returns to its roots. Analytical Chemistry, 77:20A-7A, 2005.

82. Colati KAP, Dalmaschio GP, de Castro EVR, Gomes AO, Vaz BG, Romão W. Monitoring the liquid/liquid extraction of naphthenic acids in brazilian crude oil using electrospray ionization FT-ICR mass spectrometry (ESI FT-ICR MS). Fuel, 108: 647-55, 2013.

83.  a) Kendrick E. A mass scale based on ch2 = 14.0000 for high resolution mass spectrometry of organic compounds. Analytical Chemistry, 35:2146-54, 1963. b) Hughey CA, Hendrickson CL, Rodgers RP, Marshall AG, Qian KN. Kendrick mass defect spectrum: A compact visual analysis for ultrahigh-resolution broadband mass spectra. Analytical Chemistry, 73(19):4676-81, 2001.

84.  a) van Krevelen DW. Graphical-Statistical Method for the Study of Structure and Reaction Processes of Coal. Fuel, 29:269-84, 1950. b) Kim S, Kramer RW, Hatcher PG. Graphical method for analysis of ultrahigh-resolution broadband mass spectra of natural organic matter, the van Krevelen diagram. Analytical Chemistry, 75(20):5336-44, 2003.

85.  Kim S, Kramer RW, Hatcher PG. Graphical method for analysis of ultrahigh-resolution broadband mass spectra of natural organic matter, the van Krevelen Diagram. Analytical Chemistry, 75:5336–44, 2003.

86.  Caprioli RM, Farmer TB, Gile J, Molecular imaging of biological samples: localization of peptides and proteins using MALDI-TOF MS. Analytical Chemistry, 69:4751-60, 1997.

87.  Hove E, Smith DF, Heeren RMA. A concise review of mass spectrometry imaging. Journal of Chromatography A, 1217:3946–54, 2010.

88.  Abdelnur PV. A espectrometria de massas e as bio-moléculas: relação estrutura/reatividade de peptídeos por reações íon/molécula e mobilidade de íons e busca de novos biomarcadores em clínica médica por imageamento químio-seletivo de tecidos. Tese de doutorado, Instituto de Química, Universidade Estadual de Campinas, Campinas, 2010.

89.  Ifa DR, Wiseman JM, Song Q, Cooks RG. Development of capabilities for imaging mass spectrometry under ambient conditions with desorption electrospray ionization (DESI). International Journal of Mass Spectrometry, 259:8-15, 2007.

90.  Wiseman JM, Ifa DR, Venter A, Cooks RG. Ambient molecular imaging by desorption electrospray ionization mass spectrometry. Nature Protocols, 3:517-24, 2008.

91.  Eberlin LS, Ifa DR, Wu C, Cooks RG. Three-dimensional visualization of mouse brain by lipid analysis using ambient ionization mass spectrometry. Angewandte Chemie, 49:873–6, 2009.

92.  Eberlin LS, Dill AL, Costa AB, Ifa DR, Cheng L, Masterson T, et al. Cholesterol sulfate imaging in human prostate cancer tissue by desorption electrospray ionization mass spectrometry. Analytical Chemistry, 82:3430–34, 2010.

93.  Ifa DR, Srimany A, Eberlin LS, Naik HR, Bhat V, Cooks RG, et. al. tissue imprint imaging by desorption electrospray ionization mass spectrometry. analytical methods, 3:1910-2, 2011.

94.  Causin V, Casamassima R, Marega C, Maida P, Schiavone S, Marigo A, Villari A. Thin layer chromatography, and Fourier transform infrared spectroscopy for the forensic analysis of black and blue ballpoint inks. Journal of Forensic Science, 53:1468-73, 2008.

95.  Bojko K, Roux C, Reedy BJ. An examination of the sequence of intersecting lines using attenuated total reflectance—Fourier transform infrared spectral imaging. Journal of Forensic Science, 53:1458-67, 2008.

96.  Egan WJ, Morgan SL, Bartick EG, Merrill RA, Taylor HJ. Forensic discrimination of photocopy and printer toners. II. Discriminant analysis applied to infrared reflection-absorption spectroscopy. Analytical and Bioanalytical Chemistry, 376:1279-85, 2003.

97.  Merrill RA, Bartick EG, Taylor JH. Forensic discrimination of photocopy and printer toners I. The development of an infrared spectral library. Analytical and Bioanalytical Chemistry, 376:1272-8, 2003.

98.  Claybourn M, Ansell M. Using Raman spectroscopy to solve crime: ink, questioned documents and fraud. Science Justice 40(4):261-71, 2000.

99.  Geiman I, Leona M, Lombardi JR. Application of raman spectroscopy and surface-enhanced raman scattering to the analysis of synthetic dyes found in ballpoint pen inks. Journal of Forensic Science, 54:947-52, 2009.

100.  Adam CD. In situ luminescence spectroscopy with multivariate analysis for the discrimination of black ballpoint pen ink-lines on paper. Forensic Science International. 182:27-34, 2008.

101.  Brazeau L, Chem C, Gaudreau M. Ballpoint Pen Inks: The quantitative analysis of ink solvents on paper by solid-phase microextraction. Journal of Forensic Science, 52:209-15, 2007.

102.  Egan WJ, Galipo RC, Kochanowski BK, Morgan SL, Bartick EG, Miller ML, Ward DC, Mothershead RF. Forensic discrimination of photocopy and printer toners. III. Multivariate statistics applied to scanning electron microscopy and pyrolysis gas chromatography/mass spectrometry. Analytical and Bioanalytical Chemistry, 376:1286-97, 2003.

103. Bugler JH, Buchner H, Dallmayer A. Age determination of ballpoint pen ink by thermal desorption and gas chromatography–mass spectrometry. Journal of Forensic Science, 53:982-8, 2008.

104. Morales EB, Vazquez ALR. Simultaneous determination of inorganic and organic gunshot residues by capillary electrophoresis. Journal of Chromatography A, 1061:225-33, 2004.

105. Vogt C, Vogt J, Becker A, Rohde E. Separation, comparison and identification of fountain pen inks by capillary electrophoresis with UV-visible and fluorescence detection and by proton-induced X-ray emission. Journal of Chromatography, 781:391-405, 1997.

106. Cruces-Blanco C, Gámiz-Gracia L. García-Campnã AM. Applications of capillary electrophoresis in forensic analytical chemistry. Trends in Analytical Chemistry, 26:215-26, 2007.

107. Assuncao NA, Bechara EJH, Simionato AVC, Tavares MFM, Carrilho E. Eletroforese capilar acoplada à espectrometria de massas (CE-MS): vinte anos de desenvolvimento. Química Nova 31:2124-33, 2008.

108. Tavares MFM, Jager AV, da Silva CL, Moraes EP, Pereira EA, de Lima EC, et. al. applications of capillary electrophoresis to the analysis of compounds of clinical, forensic, cosmetological, environmental, nutritional and pharmaceutical importanceal, nutritional and pharmaceutical importance. Journal of the Brazilian Chemical Society, 14(2):281-90, 2003.

109. Lalli PM, Sanvido GB, Garcia JS, Haddad R, Cosso RG, Maia DRJ, et al. Fingerprinting and aging of ink by easy ambient sonic-spray ionization mass spectrometry. Analyst 135:745-50, 2010.

110. Siegel J, Allison J, Mohr D, Dunn J. The use of laser desorption/ionization mass spectrometry in the analysis of inks in questioned documents. Talanta, 67:425-9, 2005.

111. Roger W, Jones RW, Cody RB, McClealland JF. Differentiating writing inks using direct analysis in real time mass spectrometry. Journal of Forensic Science, 51:915-8, 2006.

112. Ifa DR, Gumaelius LM, Eberlin LS, Manicke NE, Cooks RG. Forensic analysis of inks by imaging desorption electrospray ionization (DESI) mass spectrometry. Analyst, 132:461-7, 2007.

113. Maind SD, Kumar SA, Chattopadhyay N, Gandhi C, Sudersanan M. Analysis of Indian blue ballpoint pen inks tagged with rare-earth thenoyltrifluoroacetonates by inductively coupled plasma–mass spectrometry and instrumental neutron activation analysis. Forensic Science International 159:32-42, 2006.

114. Zavattaro D, Quarta G, Elia MD, Calcagnile L. Recent documents dating:aAn approach using radiocarbon techniques. Forensic Science International, 167:160-2, 2007.

115. Coumbaros J, Kirkbride KP, Klass G, Skinner W. Application of time of flight secondary ion mass spectrometry to the in situ analysis of ballpoint pen inks on paper. Forensic Science International, 193:42-6, 2009.

116. Romão W, Schwab NV, Bueno MIMS, Sparrapan R, Eberlin MN, Martyni A, et al. Química forense: perspectivas sobre novos métodos analíticos aplicados à documentoscopia, balística e drogas de abuso. Química Nova, 34:1717-28, 2011.

117. Mendes LB. Documentoscopia, 3rd ed. Campinas: Millennium, 2010.

118. Romão W, Franco MF, Corilo YE, Eberlin MN, Spinacé MAS, De Paoli M-A. Poly (ethylene terephthalate) thermo-mechanical and thermo-oxidative degradation mechanisms. Polymer Degradation and Stability, 94:1849-59, 2009.

119. Morton J. Ecstasy: pharmacology and neurotoxicity. Current Opinion in Pharmacology, 5:79-86, 2005.

120. Kalant H. The pharmacology and toxicity of "ecstasy" (MDMA) and related drugs. Canadian Medical Association Journal, 165:917-28, 2001.

121. Gowing LR, Henry-Edwards SM, Irvini RJ, Ali RL. The health effects of ecstasy: a literature review. Drug and Alcohol Review, 21:53-63, 2002.

122. Morgan M. Ecstasy (MDMA): a review of its possible persistent psychological effects. Journal of Psychopharmacology, 152:230-48, 2008.

123. Jeffrey W. In: Colour tests. Analysis of drugs and poisons in pharmaceuticals, body fluids and postmortem material. Wiley: London, 2004.

124. Caccia S, Ballabio M, Fanelli R, Guiso G, Zanini MG. Determination of plasma and brain concentrations of trazodone and its metabolite, lm-chlorophcnvlpipcrazine,by gas-liquid chromalography. Journal of Chromatography, 210:311-8, 1981.

125. Miller RL, Devane CL. Analysis of trazodone and m-chlorophenylpiperazine in plasma and brain tissue by high perfor-mance liquid chromatography. Journal of Chromatography, 374:388-93, 1986.

126. Patel BN, Sharma N, Sanyal M, Shrivastav PS High throughput and sensitive determination of trazodone and its primary metabolite, m-chlorophenylpiperazine, in human plasma by liquid chromatography-tandem mass spectrometry. Journal of Chromatography B, 871:44-54, 2008.

127. Romão W, Lalli PM, Franco MF, Sanvido G, Schwab NV, Lanaro R, et. al. Chemical profile of meta-chlorophenylpiperazine (m-CPP) in ecstasy tablets by easy ambient sonic-spray ionization, X-ray fluorescence, ion mobility mass spectrometry and NMR. Analytical and Bioanalytical Chemistry, 400:3053-64, 2011.

128. Lanaro R, Costa JL, Filho LAZ, Cazenave SOS. Identificação química da clorofenilpiperazina (CPP) em comprimidos apre-endidos. Química Nova, 33:725-9, 2010.

129. Romão W, Sabino BD, Júnior AC, Correa DN, Vaz BG, Eberlin MN. 58 ASMS Conference on Mass Spectrometry and Allied Topics. Salt Lake City, 2010.

130. Kato N, Pharm B, Fujita S, Pharm B, Ohta H, Fukuba M, et. al. Thin layer chromatography/fluorescence detection of 3,4-methylenedioxy-methamphetamine and related compounds. Journal of Forensic Science, 53:1367-71, 2008.

131. Zakrzewska A, Parczewski A, Kazmierczak D, Ciesielski W, Kochanaa J. Visualization of Amphetamine and Its Analogues in TLC. Acta Chimica Slovenica, 54:106-9, 2007.

132. Sabino BD, Sodré ML, Alves EA, Rozembaum HF, Alonso FOM, Correa DN, et. al. Analysis of street ecstasy tablets by thin layer chromatography coupled to easy ambient sonic-spray ionization mass spectrometry. Brazilian Journal of Analytical Chemistry, 1:6-11, 2010.

133. Duncan MW. Good mass spectrometry and its place in good Science. Journal of Mass Spectrometry, 47(6):795-809, 2012.

134. Beckmann M, Parker D, Enot DP, Duval E, Draper J. High-throughput, nontargeted metabolite fingerprinting using nomi-nal mass flow injectíon electrospray mass spectrometry. Nature Protocols, 3:486-504, 2008.

135. Vinci F, Fabbrocino S, Fiori M, Serpe L, Gallo P. Determinatíon of fourteen non-steroidal anti-inflammatory drugs in ani-mal serum and plasma by liquid chromatography/mass spectrometry. Rapid Communication in Mass Spectrometry, 20:3412-20, 2006.

136. Kortz L, Dorow J, Becker S, Thiery J, Ceglarek U. Fast liquid chromatography—quadrupole linear íon trap-mass spec-trometry analysis of polyunsaturated fatty acids and eicosanoids in human plasma. Journal of Chromatography B, 927:209–13, 2013.

137. Gregg SD, Fisher JW, Bartlett MG. A review of analytical methods for the identificatíon and quantificatíon of hydrocar-bons found in jet propellant 8 and related petroleum based fuels. Biomedical Chromatography, 20:492-507, 2006.

138. Huybrechts T, Dewulf J, Van Langenhove H. State-of-the-art of gas chromatography-based methods for analysis of an-thropogenic volatile organic compounds in estuarine waters, illustrated with the river Scheldt as an example. Journal of Chromatography A, 1000:283-97, 2003.

139. Ni JQ, Robarge WP, Xiao C, Heber AJ. Volatile organic compounds at swine facilities: a critical review. Chemosphere, 89:769-88, 2012.

140. Stapleton K, Dean JR. A preliminary identificatíon and determinatíon of characteristic volatile organic compounds from cotton, polyester and terry-towel by headspace solid phase microextractíon gas chromatography-mass spectrometry. Journal of Chromatography A, 1295:147-51, 2013.

141. Pratt KA, Prather KA. Mass spectrometry of atmospheric aerosols--recent developments and applicatíons. Part I: Off-line mass spectrometry techniques. Mass Spectrometry Reviews, 31:1-16, 2012.

142. Dunn WB. Mass spectrometry in systems biology an introduction. Methods in Enzymology, 500:15-35, 2011.

143. Singh S, Handa T, Narayanam M, Sahu A, Junwal M, Shah RP. A critical review on the use of modern sophisticated hyphe-nated tools in the characterizatíon of impurities and degradatíon products. Journal of Pharmaceutical and Biomedical Analysis, 69:148-73, 2012.

144. Kałużna-Czaplińska J. Current medical research with the applicatíon of coupled techniques with mass spectrometry. Medical Science Monitor, 17:117-23, 2011.

145. Nikolaou P, Papoutsis I, Athanaselis S, Alevisopoulos G, Khraiwesh A, Pistos C, et al. Development and validation of a GC/MS method for the determination of tadalafil in whole blood. Journal of Pharmaceutical and Biomedical Analysis, 56:577–81, 2011.

146. Kaartama R, Jarho P, Savolainen J, Kokki H, Lehtonen M. Determination of midazolam and 1-hydroxymidazolam from plasma by gas chromatography coupled to methane negative chemical ionization mass spectrometry after sublingual administration of midazolam. Journal of Chromatography B, 879:1668–76, 2011.

147. Massaroti P, Moraes LA, Marchioretto MA, Cassiano NM, Bernasconi G, Calafatti SA, et al. Development and validation of a selective and robust LC-MS/MS method for quantifying amlodipine in human plasma. Analytical and Bioanalytical Chemistry, 382:1049-54, 2005.

148. Nazare P, Massaroti P, Calafatti S, Barros FA, Meurer EC, Moraes LA, et. al. Validated method for determination of bromopride in human plasma by liquid chromatography--electrospray tandem mass spectrometry: application to the bioequivalence study. Journal of Mass Spectrometry, 40(9):1197-202, 2005.

149. Zhou JL, Maskaoui K, Lufadeju A. Optimization of antibiotic analysis in water by solid-phase extraction and high performance liquid chromatography-mass spectrometry/mass spectrometry. Analytical Chimica Acta, 731:32-9, 2012.

150. Stubbings G, Bigwood T. The development and validation of a multiclass liquid chromatography tandem mass spectrometry (LC-MS/MS) procedure for the determination of veterinary drug residues in animal tissue using a QuEChERS (QUick, Easy, CHeap, Effective, Rugged and Safe) approach. Analytical Chimica Acta, 637:68-78, 2009.

151. Lehotay SJ, Lightfield AR, Geis-Asteggiante L, Schneider MJ, Dutko T, Ng C, et al. Development and validation of a streamlined method designed to detect residues of 62 veterinary drugs in bovine kidney using ultra-high performance liquid chromatography-tandem mass spectrometry, Drug Testing and Analysis, 4:75-90, 2012.

152. Vuckovic D. Current trends and challenges in sample preparation for global metabolomics using liquid chromatography--mass spectrometry. Analytical and Bioanalytical Chemistry, 403:1523-48, 2012.

153. Maldini M, Montoro P, Piacente S, Pizza C. ESI-MS, ESI-MS/MS fingerprint and LC-ESI-MS analysis of proathocyanidins from Bursera simaruba Sarg bark. Natural Product Communications, 4:1671-4, 2009.

154. Sarker SD, Nahar L. Hyphenated techniques and their applications in natural products analysis. Methods in Molecular Biology, 864:301-40, 2012.

155. Ghyselinck J, Van Hoorde K, Hoste B, Heylen K, De Vos P. Evaluation of MALDI-TOF MS as a tool for high-throughput dereplication. Journal of Microbiological Methods, 86:327-36, 2011.

156. Fioramonte M, dos Santos AM, McIlwain S, Noble WS, Franchini KG, Gozzo FC. Analysis of secondary structure in proteins by chemical cross-linking coupled to MS. Proteomics, 12:2746-52, 2012.

157. Hanisch FG. O-glycoproteomics: site-specific O-glycoprotein analysis by CID/ETD electrospray ionization tandem mass spectrometry and top-down glycoprotein sequencing by in-source decay MALDI mass spectrometry. Methods in Molecular Biology, 842:179-89, 2012.

158. Hardouin J. Protein sequence information by matrix-assisted laser desorption/ionization in-source decay mass spectrometry, Mass Spectrometry Reviewers, 26:672-82, 2007.

159. Michelin M, Moraes LA, Leão JM, Jorge JA, Terenzi HF, Polizeli ML. Purification and characterization of a thermostable α-amylase produced by the fungus Paecilomyces variotii. Carbohydrate Research, 345:2348-53, 2010.

# 2

# Fundamentos de Espectroscopia no Infravermelho e Aplicações

Eustáquio Vinicius Ribeiro de Castro

Renzo Corrêa Silva

## INTRODUÇÃO

A radiação é a propagação da energia na forma de ondas eletromagnéticas de comprimentos de onda $\lambda$ e frequências $v$. A radiação no infravermelho (IV) corresponde aproximadamente à faixa de radiação que vai de 0,78 a 1.000 $\mu$m, em termos do comprimento de onda $\lambda$ e de 12.800 a 10 cm$^{-1}$ em termos do número de ondas $\bar{v}$. O número de ondas expressa simplesmente o inverso do comprimento de onda em centímetros. A radiação no infravermelho é pouco energética quando comparada ao ultravioleta ou raios X, e mais energética que micro-ondas e a ressonância magnética nuclear, por exemplo, e tem energia variando de 8 a 40 kJ/mol. As conversões do número de onda ou do comprimento de onda em energia ou frequência podem ser feitas a partir da equação de Planck-Einstein dada pela Equação 2.1:

$$E = \hbar v$$

(2.1)

## SUMÁRIO

Introdução
  Aspectos teóricos
  Faixas espectrais
  Aplicações dos princípios: uma nova visão
Características Experimentais
  Interferômetro de Michelson e transformada de Fourier
  Técnicas e materiais
  Medidas de transmissão
    Líquidos
    Gases
    Sólidos
  Medidas por reflexão
    Reflexão total atenuada
    Reflexão difusa

Interpretação de experimentos
  Identificação de grupos funcionais;
    Interpretação dos picos de alta intensidade
  Outros grupos funcionais
  Considerações sobre a cadeia hidrocarbônica
  Métodos computacionais
  Considerações quantitativas
    Infravermelho e a estatística multivariada
Aplicações
  Identificação de grupos funcionais e análise de misturas
Exercícios
Bibliografia

Lembrando que $v = hc/\lambda$, onde $h$ é a constante de Planck ($h = 6{,}626 \times 10^{-34}$ J.s) e c é a velocidade da luz no vácuo (c = 2,997925 × 10$^8$ m/s).

Radiações no IV podem ser produzidas pelo simples aquecimento da matéria, fazendo-se passar uma corrente elétrica ou mediante processos químicos, desde que seja produzido calor. A origem da radiação está nos movimentos das moléculas que compõem a matéria, sendo que a porção do espectro que é mais explorada está relacionada às vibrações resultantes dos estiramentos (deformações axiais) das ligações químicas e deformações angulares (dobramentos) em torno de um átomo que participa de duas ligações; tais deformações podem ser simétricas ou assimétricas, como mostra a Figura 2.1.

Essas vibrações absorvem ou emitem energias de forma quantizada, cujos valores dependerão da perturbação que lhes é imposta por uma fonte externa.

## Aspectos teóricos

A compreensão sobre o que de fato ocorre quando um sistema é perturbado pela radiação na faixa do IV passa pela consideração de que as ligações químicas têm comportamentos que podem ser associados aos dos osciladores. Dois átomos A e B quando ligados comportam-se como se duas massas $m_A$ e $m_B$ estivessem unidas por uma mola (Figura 2.2), descrevendo um movimento

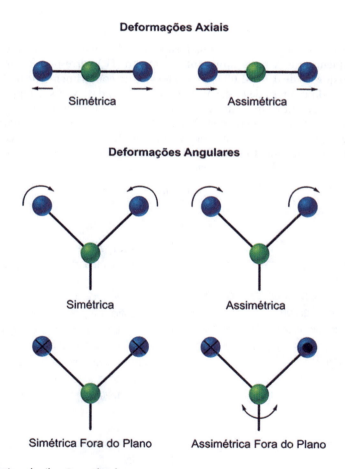

**Figura 2.1.** Alguns tipos de vibrações moleculares.

oscilatório que, para efeitos de ilustração, será considerado harmônico, o que remete ao já conhecido modelo do oscilador harmônico.

No modelo do oscilador harmônico clássico, a energia potencial do sistema oscilante, que consiste em um corpo de massa m que é preso a uma mola fixa em um suporte, é dada por:

$$V(x) = Kx^2/2 \qquad (2.2)$$

Onde K é a constante elástica da mola. A frequência das oscilações é dada por:

$$\omega = (K/m)^{1/2} \qquad (2.3)$$

Já o sistema A–B mencionado, dada sua natureza, deve ser tratado à luz da mecânica quântica. Resolvendo-se a equação de Schrödinger para esse sistema, constata-se que as energias são dadas por:

$$E_n = (n + 1/2)\hbar v \qquad (2.4)$$

Onde $\hbar = h/2\pi$, n = 0, 1, 2, ..., sendo $h$ a constante de Planck e $v$ a frequência. Deve-se observar que, ao contrário do sistema clássico, os valores obtidos para as energias são quantizados, ou seja, dependem do número quântico n. No sistema clássico, as energias podem assumir valores contínuos.

As frequências vibracionais serão dadas neste modelo quântico por:

$$v = (1/2\pi).(K/\mu)^{1/2} \qquad (2.5)$$

sendo μ a massa reduzida dada por $(m_1 \times m_2)/(m_1 + m_2)$ e $K$ uma constante que depende da ligação química e relaciona-se à força dessas frequências. O número de ondas $\bar{v}$ será dado por $\bar{v} = v/c$.

Assim, fica fácil associar frequências, energias e números de ondas às oscilações que ocorrem em sistemas moleculares. Sistemas com massas reduzidas maiores apresentam frequências de estiramentos, energias e números de ondas menores. Um exemplo é o das ligações C–C e C–H que apresentam números de onda próximos a 1.200 e 3.000 cm$^{-1}$ respectivamente. Outro aspecto a ser notado diz respeito à natureza da ligação química. Ligações triplas como as do carbono apresentam número de onda de aproximadamente 2.150 cm$^{-1}$, enquanto as ligações duplas e simples têm valores próximos a 1.650 cm$^{-1}$ e 1.200 cm$^{-1}$ respectivamente. Essas diferenças nos valores das frequências vibracionais estão relacionadas às forças dessas ligações e, consequentemente, à constante $K$. Observando-se a Equação 2.5, pode-se verificar que quanto maior $K$, maior a frequência e o número de onda.

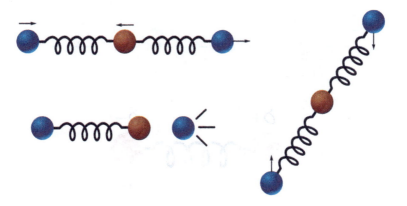

**Figura 2.2.** Exemplos de movimentos oscilatórios.

Além dessas vibrações axiais (*stretching*), as moléculas com mais de dois átomos podem apresentar movimentos de dobramentos angulares ou deformações angulares (*bending*). Em uma molécula como a da água, podem-se observar vibrações axiais simétricas e assimétricas e de dobramento. Geralmente, as frequências das vibrações de dobramento são menores do que as de vibrações axiais. Na água, as frequências de deformações axiais simétricas e assimétricas são de aproximadamente 3.655 cm$^{-1}$ e 3.755 cm$^{-1}$ respectivamente, enquanto a deformação angular apresenta frequência aproximada de 1.595 cm$^{-1}$.

Observa-se também que, além das massas dos átomos envolvidos nas ligações e das forças das ligações, outros fatores como a ressonância e o meio no qual as moléculas estão inseridas podem afetar as frequências das vibrações.

Na Tabela 2.1 estão alguns exemplos de frequências características para alguns grupos funcionais.

As interações das moléculas com a radiação na faixa do infravermelho podem ser vistas sob outro ponto de vista que não aquele do modelo de simples oscilações de massas. Como se sabe, moléculas são entidades com cargas que surgem em razão da diferença de eletronegatividade entre seus átomos constituintes, o que dá origem a dipolos permanentes. O movimento dos átomos ao longo de uma ligação química, a deformação angular ou ainda a vizinhança pode provocar o surgimento de dipolos induzidos em uma molécula, como mostrado na Figura 2.3.

As intensidades das absorções ou emissões na região do infravermelho estão associadas às mudanças nos momentos de dipolos das moléculas. Assim, quanto maior a alteração no momento de dipolo, mais intensa será a interação do sistema com a radiação e mais intensa será a absorção ou emissão. Moléculas que têm, por exemplo, grupos carbonilas, apresentam absorções intensas, pois a diferença de eletronegatividade entre o oxigênio e o carbono leva a um valor considerável do momento de dipolo e de forma permanente. Sob esse ponto de vista, é de se esperar que moléculas como o $CO_2$ não absorvam na região do IV por serem apolares. No entanto, embora o momento de dipolo do $CO_2$ no estado fundamental seja igual a zero, o estiramento assimétrico somado à deformação angular faz com que a molécula tenha dipolo resultante diferente de zero e, assim, apresentar absorção mensurável.

**Tabela 2.1.** Frequências características de alguns grupos funcionais

| Grupos Funcionais | Número de onda (cm$^{-1}$) |
|---|---|
| C - H | 3.000 |
| C - C | 1.200 |
| C - O | 1.100 |
| C = O | 1.715 |
| O - H | 3.400 |
| N - H | 3.400 |
| CH$_2$ (dobramento) | 1.465 |
| CH$_3$ (dobramento) | 1.375 |

**Figura 2.3.** Demonstração de dipolos oscilantes.

Já moléculas como o propeno são "quase" transparentes à radiação no IV, pois o dipolo induzido pela oscilação na ligação C=C é praticamente anulado pelo efeito indutivo do grupo metila. Outro aspecto que contribui para a intensidade, em caso de misturas, é a quantidade de cada analito presente. Dependendo dessas quantidades, as absorções serão mais ou menos intensas, podendo ser uma informação útil em processos de quantificação. Em um tópico mais adiante, será discutida a utilização da técnica de infravermelho juntamente com métodos estatísticos multivariados no estudo de misturas.

## Faixas espectrais

Como mencionado, a faixa da radiação correspondente ao infravermelho vai de 0,78 a 1000 µm em termos do comprimento de onda λ, e de 12.800 a 10 cm$^{-1}$ em termos do número de ondas $\bar{v}$. O espectro pode ser dividido em três: o infravermelho próximo (*near infrared-NIR*); o infravermelho médio (*mid infrared-MIR*); e o infravermelho afastado ou distante (*far infrared-FIR*).

O infravermelho próximo (NIR) compreende uma faixa aproximada que vai de 0,78 até 2,5 µm (12.800-4.000 cm$^{-1}$) e está associado aos sobretons e acoplamentos de vibrações moleculares. Nessa faixa do espectro, o poder discriminatório da radiação em função das propriedades moleculares é pequeno. Entretanto, seu alcance em amostras complexas a torna uma técnica muito interessante, pois além de não exigir destas um alto grau na preparação, pode permitir, quando associada a ferramentas quimiométricas, a obtenção de informações relevantes, como propriedades fisioquímicas por exemplo. Normalmente a espectrometria NIR é utilizada em estudos quantitativos em que os grupos funcionais orgânicos C=O, O-H e N-H, estejam presentes. Na Figura 2.4, é mostrado o espectro de infravermelho próximo do etanol.

A região do infravermelho médio ou fundamental (MIR) está situada na faixa entre 4.000 e 200 cm$^{-1}$, onde aparecem bandas resultantes principalmente das vibrações fundamentais das moléculas, tornando-a, assim, bastante empregada quando se trata de caracterização química de substâncias puras ou misturas, embora o instrumental utilizado seja mais sofisticado que o do infravermelho próximo e as amostras devam ser mais cuidadosamente preparadas. Também quando associada à quimiometria, torna-se uma ferramenta poderosa no estudo de propriedades dos sistemas. Na Figura 2.5 é mostrado o espectro de transmitância para o ácido palmítico.

No infravermelho afastado ou distante (FIR), a faixa espectral vai de 200 a 10 cm$^{-1}$. Em função das dificuldades experimentais e das limitações das informações fornecidas, é pouco utilizada. Entretanto, a técnica é de fundamental importância nos estudos da área de materiais que envolvem principalmente complexos inorgânicos. Um exemplo de aplicação é no estudo do condutor superiônico Na-β alumina. Outro exemplo é o da aplicação no estudo da condutividade intragranular em perovskitas.

A escolha da faixa espectral dependerá dos objetivos do trabalho. Normalmente, quando se trabalha com amostras cujos processos de preparação são mais complexos, utiliza-se o infravermelho próximo por causa da facilidade da medida e por não ser necessário muito cuidado na preparação de amostra, embora as informações estruturais fiquem um pouco prejudicadas. Obviamente as amostras devem conter substâncias que absorvam nessa faixa. Na região do

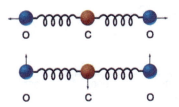 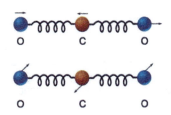

**Figura 2.4.** Modos vibracionais da molécula de $CO_2$.

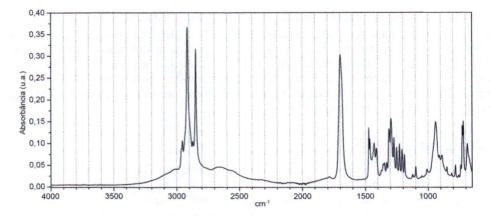

**Figura 2.5.** Espectro de infravermelho do ácido palmítico.

infravermelho médio, o espectro é mais bem resolvido e o volume de informações maior, porém as medidas têm um custo maior dados a instrumentação e os maiores cuidados com as amostragens. A região do infravermelho afastado é menos utilizada dadas as especificidades de aplicação, como em química de compostos coordenados.

## Aplicações dos princípios: uma nova visão

Como discutido, existem correlações entre as estruturas das moléculas, a vizinhança e as energias, frequências e as intensidades das interações, quando as moléculas vibram ou sofrem deformações em suas estruturas. Assim, pode-se imaginar que cada sistema, seja ele uma molécula ou uma mistura de várias moléculas iguais ou diferentes, tem perfis característicos de frequências e intensidades que podem ser admitidos como suas impressões digitais. Esses perfis podem ser obtidos pela instrumentação adequada, que será discutida mais adiante, e aparecem em figuras ou gráficos de intensidades *versus* frequências denominados espectros, que podem ser de absorbância ou transmitância. A transmitância (T) é definida pela razão entre a energia transmitida e a energia incidente na amostra e absorbância (A) é o logaritmo do inverso da transmitância (A = log 1/T). Nas Figuras 2.6 e 2.7, são mostrados espectros de transmitância e absorbância, respectivamente, do etanol com as atribuições relativas ao fenômeno observado.

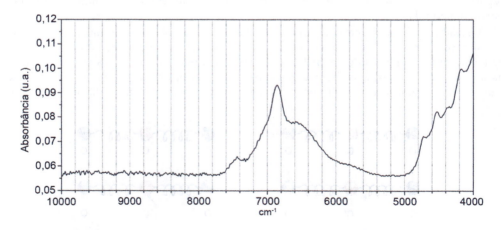

**Figura 2.6.** Espectro NIR do etanol.

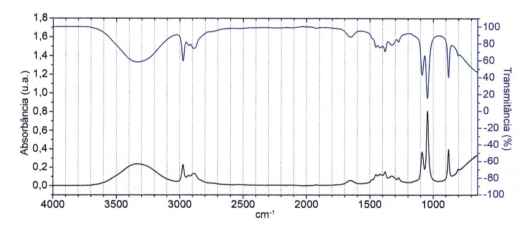

**Figura 2.7.** Espectro de transmitância e de absorbância do etanol no infravermelho médio.

No caso de misturas, os espectros representam "um somatório" das propriedades das moléculas individuais e as interações entre elas, de forma que cada mistura terá um perfil característico. Na Figura 2.8, é mostrado o espectro NIR do etanol em solução aquosa.

Na Figura 2.8, podem-se observar as bandas características da água, as do etanol e também algumas bandas que aparecem em decorrência das interações entre os componentes da solução.

O fato de cada sistema amostral apresentar um espectro ou perfil característico poderá ser útil na determinação de suas propriedades pelo estabelecimento de correlações e modelagens específicas. Por exemplo, o conjunto de dados (intensidades, comprimentos de onda e concentrações) pode ser tratado de forma que se obtenha um modelo que permita a inferência do teor de etanol em água, fazendo-se uma simples medida de infravermelho.

Existe na literatura um número muito grande de trabalhos nos quais a espectrometria na região do infravermelho é utilizada. As áreas de aplicação são as mais diversas possíveis. São trabalhos em química de alimentos, farmácia, bioquímica, química do petróleo e saúde, síntese orgânica, entre outras. Misturas altamente complexas como o petróleo podem ser estudadas utilizando infravermelho. Nesses tipos de estudos, o interesse não está na elucidação estrutural

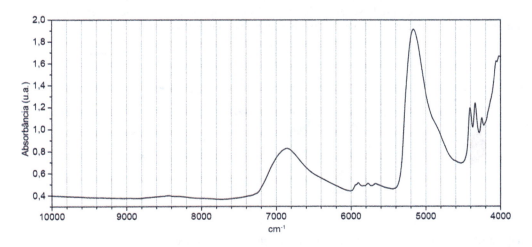

**Figura 2.8.** Espectro NIR de uma solução etanol-água.

dos participantes da mistura em si, mas em alguma de suas propriedades, como a viscosidade, a acidez, a salinidade e outras.

Hoje, os equipamentos de infravermelho existentes têm uma capacidade gigantesca de geração de dados. Para se ter uma ideia, um espectro pode ser obtido em segundos. Desse volume de dados, advém outro problema que é o tratamento destes, só possível com a utilização de máquinas modernas e formalismos matemáticos adequados. Esses assuntos serão abordados mais adiante.

## CARACTERÍSTICAS EXPERIMENTAIS

Assim como a maioria dos instrumentos científicos, os instrumentos utilizados na espectrometria no infravermelho foram influenciados pelos avanços computacionais ocorridos no fim do século XX. Com a capacidade de realizar cálculos complexos em matrizes de dados cada vez maiores, os microcomputadores permitiram que instrumentos baseados na aplicação da transformada de Fourier (FT-IR), como o interferômetro de Michelson (planejado por Michelson em 1891), fossem disseminados nos laboratórios e departamentos analíticos. No passado, quando os espectros no infravermelho eram obtidos usando dispersores e monocromadores para expor a amostra a radiações de variados comprimentos de onda, demorava-se até 30 minutos para obter um espectro de qualidade. Espectrômetros dispersivos não conferiam as características necessárias para o desenvolvimento de avançadas análises rotineiras, mas atendiam às demandas em uma época em que a informação estrutural de compostos dependia fortemente do seu espectro no infravermelho médio. Hoje em dia, o uso de interferômetros com transformada de Fourier para obtenção de espectros é dominante, logo este texto se abstém de detalhar o funcionamento de outros espectrômetros, como o de dispersão, sendo indicadas as referências ao final do capítulo para o leitor interessado. Como revoluções tecnológicas são de certo modo imprevisíveis, os futuros profissionais que terão breve acesso ao conhecimento da espectrometria de infravermelho atual não devem se surpreender caso tudo seja diferente nos próximos 10 ou 50 anos.

## Interferômetro de Michelson e transformada de Fourier

Em 1907, A. A. Michelson recebeu o Prêmio Nobel de Física pela criação da interferometria, que consiste em criar padrões de interferências para se obter informações de ondas. Hoje, a interferometria encontra aplicações em diversos campos, como sismologia, oceanografia, mecânica quântica e, o que é interesse do capítulo, espectrometria. Na prática, diversas modificações ao interferômetro de Michelson original foram implementadas por fabricantes de instrumentos ao longo dos anos, entretanto basta entender o funcionamento do mais simples interferômetro para obter subsídios suficientes para o desenvolvimento de aplicações (Figura 2.9).

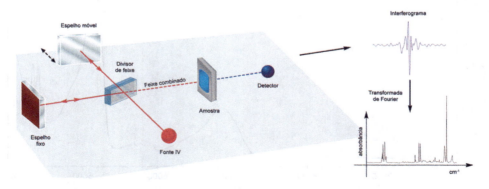

**Figura 2.9.** Esquema de funcionamento de um espectrômetro de infravermelho baseado no interferômetro de Michelson.

Como mostrado na Figura 2.9, uma fonte de radiação infravermelha atinge um divisor de feixes que encaminha metade da radiação para um espelho plano fixo e a outra metade para um espelho plano móvel. Quando a radiação é refletida por esses espelhos, os feixes se reencontram no divisor, onde se recombinam em padrões que dependem do retardo ótico, em função da posição do espelho móvel. Nesse momento, metade da radiação combinada é direcionada ao detector (radiação transmitida), passando pelo compartimento de amostra. O sinal é coletado em função da posição do espelho e, assim, obtém-se o interferograma. A transformada de Fourier transforma a informação do domínio temporal para o domínio das frequências, obtendo-se, dessa forma, o espectro infravermelho da amostra.

Tecnologicamente, são três os fatores que influenciam na aquisição de interferogramas – e, consequentemente, espectros – de qualidade: a planaridade dos espelhos; a movimentação do espelho a uma velocidade constante; e o conhecimento de sua posição no curso. A resolução máxima é calculada a partir do inverso da diferença de caminho entre os feixes a serem recombinados. Por exemplo, uma diferença de 5 cm no trajeto das radiações permitirá uma resolução máxima de 0,2 cm$^{-1}$. Não é tarefa fácil, porém, atender aos três requisitos citados quando a diferença no trajeto das radiações é grande, o que ofereceria melhores resoluções. Atualmente, o comprimento do percurso varia de 1 a 20 cm, sendo que instrumentos de bancada são capazes de fornecer espectros com resolução de 4 cm$^{-1}$ em poucos segundos. Para melhores resoluções, como 0,1 cm$^{-1}$ por exemplo, mais tempo de análise é necessário. Uma vez coletado o interferograma, a aplicação da transformada de Fourier é necessária para transformar o padrão de interferência em um gráfico de intensidades em relação às frequências.

O uso de um interferômetro para análises no infravermelho apresenta algumas vantagens que justificam o desuso do antecessor dispersivo: é capaz de medir todos os comprimentos de onda de uma vez, o que aumenta a velocidade de aquisição; não há necessidade de fendas ou filtros, o que torna a quantidade de energia que chega ao detector cerca de 50 a 100 vezes maior; ainda, a precisão do comprimento de onda (< 0,1 cm$^{-1}$) atingida ao se utilizar um *laser* interno de referência satisfaz a maioria das aplicações. Em termos gerais, para se conseguir a mesma razão sinal-ruído (S/R), o interferômetro precisa de um milésimo do tempo do espectrofotômetro dispersivo. Diferentemente de outras técnicas, o compromisso entre resolução e tempo de análise não é de todo preocupante, pois bons espectros podem ser obtidos em poucos segundos. Como o interferômetro também oferece uma alta reprodutibilidade na determinação de frequências, manipulações matemáticas (adições de varreduras, subtrações, correções de fundo) podem ser facilmente utilizadas.

Medidas no infravermelho distante foram as primeiras a serem beneficiadas com o uso de interferogramas, pois os instrumentos dispersivos e suas fontes de baixa energia dificultavam a obtenção de espectros nessa faixa da radiação. Já na região do infravermelho próximo, a inserção de espectrômetros com transformada de Fourier trouxe espectros mais precisos e reprodutíveis para análise de amostras difíceis.

## Técnicas e materiais

A espectrometria no infravermelho é muito versátil porque consegue atender a diversos materiais, independentemente da forma física que se encontram, podendo medir a transmissão ou reflexão da radiação. Isso não exime, entretanto, de cuidados no preparo da amostra e outros detalhes experimentais, que podem ser fontes de erros analíticos.

Considerando a região do infravermelho médio, contrariamente ao que acontece com as espectrometrias no visível e ultravioleta, a utilização de solventes para a medição do analito em solução é limitada, pois são poucos os solventes transparentes por toda esta região. A escolha dos materiais que entrarão em contato com o feixe também é crítica. São poucos os materiais que não têm absorção significativa no infravermelho médio, sendo aqueles com baixo índice de refração (1,45 < n < 1,7) úteis como janelas para medidas de transmissão, enquanto os que têm maior índice de refração (2,2 < n < 4) podem ser usados como cristais para medidas de reflexão. A Tabela 2.2 apresenta as principais características dos materiais mais utilizados para esses propósitos. As duas formas mais comuns de espectrometria no infravermelho médio (transmissão e reflexão) serão discutidas a seguir. Esses mesmos conceitos podem ser utilizados nas regiões do próximo e distante.

## Medidas por transmissão

### Líquidos

Existem diversas formas para a medição do espectro infravermelho de líquidos, mas geralmente eles são medidos como filmes finos entre janelas de um material transparente à radiação (Figura 2.10). A escolha do material deve ser feita criteriosamente a depender da aplicação escolhida, sendo as principais características de cada material mostradas na Tabela 2.2. Para análises

**Tabela 2.2.** Algumas propriedades óticas, mecânicas e químicas para os materiais comumente utilizados na espectrometria do infravermelho.

| Material | Utilização | Índice de refração | Faixa de pH | Limite inferior (cm$^{-1}$) | Dureza (kg/mm$^2$) | Solubilidade em água (g/100 g @ 20 °C) |
|---|---|---|---|---|---|---|
| CaF$_2$ | Transmissão | 1,4 | 5-8 | 900 | 158 | 0,0017 |
| NaCl | Transmissão | 1,5 | - | 600 | 18 | 36 |
| BaF$_2$ | Transmissão | 1,5 | 5-8 | 800 | 82 | 0,17 |
| KCl | Transmissão | 1,5 | - | 440 | 7 | 35 |
| KBr | Transmissão | 1,5 | - | 400 | 6 | 53 |
| Polietileno | Transmissão | 1,52 | 2 - 14 | < 4 | - | 0 |
| SiO$_2$ | Transmissão | 1,53 | 1-14 | 2500 | 460 | 0 |
| CsI | Transmissão | 1,7 | - | 200 | 20 | 44 |
| ZnS | Transmissão - ATR | 2,2 | 5-9 | 720 | 240 | 0 |
| KRS-5 | Transmissão - ATR | 2,4 | 5-8 | 250 | 40 | 0,05 |
| ZnSe | Transmissão - ATR | 2,4 | 5-9 | 500 | 240 | 0 |
| Diamond | ATR | 2,4 | 1-14 | < 2 | 5700 | 0 |
| AMTIR | ATR | 2,5 | 1-9 | 600 | 170 | 0 |
| Silício | ATR | 3,4 | 1-12 | 650 | 1150 | 0 |
| Germânio | ATR | 4,0 | 1-14 | 550 | 780 | 0 |

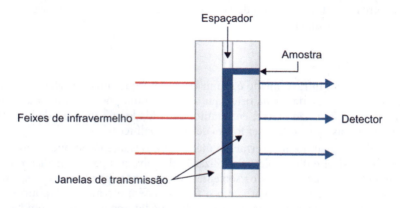

**Figura 2.10.** Esquema de uma célula para medição de líquidos.

quantitativas, recomenda-se o uso de células seladas que têm um caminho ótico fixo. Células desmontáveis utilizam espaçadores de politetrafluoretileno ou metálicos para fazer o ajuste do caminho ótico (15-500 μm) e são muito utilizadas por sua versatilidade, ainda que pequenas variações do caminho ótico possam ser detectadas a cada processo de desmontagem e montagem. Outra forma de medição, utilizada para trabalhos qualitativos, é aplicar uma gota do líquido em uma janela e colocar a segunda janela em cima da gota. Dessa forma, o líquido fica preso por capilaridade e o caminho ótico é controlado com a pressão aplicada entre as duas janelas.

### Gases

Para medição de amostras gasosas ou de líquidos muito voláteis, a célula deve, além de ter as janelas de material adequado, um maior caminho ótico (> 10 cm). O recurso de reflexões múltiplas para atingir maiores caminhos óticos é fundamental para medição de concentrações-traço em células compactas. Gases devem ser inseridos em uma célula sob vácuo para melhores resultados.

### Sólidos

A medição do espectro de transmissão de sólidos é possível fazendo-se a dispersão desses sólidos (pulverizados) em uma matriz, que pode ser líquida ou sólida. Idealmente, o tamanho da partícula será menor do que o comprimento de onda da radiação incidente para evitar efeitos de espalhamento e reflexão.

A matriz sólida é bastante utilizada, mesmo que o preparo da amostra consuma um pouco mais de tempo. A técnica é baseada na propriedade que alguns haletos de metais alcalinos têm de se apresentarem translúcidos quando determinada pressão é aplicada ao material pulverizado. O KBr é a matriz mais utilizada, porém também se encontram aplicações com CsI e CsBr. Amostra e matriz são misturadas na proporção aproximada de 1:100, colocadas em uma forma específica e submetidas a pressões entre 10 e 15 mil *psi*, preferencialmente sob vácuo, por poucos minutos. Um bom resultado será uma pastilha transparente, homogênea e com cerca de 1 mm de espessura. Como a matriz é higroscópica, sinais de absorção de água podem aparecer. Cuidados devem ser tomados caso a amostra apresente polimorfismo ou esteja sujeita à troca iônica. No espectro, distorções na linha de base podem ser derivadas de diferenças no índice de refração ou no inadequado preparo das pastilhas.

Caso o sólido não seja adequado para o pastilhamento em KBr, ele pode ser disperso em um líquido. Os líquidos mais usados são o óleo mineral ou hidrocarboneto fluorado (transparente na região de 3.000 cm$^{-1}$). Novamente, o tamanho das partículas é fundamental para bons resultados. Uma ou duas gotas do dispersante é suficiente para, após intenso processo de mistura, se obter o espectro da dispersão entre duas janelas, como se procede com os líquidos.

### Medidas por reflexão

A versatilidade experimental que medidas de reflexão apresentam é um ótimo complemento às vantagens oferecidas pelo interferômetro com transformada de Fourier. As informações obtidas em um espectro de reflexão são as mesmas que em um espectro medido por transmissão, mesmo que o formato do espectro seja ligeiramente diferente. São quatro os tipos de reflexão que a radiação pode sofrer: reflexão especular; reflexão interna; reflexão difusa; e reflexão total atenuada. Como as duas últimas têm larga aplicação na espectrometria de infravermelho serão mais bem discutidas neste texto.

### Reflexão total atenuada

A espectrometria no infravermelho por reflexão total atenuada (ATR, do inglês *attenued total reflection*) oferece uma excelente alternativa para medir espectros de infravermelho dos mais diversos tipos de amostra. Suspensões, pós, pastas, sólidos em geral, assim como líquidos (incluindo soluções aquosas) podem ser analisados por essa técnica, que requer mínima ou nenhuma preparação de amostra. A morfologia da amostra é menos importante que a área de contato dela com o dispositivo de medição.

A reflexão interna acontece quando a radiação proveniente de um meio com maior índice de refração (elemento de reflexão interna, ou popularmente chamado de "cristal") atinge a interface amostra-cristal em um ângulo de incidência maior que um valor crítico, a partir do qual a radiação é totalmente refletida. Entretanto, há uma radiação chamada de onda evanescente que penetra em uma curta distância da amostra, da ordem de magnitude do próprio comprimento de onda. A amostra interagirá com a onda evanescente atenuando o feixe, gerando espectros ATR. É importante salientar que os espectros ATR se comparam qualitativamente com os espectros de transmissão, ainda que as posições e formatos de bandas apresentem-se sutilmente diferentes.

Em ATR, deve-se sempre considerar que a penetração da onda evanescente na amostra é apenas superficial, de acordo com a Equação 2.6, sendo $d_p$ a profundidade de penetração, $\gamma$ o comprimento de onda no material de maior índice de refração, $\theta$ o ângulo de incidência, e $n_x$ os valores dos índices de refração dos meios.

$$d_p = \frac{\gamma}{2\pi n_1 \sqrt{\operatorname{sen}^2 \theta - (n_2/n_1)^2}}$$

(2.6)

Uma consequência experimental é que o espectro pode não ser representativo de toda a amostra, já que apenas uma fina camada em contato com o elemento de reflexão interna causará atenuação. Da equação também pode se concluir que $d_p$ é proporcional ao comprimento de onda, logo as intensidades dos comprimentos de onda mais energéticos serão menores se comparados a espectros por transmissão. Para medição de sólidos, o espectro ATR também pode apresentar sinais muito fracos devidos a problemas de contato entre o cristal e a amostra, o que gera a necessidade de se pressionar a amostra contra o elemento de reflexão interna. Se o acessório for adequado, o ângulo de incidência pode ser variado para a obtenção de um perfil de profundidade.

A profundidade de penetração também influencia a intensidade de um espectro ATR, assim a escolha de um cristal com índice de refração adequado é fundamental. Quanto maior o índice de refração do cristal, menor a distância de penetração do feixe, gerando espectros com absorções menos intensas. Contudo, a escolha do cristal deve levar em conta outras características, como as contidas na Tabela 2.2. Por exemplo, como sólidos precisam ser pressionados contra o elemento de reflexão interna para aumentar a superfície de contato, deve-se considerar a dureza do material. Ou ainda, o cristal precisa ser compatível com o pH da amostra de interesse. Os materiais mais comumente usados como cristais são ZnSe, diamante, KRS-5, Si e AMTIR. As Figuras 2.11 e 2.12 esquematizam as formas mais comuns de medida de um espectro ATR.

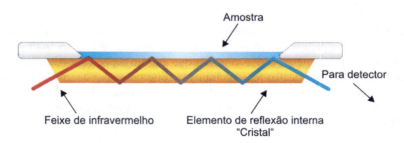

**Figura 2.11.** Acessório para medidas de ATR com múltiplas reflexões (H-ATR, horizontal ATR). O feixe é refletido inúmeras vezes, permitindo maior interação entre a radiação e a amostra, fornecendo uma maior sensibilidade ao espectro coletado.

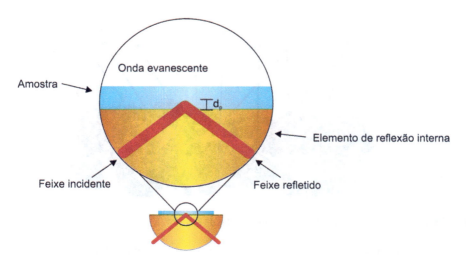

**Figura 2.12.** Acessório para medidas com única reflexão total atenuada. A onda evanescente penetra a uma profundidade dp dentro da amostra.

No caso acessório da Figura 2.11, a geometria do elemento de reflexão interna permite múltiplas reflexões, aumentando a atenuação do feixe e, consequentemente, a sensibilidade do espectro. A configuração similar a um vale é adequada para receber amostras líquidas que terão contato por toda a superfície do elemento de reflexão interna. Para amostras sólidas, o elemento de reflexão interna pode estar alinhado ao topo do acessório e, nesse caso, pode-se medir o espectro ATR da superfície de amostras significativamente maiores que o próprio acessório.

No acessório da Figura 2.12, o espectro obtido é significativamente mais fraco, porém esta desvantagem é compensada em equipamentos modernos capazes de atingir boas razões sinal-ruído. A praticidade e a capacidade de medição de pequeníssimas quantidades de amostra permitem diversas aplicações dessa técnica. Em destaque, a exemplificação da distância de penetração da onda evanescente.

### Reflexão difusa

Outra possibilidade de medir um espectro de infravermelho realizando mínimo preparo de amostra é fazê-lo por reflexão difusa.[1] Para entender qual o fundamento das medidas por reflexão difusa, devem-se imaginar as demais formas de medida. Quando um feixe de radiação espalhada pela amostra é coletado por um detector posicionado do lado oposto ao da fonte de radiação, diz-se que a medida foi realizada por transmissão. Se o detector coleta a radiação proveniente da amostra nos mesmos lado e ângulo de incidência da fonte, diz-se que está se medindo a reflexão especular ou a reflexão total atenuada. A medida por reflexão difusa acontece quando o detector coleta a radiação reemitida (reflexão, refração e difração) pela amostra em todos os outros ângulos (Figura 2.13).

A instrumentação tem de estar apta a coletar feixes que emergem da amostra por uma grande gama de ângulos. Como a intensidade da radiação refletida por amostras pulverizadas é baixa, somente com os avanços dos interferômetros essa técnica começou a ser popularmente utilizada.

---

[1] No início do desenvolvimento da técnica, o termo DRIFTS – *diffuse reflectance infrared Fourier transform spectrometry* – foi utilizado e persiste até hoje, ainda que o autor tenha se arrependido desse acrônimo: a técnica pode ser usada com outro instrumento além do interferômetro, e ainda a palavra *drift* tem significados incompatíveis com o que é desejado por espectrometristas.

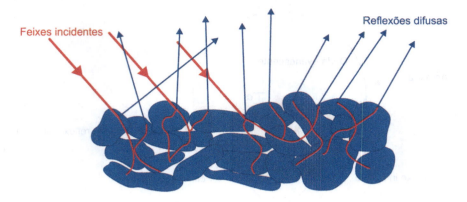

**Figura 2.13.** Demonstração das reflexões difusas provenientes da amostra.

Os espectros da técnica têm características de espectros de transmissão, porém a prática de pulverizar a amostra para tamanhos menores de 10 µm e misturar com uma matriz de baixa absorção – 1% em KBr – faz com que se homogeneíze os caminhos ópticos, tornando o espectro ainda mais similar ao de transmissão. É necessário, mesmo em interferômetros, utilizar uma substância não absorvente como referência para produzir o espectro de reflectância difusa. A unidade de intensidade da reflectância difusa proposta por Kubelka-Munk aproxima o espectro àquele obtido por transmitância, segundo a Equação 2.7.

$$f(R_\infty) = \frac{(1-R_\infty)^2}{2R_\infty} = \frac{k}{s}$$

(2.7)

Na qual $f(R_\infty)$ R é a intensidade de reflectância, $R_\infty$ é a razão de intensidades entre a amostra e o material não absorvente. O parâmetro s é um coeficiente de espalhamento, que é assumido constante para uma amostra diluída. O parâmetro k é o coeficiente de absorção molar do analito, cuja relação com a absortividade molar ε e concentração do analito c, também para uma amostra diluída, se dá por

$$k = 2{,}303\,\varepsilon c$$

(2.8)

A linearização de um espectro de reflexão difusa em relação à concentração também se dá convertendo o espectro de reflectância $R_\infty$ para $\log_{10}(1/R_\infty)$, como é prática em algumas aplicações no infravermelho próximo. Essa linearização é possível quando a concentração do analito não varia mais que duas vezes seu valor e que a absortividade das bandas seja baixa; esta última característica ocorre no infravermelho próximo.

## INTERPRETAÇÃO DE EXPERIMENTOS

É notável que os objetivos das aplicações da espectrometria no infravermelho se modificaram ao longo do tempo. Por quase todo o século XX, a espectrometria no infravermelho era muito importante para a elucidação de novos compostos orgânicos, pois era uma das poucas técnicas disponíveis que forneciam características moleculares únicas. Consequentemente, livros-texto usados para o ensino da técnica na graduação e na pós-graduação seguiam essa necessidade, apresentando uma abordagem detalhada sobre a interpretação estrutural do espectro de substâncias puras. Hoje, esse papel é ocupado pela ressonância magnética nuclear, espectrometria de massas e difração de raios X, técnicas que se tornaram mais populares e acessíveis. Por outro lado, a alta versatilidade e a diminuição dos custos de instrumentos de infravermelho mantiveram a técnica em evidência nos laboratórios do mundo todo. É preciso assumir que essa é a nova vertente da técnica de infravermelho, que atende com sucesso diversas demandas científicas por sua capacidade de resposta às características químicas das amostras.

Algumas aplicações serão abordadas mais à frente neste capítulo. Sejam elas qualitativa, quantitativa, cinética, entre outras, haverá sempre a necessidade de que o profissional conheça as características das amostras e de suas respectivas respostas à radiação no infravermelho para se ter uma boa interpretação de seus experimentos.

## Identificação de grupos funcionais

Em problemas analíticos relacionados a identificação de estrutura molecular de substâncias puras, recomenda-se o uso de outras técnicas espectrométricas discutidas neste volume. Contudo, quando há a necessidade de se mapear o perfil químico de uma amostra, com flexibilidade e velocidade, a espectrometria de infravermelho é adequada. A abordagem para interpretação do experimento pode ter dois lados: quando se conhece a química do sistema e se deseja saber o comportamento do espectro; quando uma característica do espectro é observada e precisa-se coletar informações químicas. Felizmente, a literatura científica especializada apresenta diversas tabelas que auxiliam em ambos os casos.

Para a identificação de grupos funcionais a partir do espectro no infravermelho médio, sugere-se observar regiões específicas, coletando evidências estruturais baseadas na presença ou ausência de picos característicos. Para uma primeira abordagem, mais superficial, indicam-se minimamente a investigação dos picos de alta intensidade, dos de média a fraca intensidade correspondentes a grupos funcionais específicos e ainda os que são referentes à estrutura hidrocarbônica das moléculas presentes na amostra.

### *Interpretação dos picos de alta intensidade*

#### *1.820-1.630 cm$^{-1}$ (forte)[2]*

Esta região do espectro é característica de estiramentos C=O, apresentando bandas fortes. Se houver um pico com tais características, o analista deve fazer uma busca em outras regiões do espectro (picos satélites) para completar a caracterização desse grupo funcional.

#### *1.300-1.000 cm$^{-1}$ (forte)*

Esta região pode conter sinais derivados de estiramentos C-O, sugerindo a existência de um éster ou um anidrido. Retornando à análise do estiramento C=O, um éster apresentará a banda forte entre 1.750-1.670 cm$^{-1}$, enquanto o anidrido apresentará sinais em energias maiores (tipicamente > 1.750 cm$^{-1}$), de intensidade e posições variáveis.

#### *2.830-2.700 cm$^{-1}$ (média)*

Se um átomo de hidrogênio está ligado à carbonila, o estiramento C-H deste grupo apresentará uma banda de média intensidade (podendo ser dubleto) nesta região. Assim, fica caracterizada a presença de um aldeído.

#### *3.500-3.070 cm$^{-1}$ (média)*

Uma das absorções mais energéticas no infravermelho médio, o estiramento de média intensidade N-H, se identificado junto com um estiramento C=O, sugere a presença de uma amida, seja ela primária (dubleto) ou secundária (singleto).

---

2    Termo entre parênteses se refere à intensidade das bandas.

## 3.200-2.500 cm⁻¹ (larga)

Ainda em regiões de alta energia, uma banda larga referente ao estiramento O-H sugerirá a ocorrência de um ácido carboxílico, quando o espectro também apresentar o estiramento C=O.

### Outras interpretações

Caso haja a presença de um estiramento C=O, mas não foi possível identificar os picos satélites descritos, a posição do próprio estiramento C=O pode indicar a presença de haleto de acila ($1.820$-$1.760$ cm⁻¹), alquilcetona ($1.770$-$1.700$ cm⁻¹), arilcetona ou amida terciária (ambas a $1.700$-$1.630$ cm⁻¹).

### 1.300-1.000 cm-1 (forte)

O estiramento C-O apresentará uma banda forte nesta região do espectro. Para melhor entender esse sinal, busca-se uma banda forte entre $3.650$ e $3.100$ cm⁻¹ característica de estiramentos O-H, pois é indicativo de álcool ou fenol. No primeiro caso, os estiramentos C-O de álcoois primários, secundários e terciários se localizam por volta de $1.050$, $1.100$ e $1.150$ cm⁻¹, respectivamente. Caso não haja estiramento O-H, o analista pode estar se deparando com um éter.

### 1.570-1.500 e 1.380-1.300 cm⁻¹ (forte)

Bandas relacionadas aos estiramentos do grupo nitro ($-NO_2$) apresentam-se fortes nesta região. Como o grupo nitro existe por si só e as bandas características apresentam alta intensidade, este é um grupo funcional rapidamente identificado.

### Outros grupos funcionais

#### 3.600-3.200 cm⁻¹ (fraca – média)

Um pouco mais energéticos se comparados com as amidas, os estiramentos de aminas (N-H) apresentam sinais de intensidade fraca a moderada nesta região. A amina primária apresentará um dubleto, enquanto a secundária apresentará um singleto.

#### 2.600-2.550 cm⁻¹ (fraca – média)

Tiois ou tiofenois apresentarão picos de intensidades fracas ou médias nesta região, referentes ao estiramento S-H.

#### 2.260-2.220 cm⁻¹ (fraca – média)

Nitrilas apresentarão picos de intensidades fracas ou médias nesta região, referentes ao estiramento C≡N.

#### 1.360-1.030 cm⁻¹ (fraca – média)

Região dos estiramentos C-N de aminas. Tipicamente, alquilaminas terão absorções em $1.230$-$1.030$ cm⁻¹.

#### 1.400-500 cm⁻¹ (fraca – média)

Haletos de alquila apresentarão picos referentes ao estiramento C-X nesta região do espectro, que é uma das mais complexas.

### Considerações sobre a cadeia carbônica

Uma das principais identidades da cadeia carbônica é o conjunto de estiramentos entre carbono e hidrogênio que ela apresentará. Alcinos apresentarão estiramentos do tipo $C_{sp}$-H na região de 3.350-3.250 cm⁻¹ (fraca ou média), a mais energética entre os estiramentos C-H. A análise de alcinos deve ser acompanhada pela identificação de um pico de intensidade fraca a média na região de 2.260-2.100 cm⁻¹, relacionados ao estiramento $C_{sp}$-$C_{sp}$. Alcenos e aromáticos terão seus estiramentos $C_{spx2}$-H na faixa de 3.100-3.000 cm⁻¹, também com intensidades de fracas a médias. Entretanto, o estiramento $C_{sp2}$-$C_{sp2}$ pode ser útil para a diferenciação entre alcenos e aromáticos, uma vez que os primeiros apresentam bandas na região de 1.680-1.620 cm⁻¹, enquanto os aromáticos apresentam um conjunto de sinais (2 a 4) de intensidade média entre 1.600 e 1.450 cm⁻¹. Já nos alcanos, estiramentos C-H ($C_{sp3}$-H) podem apresentar intensidade de média a forte na região entre 3.000 e 2.840 cm⁻¹, sendo os estiramentos $C_{sp3}$-$C_{sp3}$ (1.260-700 cm⁻¹) de utilidade reduzida para a identificação da cadeia carbônica.

Por outra ótica, quando há algum conhecimento prévio da amostra, tabelas de correlação são úteis para dar foco à região investigada. Informações estruturais mais detalhadas são possíveis a partir do espectro de infravermelho e, caso haja a necessidade, o leitor é convidado a investigar na literatura especializada. (Tabela 2.3)

## Métodos computacionais

A maioria dos fabricantes de instrumentos oferecem *softwares* para comparação espectral que tornam a vida do profissional um pouco mais fácil. O espectro coletado é comparado com os que estão presentes na biblioteca (algumas com centenas de milhares de espectros), por meio de diferentes algoritmos. Como as características de absorção da radiação são muito dependentes da estrutura química – ainda mais na região de "impressão digital", uma identificação pode ser facilmente conseguida. Entretanto, não se pode deixar de lado a benéfica interferência humana, provida de conhecimento químico, para filtrar os resultados do algoritmo. Fato é que, em questões de segundos, é possível ter a estrutura desvendada desde que o espectro tenha sido bem coletado e a biblioteca tenha o composto em seus registros. Há bibliotecas especializadas para cada tipo de material, o que aumenta a chance de uma identificação positiva.

Existem alguns softwares que sugerem estruturas possíveis a partir de espectros de infravermelho. Como a informação é limitada, dados de outras espectrometrias podem ser usados para refinamento. Pelo caminho contrário, há softwares que sugerem espectros a partir de estruturas desenhadas. Ou ainda, cálculos computacionais podem ser capazes de prever, com relativa precisão e velocidade, o espectro infravermelho de um determinado composto, até mesmo se este for inédito. Se utilizadas com inteligência, as opções citadas podem significar importante avanço para entender experimentos de infravermelho.

## Considerações quantitativas

A literatura sobre infravermelho é recheada de exemplos quantitativos. Como toda espectrometria, entretanto, alguns pontos merecem ser levantados quando se buscam relações numéricas de espectros com alguma propriedade da amostra. Em instrumentos FT-IR, não há a prática de se utilizar um material de referência para medidas de absorbância, por ser difícil reproduzir as condições da célula. O que se faz é comparar a intensidade da radiação que atravessa a amostra com a do ambiente sem a amostra. Aplica-se a transformada de Fourier aos dois interferogramas e a razão dos espectros é gravada como o espectro da amostra. Pode-se esperar, portanto, valores não nulos de absorbância.

Acerca da Lei de Beer, que fundamenta a relação entre a concentração do analito e a intensidade dos sinais apresentados no espectro, é comum que ela não seja válida pela grande quantidade de bandas sobrepostas na espectrometria de infravermelho. Somando-se o fato de que o índice de refração de um determinado material é dependente do comprimento de onda da radiação, temos armadilhas prontas para aqueles que buscam aplicar a Lei de Beer como se trabalhasse na espectrometria de UV-Vis, por exemplo. Mesmo que a maioria dos fatores instrumentais que prejudicava a aplicação da Lei de Beer em espectrômetros dispersivos tenha sido suprimida com o uso de interferômetros e transformada de Fourier, uma nova forma de tratamento do espectro é necessária para se conseguir informações quantitativas confiáveis.

**Tabela 2.3.** Correlação entre grupos funcionais e bandas de absorção, segundo Colthup (1950, imagem original da tabela).

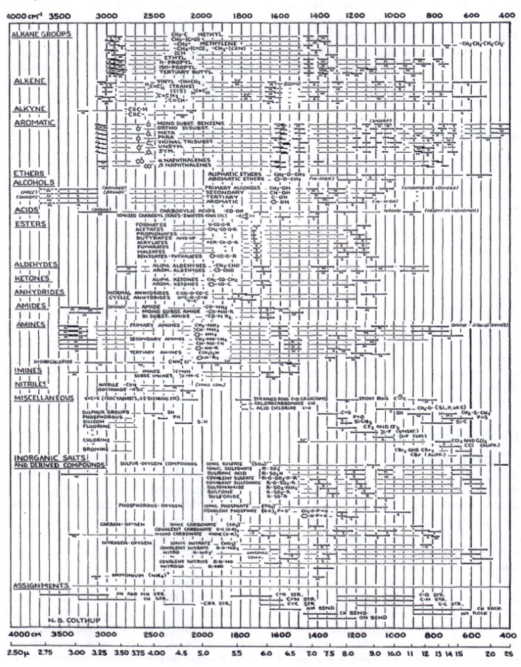

## Infravermelho e a estatística multivariada

Quando técnicas de estatística multivariada são aplicadas a dados químicos dá-se o nome de quimiometria. Entre as áreas de maior sucesso da quimiometria, está a parte de calibração multivariada, muito utilizada em dados espectrais. Uma das consequências é a fuga da Lei de Beer, que se resume a um comprimento de onda e tem vários requisitos para que uma concentração seja relacionada ao sinal obtido naquele ponto. Um espectro no infravermelho, entretanto, é rico em informações características, que só podem se tornar úteis se olhadas em conjunto. Esse é o procedimento geral das calibrações multivariadas nas espectrometrias: em vez de correlacionar quantidades a um único comprimento de onda, usa-se uma região espectral. Um modelo de calibração é criado com um conjunto de amostras representativas, que será aplicado a amostras desconhecidas. Em minutos, os resultados quantitativos são oferecidos ao profissional. O apelo industrial dessa abordagem é notável. Técnicas como regressão por mínimos quadrados parciais, regressão por componentes principais são clássicas, enquanto modelos não lineares como redes neurais artificiais e outros têm sido aplicados com sucesso. Exemplos dessa nova vertente são amplamente divulgados na literatura.

## APLICAÇÕES

### Identificação de grupos funcionais e análise de misturas

O espectro ATR apresentado na Figura 2.14 é um bom exemplo para a identificação de grupos funcionais na substância pura ou na mistura. A presença de carbonila é descartada pela ausência de uma banda forte entre 1.820 e 1.630 cm$^{-1}$, assim como o estiramento C-O não se faz presente (1.300-1.000 cm$^{-1}$). O conjunto de bandas de um grupo –NO$_2$ também não foi verificado. Uma verificação dos sinais dos demais grupos funcionais revelará que o espectro possivelmente é referente a um hidrocarboneto, tornando a análise dependente das bandas típicas de estiramentos entre carbono-hidrogênio e carbono-carbono. Na região entre 3.100 e 3.000 cm$^{-1}$, há um conjunto de sinais compatíveis com alcenos e aromáticos. Banda em 2.925 cm$^{-1}$ indica que também há estiramentos C$_{sp3}$-H na molécula. O espectro apresenta um conjunto de sinais entre 1.600 e 1.450 cm$^{-1}$, indicando a presença de um anel aromático. Bandas como as aparentes na região 2.000-1.650 cm$^{-1}$ são típicas de compostos aromáticos (chamadas de bandas harmônicas), que são oriundos da combinação de deformações angulares fora do plano do anel benzênico.

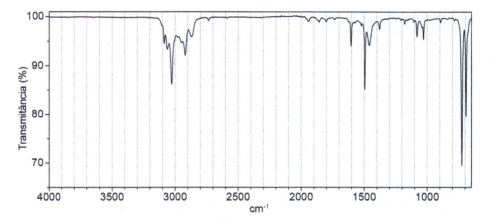

**Figura 2.14.** Espectro de infravermelho ATR de um composto hidrocarbônico A. Discussões sobre as características da substância pura que gerou este espectro estão presentes no texto.

Repare que as informações do espectro são inconclusivas sobre as estruturas presentes na amostra. Se o analista tivesse algumas informações a mais sobre a amostra, talvez ele pudesse ter uma análise mais detalhada. Por ora, vamos realizar a mesma abordagem ao espectro ATR apresentado na Figura 2.15.

Seguindo a mesma orientação, podemos descartar a presença de carbonila ou outros grupos funcionais, restando novamente a análise da cadeia carbônica. Diferentemente do exemplo anterior, esse espectro não apresenta bandas acima de 3.000 cm$^{-1}$, o que é indicativo único da presença de $C_{sp3}$-H. Ainda, como há uma única banda larga em 1.465 cm$^{-1}$, referente ao estiramento $C_{sp3}$-$C_{sp3}$, podemos inferir que esse espectro pode ser referente a um hidrocarboneto saturado.

A comparação dos dois espectros deixa claro como estes são dependentes das estruturas químicas presentes na amostra, e quão limitada é a análise de infravermelho por si só. Caso seja dito ao analista que o espectro da Figura 2.14 se refere a uma substância pura que contém sete átomos de carbono, ele poderá inferir que a substância em questão é o tolueno, $C_7H_8$, com relativa confiança. Se a Figura 2.15 for um espectro de um composto que tem seis átomos de carbono, ele poderá acertar dizendo se tratar de um hidrocarboneto saturado. Nesse caso, até o ponto que essa análise superficial permite atingir, serão necessários mais elementos para afirmar qual a estrutura da substância pura em questão.

A Figura 2.16 apresenta outro espectro ATR de um hidrocarboneto saturado que contém seis átomos de carbono. A comparação com a Figura 2.15 é imediata. As diferenças estruturais que permitirão a identificação da molécula como *n*-hexano, ciclo-hexano ou metilciclopentano são sutis, mas se fazem presentes e são parte da característica única (impressão digital) da amostra. No caso do ciclo-hexano, o pico mais intenso e mais estreito na faixa de 1.465 cm$^{-1}$ é resultado do estiramento $C_{sp3}$-$C_{sp3}$ na cadeia mais restrita de movimentação. Portanto, nesses exemplos de hidrocarbonetos, temos tolueno (Figura 2.14), hexano (Figura 2.15) e ciclo-hexano (Figura 2.16).

Uma das aplicações mais tradicionais da espectrometria no infravermelho é o acompanhamento de reações químicas. O exemplo da epoxidação da menadiona (chamada de vitamina $K_3$) pode ser usado para perceber como a identificação de grupos funcionais pode auxiliar esse aspecto. Primeiramente, temos que entender com clareza a diferença entre os espectros previstos do precursor e do produto (Figura 2.17).

A evidência do consumo do reagente acontecerá no desaparecimento de um estiramento C=C, que deve apresentar algumas características especiais por estar conjugado com as carbonilas. Por outro lado, é possível esperar o aparecimento de bandas de média intensidade entre 1.300-1.200 cm$^{-1}$ e 900-800 cm$^{-1}$, referentes ao grupo epóxido adicionado. Como a primeira região já contará

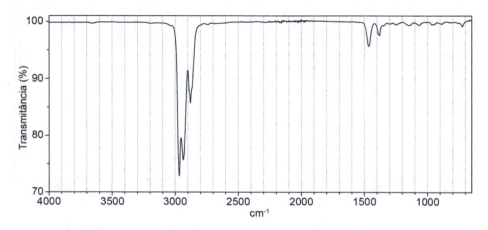

**Figura 2.15.** Espectro de infravermelho ATR de um composto hidrocarbônico B.

com algumas bandas provenientes de estiramentos C-C, foca-se na região menos energética. Os espectros da menadiona e da epóxi-menadiona são apresentados na Figura 2.18.

Seguindo a sugestão do texto, a primeira abordagem para identificação do composto cujo espectro ATR é apresentado na Figura 2.19, é a inspeção de bandas fortes na região da carbonila (1.820-1.630 cm$^{-1}$), que neste caso apresenta uma identificação positiva. A presença de bandas

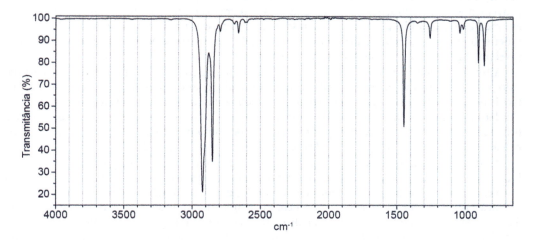

**Figura 2.16.** Espectro ATR de um composto hidrocarbônico C.

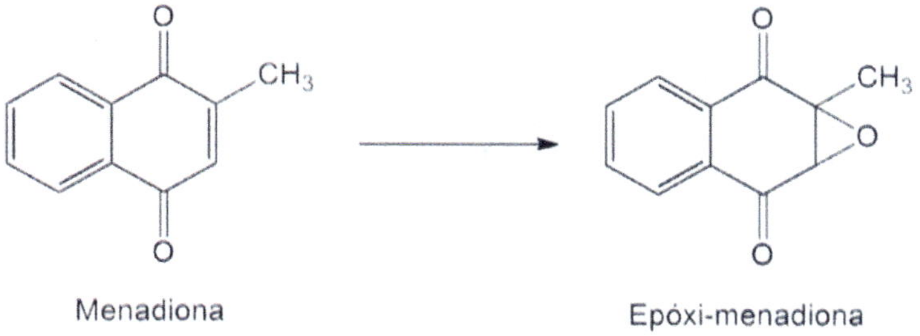

**Figura 2.17.** Esquema da reação de epoxidação da menadiona.

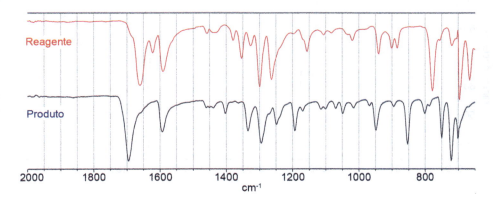

**Figura 2.18.** Espectro dos reagentes e do produto obtido na reação de epoxidação da menadiona.

fortes na região de 1.300-1.000 cm$^{-1}$ é indicativo de que estamos diante de uma amostra que contém ésteres. O espectro ainda indica estiramento C-H de alcenos ou aromáticos, entre 3.100-3.000 cm$^{-1}$.

Novamente, o analista está limitado na atribuição de bandas. Principalmente porque o material é uma mistura complexa de vários ésteres metílicos de ácidos graxos que compõem o biodiesel, nesse caso, de soja. A pequena banda detectada de C-H agora é reconhecida como de alceno, proveniente das insaturações que as cadeias de ácido graxos podem ter. Importante é sempre ter em mente que, quando se analisa uma mistura de compostos por infravermelho, não é possível saber se a intensidade relativa de uma banda é característica estrutural ou se o composto responsável por aquela banda está em pequenas concentrações.

Ainda no exemplo do biodiesel, é interessante comparar os espectros do material de partida e do produto da reação de transesterificação. Melhor ainda, aproveitando-se da versatilidade das técnicas de espectrometria no infravermelho, o acompanhamento da reação em tempo real. Pela similaridade entre as absorções do estiramento C = O no material de partida e no produto, fica difícil fazer a análise da conversão por essa banda, portanto o melhor indicador de término de reação foi o desaparecimento das bandas relativas ao metanol (Figura 2.20).

Ainda referente a combustíveis, quando se pensa na gasolina, logo se imagina uma mistura de hidrocarbonetos leves. Um analista de outra nacionalidade resolveu estudar a gasolina comercial brasileira e obteve o espectro ATR apresentado na Figura 2.21. Mesmo experiente com análise de hidrocarbonetos, o analista ficou surpreso com o aparecimento de algumas bandas, como as em 3.339, 1.090 e 1.051 cm$^{-1}$. Claro que o analista esqueceu-se de que na gasolina automotiva brasileira há adição de etanol anidro, responsável pelas bandas não esperadas. Nota-se que o espectro no infravermelho, como impressão digital de uma amostra, pode ser utilizado para fazer, por exemplo, a quantificação de etanol na gasolina. De fato, várias abordagens nesse sentido podem ser encontradas na literatura.

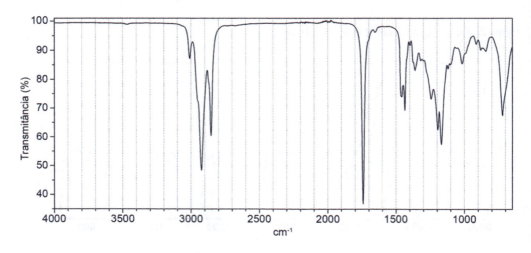

**Figura 2.19.** Espectro ATR do biodiesel de soja.

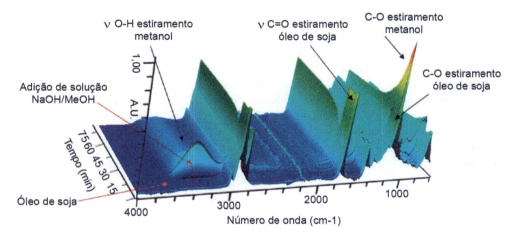

**Figura 2.20.** Variação do espectro no infravermelho médio de um meio reacional ao longo do tempo. (Adaptado de Souza AV, Cajaiba da Silva JF. Biodiesel synthesis evaluated by using real-time ATR-FTIR. Org Process Res Dev 17:127, 2013.)

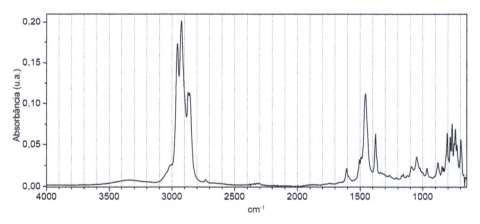

**Figura 2.21.** Espectro ATR no infravermelho médio de uma gasolina automotiva.

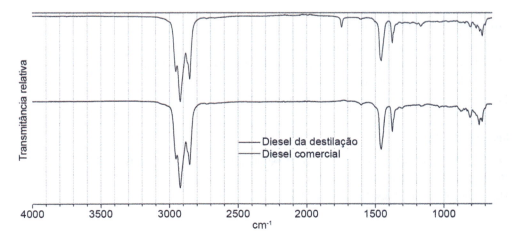

**Figura 2.22.** Espectro ATR no infravermelho médio de uma gasolina automotiva.

## EXERCÍCIOS

1. Faça uma pesquisa sobre o efeito estufa, focando principalmente nos gases causadores. Liste alguns desses gases e compare-os baseando-se na relação entre o espectro no infravermelho e sua eficiência no efeito estufa.

2. Explique a diferença, caso haja, entre os espectros no infravermelho médio de um diesel comercial com um diesel obtido diretamente da destilação do petróleo (Figura 2.22).

3. Quais são os cuidados que se deve ter na análise do espectro infravermelho de uma amostra que é uma mistura de substâncias?

4. Diferencie as regiões do infravermelho com base em suas características e utilidades.

5. Explique suas escolhas experimentais para se adquirir um espectro infravermelho de um líquido viscoso.

## BIBLIOGRAFIA

### Espectrometria no infravermelho

1. Silverstein RM, Webster FX, Kienle D. Spectrometric Identification of Organic Compounds. 7th ed. New York: Wiley, 2005.
2. JBBoyce, B A Huberman. Physics Reports, 51 (4), 189 (1979).
3. W. Herschel, Philos. Trans. R. Soc., 90, 255-283(1800).
4. Cohen-Tannouddji C, Diu B, Laloe F. Quantum Mechanics, Wiley-VCH. 2 Volume Set edition (November 3, 1992).
5. GM Barrow. Physical Chemistry. 6th ed. New York: McGraw Hill, 1996.
6. Lemus JR. Mol. Spectrosc. 225 (2004) 73-92.
7. Janca A, Tereszchuk K, PBernath PF, Zobov NF, Shirin SV, Polyansky OL, Tennyson J., J. Mol. Spectrosc. 219 (2003) 132-135].
8. Siesler HW, Ozaki Y, Kawata S, Heise M. Near-Infrared Spectroscopy, Wiley-VCH, Weinheim (2002)] .
9. Burns DA, Ciurczark EW. Handbook of Near-Infrared Analysis, 3th ed. CRC Press (2008).
10. Griffiths PR, de Haseth JA. Fourier Transform Infrared Spectrometry. 2th ed. Hoboken: Wiley, 2007.
11. Smith BC. Fundamentals of Fourier Transform Infrared Spectrometry. Boca Raton: CRC Press, 1996.
12. Davis S, Abrams M, Brault J. Fourier transform spectrometry. San Diego: Academic Press, 2001.
13. Boyce & Huberman. Phys. Reports 51 (4) 189, 1979.
14. Kim KH, Gu JY, Choi HS, Eom DJ, Jung JH, Noh TW. Phys. Rev. B55, 4023 (1997).

### Interferômetro de Michelson

15. Michelson AA. Philos Mag 31:256, 1891.
16. Michelson AA. Light Waves and Their Uses. Chicago: University of Chicago Press, 1902.
17. Smith JP, Hinson-Smith V. Anal Chem 75:37A, 2003.
18. Herceg E, Celio H, Trenary M. Rev Sci Instrum 75:2545, 2004.

### Reflexão difusa

19. Griffiths PR, de Haseth JA. Fourier transform infrared spectrometry. 2nd ed. Hoboken: Wiley, 2007.
20. Kubelka P, Munk F. Z Tech Phys 12:593, 1931.
21. Fuller MP, Griffiths PR. Anal Chem 50:1906, 1978.

## Identificação de compostos orgânicos

22. Colthup NB, Daly LH, Wiberley, SE. Introduction to infrared and raman spectroscopy. 3rd ed. San Diego: Academic Press, 1990.

23. Schrader B. Infrared and Raman Spectroscopy. New York: VCH, 1995.

24. Silverstein RM, Webster FX, Kienle D. Spectrometric identification of organic compounds. 7th ed. New York: Wiley, 2005.

25. Anderson RJ, Bendell DJ, Groundwater, PW. Organic spectroscopy analysis. Cambridge: RSC, 2004.

26. Coates J. Interpretation of infrared spectra, a practical approach. In: Meyer RA. Encyclopedia of analytical chemistry. New York: John Wiley, 2000.

27. Whittaker, D. Interpreting organic spectra. Cambridge: RSC, 2000.

28. Socrates, G. Infrared characteristic group frequencies. 2nd. New York: John Wiley, 1994.

29. Lopes WA, Fascio M. Esquema para interpretação de espectros de substâncias orgânicas na região do infravermelho. Quim Nova 27:670, 2004.

30. Ribeiro CMR, de Souza NA. Esquema geral para elucidação de substâncias orgânicas usando métodos espectroscópico e espectrométrico. Quim Nova 30:1026, 2007.

31. Barbosa LCA. Espectroscopia no infravermelho para caracterização de compostos orgânicos. Viçosa: Ed. UFV, 2007.

32. Costa Neto C. Análise Orgânica: métodos e procedimentos para a caracterização de organoquímicos. Rio de Janeiro: Editora UFRJ, 2004.

33. Smith BC. Infrared spectral interpretation: a systematic approach. Boca Raton: CRC Press, 1998.

## Softwares

34. Bio-rad Laboratories (http://www.bio-rad.com/prd/pt/BR/INF/PDP/203462/IR-Databases) Pouchert CJ. The Aldrich Library of Infrared Spectra. 3. Ed. Milwalkee: Aldrich Chemical Co., 1981.

35. Spectra.galatic.com

36. George WO, Willis H. Computer methods in UV, Visible and IR Spectroscopy. New York: Springer-Verlag, 1990.

37. Pretsch E, Toth G, Munk ME, Badertscher M. Computer-aided structure elucidation: spectra interpretation and structure generation. New York: VCH-Wiley, 2003. Munk ME J Chem Inf Comput Sci 38:997, 1998.

# 3

# Fundamentos de Espectroscopia na Região do Ultravioleta e Aplicações

Keyller Bastos Borges
Warley de Souza Borges

## SUMÁRIO

Introdução
Princípios básicos
O gráfico de absorção
Instrumentação – Os espectrofotômetros
Absorções características de alguns compostos orgânicos.
    Alcanos
    Compostos saturados contendo oxigênio, nitrogênio, enxofre ou halogênio em sua estrutura
    Compostos contendo elétrons $\pi$ em sua estrutura química
    Regras de Woodward-Fieser para dienos
    Regras de Woodward-Fieser para enonas
    Compostos carboxílicos
    Compostos aromáticos
Aplicações da espectroscopia na região do ultravioleta visível
    Aplicações qualitativas
        Escolha do solvente
        Efeito da largura da fenda
        Radiação espalhada em comprimentos de onda extremos

    Aplicações quantitativas
        Procedimento
        Amostras
        Recipiente
        Influência de variáveis
        Escolha do comprimento de onda
        Relação entre absorbância e a concentração
        Análise de múltiplos analitos
Principais técnicas que empregam espectroscopia de ultravioleta visível
    Titulação fotométrica e espectrofotométrica
    Cromatografia líquida de alta eficiência com detector de ultravioleta visível
    Eletroforese capilar com detector de ultravioleta visível
    Análise por injeção em fluxo
Principais áreas que empregam a espectroscopia de ultravioleta visível
Exercícios
Bibliografia

## INTRODUÇÃO

A espectroscopia na região do ultravioleta pode ser considerada um dos métodos analíticos mais utilizados em diversas áreas como análise de alimentos, de bebidas, ambientais, de materiais, síntese química, determinação de produtos naturais e também em uma série de ensaios biológicos medindo principalmente atividades enzimáticas.

Inicialmente muito útil na determinação estrutural de compostos químicos, perdeu um pouco seu uso neste ramo da química principalmente em razão dos avanços nos campos da ressonância magnética nuclear (RMN) e espectrometria de massas. Ultimamente, tem sido uma técnica muito utilizada na detecção de compostos, sendo empregada muitas vezes hifenada a técnicas cromatográficas.

Apesar de hoje em dia a espectroscopia na região do ultravioleta ser uma técnica muito utilizada em detecção de compostos orgânicos e inorgânicos, ela também é de grande importância na determinação de grupos químicos presentes em moléculas orgânicas, sendo muitas vezes utilizada na determinação estrutural de compostos orgânicos e inorgânicos.

O espectro de absorção na região do ultravioleta (Figura 3.1) compreende a faixa de 190 a 800 nm. Nessa faixa de absorção, uma grande quantidade de moléculas é transparente, isso quer dizer que elas não absorvem energia nessas faixas de comprimento de onda. Portanto, para esse tipo de moléculas, a técnica não é útil para o fornecimento de informações relativas à estrutura química. Entretanto, existem moléculas que têm grupos com a capacidade de absorver energia nesses comprimentos de onda e, para tais substâncias, essa técnica é de grande importância para fornecer dados que possibilitam o reconhecimento de grupos funcionais presentes nas estruturas químicas. A tais grupos funcionais dá-se o nome de cromóforos, que são os responsáveis pela absorção eletrônica. De certo modo, a espectroscopia na região do ultravioleta é limitada, em grande parte, aos sistemas conjugados contendo elétrons π e elétrons livres (não ligantes) como será mais bem abordado posteriormente neste capítulo.

Além do conceito do termo "cromóforo", seria interessante especificar o conceito de outros termos utilizados em espectroscopia de ultravioleta, pois são encontrados comumente na literatura especializada, apesar disso, não serão utilizados tais termos neste texto:

1. Auxócromo: grupo saturado que, quando ligado a um grupo cromóforo, tem a capacidade de alterar tanto o comprimento de onda como a intensidade da absorção. Como exemplo, pode-se citar OH, $NH_2$ e Cl.
2. Deslocamento batocrômico: deslocamento da absorção para um comprimento de onda maior resultante do efeito do solvente ou de substituição.
3. Deslocamento hipsocrômico: deslocamento da absorção para um comprimento de onda menor resultante de efeito do solvente ou de substituição.
4. Efeito hipercrômico: aumento da intensidade da absorção.
5. Efeito hipocrômico: diminuição da intensidade da absorção.

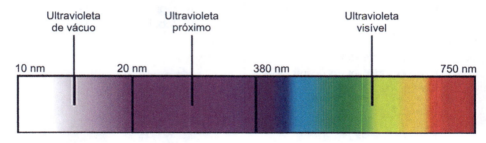

**Figura 3.1.** Faixa de comprimento de ondas do espectro na região do ultravioleta.

A absorção de energia na região do ultravioleta, então, depende da quantidade e do arranjo dos elétrons em determinadas moléculas ou também da capacidade de absorção dos íons presentes em suas estruturas. Desse modo, pode-se fazer uma correlação entre a banda de absorção e a estrutura química da substância que está sendo analisada.

Durante uma análise espectroscópica na região do ultravioleta de uma substância, a radiação eletromagnética passa por meio do composto e grupos funcionais presentes nessa molécula, como alcanos e carbonilas entre outros, têm a capacidade de a absorver parcialmente. Logicamente, a quantidade dessa radiação absorvida dependerá da estrutura química do composto e também do comprimento de onda da radiação. Essa informação é muito útil na detecção de compostos por radiação na região do ultravioleta em experimentos de separação química via cromatografia líquida de alta eficiência ou eletroforese capilar. Uma das vantagens em se utilizar essa técnica é que a amostra não é destruída no processo, podendo ser utilizada para outros fins após a análise.

Este capítulo não tem a pretensão de explicar a fundo a teoria da radiação ultravioleta nem tampouco explicar todas as possíveis absorções de energia pelos vários grupos químicos existentes. Para tanto, será fornecida uma breve explicação sobre a teoria da radiação ultravioleta, necessária para o entendimento da técnica e como ela pode ser útil nas determinações dos principais grupos químicos encontrados principalmente em estruturas químicas de produtos naturais e produtos sintéticos, e também será abordada uma parte de aplicações em química analítica, a qual será explanada no final deste capítulo.

## PRINCÍPIOS BÁSICOS

A absorção da radiação ultravioleta por uma determinada molécula depende da sua estrutura eletrônica. Radiação pode ser considerada em termos de movimento de onda em que o comprimento de onda, designado pela letra grega lambda ($\lambda$), é a distância entre dois picos consecutivos (Figura 3.2) e sua frequência, designada pela letra grega nu ($\nu$), sendo o número de picos em um determinado ponto por segundo. Para fins espectroscópicos, o comprimento de onda é expresso em nanômetros (nm); todavia, outras unidades podem ser consideradas como o Angstrom (Å) e o milimicrômetro (m$\mu$), sendo que essas unidades não são comumente observadas em textos que tratam da espectroscopia na região do ultravioleta. Somente para constar, 1 nm = 1 m$\mu$ = 10 Å = $10^{-9}$ metros.

Normalmente, a absorção da energia fornece a passagem de elétrons de orbitais do estado fundamental para orbitais de maior energia em um estado excitado. Ocorrem também simultaneamente transições vibracionais e rotacionais.

Na Figura 3.3, são mostrados os níveis de energia eletrônicos e suas possíveis transições. Em cada caso possível, um elétron é excitado de um orbital ligante (ocupado) para um orbital antiligante de maior energia potencial que normalmente estava vazio. Na Figura 3.3, os orbitais antiligantes são aqueles representados pelo asterisco. A forma correta de se indicar uma transição

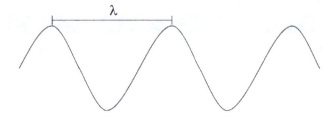

**Figura 3.2.** O comprimento de onda da radiação eletromagnética.

por meio de diferentes orbitais como, por exemplo, de um orbital n não ligante para um orbital π* antiligante se dá pela designação n → π*.

Normalmente, o que se observa é uma transição do orbital ocupado de maior energia (HOMO) para o orbital antiligante de menor energia que se encontra desocupado (LUMO). Como mostrado na Figura 3.3, os orbitais ligantes ocupados σ são os que têm menor energia e correspondem às ligações σ nas moléculas químicas. Os orbitais ligantes π e não ligantes n já têm energias maiores. E os orbitais antiligantes π* e σ* têm as maiores energias.

Cada transição absorve energia fornecida pela radiação ultravioleta e quanto maior a transição, maior será a energia requerida. Então, quando a radiação em forma de energia é absorvida, essa energia será usada para a promoção de um elétron entre os diferentes níveis de energia.

Portanto, para que um composto possa ser detectado utilizando radiação na região do ultravioleta é necessário que esse composto tenha elétrons capazes de serem excitados e, nesse caso, elétrons π ou elétrons livres (não ligantes). Praticamente para todos os compostos orgânicos, com exceção dos alcanos, como já dito, podem ocorrer transições eletrônicas entre os diferentes níveis de energia. A Tabela 3.1 mostra algumas transições eletrônicas que ocorrem entre grupos de compostos químicos.

As transições σ → σ* requerem energias relativamente grandes, desse modo, as bandas de absorção se observam no ultravioleta a comprimentos de onda inferiores a 200 nm. Essa região do espectro é chamada de ultravioleta de vácuo, pois, nessa região do espectro, compostos como o oxigênio e o nitrogênio absorvem fortemente, portanto é exigido o vácuo para que o experimento possa ocorrer sem interferência do ar. Essas transições são características dos hidrocarbonetos saturados que somente apresentam ligações simples C-H. O metano alcança absorbância intensa em 122 nm e o etano, em 135 nm.

Transições n → σ* são comuns em compostos químicos que têm átomos com pares de elétrons em orbitais não ligantes. Isso acontece em compostos saturados contendo heteroátomos como oxigênio, halogênios e enxofre. Essas transições também requerem uma grande quantidade de energia para acontecerem e uma grande maioria se apresenta também no ultravioleta de vácuo. Desse modo, a maioria dos compostos saturados que têm o átomo de oxigênio em suas

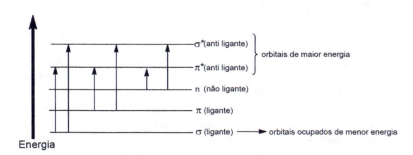

**Figura 3.3.** Níveis de energia eletrônica e suas transições.

**Tabela 3.1.** Transições eletrônicas observadas em alguns grupamentos químicos

| Grupo funcional | Transição observada | Grupo funcional | Transição observada |
|---|---|---|---|
| C-H | σ → σ* | C-O | n → σ* |
| C-C | σ → σ* | C-N | n → σ* |
| C-S | n → σ* | C-Cl | n → σ* |
| C=S | n → π* | C=C | π → π* |
| C-I | n → σ* | C=O | π → π* |
| N=N | n → π* | C=O | n → π* |

estruturas absorve em comprimentos de ondas inferiores a 200 nm, portanto compostos como a água e alguns alcoóis são normalmente utilizados como solventes para experimentos no ultravioleta próximo. O metanol, por exemplo, apresenta absorção em 183 nm.

Transições $n \rightarrow \pi^*$ e $\pi \rightarrow \pi^*$ podem ser consideradas juntas, pois uma grande quantidade de compostos tem elétrons em orbitais $\pi$ e em orbitais não ligantes. A transição $n \rightarrow \pi^*$ requer uma grande quantidade de energia para ocorrer, desse modo, normalmente, se observam bandas de absorbâncias na região do ultravioleta de vácuo. Já a transição $\pi \rightarrow \pi^*$ necessita de menor quantidade de energia para ocorrer, assim é comum observar bandas de absorbâncias na região do ultravioleta próximo e também do visível. Logicamente, para essas transições ocorrerem, é necessário que o composto tenha algum grupo funcional com ligações $\pi$, isso quer dizer é necessário, na estrutura molecular, uma substância que contenha grupo(s) absorvente(s) não saturado(s).

Além das transições já estudadas, ainda é possível que ocorram transições proibidas, entretanto a probabilidade de que essas transições ocorram é muito pequena e, normalmente, elas dão origem a picos demasiadamente pequenos ou até mesmo invisíveis nos espectros de UV. Em geral, transições proibidas são aquelas em que ocorre concomitantemente uma inversão de *spin* do elétron.

Para moléculas, quanto maior for a quantidade do composto químico em solução, maior será a extensão de absorção. A lei de Lambert-Beer (Equação 3.1) determina quanta luz é absorvida por uma amostra, visto que quanto maior for a eficiência de uma molécula em absorver luz, ou quanto mais grupos cromóforos existirem na molécula, maior será a extensão de absorção da luz ultravioleta.

$$Log\ (I_0/I) = A = \varepsilon cl \qquad (3.1)$$

Onde

A = absorbância

$\varepsilon$ = absortividade molar ou também chamado de coeficiente de extinção molar

$c$ = concentração molar do soluto

$l$ = comprimento da cela de amostragem (cm)

$I_0$ = intensidade da luz que incide na cela de amostragem

$I$ = intensidade de luz que sai da cela de amostragem

A absortividade molar é a capacidade que um mol de uma determinada substância tem de absorver luz em um dado comprimento de onda. Portanto, pela lei de Lambert-Beer, quanto maior for a capacidade da molécula de absorver luz ultravioleta, maior será sua absortividade molar e maior será sua absorbância.

A proporção da luz absorvida, então, dependerá de quantas moléculas interagem entre si. Imagine uma substância que apresenta uma coloração bem acentuada. Se houver uma solução muito concentrada dessa amostra, haverá uma grande absorção de luz ultravioleta, uma vez que existem diversas moléculas absorvendo luz ultravioleta. Entretanto, quanto mais diluída se tornar essa solução, menos absorção se observará, pois haverá menos moléculas absorvendo luz ultravioleta.

Outro fator bastante importante na lei de Lambert-Beer é o comprimento da cela de amostragem. Imagine uma solução diluída de um composto colorido em uma cela com 1 cm de comprimento. A luz emitida passará pelas moléculas contidas por esse caminho de 1 cm e, provavelmente, a absorção não será muito alta. Entretanto, caso você passe a luz ultravioleta por um tubo de 100 cm contendo a mesma substância na mesma concentração, mais luz será absorvida porque mais moléculas entrarão em contato com a luz ultravioleta, fazendo com que a absorbância seja maior em relação a cela de 1 cm.

Vale ressaltar que a Lei de Lambert-Beer somente é obedecida quando se calcula a absorbância de somente uma molécula pura em uma única forma. Moléculas em mistura, moléculas com diferentes formas em equilíbrio, moléculas que interagem quimicamente com o solvente ou com algum outro soluto formando complexo e soluções com elevada concentração do soluto não seguem a lei de Lambert-Beer quando submetidas à radiação na região do ultravioleta. Existem também causas físicas que impossibilitam a aplicação da lei de Lambert-Beer e estão associados com problemas na aparelhagem utilizada para medir a absorbância de determinadas moléculas. Os fatos mais comuns são a falta de monocromaticidade da radiação, resposta não linear da fotocélula e flutuações da fonte.

## O GRÁFICO DE ABSORÇÃO

Quando submetida a radiação na região do ultravioleta, uma substância absorve energia quantizada e essa absorção é característica para tal molécula. A Figura 3.4 mostra um gráfico de absorção teórico onde se observa no eixo X os comprimentos de onda ($\lambda$) ao qual a amostra foi submetida e o eixo Y, a absorbâncias da molécula em função do comprimento de onda. Em um espectro simples, como o mostrado na Figura 3.4, observa-se um pico linear de maior intensidade de absorção, isso quer dizer que para esse espectro, a molécula teria um máximo de absorção em 231 nm. Entretanto, podem ocorrer outras absorções simultâneas, apresentando outras bandas espectrais no gráfico. As bandas de maior intensidade são aquelas produzidas pelas transições eletrônicas observadas nos diferentes grupos químicos e as outras bandas espectrais são normalmente causadas por deformações, vibrações ou rotações das partículas.

Para se medir a quantidade de energia absorvida nos diferentes comprimentos de onda, na região do ultravioleta, utilizam-se equipamentos chamados de espectrofotômetros, os quais serão discutidos a seguir.

## INSTRUMENTAÇÃO – OS ESPECTROFOTÔMETROS

Espectrofotômetros são equipamentos capazes de registrar dados de absorbância ou transmitância em função do comprimento de onda utilizado. Basicamente, um espectrofotômetro é composto de uma fonte de radiação, um monocromador, um compartimento (cubeta) para depositar a amostra e a referência, um sistema detector e um dispositivo para processamento de dados. A Figura 3.5 mostra um diagrama de um espectrofômetro UV-VIS.

Os espectrofotômetros utilizam diversas fontes de radiação. Lâmpadas de quartzo-iodo e *laser* podem ser utilizadas, entretanto, comumente os espectrofotômetros utilizam duas fontes principais de radiação, uma lâmpada de deutério ($D_2$) para a luz ultravioleta e a lâmpada de tungstênio

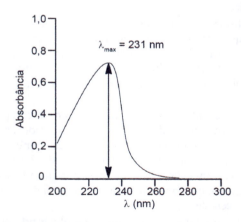

**Figura 3.4.** Gráfico da absorbância em função do comprimento de onda.

(W) para a luz visível. O uso de cada uma das lâmpadas dependerá das necessidades de cada operador. Normalmente, as lâmpadas de tungstênio são consideradas um pouco caras e, portanto, seu uso deve ter feito somente quando houver necessidade. Em amostras contendo pouca cor, desaconselha-se o uso de referida lâmpada, pois normalmente essas substâncias pouco coloridas absorvem bem em comprimentos de onda mais baixos, sendo detectadas pela radiação emitidas pela lâmpada de deutério. Geralmente, essas duas fontes de luz geram radiação contínua e são estáveis, por isso são consideradas ideais para o uso em espectrofotômetros.

O monocromador é de fundamental importância para o funcionamento dos espectrofotômetros. Ele tem a função de selecionar um determinado comprimento de onda pelo qual se tem interesse de se trabalhar separando o feixe de luz nos comprimentos de onda componentes. O monocromador é constituído por um sistema de fendas que focalizam o comprimento de onda desejado na cela da amostra. Os equipamentos normalmente utilizam um sistema de feixe duplo em que a luz emitida pela fonte de radiação é divida em dois feixes, um que passa pela cubeta da referência e outro que passa pela cubeta da amostra.

Os detectores utilizados em espectroscopia na região do ultravioleta são transdutores que convertem energia radiante em um sinal elétrico. Os detectores devem ter um tempo de resposta pequeno para permitir várias análises em um curto espaço de tempo. Devem ter uma elevada relação sinal/ruído sendo sensíveis e devem ter uma resposta linear não permitindo variações.

Esses equipamentos são bastante úteis para se trabalhar em um determinado comprimento de onda. Entretanto, quando se pretende trabalhar com comprimentos de onda variáveis em seja possível fazer uma varredura espectral, recomenda-se a utilização de espectrofotômetros com matriz de diodos. Esses equipamentos mais modernos trabalham com uma série de detectores de fotodiodos posicionados lado a lado em um cristal de silício. Cada diodo componente dessa série é responsável por registrar uma faixa estreita do espectro. Por fim, cada diodo fornece uma faixa espectral que, conectadas, respondem de forma a registrar todo o espectro de uma só vez.

Os equipamentos modernos permitem a análise de dados em softwares específicos e os dados podem ser processados de formas diversas permitindo ao operador fazer diversas análises em um

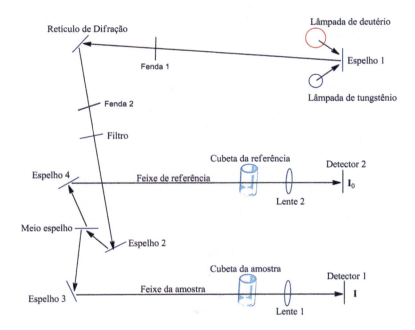

**Figura 3.5.** Diagrama de um espectrofotômetro de UV-Vis.

Fundamentos de Espectrometria e Aplicações

curto espaço de tempo e analisá-las de diversas formas. Informações sobre as cubetas, solventes utilizados e manuseio das amostras serão fornecidas posteriormente neste capítulo.

## ABSORÇÕES CARACTERÍSTICAS DE ALGUNS COMPOSTOS ORGÂNICOS

Alguns cromóforos apresentam absorbâncias características e, por meio da análise dos espectros de ultravioleta, é possível encontrá-los na estrutura química de determinadas estruturas. Serão abordados alguns principais grupamentos químicos presentes nas estruturas químicas de produtos naturais e sintéticos.

### Alcanos

Nos alcanos, estão presentes as transições $\sigma \rightarrow \sigma^*$ que requerem energias grandes para ocorrer. Desse modo, as bandas de absorção se observam no ultravioleta de vácuo a comprimentos de onda inferiores a 200 nm. Como esses compostos são transparentes na região do ultravioleta próximo e visível, eles normalmente são utilizados como solventes para realizar experimentos de espectroscopia na região do ultravioleta em comprimentos de onda acima de 200 nm. A Figura 3.6 mostra o valor de absorção UV do composto etano.

### Compostos saturados contendo oxigênio, nitrogênio, enxofre ou halogênio em sua estrutura

Compostos saturados com funções álcool, éter, aminas, compostos halogenados e tiocompostos têm transições do tipo $n \rightarrow \sigma^*$, pois apresentam átomos com pares de elétrons em orbitais não ligantes. Essas transições requerem uma grande quantidade de energia para ocorrerem e desse modo são observadas, normalmente, em comprimentos de onda inferiores a 200 nm na região do ultravioleta de vácuo. Desse modo, como nos alcanos, esses compostos são também utilizados como solventes nos experimentos de espectroscopia na região do ultravioleta próximo e visível.

Alguns compostos desse grupo absorvem na região do ultravioleta próximo e, portanto, é necessário tomar cuidado quando compostos desse grupo são utilizados como solventes para experimentos de espectroscopia na região do ultravioleta próximo para não interferirem nas bandas de absorção do composto em análise. A Figura 3.7 mostra a absorção de diversos compostos que apresentam transições do tipo $n \rightarrow \sigma^*$.

### Compostos contendo elétrons π em sua estrutura química

Transições $\pi \rightarrow \pi^*$ necessitam de uma pequena quantidade de energia para ocorrer, desse modo é comum observar bandas de absorbâncias na região do ultravioleta próximo e também do visível, sendo muito características e úteis em experimentos de espectroscopia na região do ultravioleta.

Essas transições são comuns em compostos contendo duplas ou triplas ligações entre carbonos e também em compostos carbonílicos, em compostos azometínicos, em nitrilas e em nitritos. Em compostos contendo elétrons π em sua estrutura química, a transição $n \rightarrow \pi^*$ também pode ser observada como uma absorção fraca dos cromóforos isolados como exemplificado na Tabela

Etano

$$H_3C - CH_3$$

$$\lambda_{máx} = 135 \text{ nm}$$

Transição $\sigma \rightarrow \sigma^*$

**Figura 3.6.** Valor de absorção UV do composto etano.

3.2 que mostra os dados de absorção UV para alguns cromóforos simples encontrados em diversas estruturas químicas.

Observando-se os dados da Tabela 3.2, contata-se que a grande maioria desses compostos absorve em comprimentos de ondas muito curtos, principalmente na região do ultravioleta de vácuo, que necessita de equipamentos especiais para que se proceda à análise experimental.

A absorção para cromóforos conjugados, como o 1,3-butadieno, ocorre em comprimentos de ondas maiores, sendo visualizados em equipamentos comuns sem a necessidade de vácuo. Quando ocorrem duplas conjugadas, os níveis de energia eletrônicos observados para um determinado cromóforo se tornam mais próximos. Como consequência desse fato, a energia necessária para que ocorra uma transição de um nível de energia eletrônico ocupado para outro nível de energia desocupado diminui e, portanto, o comprimento de onda da luz absorvida fica maior. No caso específico do 1,3-butadieno ocorre uma superposição efetiva dos orbitais π, resultado em um sistema π-π conjugado. Esse composto absorve em 217 nm ($\varepsilon_{max}$ 21.000). A Tabela 3.3 mostra os dados de absorção UV para alguns grupos cromóforos conjugados.

## Regras de Woodward-Fieser para dienos

Robert Burns Woodward, em 1945, desenvolveu certas regras para correlacionar o comprimento de onda ($\lambda_{max}$) com a estrutura molecular de substâncias químicas. Louis Frederick Fieser, em 1959, modificou essas regras por meio da observação de diversos dados experimentais e, assim modificadas, receberam o nome de Regras de Woodwar-Fieser. Essas regras consistem de um

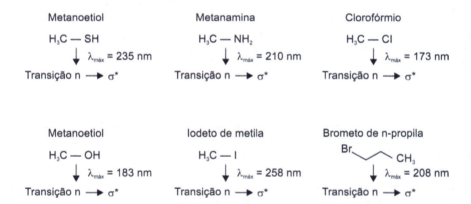

**Figura 3.7.** Absorção de compostos que apresentam transições do tipo n → σ*.

**Tabela 3.2.** Dados de absorção UV para alguns cromáforos simples

| Grupo Cromóforo | Sistema | Exemplo | $\lambda_{max}$ (nm) | $\varepsilon_{max}$ | Transição observada |
|---|---|---|---|---|---|
| Etileno | RHC=CHR | Etileno | 162 | 15.000 | π → π* |
| Alquino | RHC≡CHR | Acetileno | 173 | 10.000 | π → π* |
| Carbonila | RHC=O | Acetaldeído | 290 | 16 | n → π* |
| Carboxila | RCO$_2$H | Ácido acético | 208 | 32 | n → π* |
| Amida | RCONH$_2$ | Acetamida | 178 | 9.500 | π → π* |
| Nitro | R—NO$_2$ | Nitrometano | 201<br>271 | 5.000<br>17 | π → π*<br>n → π* |
| Nitrito | R—ONO | Nitrito de amila | 218 | 1.120 | π → π* |

**Tabela 3.3.** Dados de absorção UV para alguns cromóforos conjugados

| Exemplo | $\lambda_{máx}$ (nm) | $\varepsilon_{máx}$ | Transição observada |
|---|---|---|---|
| 1,3–Butadieno | 217 | 21.000 | $\pi \rightarrow \pi^*$ |
| Crotonaldeído | 218 | 17.000 | $\pi \rightarrow \pi^*$ |
| 2,3–Dimetil-1,3–butadieno | 226 | 21.400 | $\pi \rightarrow \pi^*$ |
| 1–Nitroprop-1-eno | 229 | 9.400 | $\pi \rightarrow \pi^*$ |

cálculo aritmético bastante simples que nos permite prever aproximadamente o comprimento de onda ($\lambda_{max}$) apresentado por dienos substituídos.

Dienos acíclicos assumem duas conformações planas possíveis, chamadas de s-*cis* e s-*trans*. Esse fato se torna bastante importante, pois o valor de lmax observados para as duas possíveis conformações nesse tipo de compostos são diferentes. Perante esse fato, faz-se necessário dois valores básicos para que se iniciem os cálculos para previsão do comprimento de onda de um dieno substituído.

O butadieno e outros dienos conjugados simples existem em uma conformação s-*trans* plana e normalmente essa conformação é a preferida para esse tipo de composto. Já em dienos cíclicos, o cromóforo dieno é geralmente mantido com rigidez de orientação s-*trans* (transoide) ou s-cis (*cisoide*). A Tabela 3.4 apresenta as regras de absorção para dienos.

Para compreender como utilizar esses cálculos, vale a pena citar alguns exemplos práticos. A Figura 3.8 exemplifica algumas substâncias em que podem ser utilizadas as regras de Woodward-Fieser para a previsão de sua absorção máxima. Vale ressaltar que os trabalhos de Woodward-Fieser se basearam quase exclusivamente em estruturas de compostos esteroidai, assim, essa regra é muito boa para prever a absorção máxima para esse tipo de compostos e compostos que tenham características semelhantes com os esteroides, muitas vezes falhando com outros tipos de estruturas.

## Regras de Woodward-Fieser para enonas

Woodward desenvolveu essas regras após a análise de espectros de ultravioleta de diversas enonas e como para dienos, parte-se de um valor base e fazem-se posteriores adições que correspondem a características estruturais na molécula. Um conjunto de regras mais completa foi feita por Fieser e estão sumarizadas na Tabela 3.5.

Para a compreensão da regra de Woodward-Fieser para enonas, faz-se necessário também a exemplificação da utilização dessa regra em alguns compostos, como observado na Figura 3.9.

**Tabela 3.4.** Regras de Woodward-Fieser para dienos

| | Homoanular (cisoide) | Heteroanular (transoide) |
|---|---|---|
| Valores-base | 253 nm | 214 nm |
| Incrementos para: | | |
| Conjugação extensora de ligação dupla | 30 nm | |
| Ligação dupla exocíclica | 5 nm | |
| Grupamento alquila ou resíduo de anel | 5 nm | |
| Grupamentos polares: | | |
| OCOCH$_3$ | 0 | |
| OR | 6 | |
| Cl, Br | 5 | |
| NR$_2$ | 60 | |

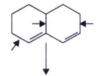

Duplas ligações em diferentes anéis (Heteroanular)
Valor base = 214 nm

3 resíduos de anel = 3 x 5 = 15 nm

δmáx = 214 + 15 + 5 = 234 nm

Dupla ligação C₁-C₂ exocíclica ao anel B
Dupla ligação exocíclica = 1 x 5 = 5 nm

Valor base = 214 nm (Heteroanular)
Resíduo de anel ou substituinte alquila = 4 x 5 = 20 nm
Dupla ligação exocíclica = 1 x 5 = 5 nm

λmáx = 214 + 15 + 5 = 239 nm

Valor base = 253 nm (Homoanular. Duas ligações duplas no anel B)
Dupla ligação C₁-C₂ estendendo a conjugação = 30 nm
Resíduo de anel ou substituinte alquila = 6 x 5 = 30 nm
Dupla ligação exocíclica 1 x 5 = 5 nm

λmáx = 214 + 15 + 5 = 239 nm

**Figura 3.8.** Exemplos da utilização das regras de Woodward-Fieser para algumas substâncias.

## Compostos carboxílicos

Compostos como aldeídos α,β-insaturados também seguem as mesmas regras utilizadas para enonas contendo pequenas diferenças sumarizadas na Tabela 3.6. Ácidos carboxílicos e ésteres, funções químicas muito encontradas em diversos produtos químicos também têm regras para definição de sua absorção máxima e a Tabela 3.6 lista as regras empíricas para esses compostos.

## Compostos aromáticos

O estudo dos compostos aromáticos sob a óptica da espectroscopia na região do ultravioleta pode ser muito complexa. O benzeno, composto aromático de fórmula molecular $C_6H_6$, tem três bandas de absorção observadas em 184 nm, 204 nm e 256 nm. Em espectrofotômetros comuns, somente as bandas de absorção em 204 nm e 256 nm são observadas, pois a banda observada em 184 nm se encontra na região do ultravioleta de vácuo, necessitando de equipamentos especiais para sua observação. Já as bandas observadas em 204 nm e 256 nm, normalmente, apresentam uma intensidade muito baixa, entretanto são facilmente observadas em espectrofotômetros comuns. Basicamente, as transições observadas para o benzeno são do tipo $\pi \rightarrow \pi^*$ em que a banda observada de forma intensa, na análise do benzeno, em 184 nm provém de uma transição permitida. A banda em 204 nm, como dito anteriormente, apresenta uma intensidade muito baixa por ser relativa a uma transição eletrônica proibida. Essas duas bandas observadas em 184 nm 2 204 nm são chamadas de primárias. E a banda observada em 256 nm, chamada de secundária, é ainda menos intensa em relação às bandas primárias e também corresponde a uma transição eletrônica proibida. A absorção em 256 nm é caracterizada por uma boa quantidade de estrutura fina. Essa estrutura fina é originada da interação dos níveis de energia eletrônicos com modos vibracionais. Essa estrutura fina é bem observada quando se faz o espectro em solventes apolares. No caso da utilização em um solvente polar, essa estrutura fina se perde dando lugar a uma banda alargada, de onde não se pode retirar muitas informações estruturais. Outro fator que leva à perda da estrutura fina do benzeno e a inserção de grupamentos químicos (auxócromos) em sua estrutura química em virtude da conjugação n $\rightarrow \pi^*$.

Como dito anteriormente, os compostos aromáticos apresentam espectros na região do ultravioleta bem complexos. Substitutos na estrutura química em compostos aromáticos, normalmente, causam deslocamento das bandas de absorção primária e secundária e podem atuar de diversas formas que não serão abordadas neste capítulo. Para mais informações, sugere-se a leitura da bibliografia recomendada ao final deste capítulo.

**Tabela 3.5.** Regras de Woodward-Fieser para enonas

| Valores-base | |
|---|---|
| Cetonas acíclicas α,β–insaturadas | 215 nm |
| Cetonas cíclicas α,β–insaturadas: | |
| Anéis de 6 membros | 215 nm |
| Anéis de 5 membros | 202 nm |
| Aldeídos α,β–insaturados | 210 nm |
| Ácidos carboxílicos e éteres α,β –insaturados | 195 nm |
| Incrementos para: | |
| Conjugação extensora de ligação dupla | 30 nm |
| Ligação dupla exocíclica | 5 nm |
| Componente homodieno | 39 nm |
| Grupamento alquila ou resíduo de anel: | |
| Em α | 10 nm |
| Em β | 12 nm |
| Em γ e mais afastado do anel | 18 nm |
| Grupamentos polares: | |
| OH | |
| Em α | 35 nm |
| Em β | 30 nm |
| Em δ | 50 nm |
| OCOCH$_3$ | |
| Em α,β,δ | 6 nm |
| OCH$_3$ | |
| Em α | 35 nm |
| Em β | 30 nm |
| Em γ | 17 nm |
| Em δ | 31 nm |

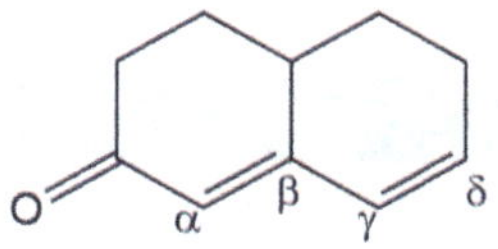

Valor base = 215 nm (cetona, $\alpha$, $\beta$-instaurada em anel de 6 membros)
Resíduo de anel em $\beta$ = 12 nm
Resíduo de anel em $\delta$ = 18 nm
Dupla ligação entendendo a conjugação = 1 x 30 = 30 nm
Dupla ligação exocíclica = 1 x 5 = 5 nm

$L_{máx}$ = 215 + 12 + 18 + 30 + 5 = 280 nm

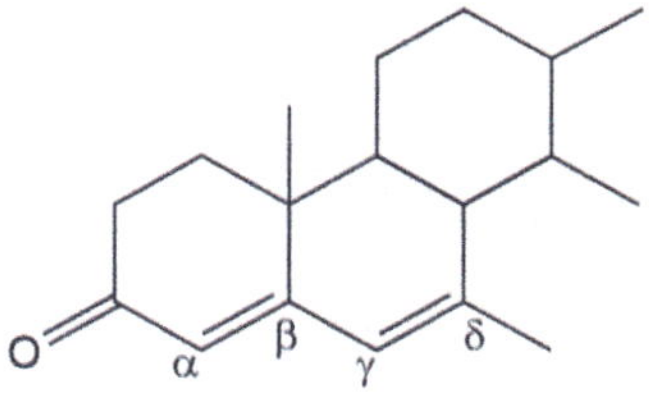

Valor base = 215 nm (cetona, $\alpha$, $\beta$-instaurada em anel de 6 membros)
Resíduo de anel em $\beta$ = 12 nm
Resíduo de anel ou substituinte alquila em
 = 2 x 18 nm = 36 nm
Dupla ligação entendendo a conjugação = 1 x 30 = 30 nm
Dupla ligação exocíclica = 1 x 5 = 5 nm

$\lambda_{máx}$ = 215 + 12 + 36 + 30 + 5 = 298 nm

**Figura 3.9.** Exemplos da utilização das regras de Woodward-Fieser para enonas.

**Tabela 3.6.** Regras empíricas para aldeídos, ácidos carboxílicos e ésteres conjugados

| 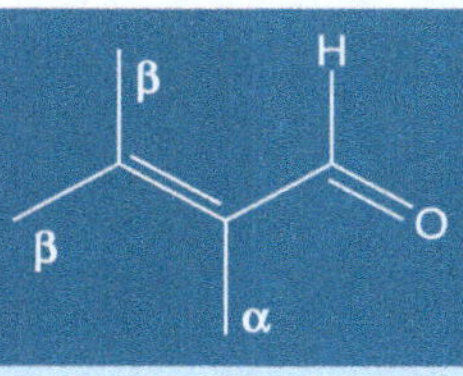 Valor-base | 208 nm |
|---|---|
| Com grupos alquila $\alpha$ ou $\beta$ | 220 nm |
| Com grupos alquila $\alpha,\beta$ ou $\beta,\beta$ | 230 nm |
| Com grupos alquila $\alpha,\beta,\beta$ | 242 nm |
| 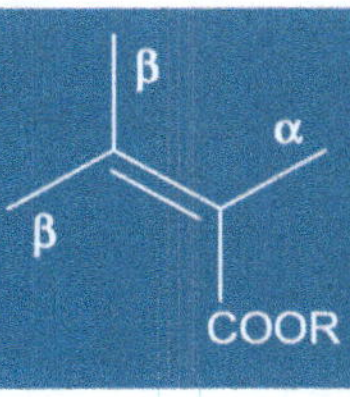 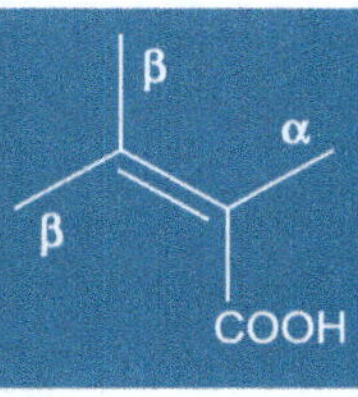 Com grupo alquila $\alpha$ ou $\beta$ | 208 nm |
| Com grupos alquila $\alpha,\beta$ ou $\beta,\beta$ | 217 nm |
| Com grupos alquila $\alpha,\beta,\beta$ | 225 nm |
| Ligação dupla exocíclica $\alpha,\beta$ | 5 nm |
| Ligação dupla exocíclica $\alpha,\beta$ em um anel de 5 ou 7 membros | 5 nm |

Apesar de toda a complexidade apresentada em compostos aromáticos, especificamente para derivados benzoílas substituídos, foi desenvolvida uma correlação empírica para o cálculo da banda principal (transição $\pi \rightarrow \pi^*$). Essa correlação da estrutura química com os dados de absorção pode ser observada na Tabela 3.7.

**Tabela 3.7.** Regras empíricas para cálculo da banda principal em derivados benzoíla

| Grupamentos | $\lambda_{max}$ |
|---|---|
| Valores-base | |
| ArCOR | 246 nm |
| ArCHO | 250 nm |
| $ArCO_2H$ | 230 nm |
| $ArCO_2R$ | 230 nm |
| Grupo alquila ou resíduo de anel na posição *orto* ou *meta* | 3 nm |
| Grupo alquila ou resíduo de anel na posição *para* | 10 nm |
| Grupamentos polares | |
| -OH, $-OCH_3$, -OAlquil na posição *orto* ou *meta* | 7 nm |
| -OH, $-OCH_3$, -OAlquil na posição *para* | 25 nm |
| $-O^-$ (íon oxônio) na posição *orto* | 11 nm |
| $-O^-$ (íon oxônio) na posição *meta* | 20 nm |
| $-O^-$ (íon oxônio) na posição *para* | 78 nm |
| -Cl na posição *orto* ou *meta* | 0 nm |
| -Cl na posição *para* | 10 nm |
| -Br na posição *orto* ou *meta* | 2 nm |
| -Br na posição *para* | 15 nm |
| $-NH_2$ na posição *orto* ou *meta* | 13 nm |
| $-NH_2$ na posição *para* | 58 nm |
| $-NHCOCH_3$ na posição *orto* ou *meta* | 20 nm |
| $-NHCOCH_3$ na posição *para* | 45 nm |
| $-NHCH_3$ na posição *para* | 73 nm |
| $-N(CH_3)_2$ na posição *orto* ou *meta* | 20 |
| $-N(CH_3)_2$ na posição *para* | 85 nm |

A Figura 3.10 apresenta dois exemplos da aplicação das regras empíricas para cálculo da $\lambda_{max}$ observada em derivados benzoílas substituídos.

Apesar do espectro ultravioleta e visível nos fornecer informações limitadas sobre as estruturas químicas de uma substância, essa técnica continua sendo muito utilizada por ser barata, versártil e, além de tudo, ainda ter uma alta da sensibilidade de análise e do alto grau de precisão e exatidão em suas medidas; logo, ela é empregada extensivamente em determinações quantitativas. Justamente por essa importância, se faz necessário a abordagem sobre as aplicações da Espectroscopia na região do ultravioleta.

## APLICAÇÕES DA ESPECTROSCOPIA NA REGIÃO DO ULTRAVIOLETA VISÍVEL

### Aplicações qualitativas

O uso da espectroscopia de ultravioleta visível está fortemente ligado à medição direta de analitos por meio da colorimetria. O termo "colorimetria" é usado para descrever o uso da

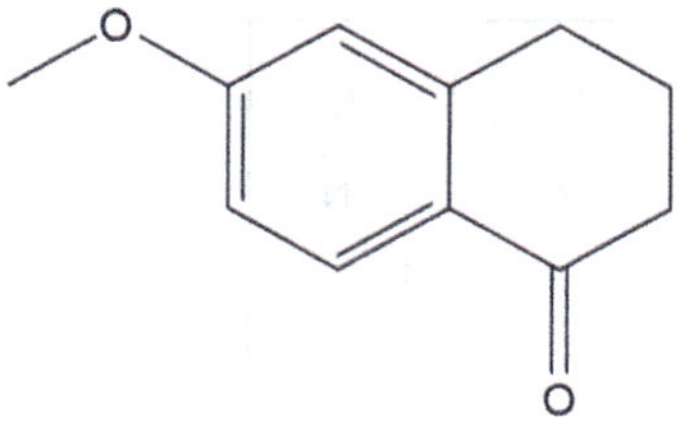

Fundamentos de Espectroscopia na Região do Ultravioleta e Aplicações

Valor base = 246 nm
Resíduo de anel na posição orto: 1 x 3 = 3 nm
Grupo polar –OCH$_3$ na posição para: 25 nm

$\lambda_{máx}$ = 246 + 3 + 25 = 274 nm

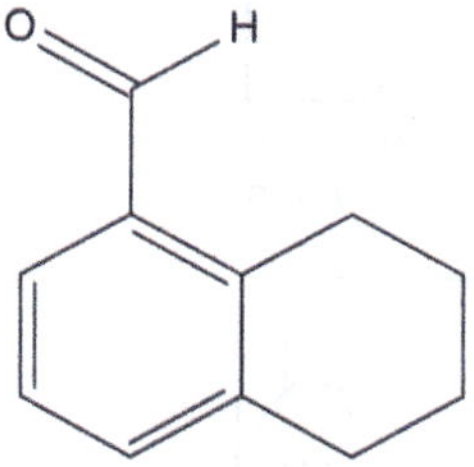

Valor base = 250 nm
Resíduo de anel na posição orto e meta: 2 x 3 = 6 nm

$\lambda_{máx}$ = 250 + 6 = 256 nm

**Figura 3.10.** Aplicação das regras empíricas para cálculo da $\lambda_{max}$ observada em derivados benzoílas substituídos.

espectrometria na região do visível do espectro onde se observa visualmente a cor da amostra. O mesmo pode ser aplicado para medições diretas na região do ultravioleta visível, onde a concentração do analito é determinada pela comparação da absorbância de uma concentração desconhecida de uma substância com a absorbância de uma concentração conhecida de um mesmo material. Desse modo, pode-se utilizar a Lei de Lambert-Beer para correlacionar a absorbância medida de uma substância à sua concentração.

As análises espectrofotométricas com a radiação ultravioleta podem detectar os grupos cromóforos em que ocorre a presença de bandas na região de 200 a 400 nm, o que pode ser uma indicação de átomos de enxofre, de halogênios ou grupos insaturados. Geralmente, pode-se ter informação sobre a identidade do grupo absorvente comparando o espectro do analito com moléculas simples contendo grupos cromóforos. Contudo, os espectros de ultravioleta não apresentam informações suficientes para que um analito seja identificado de forma inequívoca. Desse modo, para uma elucidação estrutural mais completa devem-se realizar experimentos empregando espectroscopia de infravermelho, ressonância magnética nuclear e espectrometria de massas, além de testes mais simples tais como ponto de fusão, ponto de ebulição e solubilidade.

A Figura 3.11 apresenta os espectros de absorção da cafeína, teofilina e treobromina, moléculas de uma mesma classe e pode-se perceber que os espectros de absorção são idênticos, ou seja, pequenas modificações nas estruturas das moléculas podem não apresentar espectros de absorção diferentes, sendo necessário o uso de outras técnicas para a realização de análises qualitativas ou para elucidação estrutural.

## Escolha do solvente

Os espectros no ultravioleta são realizados, geralmente, em soluções diluídas do analito. Já para compostos voláteis, os espectros são realizados permitindo que algumas gotas do líquido puro evaporem dentro da célula fechada. Esses espectros são mais úteis que espectros desses analitos em fase líquida ou em solução.

Desse modo, para se obter um espectro bem definido do analito em estudo, os solventes que serão utilizados para as análises no ultravioleta visível, além de terem de dissolver o soluto, devem ser transparentes na região onde o analito absorve, portanto devem ser escolhidos solventes que não tenham sistemas conjugados. Nessas análises, devem-se considerar as possíveis interações do solvente com as espécies absorventes.

113

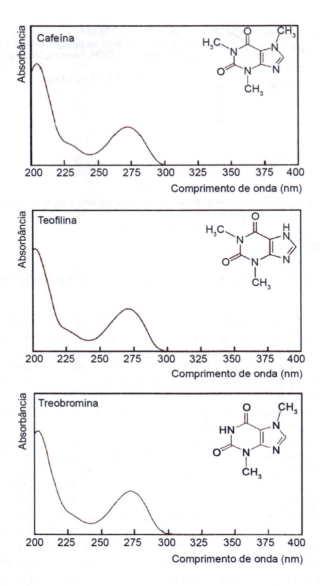

**Figura 3.11.** Espectros de absorção ultravioleta da cafeína, teofilina e teobromina (200 a 400 nm).

A escolha do solvente inadequado pode ocasionar a perda de detalhes espectrais, por exemplo, solventes polares como a água, os alcoóis, os ésteres e as cetonas podem obliterar espectros vibracionais. Os solventes apolares, como o hexano, fornecem espectros mais parecidos com os espectros obtidos no estado gasoso. A polaridade do solvente também pode influenciar a posição máxima do espectro de absorção. Portanto, para análises qualitativas é importante comparar-se o espectro do analito com os espectros de compostos conhecidos empregando o mesmo solvente.

A Tabela 3.8 apresenta os principais solventes empregados em espectroscopia no ultravioleta visível.

**Tabela 3.8.** Limite inferior dos comprimentos de onda (nm) dos solventes

| Solvente | Limite inferior de comprimento de onda, nm |
|---|---|
| Água | 180 |
| Acetonitrila | 190 |
| Ciclo-hexano | 195 |
| Hexano | 200 |
| Metanol | 205 |
| Éter etílico | 210 |
| Etanol | 220 |
| Clorofórmio | 240 |
| Tetracloreto de carbono | 260 |

### Efeito da largura da fenda

A largura da fenda está relacionada com espectros menos distorcidos, bandas mais definidas e com maiores intensidades, além de melhores separações entre as bandas. Desse modo, as análises qualitativas devem ser realizadas com aberturas de fenda mínimas para que se possa preservar o máximo de detalhes dos espectros.

### Radiação espalhada em comprimentos de onda extremos

A operação dos instrumentos em comprimentos de onda extremos pode ocasionar o aparecimento de picos falsos. O aparecimento desse tipo de fenômeno pode estar relacionado à radiação espalhada, a qual não é absorvida porque é constituída por comprimentos de onda maiores que 400 nm. Em muitos casos, essa radiação espúria apresenta um efeito desprezível porque sua potência é somente pequena fração da potência total do feixe que sai do monocromador.

Em comprimentos de onda abaixo de 380 nm, a radiação do monocromador é atenuada pela absorção dos componentes ópticos e células de vidro. Além disso, abaixo de 380 nm a sensibilidade da fotocélula e a saída da fonte decrescem bastante. Esse mesmo fenômeno pode ser observado quando se tenta medir com instrumentos ultravioleta/visíveis em comprimentos de ondas menores que 190 nm.

## Aplicações quantitativas

A espectroscopia no ultravioleta visível é uma técnica que facilmente permite a determinação da concentração de substâncias e, por conseguinte, permite aos analistas/pesquisadores estudar as reações e determinar suas equações de velocidade e, a partir daí, os mecanismos de reações podem ser propostos. Desse modo, a espectroscopia no ultravioleta visível é amplamente utilizada no ensino, pesquisa e em laboratórios analíticos para a análise quantitativa de todas as moléculas que absorvem a radiação eletromagnética na região do ultravioleta visível.

Os métodos espectrofotométricos e fotométricos apresentam grande aplicabilidade, podendo ser realizadas determinações quantitativas de espécies inorgânicas, orgânicas e bioquímicas. As espécies não absorventes podem ser determinadas após conversão química para uma espécie derivada absorvente. As análises espectrofotométricas apresentam boa sensibilidade e podem ser realizadas em uma faixa de $10^{-4}$ a $10^{-7}$ mol $L^{-1}$. Já quanto à seletividade, geralmente pode-se encontrar comprimentos de onda nos quais somente o analito absorve, mas quando ocorre sobreposição de bandas de absorção, podem-se realizar medidas adicionais em outros comprimentos de onda, o que, muitas vezes, pode eliminar a necessidade de separação.

Quanto à exatidão, os erros relativos para os procedimentos espectrofotométricos e fotométricos estão na faixa de 1 a 5%. Em alguns casos, tomando devidas precauções e cuidados especiais,

*Fundamentos de Espectrometria e Aplicações*

pode-se alcançar até 0,1%. A facilidade e conveniência dos métodos espectrofotométricos e fotométricos são características muito importantes. Estima-se que cerca de 90% das análises realizadas nos laboratórios clínicos estão baseadas na espectroscopia de absorção ultravioleta visível.

## Procedimento

Para a realização de experimentos em análise espectrofotométrica e fotométrica, é necessário estabelecer condições de reprodutibilidade (geralmente linear) entre concentração e intensidade de absorção. Alguns procedimentos gerais para a calibração de um espectrofotômetro, quando são utilizados aparelhos, incluem ajustar o nível de 100% de transmitância (zero de absorbância) do equipamento com uma cubeta contendo todos os componentes da solução a ser medida, menos a substância de interesse ("branco") e o nível 0% de transmitância com o obturador do aparelho fechado.

As demais medidas serão feitas em relação ao branco, substituindo-o pelas amostras. Para equipamentos de duplo feixe, a radiação proveniente do monocromador é igualmente dividida em dois feixes, que incidem em dois compartimentos, o de referência e o da amostra. O ajuste inicial é feito colocando-se o "branco" nos dois compartimentos e regulando-se o aparelho para absorbância zero, e as leituras são feitas substituindo-se o "branco" do compartimento da amostra pelas amostras a serem medidas.

## Amostras

É importante levar em consideração o estado físico da amostra que vai ser analisada. A amostra sólida, por exemplo, se apresenta em uma condição inapropriada para aplicar a espectrofotometria direta. O índice de refração do material pode ser elevado e uma grande parte da radiação pode ser perdida por reflexão ou refração aleatória na superfície do material. A não ser que a amostra seja feita de um bloco homogêneo polido ou na forma de película, é usual eliminar essas interfaces, dissolvendo-o em um solvente transparente e adequado.

De modo a obter uma medição de transmitância correta para um sólido, a possibilidade de desviar o feixe transmitido, em relação ao feixe incidente deve ser levada em consideração. Existem algumas possíveis razões para esse desvio, tais como refração, superfície irregular da amostra e superfícies convexas/côncavas. Se o feixe transmitido se desvia consideravelmente, existe a chance de que uma parte não seja totalmente captada pelos detectores, o que resultará em uma redução de sinal. O feixe também poderia ser difundido em todas as direções com a amostra, produzindo o mesmo tipo de erro de medição. Desse modo, é usual a solubilização do sólido em um solvente adequado. A Figura 3.12 apresenta os principais tipos de interação da luz com um sólido.

## Recipiente

As amostras são colocadas em um recipiente chamado de cubeta ou célula. A cubeta pode ser feita de diferentes materiais, tais como vidro, plástico ou quartzo. As amostras gasosas podem ser contidas em células fechadas ou tampadas para conter os gases. As faces dessa cubeta devem ser de um material transparente e altamente polido, no qual a radiação eletromagnética possa passar sem perdas por reflexão e/ou dispersão. A Figura. 3.13 apresenta diferentes tipos de cubetas utilizadas em diferentes tipos de aplicações.

Depois de colocada a amostra dentro da cubeta, pode-se realizar a medição, a $Io$ (intensidade incidente) pode ser ajustada movendo a amostra para fora do feixe e deixar passar a luz diretamente sobre o detector. Em instrumentos modernos, o ajuste da $Io$ é geralmente realizado por um comando de "auto zero". Na prática, o método não leva em consideração a proporção de radiação que é refletida ou dispersa nas faces da célula. Além disso, não representa a radiação que

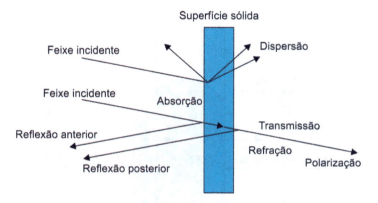

**Figura 3.12.** Tipos de interação da luz com um sólido.

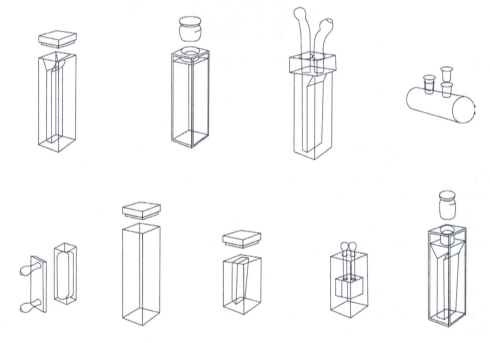

**Figura 3.13.** Diferentes tipos de cubetas.

é absorvida por um dado solvente. Por isso, é usual empregar uma referência ou célula em branco, idêntico ao que contém a amostra, mas contendo apenas o solvente, para medir a luz transmitida obtendo a $Io$ como verdadeiro ou prático. Tendo estabelecido a $Io$ ou posição de referência, o procedimento analítico pode ser efetuado. A Figura 3.14 apresenta os principais fenômenos de reflexão que podem ocorrer durante as análises espectrofotométricas empregando as cubetas.

## Influência de variáveis

Entre as variáveis que mais afetam as análises espectrofotométricas estão a natureza do solvente, temperatura, alta concentração de eletrólitos, pH da solução e presença de interferentes. Portanto, as condições finais de análise devem ser escolhidas de forma que essas variações não afetem significantemente as medidas de absorbância.

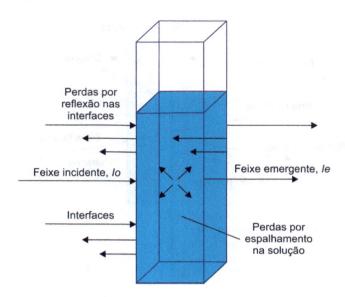

**Figura 3.14.** Fenômenos de reflexão que podem ocorrer durante as análises.

## Escolha do comprimento de onda

A seleção do comprimento de onda é importante para se alcançar uma sensibilidade máxima. A escolha geralmente é feita no comprimento de onda correspondente ao máximo de absorção porque a variação em absorbância por unidade de concentração é maior nesse ponto. Adicionalmente, a curva de absorção é mais plana em um máximo, o que traz uma correlação maior com a Lei de Lambert-Beer e menores incertezas durante as análises ocasionadas por falhas em reproduzir e ajustar precisamente o comprimento de onda no instrumento. Em alguns casos, deve-se selecionar um comprimento de onda diferente do máximo para não sofrer influência na absorção decorrente de interferentes.

## Relação entre a absorbância e a concentração

Em uma determinação fotométrica e espectrofotométrica, as condições de análise devem ser as mais semelhantes possíveis em relação aos constituintes da amostra, além de poder abranger uma boa faixa de concentração do analito. Desse modo, o método de adição de padrão é bastante usado por levar em consideração o efeito da matriz, minimizando os efeitos dos componentes da amostra sobre a absorbância medida.

O método de adição padrão é uma técnica usada para determinar a concentração do analito em uma amostra que tem uma matriz ou condições de solução, por exemplo, força iônica e pH, que são difíceis de reproduzir em uma solução padrão. Esse método de adição padrão consiste na adição de quantidades conhecidas do analito a quantidades conhecidas da amostra. Essas amostras com o padrão incorporado são utilizadas para a obtenção dos espectros.

A partir de adições de concentrações crescentes do padrão, constrói-se uma curva analítica, relacionando as quantidades da substância adicionada à amostra com as respectivas absorbâncias. O ponto onde a reta corta o eixo das ordenadas corresponde à absorbância do analito que está sendo determinado, sem nenhuma adição do padrão. A extrapolação da reta define, no eixo das abscissas, a concentração do analito na amostra analisada. Isso pode ser observado na Figura 3.15.

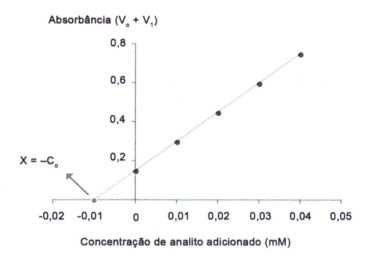

**Figura 3.15.** Gráfico para determinação da concentração do analito em uma amostra empregando o método de adição padrão.

## Análise de múltiplos analitos

Na análise de múltiplos analitos, a absorbância total de uma solução em determinado comprimento de onda é igual à soma das absorbâncias dos componentes individuais da amostra. Desse modo, em alguns casos, é possível determinar a concentração de várias espécies absorventes em uma determinada amostra caso as espécies envolvidas apresentem espectros de absorção significativamente diferentes na faixa de UV-Vis. Isso se dá pela medição da absorbância total da amostra em dois comprimentos de onda que apresentem absortividades molares diferentes para pelo menos uma das espécies estudadas. Assim, essa relação possibilita a determinação dos analitos individuais de uma mistura mesmo que seus espectros se sobreponham completamente. Para analisar uma mistura de analitos (por exemplo, A e B), as absortividades molares ($\varepsilon a1$ e $\varepsilon a2$ para o analito A e $\varepsilon b1$ e $\varepsilon b2$ para o analito B) são determinadas em dois comprimentos de onda diferentes ($\lambda_1$ e $\lambda_2$) com soluções padrões, obedecendo a lei de Lambert-Beer. Finalmente, a absorbância da mistura é determinada nesses dois comprimentos de onda escolhidos. A partir dessas análises, têm-se as absortividades molares e o caminho óptico empregado, desse modo as seguintes equações são válidas:

$$A_1 = (\varepsilon_{a1}\, b\, C_A) + (\varepsilon_{b1}\, b\, C_B)$$

$$A_2 = (\varepsilon_{a2}\, b\, C_A) + (\varepsilon_{b1}\, b\, C_B)$$

Como pode ser visto, com as duas equações surgirão duas incógnitas ($C_A$ e $C_B$) que podem ser resolvidas facilmente. Veja exemplo a seguir para dois supostos fármacos (A e B) na Tabela 3.9.

**Tabela 3.9.** Absortividade molar, $\varepsilon$ (mol$^{-1}$ L cm$^{-1}$) para dois supostos fármacos

|  | Absortividade molar, $\varepsilon$ (mol$^{-1}$ L cm$^{-1}$) ||
| --- | --- | --- |
|  | 410 nm | 530 nm |
| Fármaco A | $3{,}6 \times 10^3$ | $4{,}2 \times 10^4$ |
| Fármaco B | $2{,}9 \times 10^2$ | $2{,}2 \times 10^3$ |

Dados:

Caminho óptico = 2 cm

$A_{410} = 0,485$

$A_{530} = 0,540$

$$0,485 = (3,6 \cdot 10^3 \text{ mol}^{-1} \text{ L cm}^{-1} \times 2 \text{ cm} \times C_A) + (2,9 \cdot 10^2 \text{ mol}^{-1} \text{ L cm}^{-1} \times 2 \text{ cm} \times C_B)$$

$$0,485 = (7,2 \cdot 10^3 \text{ mol}^{-1} \text{ L} \times C_A) + (5,8 \cdot 10^2 \text{ mol}^{-1} \text{ L} \times C_B)$$

$$\boxed{C_A = \frac{0,485 - 5,8 \cdot 10^2 \text{ mol}^{-1} \text{ L} \times C_B}{7,2 \cdot 10^3 \text{ mol}^{-1} \text{ L}}}$$

$$0,540 = (4,2 \cdot 10^4 \text{ mol}^{-1} \text{ L cm}^{-1} \times 2 \text{ cm} \times C_A) + (2,2 \cdot 10^3 \text{ mol}^{-1} \text{ L cm}^{-1} \times 2 \text{ cm} \times C_B)$$

$$0,540 = (8,4 \cdot 10^4 \text{ mol}^{-1} \text{ L} \times C_A) + (4,4 \cdot 10^3 \text{ mol}^{-1} \text{ L} \times C_B)$$

$$\boxed{C_A = \frac{0,540 - 4,4 \cdot 10^3 \text{ mol}^{-1} \text{ L} \times C_B}{8,4 \cdot 10^4 \text{ mol}^{-1} \text{ L}}}$$

$$\frac{0,485 - 5,8 \cdot 10^2 \text{ mol}^{-1} \text{ L} \times C_B}{7,2 \cdot 10^3 \text{ mol}^{-1} \text{ L}} = \frac{0,540 - 4,4 \cdot 10^3 \text{ mol}^{-1} \text{ L} \times C_B}{8,4 \cdot 10^4 \text{ mol}^{-1} \text{ L}}$$

$$\frac{4,4 \cdot 10^3 \text{ mol}^{-1} \text{ L} \times C_B - 5,8 \cdot 10^2 \text{ mol}^{-1} \text{ L} \times C_B}{7,2 \cdot 10^3 \text{ mol}^{-1} \text{ L}} = \frac{0,540 - 0,485}{8,4 \cdot 10^4 \text{ mol}^{-1} \text{ L}}$$

$$3,2088 \cdot 10^8 \text{ mol}^{-1} \text{ L} \times C_B = 396$$

$$\boxed{C_B = 1,234 \cdot 10^{-6} \text{ mol L}^{-1}}$$

$$C_A = \frac{0,540 - 4,4 \cdot 10^3 \text{ mol}^{-1} \text{ L} \times C_B}{8,4 \cdot 10^4 \text{ mol}^{-1} \text{ L}}$$

$$C_A = \frac{0,540 - 4,4 \cdot 10^3 \text{ mol}^{-1} \text{ L} \times 1,234 \cdot 10^{-6} \text{ mol L}^{-1}}{8,4 \cdot 10^4 \text{ mol}^{-1} \text{ L}}$$

$$\boxed{C_A = 6,364 \cdot 10^{-6} \text{ mol L}^{-1}}$$

As misturas contendo mais de dois analitos absorventes, teoricamente, podem ser analisadas empregando o mesmo princípio se uma medida adicional de absorbância for feita para cada componente adicionado na mistura e que os comprimentos de onda escolhidos tenham absortividades molares significativamente diferentes para cada analito em estudo.

## PRINCIPAIS TÉCNICAS QUE EMPREGAM ESPECTROSCOPIA DE ULTRAVIOLETA VISÍVEL

### Titulação fotométrica e espectrofotométrica

Nas titulações fotométricas ou espectrofotométricas, pode-se localizar o ponto de equivalência de titulações. Dessa maneira, esse tipo de emprego necessita de reagentes ou produtos que absorvam a radiação ou que um indicador absorvente seja adicionado à solução do analito. Durante essas análises, é importante selecionar um comprimento de onda no qual as espécies geradas tenham espectros de absorção muito diferentes. No ponto de intersecção dos espectros para duas espécies absorventes não se pode realizar tais medidas.

Esse comprimento de onda é chamado de "ponto isosbéstico" e representa o ponto em que as duas espécies envolvidas apresentam absortividade molar idêntica. O ponto isosbéstico pode ser útil quando se quer medir a quantidade total das espécies envolvidas ou trabalhar em um comprimento de onda que não provocará alteração da absorbância quando se altera a fração relativa das duas espécies envolvidas. A Figura 3.16 apresenta de forma representativa o ponto isosbéstico do vermelho de metila. O vermelho de metila é usado como indicador visual em titulações ácido-base, em que é vermelho em solução ácida (pH 4,4) e amarela (pH > 6,2) em solução mais básica e apresenta ponto isosbéstico em torno de 464 nm.

Em titulações fotométricas ou espectrofotométricas, os sistemas absorventes devem obedecer a lei de Lambert-Beer e, portanto, para se obter as curvas de titulação com porções lineares, as absorbâncias devem ser corrigidas pelas variações de volume por meio da multiplicação das absorbâncias medidas por $(Vo + V1)/Vo)$, sendo que $Vo$ é o volume inicial da solução e $V1$, o volume adicionado de titulante. Desse modo, a curva de titulação dependerá do tamanho relativo da absortividade molar do analito, do titulante e do produto da titulação. A forma linear das curvas de titulação está correlacionada com a quantidade medida de absorbância que é diretamente proporcional à concentração das espécies absorventes, seguindo a lei de Lambert-Beer. A Figura 3.17 apresenta gráficos de titulação onde as espécies absorventes podem ser analito, titulante e/ou produto.

## Cromatografia líquida de alta eficiência com detector de ultravioleta-visível

A cromatografia líquida de alta eficiência consegue separar misturas que contêm um grande número de compostos similares. Atualmente, o emprego desse equipamento em laboratórios químicos, farmacêuticos, bioquímicos e outros é considerado indispensável em virtude da grande variedade de compostos que podem ser analisados por cromatografia líquida de alta eficiência. Esse tipo de cromatografia emprega colunas recheadas com diferentes tipos de materiais, o que pode depender do tipo de compostos que está sendo determinando, e fase móvel que é eluída sob altas pressões nessas colunas.

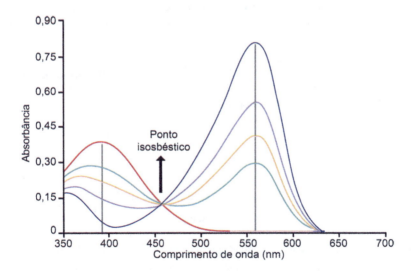

**Figura 3.16.** Ponto isosbéstico representativo do vermelho de metila.

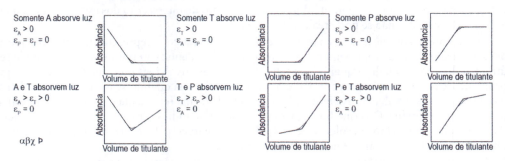

**Figura 3.17.** Gráficos gerais obtidos por titulação espectrofotométrica. As absortividades molares do analito (A), titulante (T) e produto (P) são $\varepsilon_A$, $\varepsilon_T$ e $\varepsilon_P$.

Além de outros tipos de detectores, esse equipamento pode empregar três tipos de detectores de absorbância. Têm-se o detector fotométrico, que pode funcionar com um ou dois comprimentos de onda fixos, o detector com comprimento de onda variável (espectrofotômetro), que pode dar uma aplicação mais variada da técnica, mas é um equipamento mais caro. Finalmente, tem-se o arranjo de diodos que detecta vários comprimentos de onda simultaneamente. A Figura 3.18 apresenta o cromatograma da separação do trimetropim e sulfametoxazol em 254 nm.

## Eletroforese capilar com detector de ultravioleta visível

A eletroforese é definida como o transporte, em solução eletrolítica, de compostos carregados eletricamente sob a influência de um campo elétrico, no qual a separação entre os analitos ocorre de acordo com diferenças entre suas mobilidades eletroforéticas. Além da migração eletroforética dos íons, outro fenômeno de migração ocorre, a eletroosmose, ou seja, fluxo de solução induzido pelo campo elétrico, o qual confere à técnica parte de suas características de alta eficiência.

A eletroforese capilar é uma técnica versátil, usada para a separação de uma grande variedade de analitos, por exemplo, hidrocarbonetos aromáticos, vitaminas hidro e lipossolúveis, peptídeos, aminoácidos, proteínas, íons inorgânicos, catecolaminas, fármacos, substâncias quirais,

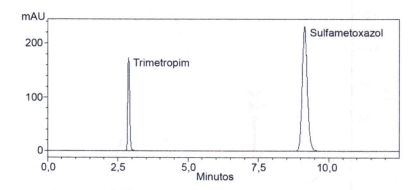

**Figura 3.18.** Cromatograma de separação dos antibióticos trimetropim e sulfametoxazol. Condições: fase estacionária C18 (25 cm × 4,6 mm × 5,0 μm), com fase móvel composta por acetonitrila e tampão trietilamina e ácido acético glacial (1:4), vazão de 2 mL/min$^{-1}$ e tamperatura de 25 °C.

polinucleotídeos como o DNA e muitas outras. Também pode ser empregada em estudo visando a determinação de parâmetros fisico-químicos, por exemplo, valores de pKa, viscosidade, constante de dissociação, entre outros. Os equipamentos mais comuns de eletroforese capilar apresentam detectores de ultravioleta visível ou de arranjo de diodos. Desse modo, tal equipamento alia grande poder de resolução com a detecção no ultravioleta visível, o que faz com que esse equipamento apresente grande potencial para diferentes aplicações. A Figura 3.19 apresenta um eletroferograma da separação do paracetamol e fenacetina com detecção em 210 nm.

### Análise por injeção em fluxo

A análise por injeção em fluxo (FIA) é uma técnica simples, rápida e versátil que está fortemente estabelecida, com ampla aplicação em análise química quantitativa. O instrumento mais simples de FIA é constituído por uma bomba peristáltica, a qual é usada para impulsionar o fluido (líquido ou gás) por meio de um tubo plástico estreito, uma abertura de injeção, por meio da qual um volume definido de amostra é injetado fluxo transportador de forma reprodutível, um microrreator que dispersa a amostra e reage com os componentes do fluxo transportador. Finalmente, ocorre a formação de uma espécie que é detectada por um detector de ultravioleta visível. Os sistemas de FIA também podem ser utilizados para a determinação de parâmetros físico-químicos, tais como coeficientes de difusão, viscosidade, capacidade complexante de ligantes, parâmetros cinéticos e estequiometria de reações. Além disso, apresentam grande potencialidade para serem usados em laboratórios de ensino de química, demonstrando os fundamentos básicos desse instrumento e ensinando/demonstrando conceitos importantes para a formação de profissionais na área de química. A Figura 3.20 representa um exemplo de fiagrama.

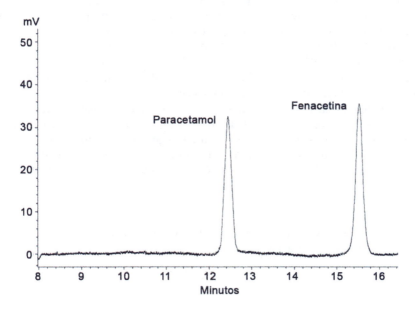

**Figura 3.19.** Eletroferograma com a separação de paracetamol e fenacetina com detecção em 210 nm. Condições: tampão trietilamina/ácido fosfórico 25 mmol/L$^{-1}$ pH 9, voltagem de 17 kV, capilar de sílica fundida com 50 cm de comprimento total e 41,5 cm de comprimento efetivo com 50 μm de diâmetro interno e com temperatura de 25 °C.

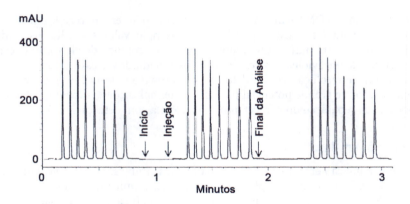

**Figura 3.20.** Fiagrama representativo com detecção no ultravioleta visível.

## PRINCIPAIS ÁREAS QUE EMPREGAM A ESPECTROSCOPIA DE ULTRAVIOLETA VISÍVEL

A espectroscopia de ultravioleta visível é amplamente utilizada em estudos de cinética enzimática. As enzimas não podem ser estudadas diretamente, mas a sua atividade pode ser estudada por meio da análise da velocidade das reações que elas catalisam. A mais larga utilização no campo do diagnóstico clínico é como um indicador do dano tecidual. Quando as células são danificadas por doenças, as enzimas podem ir para dentro da corrente sanguínea e a quantidade presente indica a gravidade dos danos do tecido. As proporções relativas das diferentes enzimas podem ser utilizadas para diagnosticar doenças, como as do pâncreas, fígado, entre outros órgãos que apresentam sintomas semelhantes e, de outra forma, não poderiam ser identificados.

A espectroscopia de ultravioleta visível também é utilizada em ensaios de dissolução de comprimidos e produtos da indústria farmacêutica. Os testes de dissolução *in vitro* constituem um dos instrumentos essenciais para avaliação das propriedades biofarmacotécnicas das formulações. Fornecem, também, informações úteis tanto para a pesquisa e desenvolvimento como para a produção e controle de qualidade. No desenvolvimento farmacotécnico, permitem a avaliação de novas formulações, verificação da estabilidade e possibilitam estudos de correlação *in vitro – in vivo*.

Nas áreas ambientais e agrícolas, a espectroscopia de ultravioleta visível é utilizada na quantificação de materiais orgânicos e de metais pesados em água.

Nas áreas de bioquímica e genética, a espectroscopia de ultravioleta visível é utilizada para a quantificação de DNA, proteína, atividade enzimática, bem como na análise da desnaturação térmica de DNA. Nas indústrias de tinta, corante e pigmentos orgânicos, a espectroscopia de ultravioleta é usada no controle de qualidade da produção e desenvolvimento de reagentes de tingimento, pigmentos e tintas, além de ser aplicada na análise de reagentes intermediários.

## EXERCÍCIOS

1. Das estruturas químicas 1-4, qual apresenta a banda de maior absorbância em um espectro na região do ultravioleta (Figura 3.21)?

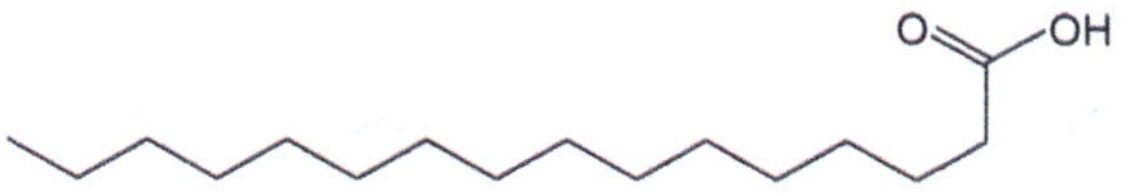

Fundamentos de Espectroscopia na Região do Ultravioleta e Aplicações

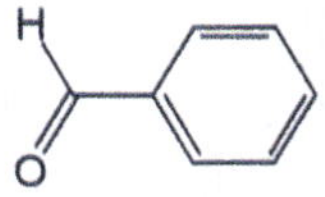

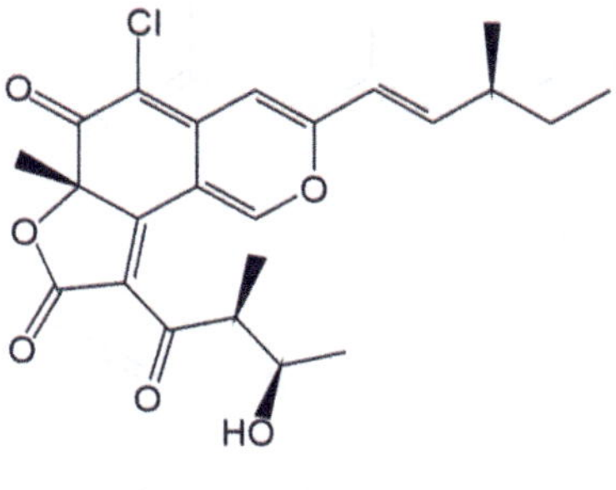

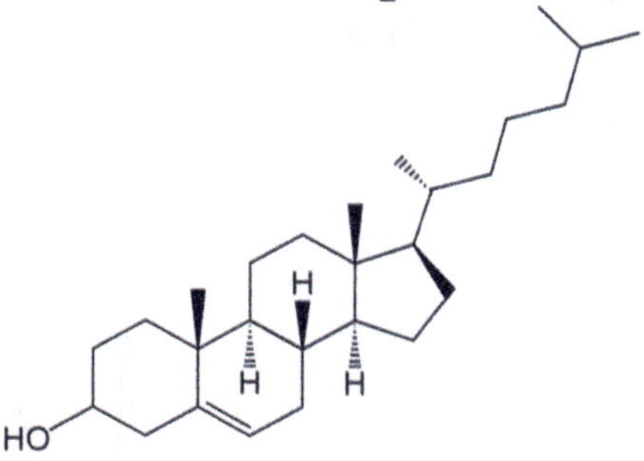

**Figura 3.21.**

2. Por meio da aplicação da regra de Woodward-Fieser para dienos, proponha a absorção máxima para os compostos 5-11 (Figura 3.22).

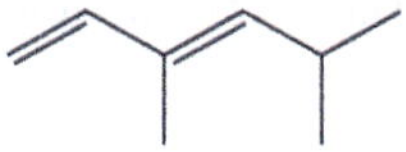

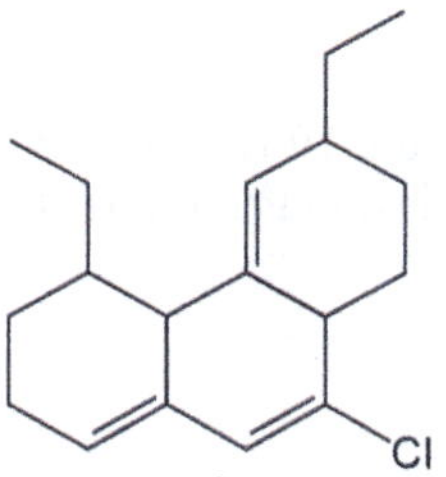

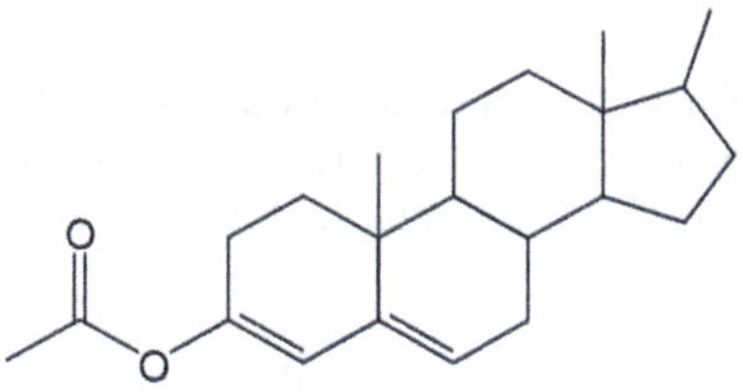

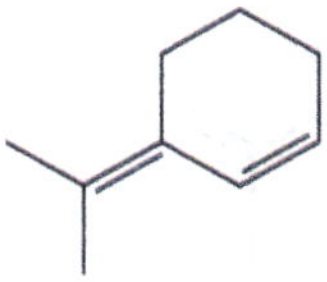

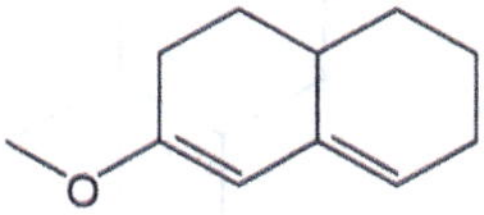

**Figura 3.22.**

3. Por meio da aplicação da regra de Woodward-Fieser para enonas, proponha a absorção máxima para os compostos 12-17 (Figura 3.23).

125

12

13

14

15

16

17

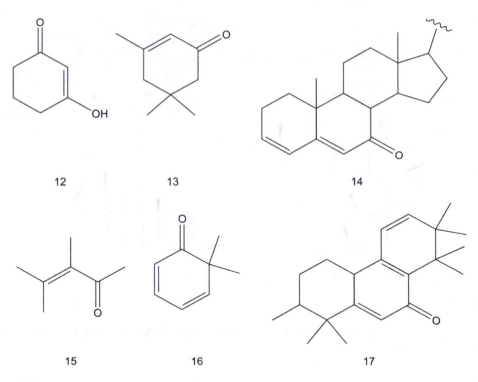

**Figura 3.23.**

4. Observado a estrutura dos compostos 18 e 19 (Figura 3.24), espera-se que eles apresentem absorções em diferentes comprimentos de onda? Por quê? Eles poderiam ser distinguidos por meio de uma análise de HPLC-UV?

18

19

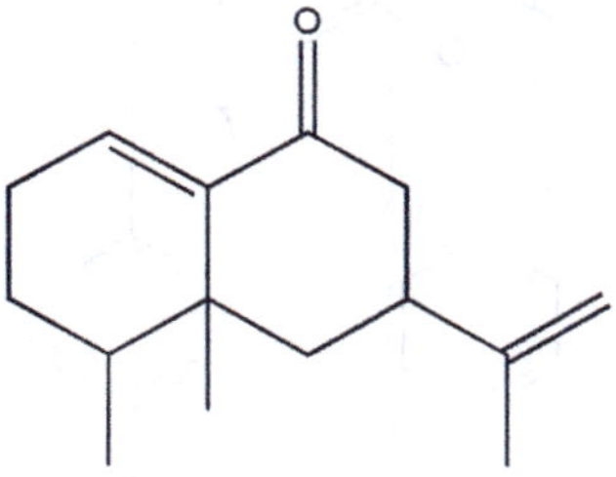

**Figura 3.24.**

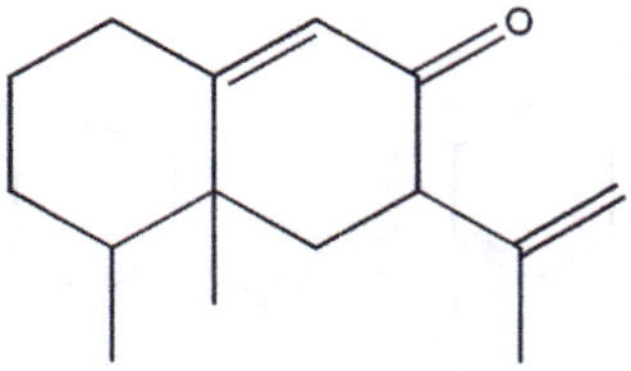

5. Por meio da regra empírica para cálculo do $\lambda_{max}$ observada em derivados benzoílas substituídos (Figura 3.25), é possível calcular o $\lambda_{max}$ para o composto 20?

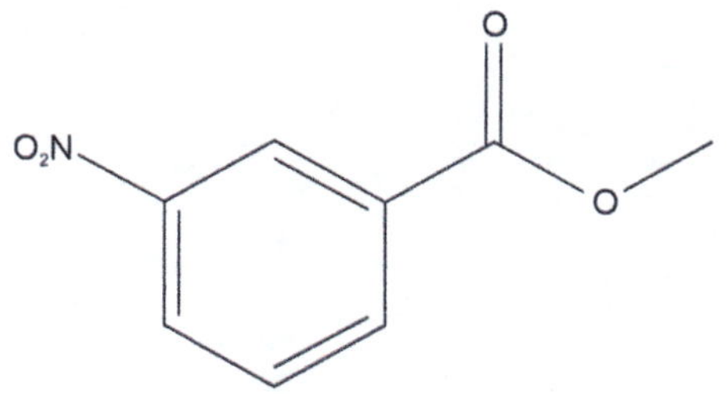

Fundamentos de Espectroscopia na Região do Ultravioleta e Aplicações

**20**

**Figura 3.25.**

6. Imagine que você não tenha acesso às regras estabelecidas para determinação do comprimento de onda de determinados compostos e necessita realizar experimento de espectroscopia na região do ultravioleta nos compostos 21 e 22 (Figura 3.26). Como você utilizaria a espectroscopia na região do ultravioleta para diferençar esses dois compostos?

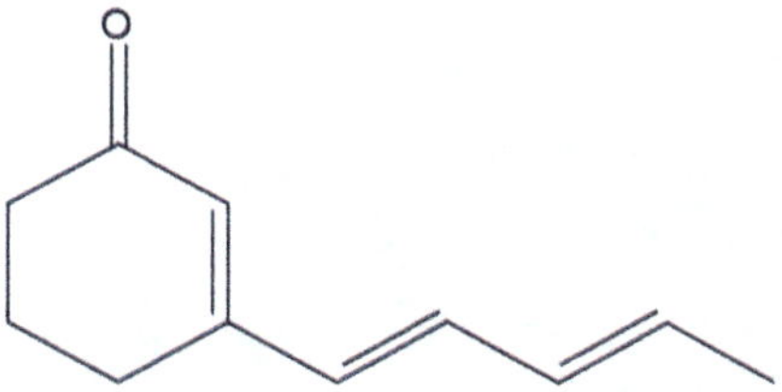

**21** 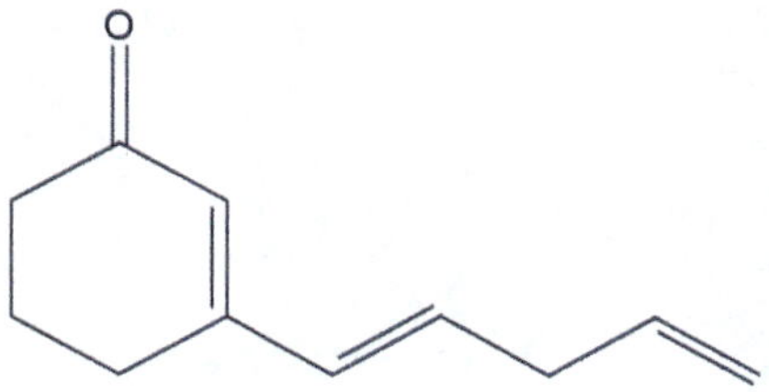 **22**

**Figura 3.26.**

## BIBLIOGRAFIA

1. Anlow GA. Ultraviolet Spectra of Biologically Important Molecules. Journal of Applied Physics 16:41-49, 1945.
2. Berg RG, Murta ALM, Kugler W. O método das adições de padrão aplicado à análise cromatográfica quantitativa de fenóis em águas residuais. Quimica Nova 11:288-291, 1988.
3. Constantino, MG. Química Orgânica. vol 3. Rio de Janeiro: LTC, 64-94, 2008.
4. Hargis LG, Howell JA, Sutton RE. Ultraviolet and Light Absorption Spectrometry. Analytical Chemistry 68:169-184, 1996.
5. Issaq, HJ. A decade of capillary electrophoresis. Electrophoresis, 21:1921-1939, 2000.
6. Lemos, AM, Noble, AP, Segat, HJ, Alexandre, ID, Pappis, L, Nunes, LT, Neves, LV. Espectroscopia Visível e Ultravioleta, 2009. Disponível em: <http://w3.ufsm.br/piquini/biomol09/espectroscopia_UV_Visivel.doc>. Acessado em: 19 out 2013.
7. Marina FMT. Mecanismos de separação em eletroforese capilar. Química nova 20(5):493-511, 1997.
8. Mossman T. Rapid colorimetric assay for cellular growth and survival: application to proliferation and cytotoxicity assays. Journal of Immunology Methods, 65:55-63, 1983.
9. Pavia DL, Lampman GM, Kriz GS, Vyvyan JR. Introdução à espectroscopia. Tradução da 4ª edição norte-americana. São Paulo: Cengage Learning, 2010.
10. Perkampus HH. UV/Vis Atlas of Organic Compounds. 2 ed. Weinhem, Wiley-VCH, 1992.
11. Silverstein RM, Bassler GC, Morrill TC. Identificação espectrométrica de compostos orgânicos. 5 ed. São Paulo: LTC, 1994.
12. Skoog DA, Holler FJ, Nieman TA. Princípios de Análise Instrumental. 5 ed. São Paulo: Bookman, 2002.
13. Solomons TWG, Fryhle CB. Química Orgânica. 9 ed. São Paulo: LTC, 2012.

# Fundamentos de RMN e Aplicações

## Parte 1: Ressonância Magnética Nuclear de Hidrogênio (¹H)

Álvaro Cunha Neto
Valdemar Lacerda Jr.

## SUMÁRIO

Introdução
Conceitos Básicos
 Momento magnético e estado de spin
 Diferença energética e população
 Obtenção do espectro
Deslocamento Químico
 Deslocamento químico – referência
 Integração
 Equivalência
 Fatores que afetam o deslocamento
  químico
  Eletronegatividade

Hibridização e anisotropia
 Acidez, ligação e troca de hidrogênio
Constante de Acoplamento
 Desdobramento: origem e mecanismo do
  acoplamento
 Equivalência magnética (regra do n+1)
 Não equivalência magnética
 Acoplamentos a longa distância
 Espectros de 2ª ordem – notação de Pople
Exercícios
Bibliografia

## INTRODUÇÃO

O surgimento da ressonância magnética nuclear (RMN) se deu pelo desenvolvimento do trabalho realizado por Rabi em 1939, em que ele submeteu um feixe de gás hidrogênio, sob vácuo, a um campo magnético ao mesmo tempo em que aplicava radiação eletromagnética que correspondia à região do espectro relativo às ondas de rádio. Em uma determinada faixa de frequência de rádio, o feixe de gás absorvia energia, apresentando um pequeno desvio.

Posteriormente, no final de 1945 e início de 1946, Bloch e Purcell submeteram à RMN amostras de água e parafina, respectivamente. Aplicando a RMN para sistemas líquidos e sólidos. Porém, a RMN só viria a demonstrar seu potencial em meados de 1950, quando Packard, que era assistente de Bloch, substituiu a amostra de água estudada por etanol. Como o interesse seria a medição de momentos magnéticos nucleares para os núcleos que compunham a amostra, a princípio tal técnica não seria adequada para essas medidas, uma vez que para o etanol, foram registrados três sinais de hidrogênio em vez de um único sinal esperado. No entanto, a intensidade dos sinais estava na razão de 3:2:1, o que correspondia a cada grupo de hidrogênios que formam a molécula do etanol ($CH_3$-$CH_2$-OH). Essas diferenças de sinais para cada conjunto de hidrogênio foram denominadas "deslocamento químico".

Após a descoberta do potencial da RMN, muito foi realizado para sua evolução. Um dos pontos importantes foi o desenvolvimento da técnica de RMN pulsada, em que agora, em vez de uma única "varredura de radiofrequência", os espectros podem ser acumulados e posteriormente tratados matematicamente. Com isso, pode-se diminuir a quantidade de amostra utilizada em um experimento e também um aumento relativo do sinal obtido em relação à linha base do espectro (denominado relação sinal-ruído).

Atualmente, a RMN se desenvolveu muito além do que se imaginava, expandindo-se não apenas no estudo de estrutura química, em que destacamos a aplicação na elucidação estrutural de compostos orgânicos isolados da natureza, ou produzidos nos laboratórios. Podemos também empregar a RMN no estudo de dinâmica molecular, cinética, no emprego de mecanismos de reações e ainda sua aplicação no estudo de biomoléculas. A RMN tem se tornado cada vez mais uma técnica acessível e sendo inserida nas indústrias na linha de controle de qualidade e outras rotinas, entre as quais podemos citar principalmente a indústria de polímeros e de petróleo. Por fim, a área médica, onde se desenvolveu uma nova abordagem a respeito da RMN, denominada agora de ressonância magnética de imagem (MRI, do inglês *magnetic resonance imaging*).

## CONCEITOS BÁSICOS

Como espectroscopia que é, a RMN utiliza ondas de rádio para dar energia (excitar) aos núcleos que têm momento magnético, de um nível de menor energia para um nível de maior energia. Contudo, a diferenciação dos estados energéticos dos núcleos com momentos magnéticos só é possível quando esses núcleos estão sob o efeito de um campo magnético externo.

## Momentos magnéticos e estados de *spin*

Os momentos magnéticos ($\mu$) requeridos para que ocorra a RMN aparecem de uma propriedade fundamental de qualquer objeto em movimento, o momento angular, e são relacionados segundo a Equação 4.1 seguinte:

$$\mu = \gamma\, P$$

(4.1)

Onde $\gamma$ é denominada constante giromagnética. Uma constante específica para cada tipo de núcleo.

Segundo a Mecânica Quântica, o momento magnético é quantizado, podendo assumir certos valores. Esses valores dependem somente do número quântico magnético ($m$), por meio da Equação 4.2:

$$\mu = \gamma \cdot \frac{h}{2\pi} \cdot m$$

(4.2)

Por sua vez, o número quântico magnético ($m$) está relacionado ao número quântico de *spin* nuclear ($I$) do respectivo núcleo por: (Equação 4.3)

$$m = (2I + 1)$$

(4.3)

Assim, se conhecermos o número quântico de *spin* nuclear de um dado núcleo, o hidrogênio por exemplo, onde $I = \frac{1}{2}$, temos que $m = (2 \cdot 1/2 + 1) = 2$ onde, nesse caso, o número quântico magnético não apresenta valor 2, mas pode assumir dois diferentes números quânticos magnéticos, sendo eles $m = +I$ e $m = -I$. Para hidrogênio e carbono-13, por exemplo, esses valores são +1/2 e -1/2.

Fundamentos de RMN e Aplicações – Parte 1: Ressonância Magnética Nuclear de Hidrogênio (¹H)

Na ausência de um campo magnético, os momentos magnéticos são degenerados, ou seja, apresentam a mesma energia (Figura 4.1a). Porém, na presença de um campo magnético, esses momentos se dividem em um número de estados proporcional ao seu número quântico magnético $m$, como visto na Figura 4.1a.

Para o hidrogênio, que apresenta $I = ½$, os momentos magnéticos podem assumir dois diferentes estados de energia, dependentes da intensidade do campo magnético em que o núcleo se encontra. As duas formas possíveis de estado de energia para os momentos magnéticos do hidrogênio serão alinhados com o campo magnético externo, porém a favor (paralelo) ou contra (antiparalelo) o campo magnético aplicado (Figura 4.1b).

A energia potencial $E$ do momento magnético é dada por (Equação 4.4):

$$E = \mu B_0 \tag{4.4}$$

Substituindo $\mu$ da Equação 4.4 pela Equação 4.2, temos que: (Equação 4.5)

$$E = (\gamma\, h / 2\pi\, m)\, B_0 \tag{4.5}$$

Cabe notar aqui que a energia é diretamente proporcional ao campo magnético externo ($B_0$) e que, para o hidrogênio, tal diferença será dada por: (Equação 4.6)

$$\Delta E = E_{favor} - E_{contra} = \gamma\, hB_0 / 2\pi\, (+1/2) - \gamma\, hB_0 / 2\pi\, (-1/2) = \gamma\, hB_0 / 2\pi \tag{4.6}$$

Assim, quanto maior o campo externo aplicado, maior será a diferença de energia que separa os estados de momento magnético ($m$).

## Diferença energética e população

Quanto maior a diferença de energia que separa os estados de energia dos momentos magnéticos, maior será também a diferença de população entre os estados de maior ($\beta$) e menor ($\alpha$) energia. Se utilizarmos um espectrômetro de 9,4 T (400 MHz para o hidrogênio), a diferença de populacional para núcleos de hidrogênio será de 100.004 núcleos no estado $\alpha$ e 100.000 no estado $\beta$. A Figura 4.2 mostra a diferença de energia entre os estados de *spin* à medida em que se aumenta o campo magnético aplicado.

Como podemos notar, a diferença populacional é pequena em comparação com outras técnicas espectroscópicas, mesmo quando se aplica um campo relativamente alto. Hoje são comercializados equipamentos operando com um campo de 23,5 T, referente a 1.000 MHz para a frequência de precessão do hidrogênio nesse campo.

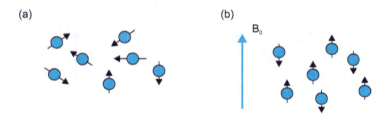

**Figura 4.1.** Orientação dos momentos magnéticos nucleares (a) na ausência e (b) na presença de um campo magnético.

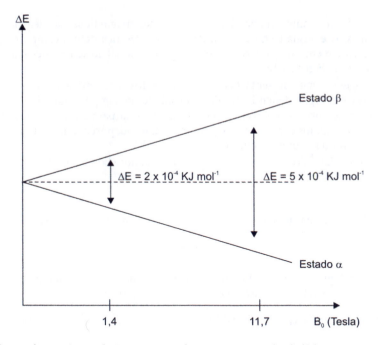

**Figura 4.2.** Diferença de energia em relação ao aumento do campo externo aplicado ($B_0$).

## Obtenção do espectro

A técnica de RMN moderna trabalha com pulsos de radiofrequência que excitam todos os núcleos ao mesmo tempo. A Figura 4.3a mostra um esquema da população de núcleos nos estados α e β para o átomo de hidrogênio, por exemplo. Nesse ponto, temos uma quantidade ligeiramente maior de núcleos no estado α, o que podemos simplificar utilizando uma resultante de momento magnético que se apresenta na mesma direção e sentido do estado α, denominada $M_0$ (Figura 4.3b).

Quando a radiofrequência é irradiada aos núcleos que precessam em torno do eixo z com a mesma frequência irradiada (radiofrequência), a energia pode ser transferida para os núcleos e estes, por sua vez, passam do estado α para o estado β e vice-versa. A essa frequência dos núcleos em ressonância com a frequência de rádio, denominamos de "frequência de Larmor". Nesse ponto, toda a faixa de radiofrequência é irradiada de uma única fez, e a esse processo denominamos pulso de radiofrequência. A medida em que se aplica o pulso de radiofrequência, o vetor de momento magnético resultante $M_0$ assume um movimento circular em torno do eixo onde esse pulso foi dado. Assim, como visto na Figura 4.4a, um pulso aplicado ao longo do eixo $x$ faz com

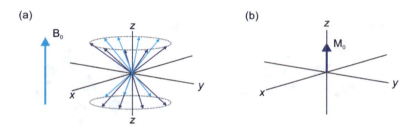

**Figura 4.3.** (a) Orientação dos momentos magnéticos de um núcleo com $I=1/2$ na presença de um campo magnético externo. (b) Vetor momento magnético resultante.

que o vetor magnetização resultante inicie um movimento circular em torno do próprio eixo x, passando por y e -y. Esse movimento rotatório só termina quando o pulso é desligado.

Desse modo, podemos inverter a população dos estados de *spin* de α para β e vice-versa ou simplesmente colocarmos esses dois estados no plano xy. Para o caso em que as populações são colocadas no plano xy, por meio de um pulso de 90°, dizemos que os núcleos sofreram uma saturação, em que não há diferença de energia entre eles. Na Figura 4.4b, é ilustrado esse processo em que o momento magnético resultante $M_0$ é transferido do eixo z para o plano xy, por meio de um pulso de 90°.

Após o término do pulso de radiofrequência e ainda sob a ação do campo magnético externo, os núcleos tendem a voltar aos seus estados originais, ou seja, sair do plano xy e voltar ao eixo z. A esse processo denominamos de relaxação. Existem dois processos de relaxação, sendo um deles aquele em que o núcleo perde energia por meio de transferência de magnetização do núcleo para o meio (solvente). Esse processo é exotérmico (espontâneo) e gera um pequeno aumento de temperatura local, não sendo detectado. A Figura 4.5 ilustra esse processo de relaxação, denominado "relaxação longitudinal" ou simplesmente "$T_1$".

O segundo processo de relaxação é denominado "relaxação transversal" ou simplesmente "$T_2$". Nesse modo, a magnetização é perdida de um núcleo para outro da mesma molécula, o que faz com que haja um espalhamento dos vetores do momento magnético desses núcleos ao longo do plano xy (Figura 4.6). Esse espalhamento faz com que a magnetização na bobina de leitura resulte também em um decaimento. O produto desses dois processos de relaxação resulta em um gráfico de decaimento ao longo do tempo, denominado FID que, do inglês *free induced decay*, significa decaimento livre de indução.

O FID é, então, tratado matematicamente pela transformada de Fourier, que transforma o gráfico da leitura da magnetização de domínio do tempo em um gráfico no domínio da frequência. Gerando, assim, o espectro de RMN (Figura 4.7).

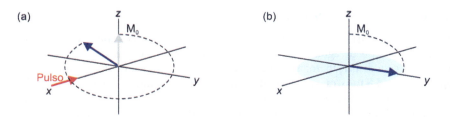

**Figura 4.4.** Pulso de radiofrequência aplicado ao longo do eixo x, (a) movendo o momento magnético resultante ao longo do plano yz. (b) quando o pulso é de 90°, colocando o momento magnético resultante no plano xy.

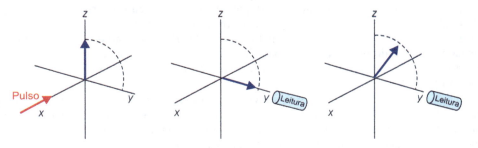

**Figura 4.5.** Relaxação longitudinal ($T_1$), em que os momentos magnéticos voltam aos seus estados iniciais após um pulso de 90° no eixo x.

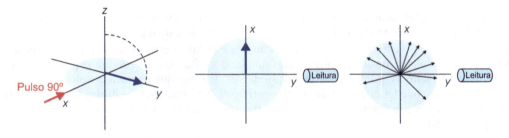

**Figura 4.6.** Relaxação transversal, em que os momentos magnéticos se espalham ao longo do plano *xy*, após o pulso de 90°.

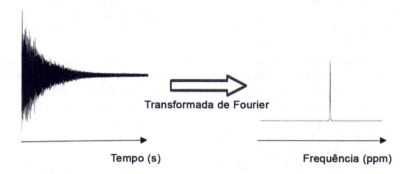

**Figura 4.7.** Obtenção do espectro de RMN a partir do FID, utilizando a transformada de Fourier.

## DESLOCAMENTO QUÍMICO

### Deslocamento químico (δ) e referência

Como dito anteriormente, a RMN veio a interessar aos químicos somente depois que Packard substituiu as amostras de água e parafina por etanol e observou três sinais distintos no espectro de RMN. Para essa distinção, foi adotada a terminologia "deslocamento químico", que é mantida até hoje. A Figura 4.8 mostra o espectro do etanol, obtido em uma solução de 10 mg do álcool em 1 mL de clorofórmio deuterado ($CDCl_3$).

A diferença de energia entre os estados de *spin* é dependente com campo magnético aplicado. Porém, o aparecimento de sinais em diferentes frequências no espectro de RMN é consequência de pequenas diferenças de campo magnético que se devem aos elétrons que circundam esses núcleos. Como visto anteriormente, quando o núcleo sofre a ação de um campo magnético, divide-se em conjuntos energéticos que dependem do seu número quântico *I*. Porém, todo núcleo está envolvido por uma camada eletrônica que, em virtude de sua carga contrária à carga do núcleo, gera um campo magnético induzido ($B_i$) oposto ao do núcleo (Figura 4.9). Esse campo induzido pelo momento magnético dos elétrons se opõe ao campo externo ($B_0$), fazendo com que o núcleo seja influenciado apenas pela diferença entre esses campos, denominado campo efetivo ($B_{ef}$).

O campo induzido ($B_i$) gerado pelo movimento dos elétrons é diretamente proporcional ao campo externo ($B_0$) por uma constante denominada constante de blindagem (σ). Quanto maior a densidade eletrônica em torno do núcleo, maior será a magnitude de $B_i$ e, consequentemente, maior sua blindagem. Assim, quanto maior a densidade eletrônica em torno do núcleo, menor será o campo efetivo ($B_{ef}$) sentido por esse núcleo e menor a frequência desse núcleo no espectro de RMN (Equação 4.7).

$$B_{ef} = B_0 - B_i$$
$$B_i = \sigma B_0$$
$$B_{ef} = B_0 - \sigma B_0$$
$$B_{ef} = (1 - \sigma) B_0 \tag{4.7}$$

Como o deslocamento químico, na verdade, é uma medida de frequência e dependente do campo aplicado, é, geralmente, empregado um composto de referência para que uma unidade de deslocamento químico possa ser utilizada e os espectros possam ser comparados independentemente do espectrômetro em que foi adquirido.

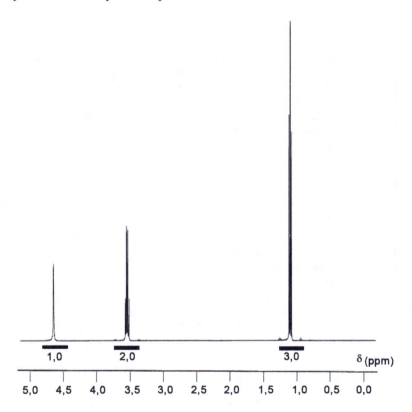

**Figura 4.8.** Espectro de RMN de ¹H do etanol em CDCl$_3$.

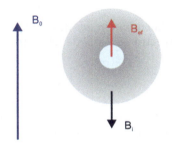

**Figura 4.9.** Surgimento de um campo magnético efetivo ($B_{ef}$) sentido pelo núcleo formado pela blindagem da camada eletrônica.

Fundamentos de Espectrometria e Aplicações

O composto de referência geralmente empregado é o tetrametilsilano ou TMS. Os hidrogênios e carbonos ligados ao silício, quase sempre, apresentam uma grande blindagem, ou seja, aparecem em regiões de baixa frequência em relação à maioria dos outros compostos orgânicos e por isso são utilizados como compostos de referência. O TMS é ainda barato, quimicamente inerte e facilmente removido do composto de interesse, pois apresenta temperatura de ebulição de 27°C. Assim, o sinal do TMS é referenciado como sendo zero e os outros sinais da amostra (geralmente à esquerda do espectro) dados em uma escala de parte por milhão (ppm) da diferença entre a sua frequência e do TMS. Assim, o deslocamento químico é dado por: (Equação 4.8)

$$\delta = (\nu_{amostra} - \nu_{referência} / \nu_{espectrômetro}) \times 10^6$$

(4.8)

## Integração

Outro dado importante que podemos retirar do espectro de RMN de $^1H$ é a área do sinal gerado. Uma vez que esses sinais correspondem aos hidrogênios que sofreram relaxação, suas áreas são aproximadamente iguais aos números de hidrogênios com a mesma frequência (Figura 4.8). Ou seja, a integração dos sinais no espectro de RMN é proporcional ao número de hidrogênios que compõe um sinal em um dado deslocamento químico. Esses valores de integração não são absolutos, uma vez que os núcleos apresentam tempos de relaxação diferentes, podendo ocorrer algumas pequenas variações nos valores da integração dos sinais.

## Equivalência

Ao longo deste capítulo, vimos alguns exemplos em que ocorrem diferenças de deslocamento químico em virtude da blindagem da nuvem eletrônica nos respectivos núcleos. Porém, o que ainda não foi dito é que, assim como no etanol (Figura 4.8) e no acetato de etila (Figura 4.10), existem hidrogênios que pertencem a um conjunto de núcleos com os mesmos deslocamentos químicos, ligados a um carbono como $CH_3$ ou $-CH_2-OH$ no etanol ou mesmo $-OCH_2-$, $-CH_3$ e $H_3C-CO$ no acetato de etila. Esses hidrogênios apresentam os mesmos deslocamentos químicos porque estão sujeitos ao mesmo ambiente químico, à mesma blindagem da nuvem eletrônica. A esses núcleos dizemos serem equivalentes. Quando núcleos apresentam o mesmo deslocamento químico, porém, com constantes de acoplamento diferentes, dizemos que esses núcleos são quimicamente equivalentes.

## Fatores que afetam o deslocamento químico

A diferença nas densidades eletrônicas que envolvem os núcleos é responsável para que estes sofram ligeiras diferenças de frequência e, assim, diferentes deslocamentos químicos. A Figura 4.11 mostra, resumidamente, a faixa de deslocamento químico para o núcleo de hidrogênio ligados a diferentes grupamentos.

Existem alguns fatores que influenciam nesses deslocamentos químicos e entendê-los ajudará a atribuir os sinais em um espectro de RMN de $^1H$. Entre esses fatores, podemos destacar a eletronegatividade.

### Eletronegatividade

A eletronegatividade é um fator importante no entendimento e predição do deslocamento químico dos núcleos em estudo. Como o deslocamento químico é dependente da densidade eletrônica ao redor do núcleo, o efeito de átomos eletronegativos ligados a esse núcleo torna sua densidade eletrônica menor, resultando em maior deslocamento químico. Tomemos como exemplo a molécula de etanol (Figura 4.8). Os hidrogênios equivalentes do grupo $CH_3$ estão em

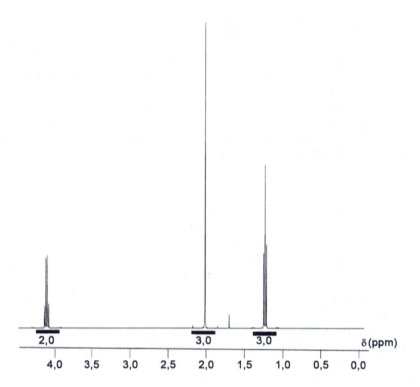

**Figura 4.10.** Espectro de RMN de ¹H do acetato de etila, em CDCl₃.

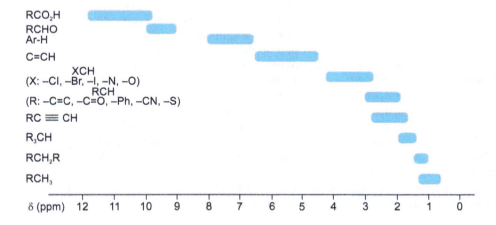

**Figura 4.11.** Gráfico de uma faixa de 0 a 12 ppm no deslocamento químico de hidrogênio.

uma região de deslocamento químico menor em relação aos hidrogênios do grupo $CH_2$. Isso se dá pelo fato de o oxigênio ser mais eletronegativo que os átomos de carbono, que são mais eletronegativos que os hidrogênios. Assim, o oxigênio retira densidade eletrônica do carbono do grupo $CH_2$ que, por consequência, retira densidade eletrônica dos hidrogênios ligados a ele. A diminuição de densidade eletrônica desloca esses hidrogênios para maiores frequências (maiores deslocamentos químicos).

No caso do etanol, o grupo CH$_3$ também é afetado pelo efeito indutivo de retirada de densidade eletrônica pelo oxigênio. Como vimos no parágrafo anterior, o oxigênio retira densidade eletrônica do carbono do grupo CH$_2$, que retira densidade eletrônica dos hidrogênios. Porém, por efeito indutivo, os hidrogênios do grupo CH$_3$, ligados ao grupo CH$_2$, também sofrem uma pequena perda de densidade eletrônica devido ao efeito eletronegativo do oxigênio.

Outro exemplo é o deslocamento químico de hidrogênios ligados a carbonos de um hidrocarboneto. Como o carbono é mais eletronegativo que o hidrogênio, carbonos mais substituídos tendem a retirar mais densidade eletrônica desse hidrogênio. Assim, os hidrogênios de grupos RCH$_3$ tendem a apresentar deslocamento químico menor que em R$_2$CH$_2$, que tendem a apresentar deslocamento químico menor que em grupos R$_3$CH (Figura 4.11).

## Hibridização

Outro fator que influencia no deslocamento químico é a hibridização. Se voltarmos novamente para a Figura 4.11, podemos observar que hidrogênios ligados a carbonos $sp^3$ apresentam deslocamento químico na região de 0,5-2 ppm, sem levar em consideração efeitos de átomos eletronegativos. Para hidrogênios ligados a carbonos $sp^2$, o deslocamento químico aparece em uma faixa de 4,5 a 6,5 ppm. Esse fato se deve ao carbono com hibridização $sp^2$ apresentar 33% de caráter s, enquanto o carbono $sp^3$ apenas 25%. Essa diferença no caráter s implica uma concentração maior de densidade eletrônica mais próxima do núcleo do carbono $sp^2$, aumentando a retirada de densidade eletrônica no hidrogênio.

Em contrapartida, os hidrogênios no acetileno, por exemplo, que têm caráter $sp$, apresentam deslocamento químico em torno de 2-3 ppm. Desse modo, não podemos levar em conta somente a hibridização para explicar o deslocamento químico desses hidrogênios. Um fator importante que devemos incluir em nosso raciocínio é o efeito de *anisotropia*.

Os hidrogênios ligados a alcinos, aldeídos e pertencentes a um sistema aromático como o benzeno, por exemplo, apresentam deslocamentos químicos que não seguem os padrões descritos para os demais grupos. Esse fato se deve ao surgimento de um efeito de anisotropia provocado pela corrente de elétrons nas ligações $\pi$. O movimento dos elétrons $\pi$, quando estão sob a influência de um campo magnético externo, induzem o surgimento de um campo magnético que se opõe ao campo aplicado, conforme já discutido no desenvolvimento de deslocamento químico. Esse efeito é denominado anisotropia diamagnética, em que a orientação das moléculas em relação ao campo gera áreas de blindagem (aumento da densidade eletrônica no núcleo) e desblindagem (diminuição da densidade eletrônica no núcleo).

Um exemplo clássico é o efeito de anisotropia no acetileno, como ilustrado na Figura 4.12a. Nesse caso, o campo magnético induzido pela corrente de elétrons da ligação dupla se opõe ao campo aplicado, diminuindo a intensidade do campo efetivo, sentido pelo núcleo dos átomos de hidrogênio que estão ao longo do eixo da ligação tripla. Essa região é denominada "cone de blindagem" (Figura 4.12b).

Em contrapartida, a região perpendicular à tripla ligação apresenta um somatório do campo induzido pela corrente de elétrons com o campo aplicado, deixando os núcleos que se encontram

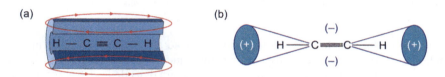

**Figura 4.12.** (a) Anisotropia diamagnética gerada pela corrente de elétrons $\pi$ no acetileno. (b) cones de blindagem (+) e desblindagem (-).

nessa região com deslocamentos químicos maiores. Essa região é denominada "cone de desblindagem" (Figura 4.12b).

Outros sistemas contendo insaturações como o próprio anel benzênico ou alcenos e carbonilas também apresentam anisotropia, definindo regiões de blindagem e desblindagem para os hidrogênios que os circundam. A Figura 4.13 ilustra as regiões de blindagem e desblindagem para o benzeno (Figura 4.13a) e para a propanona (Figura 4.13b).

### Acidez e ligação de hidrogênio

Alguns hidrogênios apresentam deslocamentos químicos bem característicos como os hidrogênios de aldeídos, que se encontram em torno de 9 e 10 ppm. Outro tipo de hidrogênio característico são os hidrogênios de ácidos carboxílicos que, devido ao efeito de ressonância para estabilização da base conjugada e a eletronegatividade do oxigênio, tornam esse hidrogênio ácido. Essa acidez é observada no deslocamento químico na região de 10 e 12 ppm. A acidez relativa de um átomo de hidrogênio pode ser obtida a partir de um espectro de RMN de $^1H$, uma vez que a densidade eletrônica ao redor do núcleo é uma medida direta da técnica.

Outro fator que também varia consideravelmente o deslocamento químico de um hidrogênio é quando ele realiza uma ligação de hidrogênio. De modo geral, quanto mais ligações de hidrogênio são realizadas na solução, mais desblindado aparece o sinal do hidrogênio. Os álcoois e as aminas, por exemplo, podem ter uma variação de 0,5 a 5 ppm em dependência das ligações de hidrogênio que formam em solução.

## CONSTANTE DE ACOPLAMENTO

Vimos até agora que o deslocamento químico nos dá informações a respeito do ambiente químico em que o núcleo se encontra e, assim, o tipo de hidrogênio contido na molécula e a integração desse sinal resultam no número de átomos de hidrogênios equivalentes que representam esse sinal. Uma terceira informação que pode ser obtida do espectro de RMN é a constante de acoplamento indireta *spin-spin*, ou simplesmente constante de acoplamento.

A constante de acoplamento é responsável pelo desdobramento do sinal de RMN gerando sua multiplicidade. Essa constante de acoplamento é dada pela interação entre os *spins* nucleares de dois núcleos entre si, por meio das ligações que os separam. A constante de acoplamento é representada por $^nJ_{AB}$, onde o n é o número de ligações que separam os núcleos A e B que se acoplam. Neste capítulo, discutiremos apenas os acoplamentos entre átomos de hidrogênio.

## Origem dos desdobramentos

Tomemos como exemplo novamente o caso do espectro de RMN de $^1H$ do acetato de etila (Figura 4.10). No espectro do acetato de etila, os sinais referentes aos conjuntos de hidrogênios do

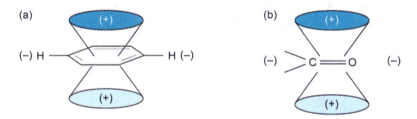

**Figura 4.13.** Cones de blindagem e desblindagem gerados pelo movimento dos elétrons π (a) no benzeno e (b) na propanona.

-CH$_3$ e -OCH$_2$- da etila não aparecem como um sinal de uma só linha fina como o CH$_3$ ligado à carbonila. Isso porque os hidrogênios equivalentes do CH$_3$ da etila estão acoplando com os hidrogênios também equivalentes do -OCH$_2$-. O valor dessa constante de acoplamento se dá pela diferença entre as linhas dos sinais e é "constante" para os dois conjuntos de hidrogênios que se acoplam.

Quando iniciamos este capítulo, vimos que o momento magnético gerado pelo núcleo se alinha com o campo magnético externo, gerando para o caso do hidrogênio, dois estados de energia. Como resultado, o espectro de RMN é dado pelos momentos magnéticos do estado de menor energia, uma vez que seu excesso compõe o momento magnético resultante. Assim, os sinais que vemos no espectro são referentes aos núcleos no estado α. Os desdobramentos destes sinais se devem ao fato de os núcleos, por meio das ligações, estarem sob a influência dos momentos magnéticos de núcleos vizinhos. A Figura 4.14 ilustra esse fenômeno em que é exemplificado um acoplamento entre dois hidrogênios H$_a$ e H$_b$, por meio de três ligações ($^3J_{HaHb}$).

A constante de acoplamento indireta *spin-spin* é uma constante para os núcleos que se acoplam, ocorrendo via ligação. Assim, os hidrogênios do grupo etila no acetato de etila apresentam os mesmos valores de constante de acoplamento entre si, como vemos na Figura 4.15. Podemos observar que os hidrogênios do grupo CH$_3$ apresentam o mesmo deslocamento químico e também o mesmo valor de constante de acoplamento e, por isso, são classificados como magneticamente equivalentes. Núcleos que apresentam o mesmo deslocamento químico, porém com constantes de acoplamentos diferentes são denominados de "quimicamente equivalentes".

### Equivalência magnética – Regra do n+1

Se voltarmos nossa discussão para a Figura 4.15, observaremos que os núcleos do grupo -OCH$_2$-, por exemplo, aparecem como um sinal com quatro linhas, apresentando como multiplicidade um quadrupleto (o termo "quarteto" também é utilizado). Essa multiplicidade se deve ao fato de o núcleo em estado α estar sob a influência dos seus vizinhos -CH$_3$ que estão tanto no estado α como no estado β. Quando os valores de acoplamento são iguais, a multiplicidade segue a regra *n+1*, em que o número de linhas é dado pelo número de hidrogênios vizinhos acrescido de mais uma linha, sendo *n* o número de hidrogênios vizinhos. Desse modo, se novamente observarmos a multiplicidade do grupo etila no acetato de etila, vemos que o grupo CH$_2$ resulta em um quadrupleto, como resultado da interação do momento magnético resultante dos hidrogênios em CH$_2$ com os momentos magnéticos no estado α e β dos três outros hidrogênios que estão no grupo CH$_3$.

Da mesma forma, podemos observar um tripleto para o grupo -CH$_3$ da etila, uma vez que os hidrogênios magneticamente equivalentes desse grupo (-CH$_3$) estão sob a influência dos estados de *spin* α e β dos seus dois hidrogênios vizinhos (-OCH$_2$-), seguindo a regra *n+1*.

A multiplicidade dos sinais que respeitam a regra *n+1* são, de forma geral, proporcionais em relação à área dos desdobramentos. Um dupleto está sempre na relação 1:1, enquanto um tripleto se apresenta como três linhas em uma relação 1:2:1 (Figura 4.15b). Já um quadrupleto aparece

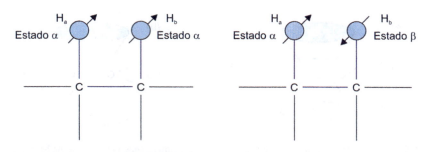

**Figura 4.14.** Acoplamento de dois átomos de hidrogênio separados a três ligações.

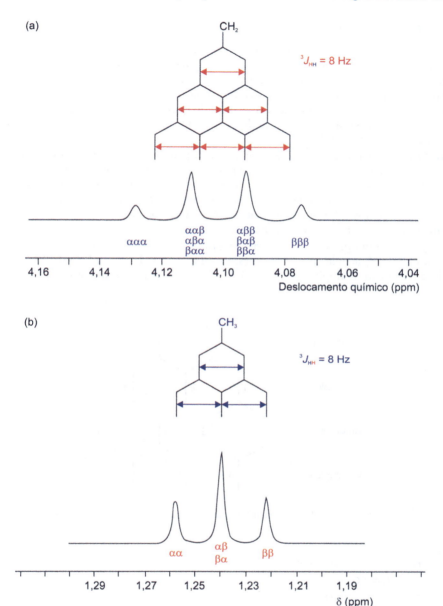

**Figura 4.15.** Expansão do espectro do acetato de etila para os sinais referentes aos grupos (a) -OCH$_2$- e (b) -CH$_3$ da etila.

com uma relação 1:3:3:1 (Figura 4.15a). Esse fato se deve pela população de estados de energia para cada momento magnético de *spin*. No tripleto do grupo -CH$_3$ da etila do acetato de etila (Figura 4.15b), os hidrogênios em -CH$_3$ podem ter como vizinhos os dois hidrogênios do grupo -OCH$_2$- no estado β ou os dois no estado α, ou ainda um no estado α e outro no estado β e vice-versa, tendo uma probabilidade de encontrarmos duas vezes mais núcleos com os estados de *spin* diferentes do que com o mesmo estado. Essa população dos estados de *spin* dos núcleos, que está representada na Figura 4.15, é que gera a intensidade das linhas nos sinais dos espectros. Um esquema desse raciocínio é exemplificado na Figura 4.16. Ao sistema de chaves e suas respectivas proporções populacionais dos estados de *spin*, denominamos "triângulo de Pascal".

### Não equivalência magnética

Uma observação importante deve ser feita no caso de o valor de uma constante de acoplamento não ser a mesma para dois hidrogênios geminais (ligados ao mesmo carbono). Nesse caso, a regra $n+1$ não é válida, mas a interação entre o momento magnético resultante do núcleo com os dois estados de *spins* do seu respectivo vizinho ainda se mantém. Assim, no caso do acrilato de metila, por exemplo, os dois hidrogênios vicinais do grupo $CH_2$ da dupla ligação não são equivalentes, resultando agora em diferentes deslocamentos químicos e os sinais como dupletos de dupletos, conforme visto na Figura 4.17.

Para o caso em que a regra $n+1$ não se aplica, o acoplamento entre um hidrogênio não equivalente com cada um de seus vizinhos resulta em um desdobramento para os estados de *spin* em α e β. Assim, para o hidrogênio denominado $H_a$, ocorrem dois desdobramentos, um pelo acoplamento dele com $H_b$ com uma constante de 1,6 Hz e outro com $H_c$ com uma constante agora de 17,4 Hz. Essa diferença nos valores de constante de acoplamento resulta em um dupleto de dupleto, conforme visto na expansão dos sinais na Figura 4.18a.

Na Figura 4.18 são mostradas ainda as expansões dos sinais referentes aos hidrogênios $H_b$ e $H_c$. O hidrogênio $H_b$ acopla com $H_a$ no mesmo valor de 1,6 Hz e com $H_c$ em 10,4 Hz, também gerando um dupleto de dupleto (Figura 4.18b). O mesmo comportamento é observado para o

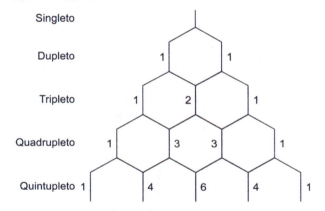

**Figura 4.16.** Descrição do triângulo de Pascal, com a contribuição da população dos estados de spins dos núcleos vizinhos.

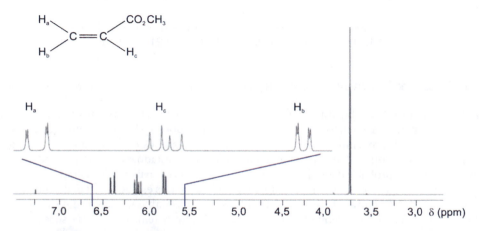

**Figura 4.17.** Espectro de RMN de ¹H do acrilato de metila.

hidrogênio $H_c$, que acopla em 17,4 Hz com $H_a$ e em 10,4 Hz com $H_b$ (Figura 4.18c). Nesse exemplo, podemos ver que o acoplamento a duas ligações envolvendo um carbono $sp^2$ é menor que o acoplamento a três ligações. De forma geral, acoplamentos que envolvem menos ligações são maiores que acoplamentos que envolvem um número maior de ligações. A Tabela 4.1 mostra algumas faixas de valores de acoplamentos em diferentes sistemas.

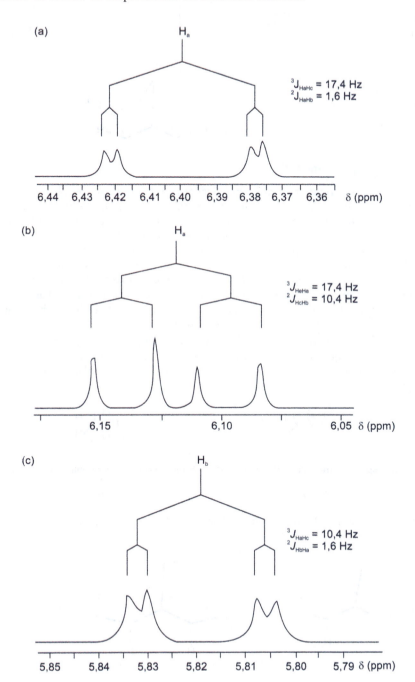

**Figura 4.18.** Expansão dos sinais e valores de constante de acoplamento para os hidrogênios vinílicos a) $H_a$; b) $H_c$ e c) $H_b$.

**Tabela 4.1.** Faixa de constantes de acoplamento para alguns sistemas orgânicos.

| Estrutura | Acoplamento (Hz) | Estrutura | Acoplamento (Hz) |
|---|---|---|---|
| 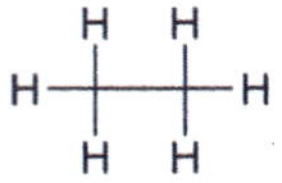 H-CH₂-CH₂-H | $^2J = 9$ a $15$ Hz<br>$^3J = 6$ a $8$ Hz | 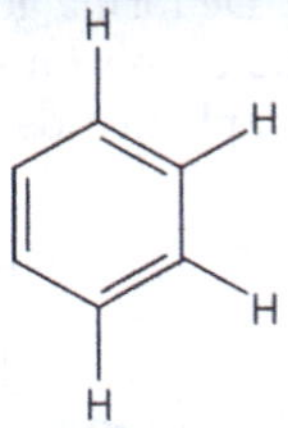 (benzeno) | $^3J_{orto} = 7$ a $10$ Hz<br>$^4J_{meta} = 1$ a $3$ Hz<br>$^5J_{para} = 0$ a $1$ Hz |
| 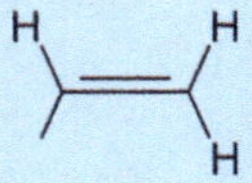 (alceno) | $^2J = 0$ a $2$ Hz<br>$^3J_{cis} = 6$ a $15$ Hz<br>$^3J_{trans} = 11$ a $18$ Hz | 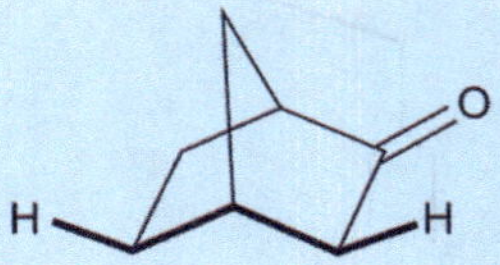 (cânfora) | $^4J_W = 2,5$ Hz |

## Acoplamentos a longa distância ($^4J$ e $^5J$)

Acoplamentos envolvendo quatro e cinco ligações também podem ser observados em condições um pouco mais específicas como em sistemas alílicos, aromáticos e bicíclicos, por exemplo. Acoplamentos a quatro e cinco ligações são denominados de acoplamentos a longa distância. É importante notar que o acoplamento a longa distância só é observado no espectro de RMN quando o sistema em estudo apresenta maior sobreposição entre os orbitais das ligações que se acoplam, dependendo, assim, do arranjo estereoquímico dessas ligações. No sistema alílico, por exemplo, a sobreposição dos orbitais da ligação dupla com o orbital da ligação C-H vizinha facilita a transmissão do acoplamento via densidade eletrônica (Figura 4.19). O acoplamento para esses sistemas varia de 0 a 3 Hz. Outros sistemas como anéis aromáticos (p. ex.: benzeno) também apresentam acoplamentos a longa distância e variam entre 0 e 1 Hz.

Em sistemas bicíclicos como no caso do norbornano (Figura 4.20a) e cânfora (Figura 4.20b), o arranjo das ligações que compõem a transmissão do acoplamento é muito importante. Nesse caso, dizemos que o arranjo em W faz com que as constantes de acoplamento a quatro ligações

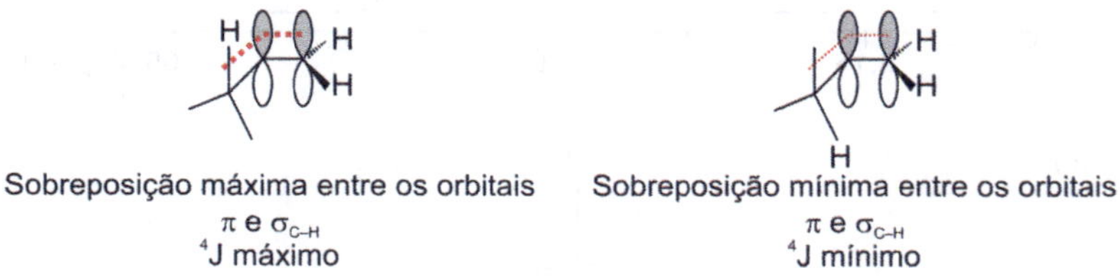

**Figura 4.19.** Sobreposição dos orbitais que facilitam a transmissão do acoplamento em sistemas alílicos.

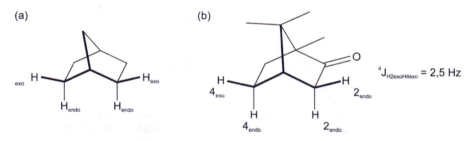

**Figura 4.20.** Acoplamentos a longa distância para sistemas bicíclicos como o (a) norbornano e (b) cânfora.

$^4J_{HH}$ possam aparecer em um espectro de RMN de $^1$H. A Figura 4.20b mostra os valores de acoplamentos a quatro ligações que são possíveis para sistemas bicíclicos.

Acoplamentos a cinco ligações podem eventualmente também ser observados em um espectro e, assim como para acoplamentos a quatro ligações, são dependentes de arranjos estruturais específicos. A Figura 4.21 traz alguns exemplos desses acoplamentos.

## Espectros de 2ª ordem – notação de Pople

Um fato interessante que ocorre nos espectros de RMN é a interação entre os sistemas de *spins* quando seus deslocamentos químicos são próximos em dependência das suas constantes de acoplamento. Quando dois núcleos que se acoplam aparecem com uma boa separação no espectro (diferenças de deslocamento químico), sinais como dupletos de dupletos não sofrem alterações pela ação de seus vizinhos que acoplam (Figura 4.22a). Porém, quando esses sinais se aproximam no espectro, ocorre uma interação entre esses sinais fazendo com que eles sofram deformações, alterando seu padrão de desdobramento. Assim, podem não ser mais dupletos de dupleto, por exemplo, mas formarem linhas tão complexas que não sejam possíveis de identificação, denominadas de multipletos (Figura 4.22b-d). Quando isso acontece, dizemos que o sistema de *spins* gerou um espectro de 2ª ordem. Uma regra geral é que espectros de 2ª ordem são gerados quando a razão entre a variação de deslocamento químico, em frequência, pela sua constante de acoplamento for menor ou igual a 6 ($\Delta v/J \leq 6$).

Para esses sistemas de *spins* que geram um espectro de 2ª ordem, podemos nomeá-los de acordo com suas posições no espectro. Assim, tomemos dois sinais que estão localizados nos extremos de um espectro de RMN de $^1$H. Para esses sinais, podemos classificá-los como sendo um sistema $A_nX_m$, onde $n$ e $m$ são respectivamente o número de hidrogênios que representam esses sinais, sua integração. As letras A e X são utilizadas, pois também estão nos extremos da ordem alfabética. À medida em que esses núcleos se aproximam no eixo do deslocamento químico, diminuindo a razão $\Delta v/J$, sua nomenclatura passa em por $A_nM_m$, $A_nB_m$ e, quando apresentam o mesmo deslocamento químico, podem ser classificadas como $A_{n+m}$. A Figura 4.22 mostra o exemplo hipotético de um sistema de dois grupos $CH_2$ ligados, onde seus deslocamentos são variados ao longo do eixo do deslocamento químico.

Cabe relembrar que a frequência de precessão dos núcleos em estudo é dependente do campo magnético a que estes estão submetidos. Assim, quanto maior o campo magnético do equipa-

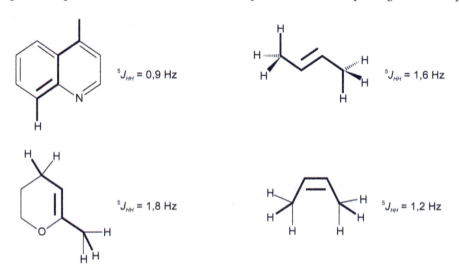

**Figura 4.21.** Alguns sistemas que apresentam acoplamentos a cinco ligações $^5J_{HH}$.

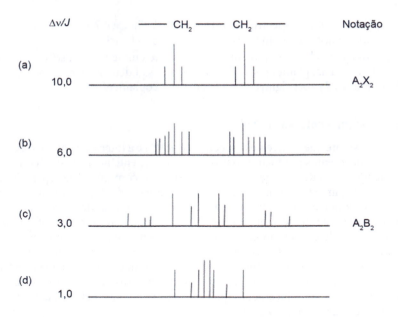

**Figura 4.22.** Sistemas de acoplamentos na evolução de um espectro de 2ª ordem.

mento, maior a frequência de precessão destes e maior a diferença entre seus deslocamentos químicos. Em um espectrômetro de 200 MHz, a cada ppm de deslocamento químico, está uma diferença de 200 Hz, enquanto em um espectrômetro de 600 MHz, essa diferença é de 600 Hz. Desse modo, quando utilizamos espectrômetros de campo magnéticos maiores, a razão $\Delta v/J$ também aumenta, podendo transformar um espectro de 2ª ordem em um de 1ª primeira ordem, sem "distorções" nos sinais.

## EXERCÍCIOS

1. Esboce o espectro de RMN de ¹H, em relação aos deslocamentos químicos, para os compostos a seguir.

    a. $CH_3CN$
    
    b. CH₃ (tolueno)

    c, d.

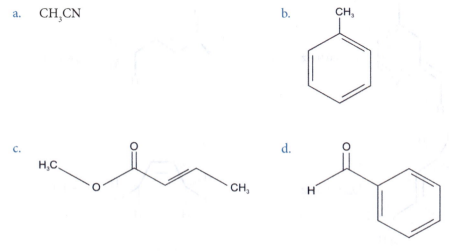

2. Quantos sinais você esperaria observar em um espectro para os seguintes compostos?

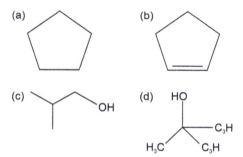

3. Com relação às estruturas dos exercícios anteriores, mostre o padrão de acoplamento para os seus hidrogênios (quando houver).

4. Dado o espectro a seguir, deduza a estrutura do composto com fórmula $C_5H_{10}O_2$ que melhor representa este espectro.

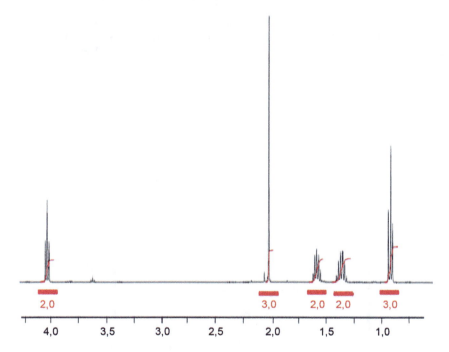

5. Dados os espectros a seguir, indique qual deles corresponde ao isômero correto para a fórmula $C_4H_{10}O$.

(a)

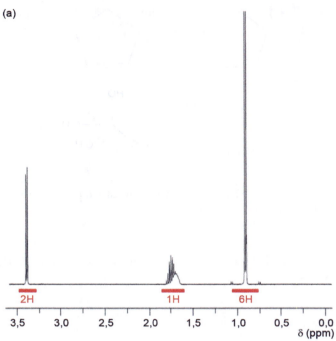

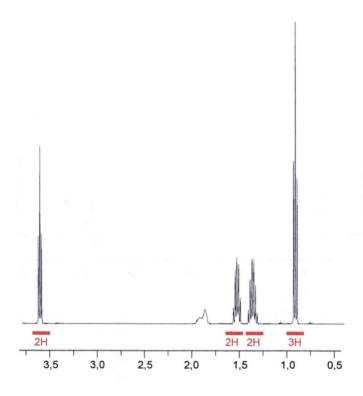

## BIBLIOGRAFIA

1.  Silverstein RM, Webster FX, Kiemle DJ. Identificacção espectrométrica de compostos orgânicos. 7 ed. Rio de Janeiro: Ed. LTC, 2010.
2.  Pavia DL, Lampman GM, Kriz GS, Vyvyan JR. Introduction to spectroscopy. Cengage Learning, 4 ed. CA/USA, 2009.
3.  Sanders JKM, Hunter BK. Modern NMR spectroscopy. A Guide for Chemists. 2 ed. London: Oxford University Press, 2009.
4.  Claridge TDW. High-resolution NMR tecniques in organic chemistry. Tetrahedron Organic Chemistry Series. Vol 27, 1999.
5.  Gil VMS, Geraldes CFGC. Ressonância magnética nuclear. Fundamentos, métodos e aplicações. 2 ed. Lisboa: Fundação Calouste Gulbenkian, 2002.
6.  Levitt MH. Spin dynamics. Basics of nuclear magnetic resonance. West Sussex/England: John Wiley & Sons LTD, 2001.

# 5

# Fundamentos de RMN e Aplicações

## Parte 2: Ressonância Magnética Nuclear de carbono 13 ($^{13}C$) e de multinúcleos

Luciano Morais Lião
Glaucia Braz Alcantara

## SUMÁRIO

Propriedades do núcleo de $^{13}C$

Sinal de ressonância nuclear magnética de $^{13}C$ e acoplamentos

Processos de relaxação e efeito Nuclear Overhauser (NOE) na ressonância nuclear magnética de $^{13}C$

Outros experimentos de ressonância nuclear magnética para observação dos núcleos de $^{13}C$

Deslocamentos químicos de ressonância nuclear magnética de $^{13}C$

Carbonos equivalentes

Blindagem e desblindagem eletrônica

Alternativas para obtenção de espectros de $^{13}C$ de amostras diluídas

Ressonância nuclear magnética multinuclear

Resumo de algumas propriedades nucleares

Deslocamentos químicos de multinúcleos

Softwares para simulação de espectros e sites da internet com dados de RMN

Exercícios

Bibliografia

## PROPRIEDADES DO NÚCLEO DE $^{13}C$

A ressonância magnética nuclear (RMN) é amplamente aplicada no estudo de moléculas orgânicas ou organometálicas por meio da análise dos núcleos de carbono.

Os núcleos de carbono estão presentes na natureza nas formas isotópicas $^{12}C$, $^{13}C$ e $^{14}C$. Entretanto, somente o nuclídeo $^{13}C$ é passível de análise por RMN, pois tem *spin* nuclear diferente de zero ($I \neq 0$), já que os isótopos $^{12}C$ e $^{14}C$ têm massa e número atômico pares, além de o último ser radiativo.

Todavia, como os nuclídeos de $^{13}C$ estão presentes na natureza com uma abundância natural de 1,108%, esse fato se torna o primeiro diferencial entre a RMN de $^1H$ e de $^{13}C$ (Tabela 5.1). Somado à diferença na abundância isotópica, o nuclídeo de $^{13}C$ apresenta constante magnetogírica de $6,7283 \times 10^7 \times$ rad/T $\times$ s, o equivalente a ¼ da constante magnetogírica do nuclídeo $^1H$. Dessa forma, a diferença de energia ($\Delta E$) entre os estados de *spins* de menor e maior energia (α e β) para o $^{13}C$ são aproximadamente ¼ da $\Delta E$ entre os estados de *spins* do $^1H$.

Fundamentos de Espectrometria e Aplicações

**Tabela 5.1.** Valores comparativos das propriedades magnéticas dos núcleos de $^1H$ e $^{13}C$.

| | Abundância natural (%) | *Spin* nuclear | Constante magnetogírica $(10^7 \times rad/T \times s)$ | Sensibilidade relativa | Frequência a 11,744T |
|---|---|---|---|---|---|
| $^1H$ | 99,98 | ½ | 26,7519 | 1,00 | 500,000 |
| $^{13}C$ | 1,108 | ½ | 6,7283 | $1,59 \times 10^{-2}$ | 125,721 |

A menor diferença entre os estados de *spins* $(E_\beta - E_\alpha)$ para o $^{13}C$ implica a facilidade entre as transições dos *spins* nos estados α e β, o que pode ser alcançado, por exemplo, com a própria energia térmica do sistema. Para o fenômeno da RMN ser observado, é necessário haver um excesso populacional no estado de menor energia (α). Assim, o excesso populacional dos nuclídeos de $^{13}C$, que já seriam intrinsicamente menores em virtude da baixa abundância natural, comparando-se com os nuclídeos de $^1H$, são ainda menores devido à rápida transição entre os estados α e β.

Para contornar a baixa abundância natural e receptividade da RMN de $^{13}C$, podemos aumentar a concentração da amostra ou usar uma sonda com a configuração adequada para o experimento.

As análises de RMN de $^{13}C$ de amostras mais concentradas (~20-30 mg em 500 μL de solvente deuterado, para pequenas moléculas) são mais rápidas e podem ser realizadas em poucas horas. E, quando disponível, sondas diretas, cujo canal de detecção do $^{13}C$ encontra-se mais próximo da amostra, são preferenciais para essas análises.

## SINAL DE RMN DE $^{13}C$ E ACOPLAMENTOS

Núcleos magneticamente ativos acoplam entre si como resultado da interação magnética que ocorre via elétrons presentes nas ligações químicas. Para o caso da RMN de $^1H$, o acoplamento com $^{13}C$ é fracamente observado na base dos sinais, em especial os mais intensos. Isso ocorre porque os núcleos de $^1H$ são muito mais abundantes que os de $^{13}C$, logo são detectados mais intensamente. Sendo assim, em uma molécula qualquer, os hidrogênios conectados a um determinado carbono correspondem, na sua grande maioria, àqueles ligados no isótopo $^{12}C$. Somente uma pequena parcela de hidrogênios está conectada a nuclídeos de $^{13}C$.

Por outro lado, ao analisarmos os espectros de RMN de $^{13}C$, os acoplamentos $^1H$-$^{13}C$ são observados na sua totalidade em virtude da alta probabilidade de os núcleos de $^{13}C$ estarem conectados a $^1H$, ocasionando desdobramentos de sinais muito destacados.

Os sinais de RMN de $^{13}C$ acoplados apresentarão multiplicidades que seguem a regra $2nI+1$, onde $n$ é o número de núcleos vizinhos e $I$ é o *spin* nuclear (½ para o caso de $^1H$ e $^{13}C$). Ou seja, a multiplicidade será um dupleto para grupos CH ($2nI + 1 = 2 \times 1 \times ½ + 1 = 2$ sinais), tripleto para $CH_2$, quadrupleto para $CH_3$ e simpleto para C quaternário, sem a presença de hidrogênios.

O acoplamento $^1H$-$^{13}C$ para a observação da RMN de $^{13}C$ pode gerar grande sobreposição de sinais, os quais impedem a visualização do número total de carbonos distintos presentes na molécula. Assim, é comum adquirirmos espectros de RMN de $^{13}C$ desacoplados de $^1H$ (Figura 5.1). Os espectros desacoplados, por apresentarem somente simpletos, são de análise e interpretação muito mais fáceis.

Outros acoplamentos importantes surgem nas análises de $^{13}C$. Acoplamentos $^2H$-$^{13}C$, com valores de $^1J$ entre 20 e 30 Hz, são muito comuns em espectros de $^{13}C$ obtidos com solventes deuterados (Figura 5.2). Como a multiplicidade dos sinais é dependente da equação $2nI+1$, o *spin* nuclear (para o $^2H$, $I = 1$) e o número de núcleos vizinhos ditarão o formato dos sinais.

Para um único deutério ligado diretamente ao $^{13}C$, como no $CDCl_3$, por exemplo (Figura 5.2), o sinal de RMN apresentar-se-á como três linhas de igual intensidade, correspondente aos três possíveis estados de *spins* para o núcleo de $^2H$ ($2nI + 1 = 2 \times 1 \times 1 + 1 = 3$ sinais).

Acoplamentos de $^{13}C$ com os heteronúcleos $^{19}F$, $^{31}P$ e $^{195}Pt$ estão descritos em "Resumo de algumas propriedades nucleares".

Fundamentos de RMN e Aplicações
Parte 2: Ressonância Magnética Nuclear de carbono 13 ($^{13}C$) e de multinúcleos

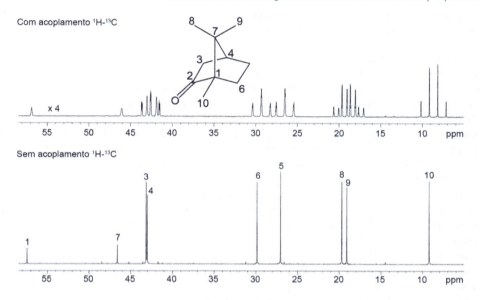

**Figura 5.1.** Espectros de RMN de $^{13}C$ da cânfora obtidos com e sem acoplamento com $^{1}H$.

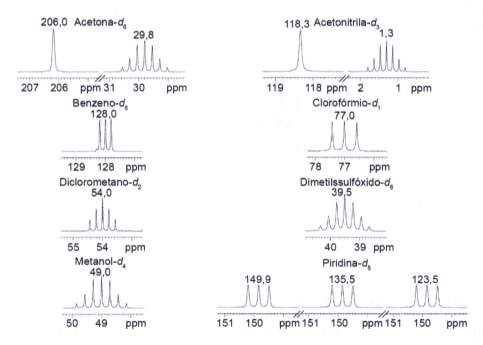

**Figura 5.2.** Sinais de RMN de $^{13}C$ dos solventes deuterados mais empregados.

153

## PROCESSOS DE RELAXAÇÃO E EFEITO NUCLEAR OVERHAUSER (NOE) NA RESSONÂNCIA NUCLEAR MAGNÉTICA DE $^{13}C$

Os processos de relaxação longitudinal e transversal para núcleos de $^{13}C$ são longos quando comparados com os núcleos de $^{1}H$. Assim, rotineiramente os espectros de RMN de $^{13}C$ são adquiridos sem aguardar a relaxação completa dos núcleos, para aumentar a promediação do sinal (aumento da intensidade do sinal pelo somatório de várias varreduras).

No entanto, a repetição da sequência de pulsos antes da completa relaxação dos núcleos acarreta a diminuição progressiva do excesso populacional daqueles mais lentos. Assim, a saturação parcial para núcleos com maior tempo de relaxação pode diminuir a intensidade desses sinais. É o que ocorre, por exemplo, com as carbonilas nos espectros de RMN de $^{13}C$, as quais têm sinais menos intensos.

O efeito da saturação parcial é uma maneira proposital de se adquirir espectros de $^{13}C$ em menor tempo, sem prejuízo qualitativo na informação, já que todos os sinais aparecem no espectro, embora com intensidade diferente. Este, no entanto, não pode, em hipótese alguma, ser empregado para a obtenção de informação quantitativa.

Por outro lado, o efeito da saturação pode ser um problema quando núcleos não são devidamente observados. Alguns tipos de núcleos, como os carbonos aromáticos conectados a grupos –OR ou –SR, têm maior tempo de relaxação e podem ser completamente saturados. Para contornar esse problema, uma alternativa seria aumentar o tempo de espera (d1) antes da execução da sequência de pulsos para permitir a melhor relaxação desses núcleos.

As diferenças nas intensidades dos sinais no espectro de RMN de $^{13}C$ devem-se, como já descrito, à saturação parcial dos núcleos como resultado das diferenças entre os tempos de relaxação. Todavia, o acoplamento $^{13}C$-$^{1}H$ também gera outro efeito responsável pelo ganho na intensidade dos sinais – o efeito nuclear overhauser (NOE).

Núcleos de $^{13}C$ diretamente conectados a $^{1}H$ podem relaxar por meio do mecanismo de relaxação dipolar provocando um aumento na intensidade do sinal de até 200%. O NOE observado no espectro de RMN de $^{13}C$ é responsável, por exemplo, pela maior intensidade dos sinais de $CH_3$, comparado com $CH_2$, CH e C quaternário, respectivamente. Quanto mais hidrogenado for o carbono, mais efetiva será a relaxação dipolar, maior será o efeito NOE observável e, portanto, maior será a intensidade do sinal (Figura 5.3).

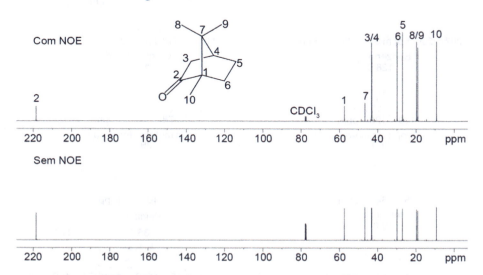

**Figura 5.3.** Espectros de RMN de $^{13}C$ da cânfora obtidos com e sem a intensificação do sinal proporcionado pelo efeito nuclear Overhauser (NOE).

Nesse sentido, para análises quantitativas de RMN de $^{13}C$, além de se evitar a saturação parcial dos núcleos aguardando a relaxação completa de todos os sinais, a execução da sequência de pulsos não pode permitir a observação do efeito NOE. Desse modo, experimentos de RMN de $^{13}C$ quantitativos apresentam intensidades absolutas dos sinais, conforme pode ser observado na Figura 5.3, cujos sinais de RMN de $^{13}C$ sem NOE apresentam intensidades similares para todos os carbonos presentes, não somente aos carbonos hidrogenados.

Os espectros de RMN de $^{13}C$ adquiridos sem NOE e com respeito ao tempo de relaxação dos núcleos mais lentos podem ser integrados normalmente e os valores das integrais podem ser empregados para a quantificação. É desse modo que a RMN de $^{13}C$ é empregada com sucesso em análises quantitativas.

Vale destacar que nesse caso o tempo de análise aumenta significativamente, pois como em todo experimento de RMN, a intensidade do sinal aumenta proporcionalmente ao número de varreduras, enquanto o ruído aumenta em função da raiz quadrada do número de varreduras. Ou seja, para se dobrar a relação sinal/ruído é preciso quadruplicar o número de varreduras, o que para experimentos sem a intensificação do sinal por NOE, juntamente com maiores valores de tempo de relaxação, é oneroso e consequentemente viável somente em análises quantitativas.

## OUTROS EXPERIMENTOS DE RMN PARA OBSERVAÇÃO DOS NÚCLEOS DE $^{13}C$

A observação de núcleos de $^{13}C$ pode ser dada direta ou indiretamente. Para a observação direta, os experimentos de RMN de $^{13}C$ e intensificação sem distorção por transferência de polarização (DEPT, do inglês *distortionless enhancement by polarization transfer*) são os mais comuns, enquanto para a observação indireta, os experimentos bidimensionais de $^1H$-$^{13}C$ conectados a uma ligação (*g*HSQC/*g*HMQC) e a múltiplas ligações (*g*HMBC) são utilizados.

O experimento de DEPT pode ser apresentado nas configurações DEPT-45, DEPT-90 e DEP-135. Por se tratar de experimentos sensíveis à fase, cada configuração corresponde aos núcleos de $CH$, $CH_2$ e $CH_3$ em fases distintas.

No DEPT-45, o ângulo de 45° para o pulso determina que todos os núcleos de carbono 13 hidrogenados ($CH$, $CH_2$, $CH_3$) sejam apresentados na mesma fase absortiva positiva. Embora com aplicação mais restrita, esse experimento é útil quando se deseja adquirir com maior rapidez a informação sobre estruturas químicas sem carbonos quaternários.

No DEPT-135, o ângulo de 135° para o pulso determina que os núcleos de carbono 13 $CH$ e $CH_3$ sejam apresentados em uma fase e $CH_2$ em outra. Como convenção, as fases dos núcleos $CH$ e $CH_3$ são apresentadas na forma absortiva positiva e $CH$ na fase absortiva negativa. Esse experimento é aplicado para diferenciar os grupos $CH_3$, $CH_2$ e $CH$ que eventualmente apareçam com deslocamentos químicos próximos.

Já o experimento DEPT-90, com ângulo de 90° para o pulso, apresenta como únicos sinais os grupos $CH$, permitindo diferenciar grupos $CH_3$ e $CH$ que não tenham sido esclarecidos pelo experimento de DEPT-135. Uma representação dos grupos $CH_3$, $CH_2$ e $CH$ e das fases de observação em função do tipo de DEPT realizado pode ser resumido na Figura 5.4. Um exemplo de aplicação dos diferentes experimentos de DEPT é visto para a cânfora (Figura 5.5).

Embora os experimentos de DEPT sejam úteis para a elucidação estrutural, experimentos bidimensionais editados de *g*HSQC $^1H$-$^{13}C$ (Figura 5.6) podem fornecer o mesmo tipo de informação, pois apresentam correlações de $CH_2$ em coloração diferente. Além disso, o experimento de *g*HSQC $^1H$-$^{13}C$ apresenta o diferencial de ainda informar as conectividades $^1H$-$^{13}C$ ($^1J$). O mesmo ocorre com experimentos de *g*HMBC (Figura 5.7) que apresentam informações valiosas quanto às correlações com os grupamentos vizinhos ($^nJ$), entre eles os carbonos quaternários. Assim, com tempo de equipamento equivalente, os experimentos bidimensionais em conjunto podem fornecer as mesmas informações que a RMN de $^{13}C$ e DEPT135, além das correlações $^1J$ e $^nJ$, contribuindo sobremaneira para uma elucidação estrutural inequívoca.

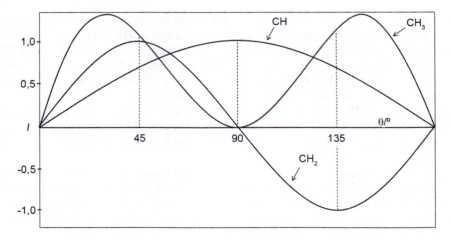

**Figura 5.4.** Variação das intensidades e fases dos sinais dos grupamentos CH, $CH_2$ e $CH_3$ para os experimentos de DEPT (adaptado de Claridge[1]).

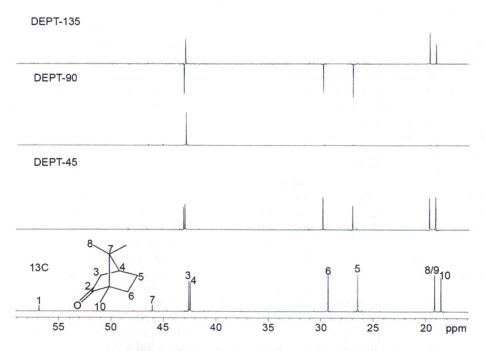

**Figura 5.5.** Exemplo de experimentos de DEPT-45, 90 e 135 e comparação com RMN de $^{13}C$ para a cânfora.

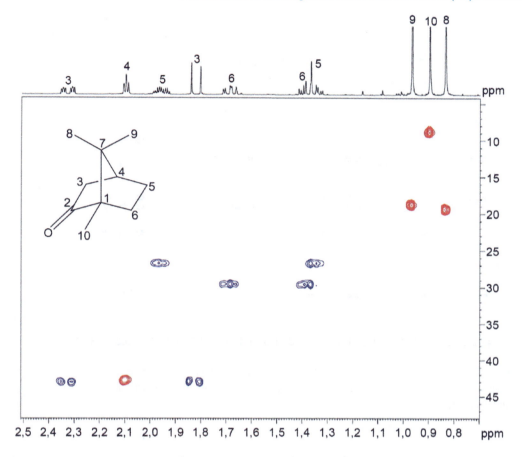

**Figura 5.6.** Mapa de correlações de $^1$H-$^{13}$C diretamente ligados ($^1J$) da cânfora obtido pelo experimento de gHSQC sensível à fase (gHSQC editado), cujas correlações em azul correspondem aos grupos CH$_2$ e em vermelho correspondem aos grupos CH e CH$_3$.

## DESLOCAMENTOS QUÍMICOS DE RESSONÂNCIA MAGNÉTICA NUCLEAR DE $^{13}$C

A janela espectral de observação de $^{13}$C é de aproximadamente 0 a 220 ppm. A faixa de deslocamento químico correspondente aos grupos funcionais é essencial para o conhecimento das características estruturais das moléculas e é empregada na elucidação estrutural.

### Carbonos equivalentes

A atribuição de deslocamento químico para os núcleos de $^{13}$C, assim como para o $^1$H, deve levar em consideração a simetria da molécula. Núcleos espacialmente arranjados de forma simétrica apresentarão o mesmo deslocamento químico, ou seja, são núcleos equivalentes. Assim, o número de sinais de RMN de $^{13}$C desacoplados eventualmente não corresponderá ao número de carbonos presentes na molécula, como é o caso do espectro do ácido cítrico, que tem seis carbonos e, no espectro de RMN de $^{13}$C, são visualizados apenas quatro sinais (Figura 5.8).

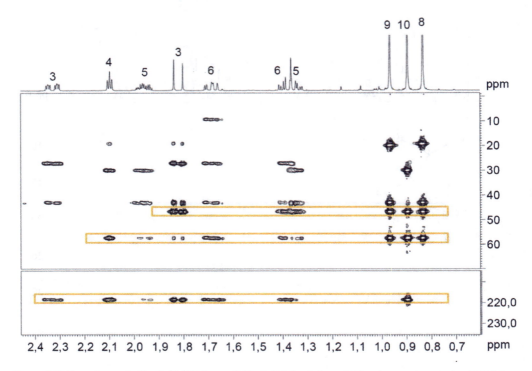

**Figura 5.7.** Mapa de correlações de ¹H-¹³C à longa distância (ⁿ*J*) da cânfora, obtido pelo experimento de *g*HMBC. Em destaque os carbonos quaternários, não visualizados pelo experimento de *g*HSQC (mais detalhes sobre a elucidação estrutural da cânfora[2]).

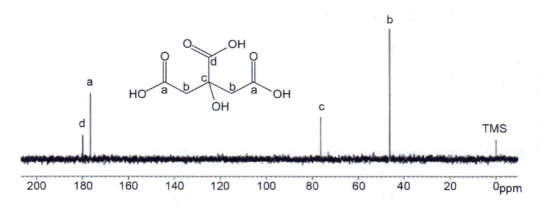

**Figura 5.8.** Espectro de RMN de ¹³C do ácido cítrico, o qual apresenta dois carbonos equivalentes.

### Blindagem e desblindagem eletrônica

Comparativamente ao ¹H, os deslocamentos químicos de ¹³C são mais suscetíveis às diferenças de eletronegatividade, hibridização e aos efeitos mesomérico (ressonância) e de anisotropia. Grupos retiradores de elétrons desblindam os carbonos e fazem com que estes apresentem maiores valores de deslocamento químico, tal como grupos ou sistemas doadores de elétrons blindam o núcleo de carbono fazendo com que este apresente valores menores de deslocamento químico, em relação ao TMS.

Os efeitos da blindagem e desblindagem eletrônicas podem ser melhor compreendidos ao lembrarmos que os núcleos, sob a ação do campo magnético externo ($B_0$), precessarão na frequência correspondente para aquele campo. Desse modo, uma menor densidade eletrônica ao redor do núcleo de $^{13}C$, em função do efeito indutivo de átomos altamente eletronegativos vizinhos, fará com que o núcleo esteja mais suscetível à ação de $B_0$, ou seja, esteja desblindado da ação do campo magnético externo. Portanto, o núcleo desblindado precessará em maiores frequências e, consequentemente, apresentará maior valor de deslocamento químico.

Raciocínio oposto é observado para núcleos com maior densidade eletrônica: núcleos blindados "sentirão" menos a presença do campo magnético externo e apresentarão menores frequências de precessão, ou seja, apresentarão menor valor de deslocamento químico.

Um exemplo de blindagem e desblindagem eletrônica provocada pelo efeito indutivo pode ser visto na comparação entre o tioéter etílico e o éter etílico (Figura 5.9). Como o enxofre é menos eletronegativo que o oxigênio, as nuvens eletrônicas dos grupos $CH_2$ e $CH_3$ estão menos deslocadas por efeito indutivo no tioéter, permitindo que os núcleos estejam mais blindados e, portanto, apresentem deslocamento químico menor.

A hibridização também afeta o deslocamento químico de RMN de $^{13}C$, tanto para o átomo em questão, quanto para os átomos vizinhos. Carbonos $sp^2$, por exemplo, são mais eletronegativos que carbonos $sp^3$, assim os carbonos $sp^3$ vizinhos aos $sp^2$ apresentarão deslocamentos químicos superiores aos $sp^3$ vizinhos a $sp^3$, semelhante ao observado para hidrogênios diretamente conectados a carbonos $sp^2$, na RMN de $^1H$.

Um exemplo do efeito da hibridização no deslocamento químico pode ser visto na molécula de ciclopenteno (Figura 5.10), cujos carbonos $sp^3$ diretamente ligados ao $sp^2$ são mais desblindados no ciclopenteno (32,9 ppm) do que no ciclopentano (25,8 ppm). O efeito de anisotropia, responsável pelo elevado valor do deslocamento químico do carbono $sp^2$ em C=C (129,2 ppm), será discutido posteriormente.

O efeito mesomérico (ressonância) em sistemas insaturados naturalmente desblindam átomos de carbono que apresentam estrutura de ressonância com maior contribuição de carga parcial positiva, bem como blindam átomos com carga parcial negativa. A molécula (E)-pent-3-en-2-ona (Figura 5.11), por exemplo, tem o carbono 4 mais desblindado que o carbono 3 porque a estrutura de ressonância contribui com a desblindagem eletrônica na posição 4. A carbonila, por sua vez, na molécula (E)-pent-3-en-2-ona é mais blindada que a maioria das carbonilas de cetonas em razão do efeito de ressonância.

Em sistemas aromáticos substituídos, é ainda mais fácil observar a blindagem/desblindagem dos núcleos provocada pelo efeito mesomérico, pois os substituintes retiradores (desativantes) e doadores (ativantes) de elétrons ao anel benzênico alteram os valores de deslocamento

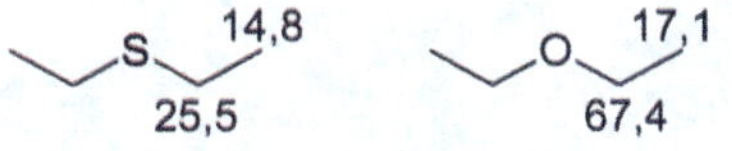

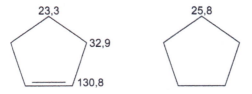

**Figura 5.9.** Exemplo de deslocamentos químicos (em ppm) de carbonos blindados e desblindados em compostos estruturalmente similares.

**Figura 5.10.** Exemplos de deslocamentos químicos (em ppm) de carbonos com hibridização $sp^3$ vizinhos a carbonos $sp^2$ (no ciclopenteno) e $sp^3$ (no ciclopentano).

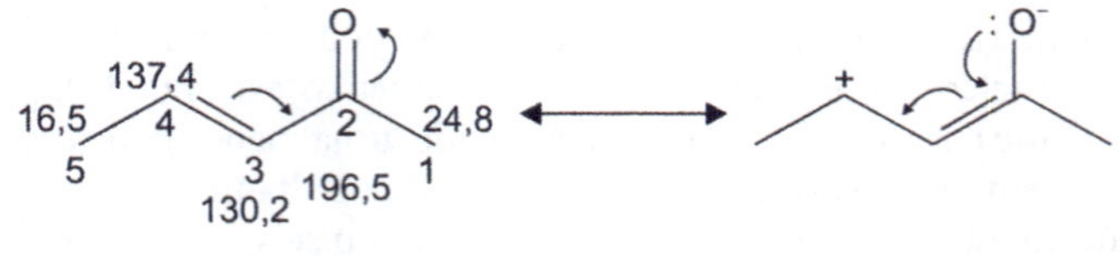

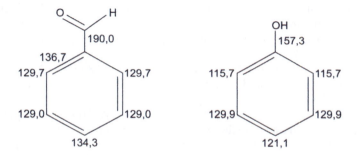

**Figura 5.11.** Exemplo de deslocamento químico (em ppm) de carbonos blindados/desblindados por efeito mesomérico (ressonância).

químico segundo os princípios teóricos estudados em Química Orgânica. É conhecido, na Química Orgânica, que grupos desativantes são metadirigentes, enquanto os ativantes são orto-dirigentes e paradirigentes. As representações das estruturas de ressonância para esses compostos explicam a orientação em reações de substituição eletrofílica aromática. Similarmente, na espectroscopia de RMN de $^{13}C$, os efeitos retiradores e doadores de elétrons alteram o deslocamento químico dos carbonos orto, meta e para aos grupos substituintes. Grupos desativantes blindam as posições meta e ativantes blindam as posições orto e para no anel aromático (Figura 5.12).

Em sistemas aromáticos monossubstituídos, é possível estimar os valores de deslocamento químico, conforme apresentado por Ewing[3]. Alguns exemplos estão apresentados na Tabela 5.2.

**Figura 5.12.** Exemplo de deslocamentos químicos (em ppm) em anéis aromáticos de carbonos blindados na posição *meta-* em substituinte desativante (CHO), e blindados nas posições *orto-* e *para-* em substituinte ativante (OH).

**Tabela 5.2.** Incrementos para cálculo do efeito dos substituintes sobre o deslocamento químico de benzenos monossubstituídos (adaptado de Ewing[3]).

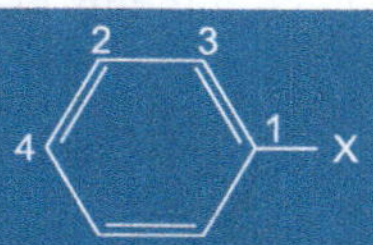

$\delta C_n = 128,0 + $ incremento $C_n$

| | Substituinte X | Incremento ||||
|---|---|---|---|---|---|
| | | C1 | C2 | C3 | C4 |
| Carbono | H | 0,0 | 0,0 | 0,0 | 0,0 |
| | CH$_3$ | 9,2 | 0,7 | -0,1 | -3,0 |
| | CH$_2$CH$_3$ | 11,7 | -0,6 | -0,1 | -2,8 |
| | CH$_2$CH$_2$CH$_3$ | 10,3 | -0,2 | 0,1 | -2,7 |
| | CH(CH$_3$)$_2$ | 20,2 | -2,2 | -0,3 | -2,8 |
| | C(CH$_3$)$_3$ | 18,6 | -3,3 | -0,4 | -3,1 |
| | CH=CH$_2$ | 8,9 | -2,3 | -0,1 | -0,8 |
| | C≡CH | -6,2 | 3,6 | -0,4 | -0,3 |

*Continua*

## Fundamentos de RMN e Aplicações
### Parte 2: Ressonância Magnética Nuclear de carbono 13 ($^{13}C$) e de multinúcleos

*Continuação*

| | Substituinte X | Incremento | | | |
|---|---|---|---|---|---|
| | | C1 | C2 | C3 | C4 |
| Carbono | $C_6H_5$ | 8,1 | -1,1 | 0,5 | -1,1 |
| | CN | -16,0 | 3,5 | 0,7 | 4,3 |
| | $CH_2F$ | 8,5 | -0,7 | 0,4 | 0,5 |
| | $CF_3$ | 2,5 | -3,2 | 0,3 | 3,3 |
| | $CH_2Cl$ | 9,3 | 0,3 | 0,2 | 0,0 |
| | $CHCl_2$ | 11,9 | -2,4 | 0,1 | 1,2 |
| | $CCl_3$ | 16,3 | -1,7 | -0,1 | 1,8 |
| | $CH_2Br$ | 9,5 | 0,7 | 0,3 | 0,2 |
| | $CH_2I$ | 10,5 | 0,0 | 0,0 | -0,9 |
| | $CH_2OH$ | 12,4 | -1,2 | 0,2 | -1,1 |
| | $CH_2OCH_3$ | 8,7 | -0,9 | -0,1 | -0,9 |
| | $CH_2NH_2$ | 14,9 | -1,4 | -0,2 | -2,0 |
| | $CH_2N(CH_3)_2$ | 7,8 | 0,5 | -0,3 | -1,5 |
| | $CH_2NO_2$ | 2,2 | 2,2 | 2,2 | 1,2 |
| | $CH_2CN$ | 1,6 | 0,5 | -0,8 | -0,7 |
| | $CH_2SH$ | 12,5 | -0,6 | 0,0 | -1,6 |
| | $CH_2CHO$ | 7,4 | 1,3 | 0,5 | -1,1 |
| | $CH_2COCH_3$ | 5,8 | 0,8 | 0,1 | -1,6 |
| | $CH_2COOH$ | 6,5 | 1,4 | 0,4 | -1,2 |
| C=O | CHO | 8,2 | 1,2 | 0,5 | 5,8 |
| | $COCH_3$ | 8,9 | 0,1 | -0,1 | 4,4 |
| | $COCF_3$ | -5,6 | 1,8 | 0,7 | 6,7 |
| | COC≡CH | 7,4 | 1,0 | 0,0 | 5,9 |
| | $CO-C_6H_5$ | 9,3 | 1,6 | -0,3 | 3,7 |
| | COOH | 2,1 | 1,6 | -0,1 | 5,2 |
| | COONa | 9,7 | 4,6 | 2,2 | 4,6 |
| | $COOCH_3$ | 2,0 | 1,2 | -0,1 | 4,3 |
| | $CONH_2$ | 5,0 | -1,2 | -0,1 | 3,4 |
| | $CON(CH_3)_2$ | 6,0 | -1,5 | -0,2 | 1,0 |
| | COF | 4,2 | 1,6 | -0,7 | 5,3 |
| | COCl | 4,7 | 2,7 | 0,3 | 6,6 |
| | COSH | 6,2 | -0,6 | 0,2 | 5,4 |
| Halogênio | F | 33,6 | -13,0 | 1,6 | -4,4 |
| | Cl | 5,3 | 0,4 | 1,4 | -1,9 |
| | Br | -5,4 | 3,3 | 2,2 | -1,0 |
| | I | -31,2 | 8,9 | 1,6 | -1,1 |
| Oxigênio | OH | 28,8 | -12,8 | 1,4 | -7,4 |
| | $OCH_3$ | 33,5 | -14,4 | 1,0 | -7,7 |
| | $OCH=CH_2$ | 28,2 | -11,5 | 0,7 | -5,8 |
| | $O-C_6CH_5$ | 27,6 | -11,2 | -0,3 | -6,9 |
| | $OCOCH_3$ | 22,4 | -7,1 | 0,4 | -3,2 |
| | OCN | 25,0 | -12,7 | 2,6 | -1,0 |

*Continua*

# Fundamentos de Espectrometria e Aplicações

*Continuação*

| Substituinte X | Incremento | | | |
|---|---|---|---|---|
| | C1 | C2 | C3 | C4 |
| **Nitrogênio** | | | | |
| $NH_2$ | 18,2 | -13,4 | 0,8 | -10,0 |
| $NHCH_3$ | 15,0 | -16,2 | 0,8 | -11,6 |
| $N(CH_3)_2$ | 16,0 | -15,4 | 0,9 | -10,5 |
| $NHC_6H_5$ | 14,7 | -10,6 | 0,9 | -10,5 |
| $N(C_6H_5)_2$ | 13,1 | -7,0 | 0,9 | -5,6 |
| $N^+(CH_3)_3$ | 19,5 | -7,3 | 2,5 | 2,4 |
| $NHCOCH_3$ | 9,7 | -8,1 | 0,2 | -4,4 |
| $NHOH$ | 21,5 | -13,1 | -2,2 | -5,3 |
| $NHNH_2$ | 22,8 | -16,5 | 0,5 | -9,6 |
| $NO_2$ | 19,9 | -4,9 | 0,9 | 6,1 |
| $NCO$ | 5,1 | -3,7 | 1,1 | -2,8 |
| $NCS$ | 3,0 | -2,7 | 1,3 | -1,0 |
| **Enxofre** | | | | |
| $SH$ | 4,0 | 0,7 | 0,3 | -3,2 |
| $SCH_3$ | 10,0 | -1,9 | 0,2 | -3,6 |
| $SC(CH_3)_3$ | 4,5 | 9,0 | -0,3 | 0,0 |
| $S-C_6H_5$ | 7,3 | 2,5 | 0,6 | -1,5 |
| $S-S-C_6H_5$ | 7,5 | -1,3 | 0,8 | -1,1 |
| $S(O)CH_3$ | 17,6 | -5,0 | 1,1 | 2,4 |
| $SO_2OH$ | 15,0 | -2,2 | 1,3 | 3,8 |
| $SO_2OCH_3$ | 12,3 | -1,4 | 0,8 | 5,1 |
| $SO_2Cl$ | 15,6 | -1,7 | 1,2 | 6,8 |
| $SCN$ | -3,7 | 2,5 | 2,2 | 2,2 |
| **Silício** | | | | |
| $SiH_3$ | -0,5 | 7,3 | -0,4 | 1,3 |
| $SiH_2CH_3$ | 4,8 | 6,3 | -0,5 | 1,0 |
| $Si(CH_3)_3$ | 11,6 | 4,9 | -0,7 | 0,4 |
| $Si(C_6H_5)_3$ | 5,8 | 7,9 | -0,6 | 1,1 |
| $SiCl_3$ | 3,0 | 4,6 | 0,1 | 4,2 |
| **Fósforo** | | | | |
| $P(CH_3)_2$ | 13,6 | 1,6 | -0,6 | -1,0 |
| $P(C_6H_5)_2$ | 8,9 | 5,2 | 0,0 | 0,1 |
| $PO(OH)_2$ | -1,9 | 3,6 | 1,5 | 5,6 |
| $PO(CH_3)_2$ | 2,5 | 1,1 | 0,1 | 3,0 |
| $PO(C_6H_5)_2$ | 5,8 | 3,9 | -0,1 | 3,0 |
| **Outros** | | | | |
| $Li$ | -43,2 | -12,7 | 2,4 | 3,1 |
| $MgBr$ | -35,8 | -11,4 | 2,7 | 4,0 |
| $Ge(CH_3)_3$ | 13,7 | 4,5 | -0,5 | -0,2 |
| $Sn(CH_3)_3$ | 13,2 | 7,2 | -0,4 | -0,4 |
| $Pb(CH_3)_3$ | 20,1 | 8,0 | -0,1 | -1,0 |
| $AsH_2$ | 1,7 | 7,9 | 0,8 | 0,0 |
| $As(C_6H_5)_2$ | 11,1 | 5,0 | 0,1 | -0,1 |
| $AsO(OH)_2$ | 3,8 | 1,6 | 0,8 | 4,5 |
| $SeCH=CH_2$ | 0,7 | 4,7 | 0,4 | -1,4 |
| $SeCN$ | -5,3 | 5,1 | 2,9 | 2,1 |
| $Sb-(C_6H_5)_2$ | 9,8 | 7,7 | 0,3 | 0,0 |
| $Hg-C_6H_5$ | 41,6 | 9,3 | -0,9 | -1,6 |
| $HgCl$ | 22,5 | 8,0 | -0,6 | -0,9 |

Diversos programas de simulação de espectros utilizam-se dos incrementos tabelados em um banco de dados para estimar o deslocamento químico de compostos, como ilustrado na Tabela 5.2. Exemplos de programas de simulação para dados de RMN podem ser encontrados em "Softwares para simulação de espectros e sites da internet com dados de RMN" deste capítulo.

A blindagem e desblindagem eletrônica podem ser observadas também pelos efeitos de anisotropia em sistemas insaturados. As correntes de anel em sistemas aromáticos e as movimentações dos elétrons π em sistemas $sp^2$ e $sp$ (ligações duplas e triplas) oferecem regiões de linhas de força do campo magnético local no mesmo sentido ou em sentido oposto ao das linhas de força do campo magnético principal ($B_0$ – campo magnético do equipamento).

Similarmente ao observado para hidrogênios, núcleos de carbono dispostos em regiões de linhas de força do campo opostas a $B_0$ serão blindados da ação do campo magnético principal e, desse modo, apresentarão menores valores de deslocamento químico, dada a sua menor frequência de precessão.

Por outro lado, núcleos de carbono que estiverem em região anisotrópica cujas linhas de campo magnético local, geradas pela movimentação dos elétrons π, estejam no mesmo sentido do campo magnético principal, sentirão o efeito de $B_0$ aumentado e, desse modo, apresentarão maior frequência de precessão e, consequentemente, maior valor de deslocamento químico (Figura 5.13).

Frequentemente, o efeito da anisotropia pode ser adicionado aos efeitos indutivos e de hibridização, justificando as discrepâncias nos valores de deslocamento químico. No caso das carbonilas, por exemplo, a anisotropia magnética somada à maior eletronegatividade do oxigênio é responsável pelo deslocamento químico desse grupo funcional apresentar-se superior aos alcenos (Tabela 5.3), embora em ambos os casos os carbonos tenham hibridização $sp2$.

No caso dos alcinos, cuja hibridização $sp$ corresponderia ao átomo de carbono mais eletronegativo, o deslocamento químico é inferior ao dos alcenos, conforme apresentado na Tabela 5.3, exatamente devido à região de blindagem proporcionada pelas linhas de força de campo magnético gerado pela movimentação dos elétrons π na ligação tripla.

As regiões de blindagem e desblindagem por anisotropia magnética de sistemas π mais comuns estão apresentadas na Figura 5.14.

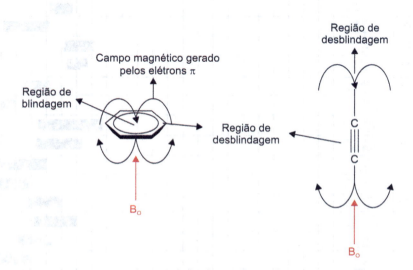

**Figura 5.13.** Ilustração das linhas de campo magnético geradas pela deslocalização de elétrons π no mesmo sentido (desblindagem) e em sentido oposto (blindagem) às linhas de força do campo magnético principal.

**Tabela 5.3.** Deslocamentos químicos de RMN de $^{13}$C (referência TMS).

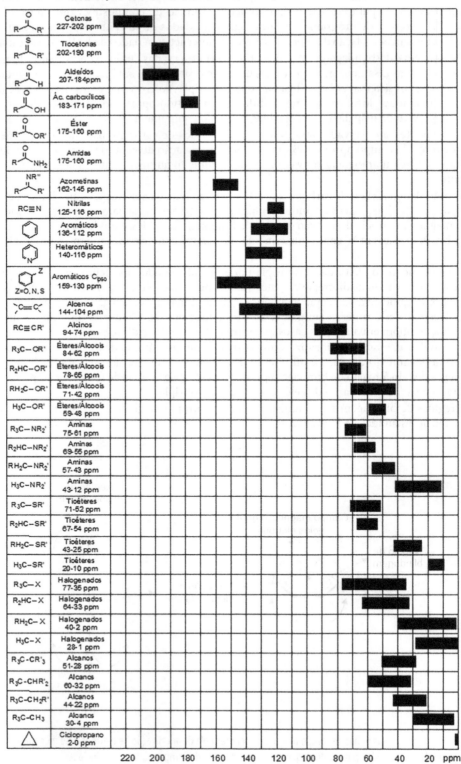

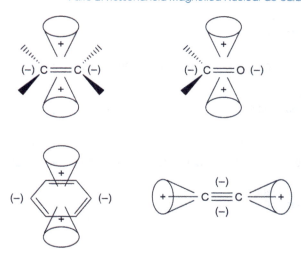

**Figura 5.14.** Regiões de blindagem (+) e desblindagem (-) por anisotropia magnética em sistemas π.

## ALTERNATIVAS PARA OBTENÇÃO DE ESPECTROS DE $^{13}$C DE AMOSTRAS DILUÍDAS

A baixa abundância isotópica e razão magnetogírica, comparadas ao núcleo de $^1$H, conferem aos espectros de RMN de $^{13}$C uma sensibilidade em torno de 1,6% daquela obtida para espectros de RMN de $^1$H. Experimentos usando transferência de polarização pelo efeito nuclear Overhauser e de detecção inversa, são alternativas frequentemente aplicadas, conforme já discutido previamente neste capítulo.

Os problemas com a sensibilidade se agravam ainda mais quando a quantidade de amostra disponível para análise é pequena. Nesse sentido, o uso de sondas que utilizam quantidades reduzidas de solvente pode ser uma boa opção. Microssondas que utilizam volumes em torno de 50 µL são comercialmente disponíveis, resultando em um aumento significativo da concentração da amostra. Por outro lado, a solubilidade da amostra em tão pouca quantidade de solvente pode ser um problema.

As sondas de alta resolução com rotação no ângulo mágico (HR-MAS: Bruker e nanossonda: Agilent), são normalmente utilizadas no estudo de materiais intactos de origem vegetal, animal, etc. Essas sondas têm sido uma alternativa aos métodos tradicionais de análise de materiais sólidos que apresentam sinais muito alargados. O giro no ângulo mágico e a adição de poucas gotas do solvente deuterado adequado resultam em espectros com resolução similar a espectros de materiais em solução. Essas técnicas utilizam-se do fato de que esses materiais, no seu estado natural, têm moléculas de água em suas células, na quantidade necessária para proporcionar mobilidade dos metabólitos primários e secundários, conferindo a resolução desejada[4].

A arquitetura dessas sondas confere ainda uma excelente sensibilidade, o que possibilita seu uso na obtenção de espectros de RMN de $^{13}$C de amostras em pequenas quantidades. Na Figura 5.15, é apresentada a comparação da sensibilidade da sonda HR-MAS com microssondas de detecção direta e inversa, em que se percebe que a sensibilidade da HR-MAS é aproximadamente 2/3 da sonda de detecção direta, porém cerca de quatro vezes maior do que a sonda de detecção inversa. Esse fato configura-se como uma grande vantagem, pois a sonda HR-MAS pode fazer bem o trabalho das outras duas sondas. Por outro lado, as duas microssondas juntas não podem fazer o trabalho da sonda HR-MAS.

Outra opção para aumentar a sensibilidade nas medidas de RMN é utilizar sondas criogênicas. Nesse caso, as bobinas de transmissão e recepção, bem como os circuitos de sintonia e outras partes eletrônicas da sonda, são refrigerados por hélio ou nitrogênio líquidos, reduzindo a contribuição do ruído eletrônico na medida. Assim, a relação sinal/ruído é significativamente aumentada, como pode se observar na Figura 5.16.

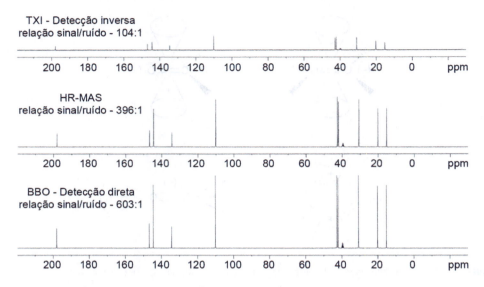

**Figura 5.15.** Espectro da carvona nas sondas BBO 2,5 mm, HR-MAS 4mm e TXI 2,5 mm. 1024 espectros acumulados para uma solução de 25 µL de amostra e 25 µL de DMSO-*d6*.

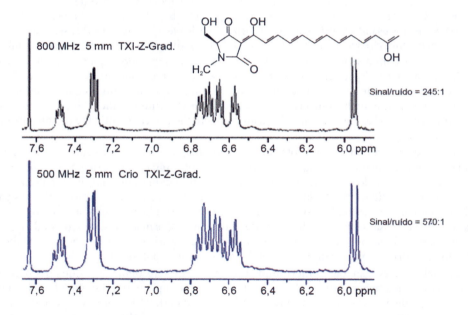

**Figura 5.16.** Aumento da sensibilidade proporcionado pelo uso de criossonda refrigerada a hélio. Espectro de RMN de ¹H do ácido fisarorrubínico, com 16 varreduras em CD$_3$OD/CDCl$_3$ (adaptado com permissão da Bruker BioSpin).

## RESSONÂNCIA MAGNÉTICA NUCLEAR MULTINUCLEAR

A RMN de Hidrogênio (RMN de ¹H) e de carbono 13 (RMN de ¹³C) são técnicas amplamente aplicadas na elucidação de estruturas químicas. Entretanto, a estrutura de muitos compostos pode ser mais bem estudada usando núcleos diferentes. A RMN pode ser realizada com qualquer núcleo magneticamente ativo, ou seja, qualquer núcleo atômico que não tenha, simultaneamente, massa e número atômico pares. Além de $^1H$ e $^{13}C$, alguns núcleos comumente utilizados são $^{15}N$, $^{19}F$, $^{27}Al$, $^{29}Si$ e $^{31}P$.

Diferentes núcleos têm diferentes receptividades (sensibilidades), sendo $^1H$ o mais sensível deles, seguido de perto pelo $^{19}F$. A sensibilidade efetiva é o produto da receptividade inerente de cada núcleo pela sua abundância natural. Por exemplo, o $^2H$ relativamente ao $^1H$ tem receptividade de 0,0097 e sua abundância natural de 0,015%, o que dificulta sua observação e resulta em experimentos de longa duração. O enriquecimento isotópico é uma alternativa para agilizar os experimentos.

Outro fator importante na aquisição de espectros de RMN é o número de *spin*. Núcleos com *spin* ½ têm distribuições de cargas simétricas, linhas finas e são facilmente observados, incluindo suas constantes de acoplamento. Por outro lado, núcleos com *spin* > ½, cujas distribuições de cargas não são simétricas, têm momento de quadrupolo suficiente para alargar os sinais, comprometendo significativamente a alta resolução dos espectros de RMN. Entre os 120 núcleos disponíveis para RMN, 31 têm número de *spin* ½, 9 *spin* 1, 32 *spin* 3/2, 22 *spin* 5/2, 18 *spin* 7/2 e 8 *spin* 9/2.[5] Um resumo de algumas características de diversos núcleos é apresentado na Tabela 5.4.

## Resumo de algumas propriedades nucleares

Neste tópico, destacamos algumas informações úteis para o ajuste do experimento e interpretação do espectro de RMN (adaptado de Brevard[6]). As frequências de cada núcleo e outras informações importantes podem ser encontradas em: http://www.bruker-nmr.de/guide/eNMR/chem/NMRnuclei.html.

- Deutério ($^2H$): frequentemente utilizado no travamento do campo magnético do equipamento (lock), bem como em experimentos de RMN SNIF, que envolvem a razão isotópica $^1H/^2H$. Apresenta abundância natural de 0,015% e *spin* 1, resultando em linhas com largura que variam de poucos Hz a kHz. Os espectros de amostras com $^2H$ em abundância natural podem ser observados, embora seja muito comum trabalhar com amostras enriquecidas. A constante de acoplamento $J_{D-H}$ é pequena e geralmente não é observada

**Tabela 5.4.** Propriedades dos núcleos relacionadas ao número de *spin*.

| Spin | Núcleo | Observações |
|---|---|---|
| I = 0 | $^{12}C$, $^{16}O$, $^{32}S$, etc. | Não tem momento magnético. Núcleo não pode ser diretamente observado. |
| I = ½ | $^1H$, $^{19}F$, $^{31}P$, $^{89}Y$, $^{103}Rh$, $^{169}Tm$ | Alta sensibilidade; linhas finas; constantes de acoplamento homo e heteronucleares facilmente observadas. Abundância natural próxima a 100%. |
| | $^{13}C$, $^{15}N$, $^{29}Si$, $^{77}Se$, $^{109}Ag$, $^{119}Sn$, $^{125}Te$, $^{195}Pt$, $^{199}Hg$, $^{205}Tl$, $^{207}Pb$, etc. | Baixa sensibilidade; difícil detecção do acoplamento homonuclear; enriquecimento isotópico usado para aumentar sensibilidade e observação do acoplamento; acoplamento com outros núcleos é observado através de sinais satélites. Baixa abundância natural. |
| I > ½ | $^2H$, $^6Li$, $^{133}Cs$ (quadruplo < 0.05) | Espectros com abundancia natural podem ser obtidos (sensitividade similar ao $^{13}C$), porém enriquecimento artificial é comum; sinais com alta resolução podem ser observados; multiplicidades do tipo 1:1:1. |
| | $^7Li$, $^{11}B$, $^{14}N$, $^{17}O$, $^{33}S$, $^{35}Cl$, $^{39}K$, $^{51}V$ (quadruplo < 0.1) | Núcleos observáveis, porém com linhas largas, podendo alcançar largura de centenas de Hz. |
| | $^{25}Mg$, $^{75}As$, $^{79}Br$, $^{87}Sr$, $^{127}I$, $^{181}Ta$ (quadruplo > 0.1) | Núcleos difíceis ou impossíveis de serem observados, exceto em ambientes tetraédricos ou octaédricos. Acoplamento com outros núcleos raramente detectado. |

Adaptado[6].

Fundamentos de Espectrometria e Aplicações

devido ao alargamento dos sinais causado pelo momento quadrupolar. Considerando o TMS como referência (0 ppm), o intervalo de deslocamento químico é de 13 ppm (-1 a 12 ppm). Os valores típicos de $T_1$ estão entre 0,1 e 10 s. $D_2O$ é utilizado no ajuste do experimento e pode ainda ser utilizado como amostra de referência (4,79 ppm).

- Lítio ($^6Li/^7Li$): dentre as aplicações, podemos destacar as investigações de RMN em compostos organolíticos. $^6Li$ e $^7Li$ possuem abundancia natural de 7,42% e 92,58%, respectivamente. Os espectros de amostras com $^6Li$ em abundância natural podem ser observados, embora seja muito comum trabalhar com amostras enriquecidas. $^7Li$ é altamente sensível, porém apresenta alto momento quadrupolar (*spin* 3/2) e consequente alargamento de sinais. O LiCl em $D_2O$ pode ser utilizado para ajustar o experimento, bem como amostra de referência (0 ppm). O intervalo de deslocamento químico, para $^6Li$ e $^7Li$, é de 27 ppm (-16 a 11 ppm). Os valores típicos de $T_1$ estão entre 10 e 80 s para o $^6Li$ e entre 0,3 e 3 para o $^7Li$.

- Boro ($^{11}B$): utilizado no estudo de organoboros. $^{11}B$ possui abundancia natural de 80,42%, porém seu *spin* 3/2 resulta em sinais alargados. Para ajustar o experimento, $NaBH_4$ pode ser utilizado e $BF_3.OEt_2$ em $CDCl_3$ é referência para deslocamento químico (0 ppm). O intervalo de deslocamento químico é de 210 ppm (-120 a 90 ppm). Os valores típicos de $T_1$ estão entre 1 e 0,01 s. Tendo em vista que os tubos de RMN usuais são feitos de vidros borossilicatos, para evitar alargamento dos sinais, é aconselhável usar tubos de quartzo.

- Nitrogênio ($^{14}N/^{15}N$): entre as aplicações, podemos destacar o uso no estudo de peptídeos e proteínas. $^{14}N$ e $^{15}N$ têm abundância natural de 99,63% e 0,37%, respectivamente. Apesar da baixa sensibilidade, o $^{15}N$ (*spin* 1/2) é mais usado, principalmente mediante experimentos de detecção inversa, devido ao grande efeito quadrupolar do $^{14}N$ (*spin* 1), que resulta em linhas muito alargadas (20 Hz à meia altura). Para ajustar o experimento, $CH_3NO_2$ é utilizado. Como referência para o deslocamento químico (0 ppm), a IUPAC recomenda o uso de $CH_3NO_2$ (90% em $CDCl_3$). Entretanto, a maioria dos espectroscopistas utiliza $NH_3$ liquida (0 ppm) como referência. Para converter o deslocamento químico de $^{15}N$ referenciado pela $NH_3$ líquida para a referência $CH_3NO_2$, subtraia 379,8 ppm[7]. O intervalo de deslocamento químico é de 900 ppm (0 a 900 ppm). Os valores típicos de $T_1$ estão entre 0,5 e 170 s, para o $^{15}N$.

- Oxigênio ($^{17}O$): tem abundância natural de 0,037% e baixa receptividade, sendo, portanto, necessárias altas concentrações de amostra. O *spin* 5/2 resulta em efeito quadrupolar e em linhas muito alargadas (80 Hz à meia altura). $D_2O$ ou $H_2O$ podem ser utilizados no ajuste do experimento e como amostras de referência (0 ppm). O intervalo de deslocamento químico é de 1.650 ppm (-50 a 1.600 ppm). Os valores típicos de $T_1$ estão abaixo de 0,2 s.

- Flúor ($^{19}F$): tem abundância natural de 100%, *spin* 1/2 e alta sensibilidade. $CFCl_3$ é utilizado para ajuste do experimento e como referência de deslocamento químico (0 ppm). As constantes de acoplamento mais comuns se referem aos acoplamentos $^1H$-$^{19}F$ e $^{19}F$-$^{19}F$, embora o acoplamento com diversos núcleos sejam observados. A constante de acoplamento $^{13}C$-$^{19}F$ está em torno de 165-370 Hz para $^1J$ e 18-45 Hz para $^2J$. O intervalo de deslocamento químico é de 700 ppm (-300 a 400 ppm).

- Alumínio ($^{27}Al$): tem abundância natural de 100% e *spin* 5/2 que resulta em efeito quadrupolar e linhas alargadas. Para ajustar o experimento, $Al(NO_3)_3$ em $D_2O$ pode ser utilizado como amostra de referência (0 ppm). O intervalo de deslocamento químico é de 400 ppm (-200 a 200 ppm). Os valores típicos de $T_1$ estão entre 1 e 0,001 s. Facilmente observáveis em ambientes simétricos.

**Fundamentos de RMN e Aplicações**
Parte 2: Ressonância Magnética Nuclear de carbono 13 ($^{13}$C) e de multinúcleos

- Silício ($^{29}$Si): em abundância natural de 4,7%, *spin* ½ e linhas finas. TMS em CDCl$_3$ é utilizado para ajuste do experimento e como referência de deslocamento químico (0 ppm). Para espectros de materiais sólidos, 2,2,3,3-D4-trimetilsililproprionato de sódio (TMSP) e caulim podem ser utilizados como referências de deslocamento químico (0 e -91,50 ppm, respectivamente). O espectro normalmente apresenta um sinal bem largo entre -80 e -300 ppm, referente ao silício contido no tubo de RMN e no tubo de quartzo contido na sonda. Tubos à base de safira podem ser utilizados na solução desse problema, porém apresentam alto custo. Alternativamente, pode-se utilizar um rotor de óxido de zircônio, específico para sondas HR-MAS e preparados para não extravasar líquidos, em uma sonda multinuclear para sólidos (CP-MAS). O intervalo de deslocamento químico é de 530 ppm (-350 a 180 ppm). Os valores típicos de T$_1$ estão entre 5 e 150 s.

- Fósforo ($^{31}$P): tem abundância natural de 100%, *spin* ½ e média sensibilidade. H$_3$PO$_4$ 85% em H$_2$O é utilizado para ajuste do experimento e como referência de deslocamento químico (0 ppm). Um capilar contendo D$_2$O é normalmente utilizado para o travamento (lock) do campo. A potência utilizada no desacoplamento $^{31}$P-$^{1}$H é aproximadamente o dobro da utilizada para desacoplar $^{13}$C-$^{1}$H. A constante de acoplamento $^{1}$H-$^{31}$P está em torno de 600 a 700 Hz para $^{1}$J, 20-30 Hz para $^{2}$J e 5-10 Hz para $^{3}$J. A constante de acoplamento $^{13}$C-$^{31}$P está em torno de 48-56 Hz, embora maiores valores possam ser observados. Acoplamentos a longa distância podem ser observados em torno de 4-6 Hz para $^{3}$J. Acoplamento com outros núcleos, como o flúor, pode ser também observado. O intervalo de deslocamento químico é de 730 ppm (-480 a 250 ppm). Os valores típicos de T$_1$ estão entre 0,1 e 55 s.

- Enxofre ($^{33}$S): tem abundância natural de 0,76%, baixa receptividade e *spin* 3/2 que resulta em efeito quadrupolar e linhas alargadas. Linhas razoavelmente finas são observadas apenas em enxofres tetraédricos com quatro ligações, como sulfonas e ácidos sulfônicos. (NH$_4$)$_2$SO$_4$ em D$_2$O é utilizado para ajuste do experimento e como referência de deslocamento químico (0 ppm). O intervalo de deslocamento químico é de 1.000 ppm (-300 a 700 ppm). Os valores típicos de T$_1$ estão entre 0,01 e 0,001 s.

- Cobalto ($^{59}$Co): tem abundância natural de 100%, alta sensibilidade e *spin* 7/2, que confere linhas alargadas até mesmo em ambientes simétricos. Os sais de Co(II) são os mais comuns, entretanto são paramagnéticos. Espectros de RMN de alta resolução são observados somente para Co(III), Co(I), Co(0) e Co(-I). K$_3$[Co(CN)$_6$] em D$_2$O é utilizado para ajuste do experimento e como referência de deslocamento químico (0 ppm). O intervalo de deslocamento químico é de 18.500 ppm (-4.500 a 14.000 ppm). O tipo de solvente utilizado afeta o deslocamento químico na ordem de 100 ppm. Os valores típicos de T$_1$ são menores do que 0,1 s.

- Níquel ($^{61}$Ni): tem abundância natural de 1,19%, baixa receptividade e *spin* 3/2 que resulta em efeito quadrupolar e linhas alargadas até mesmo em ambientes simétricos. Os sais de Ni(II) são os mais comuns, entretanto em algumas formas cristalinas são paramagnéticos. Espectros de RMN de $^{61}$Ni para Ni(0) são mais comuns. Ni(CO$_4$)$_2$ em C$_6$D$_6$ é utilizado para ajuste do experimento e como referência de deslocamento químico (0 ppm), entretanto, são muito tóxicos. O intervalo de deslocamento químico é de 1250 ppm (-950 a 300 ppm). O valor típico de T$_1$ é 0,01s.

- Cobre ($^{63}$Cu/$^{65}$Cu): têm abundância natural de 69,09% e 30,91%, respectivamente. Ambos apresentam *spin* 3/2, média sensibilidade e grande efeito quadrupolar, que resultam em linhas muito alargadas, especialmente em micromoléculas. CuCN é utilizado no ajuste do experimento e [Cu(CH$_3$CN)$_4$][ClO$_4$] em C$_6$D$_6$ como referência para o deslocamento químico (0 ppm). O intervalo de deslocamento químico é de 1.180 ppm (-380 a 800 ppm). Os valores típicos de T$_1$ estão abaixo de 0,01 s.

Fundamentos de Espectrometria e Aplicações

- Ródio ($^{103}$Rh): tem abundância natural de 100%, baixíssima sensibilidade e *spin* ½, resultando em sinais bem finos. Geralmente são observados mediante experimentos de correlações heteronucleares. Acopla com diversos núcleos, como $^1$H, $^{13}$C, $^{15}$N, $^{31}$P, etc. Rh(acac)$_3$ em CDCl$_3$ é utilizado para ajuste do experimento e como referência de deslocamento químico (0 ppm). O intervalo de deslocamento químico é de 12.600 ppm (-2.100 a 10.500 ppm). A temperatura influencia na variação do deslocamento químico (2 ppm/°C). Os valores típicos de T$_1$ estão acima de 50 s.

- Prata ($^{107}$Ag/$^{109}$Ag): têm abundância natural de 51,82% e 48,18%, respectivamente. Ambos apresentam *spin* ½, baixa sensibilidade e sinais bem finos. AgNO$_3$ em D$_2$O é utilizado no ajuste do experimento e como referência para o deslocamento químico (0 ppm). O intervalo de deslocamento químico é de 750 ppm (-25 a 725 ppm). Os valores típicos de T$_1$ estão entre 60 e 950 s. Para aumentar a velocidade de aquisição, sugere-se o uso de agentes de relaxação, como o Fe(NO$_3$)$_3$.

- Estanho ($^{117}$Sn/$^{119}$Sn): têm abundância natural de 7,61% e 8,58%, respectivamente. Ambos apresentam *spin* ½, média sensibilidade e sinais bem finos, facilmente observáveis. Sn(CH$_3$)$_4$ em C$_6$D$_6$ é utilizado no ajuste do experimento e como referência para o deslocamento químico (0 ppm). O intervalo de deslocamento químico é de 2.800 ppm (-2.300 a 500 ppm). Os valores típicos de T$_1$ estão entre 2 e 0,01 s.

- Platina ($^{195}$Pt): tem abundância natural de 33,8%, média sensibilidade e *spin* ½. Platina acopla com diversos núcleos. A constante de acoplamento entre $^1$H-$^{195}$Pt está entre 25 e 90 Hz para $^2$J, $^{13}$C-$^{195}$Pt está entre 700 e 1.500 Hz para $^1$J, $^{15}$N-$^{195}$Pt está entre 160 e 390 Hz para $^1$J, $^{31}$P-$^{195}$Pt está entre 1.300 e 4.000 Hz para $^1$J e 30 Hz para $^2$J. Na$_2$PtCl$_6$ em D$_2$O é utilizado para ajuste do experimento e como referência de deslocamento químico (0 ppm). O intervalo de deslocamento químico é de 12.000 ppm (-6.000 a 6.000 ppm). A temperatura tem forte efeito na variação do deslocamento químico. Os valores típicos de T$_1$ estão entre 1,3 e 0,3 s.

## Deslocamentos químicos de multinúcleos

Nas Tabelas 5.5 a 5.10, apresentaremos os deslocamentos químicos de alguns núcleos frequentemente utilizados em análises de RMN. Essas tabelas foram adaptadas de Bruker Almanac[8].

**Tabela 5.5.** Deslocamentos químicos de RMN de $^{15}$N (referência NH$_3$ líquida).

| RNH$_2$ | Aminas primárias<br>62-3 ppm | | | | | | | | | | | | | | | | | | | | | | |
| R$_2$NH | Aminas secundárias<br>92-6 ppm | | | | | | | | | | | | | | | | | | | | | | |
| R$_3$NH | Aminas terciárias<br>100-15 ppm | | | | | | | | | | | | | | | | | | | | | | |
| RNH$_3$+ | Íons amônio primários<br>62-19 ppm | | | | | | | | | | | | | | | | | | | | | | |
| R$_2$NH$_2$+ | Íons amônio secundários<br>79-25 ppm | | | | | | | | | | | | | | | | | | | | | | |
| R$_3$NH+ | Íons amônio terciários<br>115-37 ppm | | | | | | | | | | | | | | | | | | | | | | |

*Continua*

Fundamentos de RMN e Aplicações
Parte 2: Ressonância Magnética Nuclear de carbono 13 ($^{13}$C) e de multinúcleos

*Continuação*

| Estrutura | Composto / faixa |
|---|---|
| $H_2N$–CH$_2$–COOH | Aminoácidos 59-31 ppm |
| NR$_2$ | Enaminas 111-37 ppm |
| Íon anilínio | Íons anilíniuns 63-37 ppm |
| Piperidinas / hidroquinolinas | Piperidinas e hidroquinolinas 97-24 ppm |
| $\geq$N–P$\leq$ | Aminofosfinas 109-60 ppm |
| $R_2N$–C(=NR)–NR$_2$ | Guanidinas 217-170 e 67-25 ppm |
| $R_2N$–CO–NR$_2$ / $R_2N$–CO–OR | Uréias e carbamatos 129-65 ppm |
| Lactama | Lactamas 129-65 ppm |
| $R$–CO–NH$_2$ | Amida primária 124-106 ppm |
| $R$–CO–NHR | Amida secundária 156-108 ppm |
| $R$–CO–NR$_2$ | Amida terciária 141-94 ppm |
| $R_2N$–CS–NR$_2$ | Tiouréias 120-88 ppm |
| $R$–CS–NH$_2$ | Tioamidas 159-135 ppm |
| $R_2C$=N–NR$_2$ | Hidrazonas 338-323 e 185-150 ppm |
| $R_2C$=N–NO$_2$ | Nitroaminas 366-333 e 200-155 ppm |
| Pirróis e indóis | Pirróis e indóis 162-123 ppm |
| $R_2N$–N=N–NR$_2$ | Triazenos 465-444/376-357/168-150 ppm |
| Imida | Imidas 185-167 ppm |
| $R$–C≡N  $R$–N≡C̄ | Nitrilas e isonitrilas 241-218 e 208-174 ppm |
| Pirazóis | Pirazóis 257-161 ppm |
| Imidazóis, pirazinas, etc. | Imidazóis, pirazinas, etc. 518-242 ppm |
| $R_2C$=N⁺=N̄ | Diazo 445-315 e 307-224 ppm |
| $R_3C$–N⁺≡N | Diazônio 325-312 e 232-218 ppm |
| Piridinas | Piridinas 328-225 ppm |
| $R_2C$=N–R | Iminas 374-306 ppm |
| $R_2C$=N–OH | Oximas 410-368 ppm |
| $R$–N=N⁺(Ō)–R | Azoxi 367-329 ppm |
| $R$–N=N–R | Azo 555-503 ppm |
| $R$–NO$_2$ | Nitro 396-352 ppm |
| $R$–N=O | Nitrosos 918-805 e 568-541 ppm |

1000  900  800  700  600  500  400  300  200  100 ppm

**Tabela 5.6.** Deslocamentos químicos de RMN de $^{29}Si$ (referência TMS).

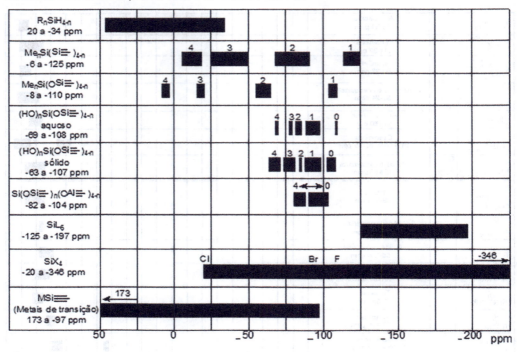

**Tabela 5.7.** Deslocamentos químicos de RMN de $^{27}Al$ (referência $Al(H_2O)_6^{3+}$).

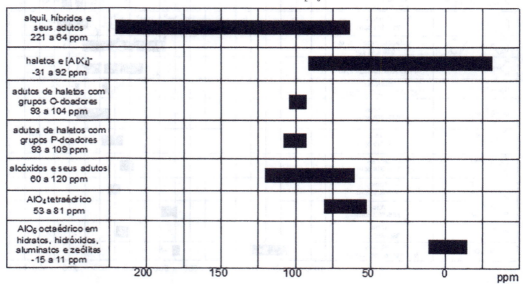

**Tabela 5.8.** Deslocamentos químicos de RMN de $^{17}O$ (referência $H_2O$).

| Grupo | Faixa |
|---|---|
| $-OH$ | -37 a 66 ppm |
| $-O-$ | -19 a 96 ppm |
| $-O\underset{X}{\diagdown}O-$ | 24 a 110 ppm |
| $-O-O-$ | 187 a 283 ppm |
| $\diagup S{=}O$ | 6 a 31 ppm |
| $-O\diagdown\underset{a}{S}\diagup\overset{O}{\underset{O_b}{}}$ | 91 a 165 ppm |
| $P(OR)_3$ | 21 a 64 ppm |
| $O{=}\underset{a}{P}(O\underset{b}{R})_3$ | 8 a 80 ppm |
| $CO_3^{2-}$ | 192 a 203 ppm |
| $O{=}\underset{a}{C}(O\underset{b}{R})_2$ | 112 a 254 ppm |
| $-COOH$ | 229 a 271 ppm |
| $-\underset{a}{O}-(\underset{b}{C}{=}O)_2$ | 245 a 402 ppm |
| $-\underset{a}{O}-\underset{b}{C}{=}O$ | 126 a 373 ppm |
| $\diagup N-C{=}O$ | 277 a 321 ppm |
| $X-C{=}O$ | 384 a 549 ppm |
| $\diagup C{=}O$ | 538 a 594 ppm |
| $HC{=}O$ | 544 a 619 ppm |
| $M-CO$ | 357 a 401 ppm |
| $ClO_3^-$ | 272 a 299 ppm |
| $ClO_4^-$ | 272 a 299 ppm |
| $NO_3^{2-}$ | 416 a 443 ppm |
| $-NO_2$ | 587 a 619 ppm |
| $-\underset{a}{O}-N{=}\underset{b}{O}$ | 448 a 848 ppm |
| $CrO_4^{2-}$ | 821 a 847 ppm |
| $Cr_2O_7^{2-}$ | 330 a 1120 ppm |

Escala: 1120 — 960 — 800 — 640 — 480 — 320 — 160 — 0 ppm

Fundamentos de Espectrometria e Aplicações

**Tabela 5.9.** Deslocamentos químicos de RMN de $^{19}F$ (referência $CFCl_3$).

| Composto | δ (ppm) | Composto | δ (ppm) | Composto | δ (ppm) |
|---|---|---|---|---|---|
| MeF | -271,9 | $CFBr_3$ | 7,4 | $FCH{=}CH_2$ | -114 |
| EtF | -213 | $CF_2Br_2$ | 7 | $F_2C{=}CH_2$ | -81,3 |
| $CF_2H_2$ | -1436 | $CFH_2Ph$ | -207 | $F_2C{=}CF_2$ | -135 |
| $CF_3R$ | -60 a -70 | $CF_2Cl_2$ | -8 | $C_6F_6$ | -163 |
| $AsF_5$ | -66 | $[AsF_6]^-$ | -69,5 | $[BeF_4]^-$ | -163 |
| $BF_3$ | -131 | $ClF_3$ | 116; -4 | $ClF_5$ | 247; 412 |
| $IF_7$ | 170 | $MoF_6$ | -278 | $ReF_7$ | 345 |
| $SeF_6$ | 55 | $[SbF_6]^-$ | -109 | $SbF_5$ | -108 |
| $[SiF_6]^{2-}$ | -127 | $TeF_6$ | -57 | $WF_6$ | 166 |
| $XeF_2$ | 258 | $XeF_4$ | 438 | $XeF_6$ | 550 |

**Tabela 5.10.** Deslocamentos químicos de RMN de $^{31}P$ (referência $H_3PO_4$ 85%).

| Composto | δ (ppm) | Composto | δ (ppm) | Composto | δ (ppm) |
|---|---|---|---|---|---|
| $PMe_3$ | -62 | $PMeBr_2$ | 184 | $MePF_4$ | -29,9 |
| $PEt_3$ | -20 | $PMe_2F$ | 186 | $Me_3PF_2$ | -158 |
| $P(n\text{-}Pr)_3$ | -33 | $PMe_2H$ | -99 | $Me_3PS$ | 59,1 |
| $P(i\text{-}Pr)_3$ | -19,4 | $PMe_2Cl$ | 96,5 | $Et_3PS$ | 54,5 |
| $P(n\text{-}Bu)_3$ | -32,5 | $PMe_2Br$ | 90,5 | $[Et_4P]^+$ | 40,1 |
| $P(i\text{-}Bu)_3$ | -45,3 | $Me_3PO$ | 36,2 | $[PS_4]^{3-}$ | 87 |
| $P(s\text{-}Bu)_3$ | 7,9 | $Et_3PO$ | 48,3 | $[PF_6]^-$ | -145 |
| $P(t\text{-}Bu)_3$ | 63 | $[Me_4P]^+$ | 24,4 | $[PCl_4]^-$ | 86 |
| $PMeF_2$ | 245 | $[PO_4]^{3-}$ | 6,0 | $[PCl_6]^-$ | -295 |
| $PMeH_2$ | -163,5 | $PF_5$ | -80,3 | $Me_2PF_3$ | 8,0 |
| $PMeCl_2$ | 192 | $PCl_5$ | -80 | | |

## SOFTWARES PARA SIMULAÇÃO DE ESPECTROS E SITES DA INTERNET COM DADOS DE RESSONÂNCIA MAGNÉTICA NUCLEAR

Na internet é possível encontrar vários sites, de acesso livre, com ferramentas úteis para o aprendizado da RMN. O WebSpectra (www.chem.ucla.edu/~webspectra), por exemplo, apresenta noções básicas da RMN e algumas dicas úteis para interpretação de espectros. Apresenta ainda alguns exercícios, com respostas, envolvendo espectros de RMN de $^1H$, $^{13}C$, DEPT e COSY.

*Fundamentos de RMN e Aplicações*
*Parte 2: Ressonância Magnética Nuclear de carbono 13 ($^{13}$C) e de multinúcleos*

No endereço <http://sdbs.riodb.aist.go.jp/sdbs/cgi-bin/cre_index.cgi>, é possível encontrar uma base de dados espectrais de diversos compostos orgânicos, em que são apresentados espectros de RMN, entre outros.

Os fundamentos da RMN são discutidos em uma linguagem bem acessível pelo Chem 605, disponível no endereço <http://www.chem.wisc.edu/areas/reich/chem605>. Nesse site, é apresentada uma grande variedade de compostos orgânicos, representando uma infinidade de grupos funcionais, com seus deslocamentos químicos de $^1$H e $^{13}$C e constantes de acoplamento. O mesmo tipo de informação pode ser ainda observado para compostos contendo heteronúcleos como $^{19}$F, $^{31}$P, $^{77}$Se e $^{11}$B. Informações relevantes sobre solventes usados em RMN, uma série de exercícios com respostas e softwares para simulação de espectros de RMN são também apresentados.

O NMRShiftDB, disponível no endereço <http://nmrshiftdb.nmr.uni-koeln.de>, é uma base de dados que contém espectros de RMN de compostos orgânicos. Nessa base, estão alocados espectros medidos e calculados.

Para simulação de espectros, um software bastante utilizado é o ACD/LABS. Embora não realize cálculos quânticos de propriedades de RMN, esse software faz uso de redes neurais para realizar a predição, fornecendo, assim, de maneira rápida e simplificada, um bom indicativo do espectro esperado.

Na página do Laboratório de Síntese Orgânica da USP-RP (<http://artemis.ffclrp.usp.br/softwareP.htm>), pode ser encontrado, gratuitamente, um programa para simulação da aparência de multipletos, o FOMSC (*first order multiplet simulator*), que é muito útil na identificação da multiplicidade de sinais complexos.

Na internet também pode ser encontrada uma tabela periódica de RMN (*NMR periodic table*) com as propriedades magnéticas em geral, tais como *spin* nuclear, constante magnetogírica, sensibilidade relativa, frequência de ressonância etc., de todos os elementos e seus isótopos passíveis de análise por RMN. Essas informações podem ser acessadas no endereço <http://www.brukernmr. de/guide/eNMR/chem/NMRnuclei.html>. Consultar a tabela periódica de RMN pode ser extremamente útil quando se deseja investigar núcleos pouco convencionais, especialmente em razão das referências bibliográficas citadas.

## EXERCÍCIOS

1. Correlacione os carbonos destacados na molécula a seguir com os seus respectivos deslocamentos químicos de RMN de $^{13}$C.

( ) 15,0
( ) 28,0
( ) 61,0
( ) 158,0

2. Relacione as três substâncias seguintes com os seus respectivos espectros de RMN de $^{13}$C simulados e atribua todos os sinais.

175

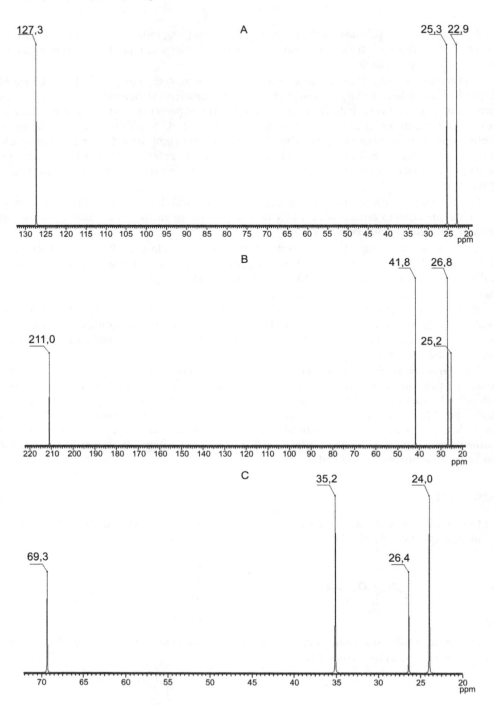

3. Em espectros de RMN de ¹H convencionais, é possível observar a presença de satélites, enquanto em espectros de RMN de ¹³C convencionais eles não são observados, conforme ilustrado a seguir. Explique.

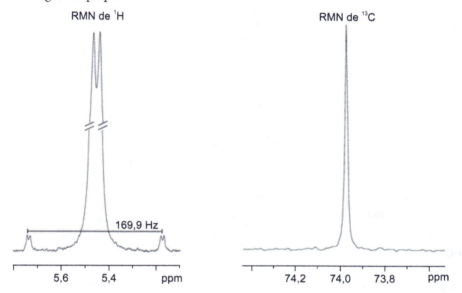

4. Explore, detalhadamente, as razões para as diferenças nos deslocamentos químicos observados para os seguintes compostos.

(a) 26,3 ∕∕ e 12,8 ∕∕∕

(b) 133,2 ∕∕ e 137,3 ∕∕

(c) 107,7 ∕∕ CN e 137,5 ∕∕ OH

(d) 137,8 ∕∕ CN e 107,7 ∕∕

(e) 122,0 ∕∕ Br e 153,2 ∕∕ OCH₃

(f) 115,0 ∕∕ Br e 84,4 ∕∕ OCH₃

5. Preveja o número de sinais de RMN de $^{13}C$ e os deslocamentos químicos dos carbonos presentes nas moléculas seguintes:

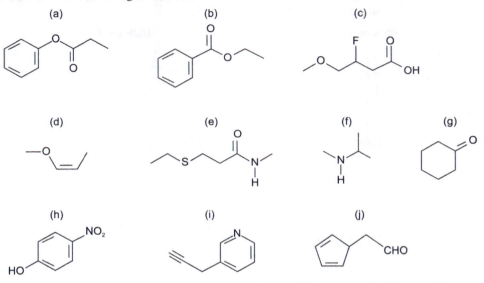

6. Correlacione os seguintes compostos com seu respectivo espectro de RMN de $^{13}C$, elucide a estrutura e atribua todos os deslocamentos químicos: $C_5H_9NO_4$, $C_4H_7NO_4$, $C_3H_5O_3Na$; $C_4H_4O_4$.

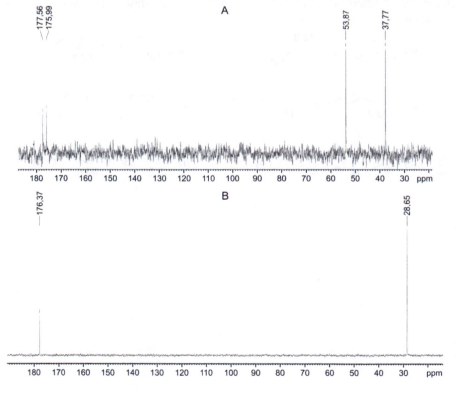

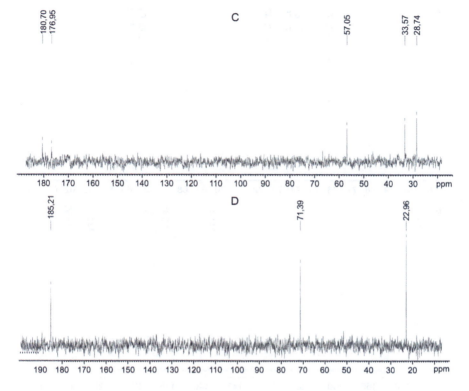

7.  a. Os edulcorantes ciclamato de sódio, sacarina e sorbitol são largamente empregados pela indústria alimentícia e farmacêutica. Considerando-se que medicamentos pediátricos precisam ser avaliados em função do edulcorante empregado, correlacione os espectros com as respectivas estruturas, atribuindo os deslocamentos químicos.

    b. Aponte quais sinais (ou conjuntos de sinais) poderiam ser empregados como característicos em cada um dos edulcorantes para a quantificação destes em formulações farmacêuticas. Justifique sua resposta.

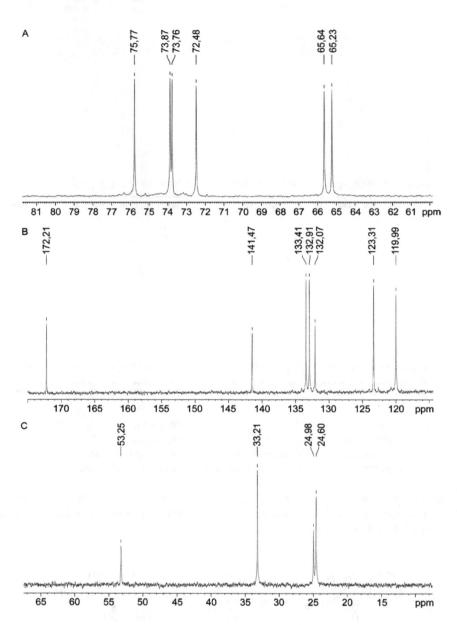

8. O espectro de RMN de $^{13}$C do aminoácido prolina é apresentado a seguir. Esse espectro foi adquirido com 192 varreduras e tempo de espera de 2 s (d1). Com base nessas informações, responda:
   a. O que você esperaria se mais 768 varreduras fossem somadas a esse espectro?
   b. Esse espectro foi adquirido em condições quantitativas?
   c. O que você esperaria de modificação nesse espectro se o tempo de espera fosse aumentado para 60 s e uma sequência de pulsos que evite o efeito NOE fosse aplicada?

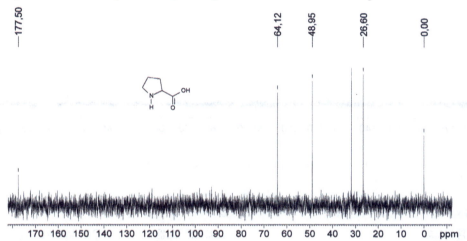

9. Elucide a estrutura do composto $C_{10}H_{13}NO_4$, um pró-fármaco anti-hipertensivo, cujos espectros de RMN de $^1$H e $^{13}$C estão apresentados a seguir. Considere que o experimento de gHSQC $^1$H-$^{13}$C editado apresentou uma coloração diferente para a correlação em 44,8 ppm.

Espectro 9 (RMN de $^1$H)

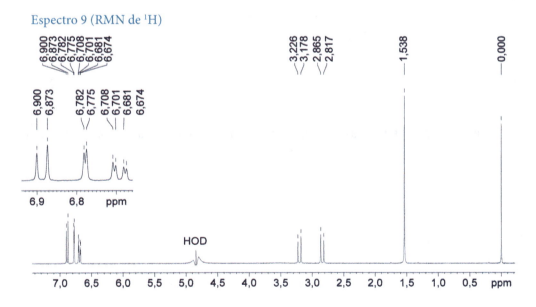

Espectro 9 (RMN de $^{13}$C)

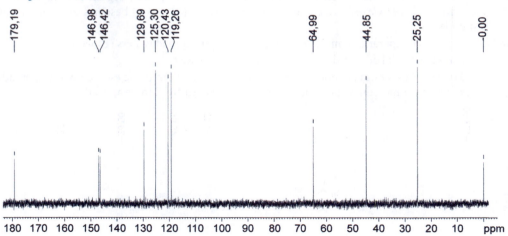

10. O composto $C_{13}H_8O_2$ tem os seguintes espectros de RMN de $^1$H e $^{13}$C. Elucide a estrutura e atribua todos os sinais.

Espectro 10 (RMN de $^1$H)

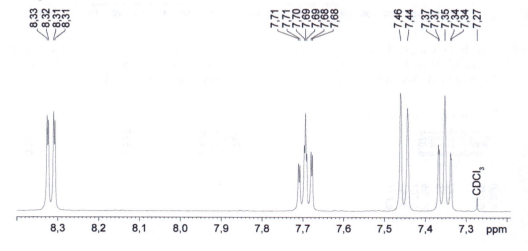

## Espectro 10 (RMN de $^{13}C$)

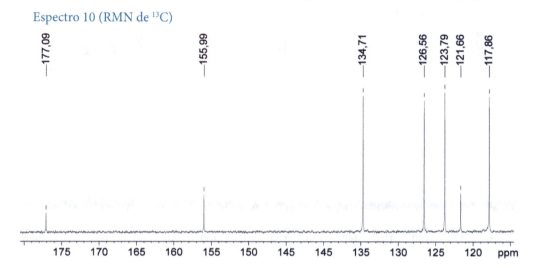

11. O composto $C_6H_8O_6$ tem os seguintes espectros de RMN de $^1H$ e $^{13}C$. No experimento de DEPT-135, detectaram-se apenas os carbonos em 79,4, 72,0 e 65,1 ppm, sendo que os dois primeiros com fase absortiva positiva e o último com fase absortiva negativa. Elucide a estrutura e atribua todos os sinais.

## Espectro 11 (RMN de $^1H$)

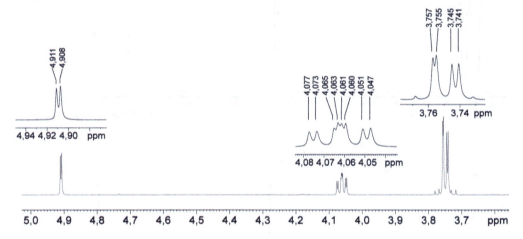

Espectro 11 (RMN de $^{13}$C)

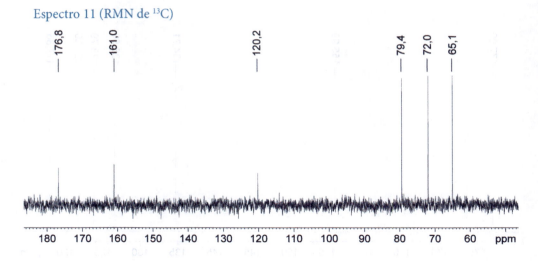

12. Os espectros simulados de RMN de $^{13}$C, para o óxido de fosfina bicíclico com acoplamento heteronuclear $^{13}$C-$^{31}$P (A) e sem acoplamento (B), são apresentados a seguir. Atribua todos os deslocamentos químicos e as constantes de acoplamento C-P.

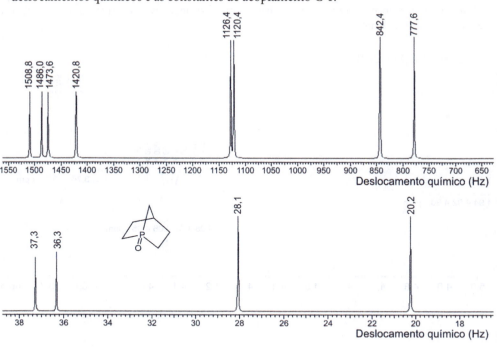

Fundamentos de RMN e Aplicações
Parte 2: Ressonância Magnética Nuclear de carbono 13 ($^{13}$C) e de multinúcleos

13. A adição de grupos fosfatos ao benzenodiol produziu três compostos, conforme figura a seguir. A análise de RMN de $^{31}$P desses compostos produziu três espectros, cujos sinais são: espectro 1) -3,0 ppm; espectro 2) -3,0 ppm, -8,8 ppm e -17,0 ppm; espectro 3) 20,5 ppm, -17,0 ppm e -22,0 ppm. Correlacione cada espectro à respectiva estrutura e atribua os deslocamentos químicos de todos os fósforos.

14. O cimento Portland tem em sua composição $SiO_2$ e $Al_2O_3$, em um teor aproximado de 21% e 5%, respectivamente. Visando melhorar as propriedades do concreto, adicionou-se metacaulim a esse cimento, que passou a ter aproximadamente 55% de $SiO_2$ e 33% de $Al_2O_3$. Nos espectros de RMN de $^{29}$Si, no estado sólido, desses materiais, são observados dois picos que foram atribuídos ao dióxido de silício e ao aluminato de silício, respectivamente em -80 e -92 ppm. Esboce os espectros para essas duas situações observando as diferenças nas intensidades dos sinais e atribuindo os deslocamentos químicos dos diferentes silícios observados.

## BIBLIOGRAFIA

1. Claridge TDW. High-Resolution NMR Techniques in Organic Chemistry. Amsterdam, Elsevier: 1-382, 2009.

2. Yoneda AD, Leal KZ, Seidl PR, Azeredo RBV, Kleinpeter E. Cânfora: um bom modelo para ilustrar técnicas de RMN. Química Nova 30(8): 2053-56, 2007.

3. Ewing DF. 13C substituent effects in monosubstituted benzenes. Organic Magnetic Resonance 12(9): 499-524, 1979.

4. Lião LM, Choze R, Cavalcante PPA, Santos SC, Ferri PH, Ferreira AG. Perfil químico de cultivares de feijão (Phaseolus vulgaris) pela técnica de High Resolution Magic Angle Spinning (HR-MAS). Química Nova 33(3): 634-38, 2010.

5. MacKenzie KJD, Smith ME. Multinuclear solid-state NMR of inorganic materials. London, Pergamon: 1-22, 2002.

6. Brevard C, Granger P. Handbook of high resolution multinuclear NMR. New York, John Wiley & Sons: 1-229, 1981.

7. Wishart DS, Bigam CG, Yao J, Abildgaard F, Dyson J, Oldfield E et al. $^1$H, $^{13}$C and $^{15}$N chemical shift referencing in biomolecular NMR. Journal of Biomolecular NMR 6(2): 135-40, 1995.

8. The Bruker Team. In: Almanac – analytical tables and product overview. Karlsruhe, Bruker: 16-20, 2012.

# 6

# Fundamentos de RMN no Estado Sólido e Aplicações

Jair C. C. Freitas

## SUMÁRIO

Introdução
Propriedades nucleares de interesse para a RMN
   Spin nuclear
   Momento de dipolo magnético
   Momento de quadrupolo elétrico
Interações de spin nuclear
   Deslocamento químico
   Acoplamento dipolar direto
   Acoplamento escalar
   Interação quadrupolar
   Outras interações
   Manifestação das interações de spin nuclear
   nos espectros de RMN
Técnicas de alta resolução em ressonância
magnética nuclear de sólidos

Rotação em torno do ângulo mágico (MAS)
Desacoplamento
Polarização cruzada (CP)
Métodos avançados em RMN de sólidos
Aplicações de ressonância magnética nuclear
no estado sólido
   Ressonância magnética nuclear de $^{27}Al$ em
   aluminas
   Ressonância magnética nuclear de $^{13}C$
   em materiais lignocelulósicos e materiais
   carbonizados
   Ressonância magnética nuclear de $^{29}Si$ em
   silicatos
Exercícios propostos

## INTRODUÇÃO

A ressonância magnética nuclear (RMN) é hoje uma das mais úteis ferramentas para investigações de características químicas e físicas de substâncias orgânicas ou inorgânicas. Além de suas já rotineiras aplicações para registro de imagens médicas e estudos de aspectos biológicos de plantas e animais, a RMN encontra vasto campo de aplicação em áreas como farmacologia, bioquímica, petrofísica, geoquímica, química orgânica, química inorgânica, química analítica, física da matéria condensada, cristalografia e ciência dos materiais. Se no passado a utilização da RMN como técnica espectroscópica era praticamente restrita ao estudo de substâncias líquidas ou em solução, o advento das chamadas técnicas de alta resolução em sólidos nas décadas de 1960 e 1970

Fundamentos de Espectrometria e Aplicações

e o espetacular avanço observado nesses métodos nas décadas seguintes tornaram a espectroscopia por RMN uma ferramenta igualmente útil para a análise de materiais sólidos.

Desse modo, métodos de RMN de sólidos têm sido empregados com bastante sucesso para investigações de materiais como polímeros, carvões, vidros, zeólitas, minerais, materiais magnéticos e muitos outros. Dentre os núcleos envolvidos nesses experimentos (conhecidos como *núcleos sondas*), merecem destaque: $^1H$ (próton) e $^{13}C$ – largamente empregados em estudos de polímeros, fármacos, substâncias de origem orgânica, carvões e materiais relacionados; $^{23}Na$, $^{27}Al$ e $^{29}Si$ – especialmente em aplicações envolvendo vidros, cimentos e zeólitas; $^{15}N$ e $^{31}P$ – principalmente em aplicações envolvendo materiais de interesse geoquímico ou biológico; e diversos outros núcleos envolvidos em estudos mais específicos como $^7Li$, $^{11}B$, $^{17}O$, $^{25}Mg$, $^{19}F$ e $^{51}V$.

Nessas aplicações, destacam-se como características positivas o caráter não destrutivo dos métodos de RMN de sólidos (em que normalmente são utilizadas amostras em pó) amostras, a sensibilidade dos espectros de RMN às características locais dos ambientes químicos dos núcleos sondas em questão, a viabilidade de estudo de materiais cristalinos ou amorfos, as várias possibilidades de experimentos que exploram aspectos da dinâmica molecular ou iônica e a versatilidade oferecida por uma técnica que pode fazer uso de diferentes núcleos sondas (uma abordagem conhecida como multinuclear) e que pode explorar as interações entre esses núcleos em um dado material (em experimentos de ressonância múltipla).

Grande parte das diferenças entre a RMN utilizada para estudos de materiais sólidos em comparação com substâncias em solução é relacionada à forma como os núcleos sondas interagem com os campos eletromagnéticos de origem interna à matéria em suas vizinhanças. Essas interações, conhecidas como *interações de spin nuclear*, são, em geral, reduzidas ou mesmo anuladas devido ao rápido movimento molecular em líquidos ou gases. Por outro lado, em sólidos essas interações sobrevivem e influenciam de forma decisiva nos espectros de RMN resultantes. Como consequência, os espectros de RMN em sólidos registrados com uma amostra em pó estática são, em geral, largos e apresentam baixa resolução. Com o objetivo de remover total ou parcialmente esses alargamentos, normalmente são utilizadas as chamadas técnicas de alta resolução em sólidos.

Se, por um lado, as interações de spin nuclear tendem a tornar os espectros de RMN em sólidos largos, a sua relação com os campos eletromagnéticos internos nas vizinhanças dos núcleos sondas possibilita a obtenção de informações microscópicas sobre as características físicas, químicas e estruturais de um ponto de vista local. Assim, o desenvolvimento de métodos para remoção ou reintrodução seletiva de alguns tipos de interações ou acoplamentos envolvendo núcleos sondas específicos torna a RMN de sólidos uma ferramenta muito versátil e cujos resultados dependem de forma decisiva dos detalhes dos experimentos realizados.

Considerando a importância das interações de spin nuclear para a compreensão dos métodos de RMN de sólidos, esse tema é discutido com algum detalhe na próxima seção, após uma breve descrição das principais propriedades nucleares que são, direta ou indiretamente, relacionadas aos experimentos de RMN. Na sequência, são discutidas as principais técnicas de alta resolução em RMN de sólidos, com destaque para as técnicas hoje consideradas de rotina, seguidas por uma digressão sobre métodos avançados e por uma descrição da instrumentação necessária para realização desses experimentos. Este capítulo é encerrado por uma seção em que são apresentadas e discutidas aplicações de RMN de sólidos em alguns tipos específicos de materiais, com o objetivo de ilustrar o potencial e a versatilidade desses métodos aplicados a materiais e temas de interesse atual.

A correta compreensão e interpretação de resultados obtidos com a técnica de RMN, assim como para vários outros métodos de espectroscopia, exige do usuário algum conhecimento e familiaridade com o Eletromagnetismo e a Mecânica Quântica. Desse modo, é inevitável que em um texto como este o formalismo da Mecânica Quântica seja utilizado em diversos pontos. Entretanto, procuramos manter todas as discussões em um nível acessível para estudantes que tenham conhecimento de Eletromagnetismo e Física Moderna compatível com as disciplinas básicas de Física normalmente ministradas nos dois primeiros anos de cursos de graduação em Química, Física ou Engenharias. Sempre que necessário, serão apontadas referências bibliográficas em que tais discussões poderão ser aprofundadas e determinados resultados poderão ser demonstrados de forma completa utilizando um formalismo mais rigoroso.

Finalmente, é importante mencionar aqui outros textos em que os tópicos discutidos neste capítulo são detalhados e expandidos. Todas essas obras são elencadas na Bibliografia, ao final do capítulo. Para a parte de fundamentos físicos da ressonância magnética em geral, incluindo a RMN, os textos já clássicos de Abragam (1983) e de Slichter (1996) continuam sendo as referências principais. O formalismo envolvido na espectroscopia de RMN utilizando transformada de Fourier e com destaque para os métodos espectroscópicos em mais de uma dimensão é descrito de forma completa e extensa na obra de Ernst, Bodenhausen e Wokaun (1987). Os processos de relaxação em RMN de sólidos e de líquidos são discutidos em detalhe no excelente texto de Cowan (1997).

Uma visão bastante abrangente sobre a técnica de RMN em um texto atual, profundo e ao mesmo tempo acessível para estudantes de graduação é encontrada no livro de Levitt (2001). Um outro texto de bom nível e com um capítulo dedicado à RMN de sólidos é o livro bastante popular na comunidade de RMN do Brasil, escrito pelos colegas portugueses Gil e Geraldes (1987). Especificamente para RMN de sólidos, merecem destaque os livros de Duer (2004), com uma descrição detalhada de vários métodos de RMN de sólidos, de MacKenzie & Smith (2002), com descrições de aplicações de métodos de RMN para diferentes tipos de materiais inorgânicos agrupadas pela espécie nuclear envolvida, e de Apperley, Harris e Hodgkinson (2012), com destaque para as aplicações de RMN em cristalografia e para o estudo de fármacos.

## PROPRIEDADES NUCLEARES DE INTERESSE PARA A RMN

### Spin nuclear

O fenômeno de RMN é observado apenas para núcleos atômicos contendo momento angular total diferente de zero. Esse momento angular total é normalmente denominado spin nuclear, embora ele seja composto por uma soma dos momentos angulares orbitais e intrínsecos (ou seja, de spin) de cada um dos núcleons (termo usado para designar indistintamente os prótons e os nêutrons que constituem o núcleo). Na Mecânica Quântica, o momento angular é representado por um vetor (ou, mais precisamente, por um operador vetorial), cujo módulo e cuja componente ao longo de uma direção qualquer (comumente denominada $z$) são quantizados, ou seja, só podem assumir valores discretos caracterizados por determinados números quânticos.[1]

No caso dos núcleos atômicos, o operador de momento angular total é normalmente definido como $\mathbf{J} = \hbar\,\mathbf{I}$, onde $\hbar = h/2\pi$ representa a constante de Planck dividida por $2\pi$ (a qual tem dimensão de momento angular) e $\mathbf{I}$ é um vetor (na verdade, um operador vetorial) cujas componentes são adimensionais. O módulo de $\mathbf{I}$ depende de um número quântico simbolizado por $I$, inteiro ou semi-inteiro, sendo que o seu quadrado ($|\mathbf{I}^2|$) só pode assumir valores iguais ao produto $I(I + 1)$. Já a componente $z$ de $\mathbf{I}$ só pode assumir valores inteiros ou semi-inteiros iguais a $m\hbar$, onde o número quântico $m$ só pode assumir valores dados por $m = -I, -I + 1, ..., I - 1, I$. O número quântico $I$ é conhecido como número quântico de spin nuclear ou mais simplesmente apenas como spin nuclear. É importante, então, observar que o mesmo termo spin nuclear pode ser usado tanto para indicar o vetor momento angular total do núcleo quanto o número quântico que caracteriza o seu módulo – o contexto normalmente deixa claro o significado pretendido.

Todos os núcleos atômicos têm valores inteiros ou semi-inteiros para o número quântico de spin nuclear $I$. O valor de $I$ para os núcleos no estado fundamental nuclear (ou seja, seu estado de mais baixa energia, que é o único importante em experimentos de RMN) depende do número de prótons e de nêutrons no núcleo.[2] Todos os núcleos com números pares de prótons e de nêutrons têm momento angular total nulo, ou seja, $I = 0$. Exemplos incluem os núcleos $^{12}C$, $^{16}O$ e $^{28}Si$, que são as espécies nucleares (ou *nuclídeos*) naturalmente mais abundantes para os respectivos elementos químicos. Esses núcleos não podem ser observados por RMN. Quando o número de prótons é par e o número de nêutrons é ímpar ou quando o número de nêutrons é par e o número de prótons é ímpar, então $I$ é semi-inteiro. Esse é o caso mais comum, incluindo núcleos como $^1$H (próton), $^7$Li, $^{11}$B, $^{13}$C, $^{15}$N, $^{17}$O, $^{29}$Si, $^{51}$V e outros. Por outro lado, os poucos núcleos estáveis com números ímpares de prótons e de nêutrons têm número quântico de spin nuclear inteiro, sendo este o caso de $^2$H (deutério), $^6$Li, $^{10}$B, $^{14}$N e $^{50}$V, por exemplo.

Os núcleos atômicos interagem com campos eletromagnéticos por meio de seus chamados momentos multipolares elétricos e magnéticos.[3-5] Todos os núcleos apresentam carga elétrica positiva, correspondente ao momento multipolar elétrico de ordem zero (monopolo elétrico). Por causa da simetria da distribuição de carga elétrica no núcleo, todos os núcleos têm momento de dipolo elétrico nulo, o que significa que os núcleos não têm energia orientacional dependente de campos elétricos (de fato, na matéria os núcleos sempre ocupam posições em que o campo elétrico total é nulo; caso contrário, eles seriam acelerados por uma força proporcional à carga elétrica nuclear).

Os momentos multipolares de mais baixa ordem são, portanto, o momento de dipolo magnético (já que, até onde se sabe, não existem monopolos magnéticos na natureza) e o momento de quadrupolo elétrico. São essas as propriedades nucleares que dominam as interações de um núcleo com os campos magnéticos (no caso do momento de dipolo magnético) e com os gradientes de campos elétricos (no caso do momento de quadrupolo elétrico) existentes na matéria e que produzem efeitos observáveis por RMN.

Tanto o momento de dipolo magnético quanto o momento de quadrupolo elétrico nuclear dependem do número quântico $I$ (na verdade, essa afirmação vale para qualquer momento multipolar elétrico ou magnético[4]). Como mencionado, apenas os núcleos com $I$ não nulo podem ser observados por RMN; isso se deve ao fato de que o momento de dipolo magnético nuclear também se anula se $I$ é igual a zero.

### Momento de dipolo magnético

Os núcleos que apresentam momento angular total não nulo têm um momento de dipolo magnético associado às contribuições orbitais e de spin de cada núcleon. No estado fundamental nuclear, em que o momento angular total é constante, o momento de dipolo magnético (operador vetorial simbolizado por $\boldsymbol{\mu}$) é sempre proporcional ao momento angular total (ou spin nuclear). Esse resultado pode ser compreendido a partir de um teorema conhecido em Mecânica Quântica como teorema da projeção,[2] o qual tem uma interpretação geométrica e semiclássica razoavelmente simples, ilustrada na Figura 6.1. O fato de os núcleos atômicos terem, em seu estado fundamental, momento angular total constante (o que equivale afirmar que o número quântico $I$ é um bom número quântico, característico de cada espécie nuclear) corresponde, em uma visão semiclássica, ao resultado de que o momento angular total é uma constante do movimento.

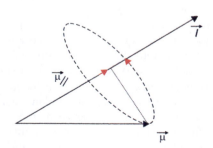

**Figura 6.1.** Ilustração semiclássica do teorema da projeção.[2]

Pode-se, assim, considerar que todo o sistema nuclear gira em redor do eixo definido pelo vetor momento angular (representado por $\vec{I}$ na Figura 6.1). Assim sendo, todos os vetores ligados ao sistema executarão um movimento de precessão em torno desse eixo e apenas suas componentes ao longo de $\vec{I}$ terão média temporal diferente de zero.[2] É essa média temporal, correspondente à projeção $\vec{\mu}_{//}$ do vetor momento de dipolo magnético $\vec{\mu}$ ao longo do eixo definido por $\vec{I}$, que é observável em experimentos de RMN (ou em qualquer experimento que envolva a interação do núcleo com um campo magnético). Assim, a quantidade de interesse para experimentos de RMN é o vetor (na verdade, operador vetorial) momento de dipolo magnético nuclear dado pela Equação 6.1:

$$\vec{\mu} = \gamma \hbar \vec{\mathbf{I}}$$

(6.1)

onde $\gamma$ é uma constante característica de cada núcleo, chamada **fator giromagnético** ou **razão giromagnética** ou ainda **razão magnetogírica**. A quantidade que se costuma chamar de **momento de dipolo magnético nuclear** e que normalmente aparece em tabelas com dados a respeito de nuclídeos[2,6] é definida como o valor esperado da componente $z$ de tal operador (que é a quantidade observável experimentalmente) no estado com máximo número quântico $m$, ou seja (Equação 6.2):

$$\mu = \gamma \hbar I$$

(6.2)

Os momentos de dipolo magnético nucleares assumem valores da ordem de uma constante conhecida como **magnéton nuclear** e definida por (Equação 6.3):[2,3]

$$\mu_N = \frac{e\hbar}{2m_p} = 5,050783 \times 10^{-27} \; J/T,$$

(6.3)

sendo $e$ a carga elétrica elementar e $m_p$ a massa do próton. É interessante observar que, na Física Atômica, existe uma quantidade análoga, o **magnéton de Bohr** (dado por $\mu_B = \frac{e\hbar}{2m_e} = 9,274010 \times 10^{-24} \; J/T$, onde $m_e$ é a massa do elétron), que define a ordem de grandeza dos momentos de dipolo magnético eletrônicos. O magnéton de Bohr é maior do que o magnéton nuclear por um fator igual à razão entre a massa do próton e a massa do elétron (aproximadamente 1836). Assim, os efeitos magnéticos associados a elétrons (p.ex.: que definem os valores de suscetibilidade magnética dos materiais) são muito mais intensos e, portanto, mais facilmente observáveis do que os nucleares.

O momento de dipolo magnético é a propriedade nuclear relevante para a descrição da interação do núcleo com campos magnéticos locais de origem externa ou interna, aí incluindo os campos produzidos pelos elétrons do próprio átomo ou de outros átomos e os campos devidos a interações com outros núcleos. Em um experimento típico de RMN, o momento de dipolo magnético nuclear interage com um campo magnético externo $\vec{B}_0$, com uma energia de interação descrita por um operador denominado **hamiltoniano** dado por:

$$\mathbf{H}_z = -\vec{\mu} \cdot \vec{B}_0 = -\gamma \hbar \mathbf{I}_z \, B_0, \qquad \text{Equação (6.4)}$$

onde $\mathbf{I}_z$ é a componente do momento angular nuclear ao longo do campo magnético $\vec{B}_0$, convencionalmente escolhida como componente $z$.

As energias de interação correspondentes a esse hamiltoniano são dadas por:

$$E_m = -m\gamma\hbar B_0 = -m\hbar\omega_L$$

(6.5)

onde $\omega_L = \gamma B_0$ é um parâmetro denominado **frequência de Larmor**. Essa frequência corresponde à frequência de precessão clássica de um momento de dipolo magnético em torno de um campo magnético aplicado (ilustrada na Figura 6.2a), de forma análoga à precessão de um pião na presença de um campo gravitacional.[7]

Assim, na presença de um campo magnético externo, a energia do núcleo depende de sua orientação com relação à direção daquele campo, a qual é caracterizada pelo número quântico $m$ (que especifica a projeção $z$ do momento angular total nuclear). A separação entre esses níveis é igual a $\hbar\omega_L$, proporcional portanto à frequência de Larmor. Uma ilustração dessa situação para um núcleo com $I = 3/2$ é mostrada na Figura 6.2b.

Esse comportamento, denominado **efeito Zeeman**, constitui a base do fenômeno de ressonância magnética: devido à existência de níveis de energia discretos separados por um *quantum* de energia igual a $\hbar\omega_L$, é possível observar transições de spin nuclear entre tais níveis por meio da interação dos núcleos com um campo eletromagnético oscilante com frequência igual a (ou em torno de) $\omega_L$. Com campos magnéticos com magnitude da ordem de 10 T (valores típicos para muitos espectrômetros de RMN comerciais), a frequência de Larmor é da ordem de dezenas a centenas de MHz, o que corresponde à faixa das ondas de rádio. Por isso, em RMN são utilizados campos de radiofrequência para a perturbação dos momentos magnéticos nucleares e a consequente geração dos sinais induzidos e dos espectros de RMN.[7]

Um fenômeno análogo ocorre para os momentos de dipolo magnético atômicos: se um átomo tem momento angular total diferente de zero (normalmente como resultado da existência de elétrons desemparelhados), sob aplicação de um campo magnético externo é possível produzir níveis discretos de energia dependentes da orientação daquele momento angular. Transições eletrônicas podem ser, então, observadas por meio de um campo eletromagnético oscilante com frequência correspondente à diferença de energia entre tais níveis, caracterizando o fenômeno de ressonância paramagnética eletrônica (RPE) ou ressonância de spin eletrônico (RSE).[8] Como os momentos de dipolo magnético eletrônicos são muito maiores do que os nucleares, as frequências envolvidas na RPE são também proporcionalmente maiores do que as frequências de RMN, caindo na faixa das microondas (da ordem de GHz) para campos magnéticos com magnitudes usuais.

## Momento de quadrupolo elétrico

Além de interagir com campos magnéticos, por meio do momento de dipolo magnético descrito na seção anterior, os núcleos também experimentam interações eletrostáticas, por meio de seus momentos multipolares elétricos. Como já mencionado, o momento multipolar elétrico

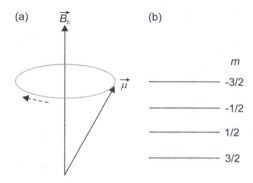

**Figura 6.2.** (a) Movimento de precessão do momento de dipolo magnético nuclear na presença de um campo magnético estático. (b) Esquema de níveis de energia para um núcleo com spin 3/2 na presença de um campo magnético estático.

nuclear de mais baixa ordem que interessa para experimentos de RMN é o momento de quadru-polo elétrico.

A energia de interação eletrostática entre uma distribuição de cargas elétricas descrita pela função densidade de carga $\rho(\vec{r}\,')$, que representa a distribuição de cargas positivas dos prótons no núcleo, e um potencial eletrostático $V(\vec{r}\,')$, que representa o potencial elétrico devido à presença de elétrons e de outros núcleos, pode ser calculada classicamente pela integral:[9]

$$W = \int \rho(\vec{r}\,')\, V(\vec{r}\,')\, d^3 r\,' \tag{6.6}$$

sendo a integral estendida a todo o volume do núcleo e com o vetor posição $\vec{r}\,'$ escolhido, por conveniência, com origem dentro da distribuição de carga.

É possível mostrar que o termo de mais baixa ordem na expansão da energia $W$ que é relevante para interações que dependam da orientação do momento angular do núcleo (como é o caso das interações envolvidas em experimentos de RMN) é o seguinte:[2]

$$W_Q = \frac{1}{6} \sum_{jk} Q_{jk}\, V_{jk} \tag{6.7}$$

onde:

$$Q_{jk} = \int (3x'_j x'_k - r'^2 \delta_{jk})\rho(\vec{r}\,')\,d^3 r\,' \tag{6.8}$$

$$V_{jk} = \left( \frac{\partial^2 V}{\partial x_j\, \partial x_k} \right)_0 \tag{6.9}$$

Nessas expressões, as componentes cartesianas são designadas por números (da seguinte for-ma: $x_1 = x$, $x_2 = y$, $x_3 = z$) e os índices $j$ e $k$ podem assumir valores de 1 a 3. As quantidades $Q_{jk}$ e $V_{jk}$ representam componentes de **tensores cartesianos de 2ª ordem**; ao todo são nove componentes para cada tensor, que podem ser convenientemente arranjadas em matrizes $3 \times 3$. O símbolo $\delta_{jk}$ é conhecido como **delta de Kronecker**, assumindo valores iguais a 1 (para $j = k$) ou 0 (para $j \neq k$). As componentes $Q_{jk}$ definem o **tensor momento de quadrupolo elétrico** da distribuição de cargas e correspondem a uma medida do quanto a distribuição se desvia de uma simetria esférica. Para uma distribuição esfericamente simétrica todas as integrais na Equação 6.8 são nulas, o que significa que o momento de quadrupolo é nulo. Esse é o caso de núcleos com $I = 0$ ou $I = 1/2$, para os quais não existe momento de quadrupolo elétrico.[3] Núcleos com números quânticos de spin maiores (a partir de 1) têm momento de quadrupolo elétrico não nulo, associado a distribuições de carga não esfericamente simétricas.

Na Equação 6.9, a derivada segunda do potencial elétrico é calculada na origem, ou seja, na posição do núcleo. As derivadas segundas do potencial elétrico correspondem, com uma troca de sinal, às derivadas primeiras das componentes do campo elétrico. Assim, o tensor com compo-nentes $V_{jk}$ é conhecido como **tensor gradiente de campo elétrico** (GCE) na posição do núcleo. Essas componentes são definidas pela distribuição de cargas externas ao núcleo, normalmente associadas a cargas de íons vizinhos a um dado núcleo e aos elétrons que circundam o núcleo.[5] No caso de distribuições de cargas externas ao núcleo com simetria esférica (p. ex.: caso de or-bitais eletrônicos $s$) ou cúbica (p. ex.: caso de íons distribuídos em sítios de uma rede cristalina com simetria cúbica), todas as componentes do GCE são identicamente nulas e não há interação quadrupolar elétrica para o núcleo em questão.

Desse modo, a energia de interação $W$ dada na Equação 6.7 depende da interação do momen-to de quadrupolo elétrico nuclear (que é uma propriedade de cada núcleo) com o GCE na posição do núcleo (que é uma grandeza dependente das vizinhanças do núcleo). Tanto o tensor momento de quadrupolo elétrico quanto o tensor GCE são simétricos e têm uma propriedade de grande importância para os experimentos de RMN: eles são tensores com **traço nulo**, ou seja, as somas das componentes ao longo da diagonal das matrizes que os representam são nulas para cada um dos dois tensores:

$$Q_{xx} + Q_{yy} + Q_{zz} = 0 \tag{6.10}$$

$$V_{xx} + V_{yy} + V_{zz} = 0 \tag{6.11}$$

O exemplo mais comum de distribuição de carga elétrica tendo momento de quadrupolo elétrico diferente de zero é o de uma distribuição com simetria cilíndrica, como a ilustrada na Figura 6.3. Esse tipo de simetria cilíndrica é bastante apropriado para a descrição da distribuição de carga elétrica em um núcleo no seu estado fundamental, com momento angular total constante, sendo o eixo de simetria da distribuição definido pela direção do momento angular total do núcleo.[2] Nesse caso, escolhendo o eixo $z'$ como eixo de simetria, teremos as coordenadas $x'$ e $y'$ totalmente equivalentes, sendo a distribuição invariante sob rotações em torno de $z'$. As componentes $Q_{jk}$ (Equação 6.8) que envolvem potências ímpares de $x'$ ou $y'$ se anulam devido à simetria da distribuição em torno do eixo $z'$. Pela mesma razão, as componentes $x'x'$ e $y'y'$ são iguais e, usando o resultado da Equação 6.10, pode-se mostrar que seu valor é proporcional ao da componente $z'z'$.[2] Assim, em qualquer sistema de coordenadas com o eixo $z'$ coincidente com o eixo de simetria da distribuição o tensor momento de quadrupolo elétrico só contém as seguintes componentes não nulas: $Q_{x'x'} = Q_{y'y'} = -(1/2)Q_{z'z'}$. Nesse sistema de coordenadas, a matriz que representa o tensor momento de quadrupolo elétrico é diagonal; diz-se, então, que esse é o **sistema de eixos principais** do tensor momento de quadrupolo elétrico. Assim, todas as componentes $Q_{jk}$ estão relacionadas a apenas um parâmetro, que é a componente $Q_{z'z'}$, medida em relação ao eixo definido pelo spin nuclear e definida por:

$$Q_{z'z'} = \int (3z'^2 - r'^2) \rho(\vec{r'}) d^3 r' \tag{6.12}$$

onde a integral é calculada no volume de toda a distribuição de carga.

É usual neste ponto introduzir a definição $Q = (1/e)Q_{z'z'}$, onde $e$ representa a carga elétrica elementar (igual à carga de um próton). Para a distribuição de carga elétrica no núcleo, essa grandeza é denominada **momento de quadrupolo elétrico nuclear**. Trata-se de um número com dimensão de área, normalmente expresso em *barns* (1 barn = $10^{-24}$ cm², portanto, da ordem do

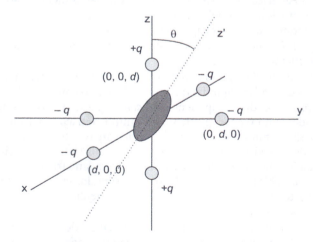

**Figura 6.3.** Interação de uma distribuição de carga elétrica não esférica com um gradiente de campo elétrico produzido por cargas elétricas pontuais.

quadrado do raio nuclear médio),[3] que mede o desvio da distribuição de carga em relação a uma simetria esférica. É essa a grandeza que é usualmente informada nas tabelas com propriedades nucleares.[3] O valor de $Q$ fornece informações a respeito da forma da distribuição de carga elétrica. O caso em que $Q = 0$ corresponde à forma esférica, caso de núcleos com spin 0 ou 1/2. Quando $Q > 0$, temos uma distribuição parecida com um charuto, alongada em relação ao eixo $z'$, com o valor médio de $z'^2$ excedendo $r'^2/3$, como o objeto ilustrado na Figura 6.3 (forma denominada **prolata**). Quando $Q < 0$, trata-se de uma distribuição parecida com um comprimido, achatada no plano perpendicular a $z'$, em uma forma denominada **oblata**. Quanto maior o valor absoluto de $Q$, mais a forma nuclear se desvia da forma esférica.[3]

Como mencionado acima, uma distribuição de carga elétrica não esférica interage com gradientes de campo elétrico por meio do termo de energia $W_Q$ (Equação 6.7). Nessa expressão, a energia de interação eletrostática é calculada por meio da soma dos produtos das respectivas componentes dos tensores momento de quadrupolo elétrico e GCE, em uma operação denominada **contração** dos dois tensores. É sempre possível fazer uso das simetrias existentes no problema e escrever a energia de interação em função das componentes dos dois tensores em seus respectivos **sistemas de eixos principais** (que são os sistemas de coordenadas nos quais a matriz correspondente a cada tensor é diagonal). Esses dois sistemas, em geral, não coincidem espacialmente, de modo que a energia de interação passa a ter uma dependência em relação à orientação espacial da distribuição na presença do GCE. No caso da interação quadrupolar envolvendo um núcleo atômico em um material sólido, por exemplo, o sistema de eixos principais (SEP) do tensor GCE é definido pelos eixos cristalinos da estrutura. Por outro lado, o SEP do tensor momento de quadrupolo elétrico nuclear é definido pela direção do momento angular total do núcleo.

Um exemplo de interação entre uma distribuição de carga elétrica não esférica (correspondendo a um núcleo com $I > 1/2$) é ilustrado na Figura 6.3. Trata-se de uma distribuição de carga elétrica com simetria cilíndrica colocada no ponto médio entre oito cargas elétricas puntiformes distribuídas de forma simétrica ao longo dos três eixos cartesianos, com sinais como os mostrados na figura. Por simetria, o campo elétrico resultante na origem (que é o centro de simetria da distribuição) é nulo, mas suas derivadas em relação às coordenadas cartesianas não são nulas na origem, ou seja, existe um GCE não nulo na posição da distribuição. Essa situação poderia representar a interação eletrostática (denominada *interação quadrupolar elétrica*) entre um núcleo com $I > 1/2$ (como $^{23}$Na ou $^{27}$Al, por exemplo) e o GCE causado pelas cargas de 6 íons (sendo 4 ânions e 2 cátions) arranjados em torno do átomo contendo o núcleo quadrupolar em uma estrutura cristalina.

É claro que em tal caso as escalas dos objetos indicados na Figura 6.3 deveriam ser alteradas, visto que o tamanho do núcleo quadrupolar deveria ser muito menor (por um fator da ordem de $10^{-4}$, tipicamente) do que as distâncias entre os átomos ou íons presentes na rede. É por essa razão que é lícito tratar do efeito do GCE apenas "na origem", visto que, na escala das distâncias interatômicas, o núcleo não passa de "um ponto".

No caso do exemplo da Figura 6.3, é possível mostrar (ver Exercício 1) que a matriz que representa o tensor GCE no seu SEP (que é o sistema representado por $xyz$ na Figura 6.3) é a seguinte:

$$\tilde{V} = \frac{1}{4\pi\varepsilon_0} \frac{4q}{d^3} \begin{pmatrix} -1 & 0 & 0 \\ 0 & -1 & 0 \\ 0 & 0 & 2 \end{pmatrix},$$

(6.13)

onde $d$ representa a distância entre as cargas puntiformes e a origem, $q$ é módulo de cada carga elétrica puntiforme e $\varepsilon_0$ é a permissividade elétrica do vácuo.

A energia de interação $W_Q$ pode ser, então, calculada por meio da Equação 6.7, resultando em:

Fundamentos de Espectrometria e Aplicações

$$W_Q = \frac{1}{4\pi\varepsilon_0} \frac{eqQ}{d^3} (3\cos^2\theta - 1)$$

(6.14)

sendo $\theta$ o ângulo entre o eixo de simetria da distribuição de carga (que, no caso de um núcleo atômico no seu estado fundamental, corresponde à direção do momento angular total) e o eixo $z$ (que representa um dos eixos principais do tensor GCE no exemplo ilustrado na Figura 6.3).

A expressão de energia dada na Equação 6.14 indica que, para distribuições com Q positivo (forma prolata), a interação quadrupolar elétrica favorece a configuração em que o ângulo $\theta$ se aproxima de 90°, ou seja, a situação em que a distribuição se situa no plano $xy$ da Figura 6.3. Isso é fácil de compreender, já que, desse modo, é maximizada a atração entre a carga positiva da distribuição e as cargas negativas localizadas em tal plano. Situação similar ocorre se a distribuição tiver a forma oblata (com Q negativo), quando a configuração energeticamente mais favorável é aquela em que $\theta$ é próximo a zero, o que ocorre novamente quando a distribuição está mais concentrada no plano $xy$, próximo às cargas negativas. Esse exemplo mostra de maneira bastante clara como o termo quadrupolar na energia de interação eletrostática é dependente da orientação espacial dos núcleos atômicos quadrupolares, que apresentam distribuição de carga elétrica sem simetria esférica.

De modo análogo ao que ocorre com o momento de dipolo magnético nuclear, também o momento de quadrupolo elétrico nuclear de núcleos atômicos no estado fundamental nuclear com momento angular total constante pode ser escrito em função das componentes do spin nuclear. Esse resultado é consequência de um teorema bastante importante na teoria do momento angular em Mecânica Quântica, conhecido como teorema de Wigner-Eckart.[5] Na verdade, o teorema da projeção mencionado na seção anterior é um caso particular do teorema de Wigner-Eckart. Quando aplicado ao tensor momento de quadrupolo elétrico (definido classicamente na Equação 6.8), tal teorema permite que as componentes cartesianas do momento de quadrupolo elétrico no estado fundamental do núcleo com momento angular total $\mathbf{I}$ sejam escritas da seguinte forma:

$$Q_{\alpha\beta} = \frac{eQ}{I(2I-1)} \left[ \frac{3}{2} (\mathbf{I}_\alpha \mathbf{I}_\beta + \mathbf{I}_\beta \mathbf{I}_\alpha) - \delta_{\alpha\beta} \mathbf{I}^2 \right]$$

(6.15)

onde $\mathbf{I}_\alpha$, $\mathbf{I}_\beta$ e $\mathbf{I}^2$ representam duas componentes cartesianas (rotuladas pelos índices $\alpha$ e $\beta$, que podem variar de 1 a 3) e o quadrado do módulo do momento angular total do núcleo, respectivamente. Utilizando essa expressão, é, então, possível escrever a energia de interação eletrostática entre o momento de quadrupolo elétrico nuclear e o gradiente de campo elétrico em uma forma que envolve diretamente as componentes do operador de spin nuclear, o que é bastante conveniente para a efetuação dos cálculos dos efeitos quadrupolares em espectros de RMN, como será discutido na próxima seção.

## INTERAÇÕES DE SPIN NUCLEAR

Um núcleo, em um sítio em equilíbrio eletrostático, experimenta interações com sua vizinhança por meio de seu momento de dipolo magnético e, se tiver spin $I > 1/2$, de seu momento de quadrupolo elétrico. Tais interações são de fundamental importância em um experimento de RMN porque são responsáveis pela estrutura final do espectro obtido, algumas delas provocando deslocamentos na frequência de ressonância, outras provocando desdobramento ou alargamento dos picos observados. É graças a essas interações de caráter local que a espectroscopia por RMN constitui um método tão poderoso para investigações sobre ambientes químicos e propriedades estruturais e dinâmicas de materiais.

Se o núcleo interagisse apenas com o campo magnético externo, então todos os núcleos de uma mesma espécie nuclear (p. ex.: todos os núcleos $^{13}C$) teriam a mesma frequência de Larmor,

$\omega_L = \gamma B_o$. Como os campos magnéticos locais (e também os gradientes de campo elétrico, no caso de núcleos quadrupolares) alteram a frequência de ressonância, então aspectos de natureza microscópica passam a ser diretamente observáveis no registro de espectros de RMN. Desse modo, é possível com os métodos de RMN efetuar uma investigação detalhada da estrutura e propriedades do material analisado, bem como extrair informações de natureza dinâmica sobre tal material por meio do estudo dos processos de relaxação envolvidos.

O hamiltoniano que descreve a interação de um núcleo com os campos eletromagnéticos de origem interna e externa presentes em um material não condutor e não magnético pode ser escrito como:[4,10,11]

$$H = H_z + H_{RF} + H_{DQ} + H_D + H_J + H_Q \qquad (6.16)$$

Em tal expressão, $H_Z$ representa a interação magnética do núcleo com o campo magnético estático, denominado hamiltoniano Zeeman (ver Equação 6.4) e $H_{RF}$ descreve a interação com o campo de radiofrequência (RF), utilizado para excitar o sistema de spins nucleares, gerando as componentes da magnetização transversais ao campo magnético estático aplicado; tais termos são denominados **hamiltonianos externos**. Os demais termos são chamados **hamiltonianos internos**, e descrevem as diversas possíveis interações de cada núcleo com sua vizinhança: $H_{DQ}$ representa a interação do núcleo com os campos magnéticos originados pelo movimento orbital da nuvem eletrônica, induzidos pela presença do campo externo (o que leva ao surgimento dos **deslocamentos químicos**); $H_D$ descreve a interação **dipolar** magnética direta (isto é, por meio do espaço) entre os momentos de dipolo magnético do núcleo em questão e dos vários outros núcleos atômicos presentes na amostra; $H_J$ descreve também uma interação entre os momentos de dipolo magnético nucleares, mas agora indireta, intermediada pela presença da nuvem eletrônica entre os núcleos interagentes (efeito denominado **acoplamento escalar** ou **acoplamento J**); por fim, $H_Q$ representa a interação *quadrupolar* entre o momento de quadrupolo elétrico de um núcleo com spin $I > 1/2$ e o gradiente de campo elétrico presente na posição desse núcleo.

O hamiltoniano $H_Z$ é, em geral, o termo dominante na expressão do hamiltoniano total (Equação 6.16). O hamiltoniano $H_{RF}$ só é diferente de zero durante a aplicação dos pulsos de RF. Já os hamiltonianos internos atuam como **perturbações** ao hamiltoniano Zeeman, sendo os responsáveis pelas informações de caráter local obtidas nos experimentos de RMN.

Os hamiltonianos internos podem sempre ser escritos como combinações – em geral **produtos tensoriais** – de um termo associado ao núcleo atômico (ligado aos operadores de spin nuclear) com um termo proveniente de um campo eletromagnético externo ou interno. Apresentamos, a seguir, as expressões para cada um desses hamiltonianos em função dos operadores de spin nuclear:[11,12]

$$H_{DQ} = \gamma \hbar \vec{I} \cdot \tilde{\sigma} \cdot \vec{B}_0 \qquad (6.17)$$

$$H_D = \frac{\mu_0}{4\pi} \gamma_I \gamma_S \hbar^2 \vec{I} \cdot \tilde{D} \cdot \vec{S} \qquad (6.18)$$

$$H_J = 2\pi\hbar \vec{I} \cdot \tilde{J} \cdot \vec{S} \qquad (6.19)$$

$$H_Q = \frac{eQ}{2I(2I-1)} \vec{I} \cdot \tilde{V} \cdot \vec{I} \qquad (6.20)$$

Nessas expressões, os símbolos $\vec{I}$, $\vec{S}$, $\gamma_I$ e $\gamma_S$ referem-se a dois núcleos, que podem ser da mesma espécie (caso conhecido como **acoplamento homonuclear**) ou de espécies diferentes

*Fundamentos de Espectrometria e Aplicações*

(**acoplamento heteronuclear**). Os tensores $\tilde{\sigma}$, $\tilde{D}$, $\tilde{J}$ e $\tilde{V}$ são tensores cartesianos de $2^a$ ordem, detalhados nas próximas subseções.

Os efeitos das interações de spin nuclear descritas pelos hamiltonianos dados nas Equações 6.17-6.20 são normalmente determinados por meio do uso de teoria de perturbação, sendo utilizados os estados Zeeman como autoestados não perturbados (descritos pelo número quântico $m$).[4,11] Como as expressões fornecidas aqui estão escritas em termos dos operadores de spin, a aplicação de teoria de perturbação é direta; o resultado desses cálculos leva a modificações na frequência de ressonância (originalmente dada pela frequência de Larmor, $\omega_L = \gamma B_0$) devidas a cada um daqueles termos, estando sempre presentes na expressão final para a frequência fatores geométricos ligados à orientação dos sistemas de eixos principais de cada um dos tensores descritos em relação ao campo $\vec{B}_0$, como será detalhado nas próximas subseções.

## Deslocamento químico

Na Equação 6.17, $\tilde{\sigma}$ é o tensor de **blindagem** ou de **anisotropia do deslocamento químico**. Esse tensor é útil para descrever o **campo magnético induzido** no sítio do núcleo atômico pelo movimento orbital dos elétrons que circundam o núcleo, da seguinte forma:

$$\vec{B}^{ind} = -\tilde{\sigma} \cdot \vec{B}_0$$

(6.21)

Em notação matricial, utilizando um sistema de coordenadas cartesianos com direção $z$ paralela ao campo magnético aplicado $\vec{B}_0$ (denominado sistema de laboratório), o campo magnético induzido é dado por:

$$\begin{pmatrix} B_x^{ind} \\ B_y^{ind} \\ B_z^{ind} \end{pmatrix} = - \begin{pmatrix} \sigma_{xx} & \sigma_{xy} & \sigma_{xz} \\ \sigma_{yx} & \sigma_{yy} & \sigma_{yz} \\ \sigma_{zx} & \sigma_{zy} & \sigma_{zz} \end{pmatrix} \begin{pmatrix} 0 \\ 0 \\ B_0 \end{pmatrix}$$

(6.22)

Observa-se, assim, que o campo magnético induzido $\vec{B}^{ind}$ não tem, em geral, a mesma direção do campo magnético aplicado $\vec{B}_0$. De fato, a direção de $\vec{B}^{ind}$ é definida pela orientação da nuvem eletrônica em torno do núcleo, cujo movimento orbital é afetado pela aplicação do campo $\vec{B}_0$. Esse fenômeno tem a mesma origem física do efeito que produz o diamagnetismo nos materiais.[13] A soma dos campos magnéticos aplicado e induzido dá origem ao **campo local** exercido sobre o núcleo:

$$\vec{B}^{loc} = \vec{B}_0 + \vec{B}^{ind} = (1 - \tilde{\sigma}) \cdot \vec{B}_0$$

(6.23)

Esse campo também tem sua direção dependente da orientação molecular, sendo, em geral, não paralelo ao campo aplicado. O hamiltoniano de deslocamento químico é obtido escrevendo-se o termo de interação magnética entre o momento de dipolo magnético nuclear e o campo magnético induzido:

$$H_{DQ} = -\vec{\mu} \cdot \vec{B}^{ind} = \gamma \hbar \vec{I} \cdot \tilde{\sigma} \cdot \vec{B}_0$$

(6.24)

O tensor $\tilde{\sigma}$ é um tensor simétrico (ao menos em primeira aproximação[4]) que tem **traço não nulo**. É sempre possível localizar um sistema de eixos principais (SEP) para $\tilde{\sigma}$, ou seja, um sistema de coordenadas em que o tensor é diagonal. Em tal sistema, o tensor é escrito da seguinte forma:

198

$$\tilde{\sigma}^{SEP} = \begin{pmatrix} \sigma_{XX} & 0 & 0 \\ 0 & \sigma_{YY} & 0 \\ 0 & 0 & \sigma_{ZZ} \end{pmatrix}$$

(6.25)

A orientação desse sistema é definida pela orientação espacial da nuvem eletrônica que circunda cada núcleo (ou seja, pela orientação molecular). As componentes de $\tilde{\sigma}$ descrevem o efeito de blindagem magnética exercido sobre o núcleo, causado pelo movimento orbital dos elétrons sob influência do campo aplicado. Os efeitos causados pela presença do hamiltoniano de deslocamento químico em um espectro de RMN podem ser calculados utilizando a **teoria de perturbação**, considerando que a magnitude do campo magnético induzido é muito menor (tipicamente por um fator da ordem de $10^{-4}$ a $10^{-6}$) do que a magnitude do campo magnético aplicado.[4,11] O resultado desse cálculo mostra que a contribuição dominante devida ao deslocamento químico é associada à componente do campo induzido na direção do campo magnético aplicado, ou seja:

$$B^{loc} \cong (1 - \sigma_{zz}) B_0$$

(6.26)

A componente $\sigma_{zz}$ refere-se ao sistema de laboratório e pode ser escrita em função das componentes principais de $\tilde{\sigma}$ da seguinte forma:

$$\sigma_{zz} = \sigma_{iso} + \frac{\zeta_{DQ}}{2}\left[\left(3\cos^2\theta - 1\right) + \eta_{DQ}\,\mathrm{sen}^2\,\theta\cos 2\,\phi\right],$$

(6.27)

onde $\theta$ e $\phi$ são os ângulos que especificam a orientação do campo magnético $\vec{B}_0$ no SEP do tensor $\tilde{\sigma}$[11,14] e os parâmetros $\sigma_{iso}$ (denominado *constante de blindagem*), $\zeta_{DQ}$ (constante de anisotropia de blindagem) e $\eta_{DQ}$ (parâmetro de assimetria do tensor de blindagem) são definidos por:[15]

$$\sigma_{iso} = \left(\sigma_{XX} + \sigma_{YY} + \sigma_{ZZ}\right)/3,$$

(6.28)

$$\zeta_{DQ} = \sigma_{ZZ} - \sigma_{iso},$$

(6.29)

$$\eta_{DQ} = \frac{\sigma_{YY} - \sigma_{XX}}{\zeta_{DQ}}$$

(6.30)

Assim, o deslocamento químico isotrópico é determinado pelo traço de $\tilde{\sigma}$. Na Equação 6.25, os eixos $X$, $Y$ e $Z$, que definem o SEP do tensor $\tilde{\sigma}$, são ordenados de acordo com a convenção $|\sigma_{ZZ} - \sigma_{iso}| \geq |\sigma_{XX} - \sigma_{iso}| \geq |\sigma_{YY} - \sigma_{iso}|$, de modo que o parâmetro de assimetria $\eta_{DQ}$ sempre satisfaz a condição $0 \leq \eta_{DQ} \leq 1$.

A frequência de ressonância correspondente a um núcleo na presença do campo magnético local é calculada por $\omega = \gamma B^{loc}$, o que, com a expressão para o campo local dado na Equação 6.26, leva a:

$$\omega = \omega_L - \omega_L\left\{\sigma_{iso} + \frac{\zeta_{DQ}}{2}\left[\left(3\cos^2\theta - 1\right) + \eta_{DQ}\,\mathrm{sen}^2\,\theta\cos 2\,\phi\right]\right\}$$

(6.31)

Assim, a frequência é deslocada da frequência de Larmor ($\omega_L = \gamma B_0$) por uma quantidade que depende da orientação molecular, devido à **anisotropia do deslocamento químico**. Esse desvio ou deslocamento de cada pico de ressonância é comumente medido a partir da comparação da frequência de ressonância efetivamente observada para um dado pico ($\omega$) com aquela

*Fundamentos de Espectrometria e Aplicações*

correspondente a um pico observado em um espectro de RMN obtido para uma substância padrão, tomada como referência ($\omega_{ref}$). Assim, a expressão "deslocamento químico", utilizada para especificar a posição de um pico em um espectro de RMN, refere-se à diferença entre essas duas frequências, usualmente representada por $\delta$ e definida por:[15,16]

$$\delta = \frac{\omega - \omega_{ref}}{\omega_{ref}} \cong \frac{\omega - \omega_{ref}}{\omega_L} = \sigma_{ref} - \sigma_{zz}$$

(6.32)

Nessa expressão, fez-se a aproximação $\omega_{ref} \cong \omega_L$ no denominador, válida em geral para núcleos com valores de $\sigma_{zz}$ não excessivamente altos (mas não recomendável quando se deseja extrair valores precisos para $\delta$). O parâmetro $\sigma_{ref}$ corresponde ao valor da constante de blindagem para o pico escolhido como referência de deslocamentos químicos. Normalmente, escolhe-se como referência um pico de ressonância estreito, não afetado pela anisotropia de deslocamento químico. Por exemplo, em RMN de $^1H$, $^{13}C$ ou $^{29}Si$, toma-se como referência para definir a origem dos deslocamentos químicos ($\delta = 0$) a frequência do pico único de ressonância obtido nos espectros registrados para cada um dos três núcleos utilizando o composto tetrametilsilano (TMS).[15]

Os espectros de RMN são, em geral, representados com o eixo de frequências na horizontal e com os valores de $\delta$ crescendo para a esquerda. Tais valores são, quase sempre, expressos em partes por milhão (ppm), dada a ordem de grandeza típica dos deslocamentos em relação à frequência de Larmor. Nessa representação, deslocamentos para a esquerda representam diminuição na blindagem ou proteção magnética, enquanto deslocamentos para a direita indicam aumento na proteção magnética (ou seja, quanto maior $\sigma_{zz}$, menor o valor de $\delta$, e vice-versa). As expressões "desvio para campo baixo" ou "desvio para campo alto" para indicar desvios de picos para valores maiores ou menores de $\delta$, respectivamente, são ainda eventualmente utilizadas por razões históricas, mas não são recomendáveis, já que a grande maioria dos espectros de RMN na atualidade são registrados com magnitude fixa do campo magnético estático aplicado.

As Equações 6.26, 6.27 e 6.31 mostram explicitamente a dependência do campo magnético local e da frequência de ressonância com a orientação molecular. No caso de um sólido policristalino, todos os valores de $\theta$ e $\phi$ estão presentes e são igualmente prováveis, o que significa que haverá uma larga distribuição de campos locais, causando um grande alargamento devido à anisotropia do deslocamento químico e resultando em um espectro alargado conhecido como **espectro de pó**. Um exemplo de um espectro de pó típico da anisotropia de deslocamento químico é ilustrado na Figura 6.4, para o caso de um tensor $\tilde{\sigma}$ com simetria axial, ou seja, com $\sigma_{XX} = \sigma_{YY}$ e, portanto, $\eta_{DQ} = 0$. Nesse caso, como a Equação 6.31 mostra, a frequência de ressonância e, consequentemente, o deslocamento químico dependem apenas do ângulo $\theta$, medido entre o eixo de simetria do SEP do tensor $\tilde{\sigma}$ (eixo $Z$) e a direção do campo magnético aplicado ($\vec{B}_o$).

Em um pó ou em uma amostra policristalina, cristalitos orientados com o mesmo valor de $\theta$ correspondem à mesma frequência de ressonância e originam contribuições (conhecidas como **isocromatas**) que se somam na mesma posição no espectro de RMN. Duas dessas isocromatas são indicadas na Figura 6.4; são indicadas ainda as posições correspondentes às orientações extremas ($\theta = 0$ e $\theta = 90°$), que definem os extremos do espectro de pó, e a posição correspondente ao **deslocamento químico isotrópico** (orientação que leva à igualdade $\sigma_{zz} = \sigma_{iso}$ na Equação 6.27). A máxima amplitude do espectro de RMN não coincide, em geral, com o deslocamento químico isotrópico. No caso ilustrado (simetria axial), a máxima amplitude corresponde à orientação $\theta = 90°$, já que, para uma distribuição isotrópica de orientações, haverá sempre um número muito maior de cristalitos com direção do eixo $Z$ perpendicular à direção de $\vec{B}_o$ do que na direção paralela a $\vec{B}_o$.[12]

Por outro lado, se o núcleo se encontrar em um ambiente com grande mobilidade molecular, como em amostras líquidas ou em fase gasosa, a flutuação estatística dos valores de $\sigma_{zz}$ correspondentes a diferentes orientações moleculares levará a uma média nula para todos os termos angulares na Equação 6.27 (ver Exercício 2). Assim, espectros de RMN obtidos em soluções são

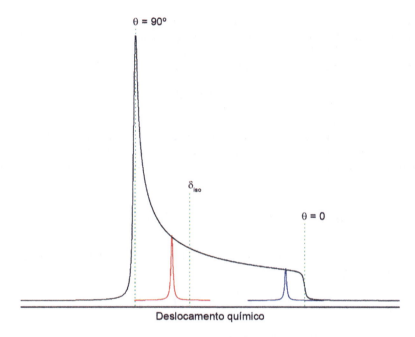

**Figura 6.4.** Simulação de um espectro de pó para a anisotropia do deslocamento químico, no caso de um tensor de blindagem com simetria axial. São indicadas duas contribuições correspondentes a orientações moleculares específicas, além das posições correspondentes às orientações extremas ($\theta = 0$ e $\theta = 90°$) e a posição correspondente ao deslocamento químico isotrópico.

afetados apenas pelo deslocamento químico isotrópico, com o campo magnético local assumindo um valor médio para cada sítio quimicamente distinto, dado por:

$$\left\langle B^{loc} \right\rangle \cong \left(1 - \sigma_{iso}\right) B_0, \tag{6.33}$$

e com o seguinte deslocamento químico:

$$\delta_{iso} = \sigma_{ref} - \sigma_{iso} \tag{6.34}$$

Desse modo, o deslocamento químico isotrópico é o responsável pela existência da chamada "estrutura fina" nos espectros de RMN em líquidos. Em sólidos, o uso de técnicas especiais (descritas em uma seção posterior) permite também, em casos favoráveis, a obtenção de espectros afetados apenas pelo deslocamento químico isotrópico. Espectros desse tipo são em geral denominados de **espectros de RMN de alta resolução**, sendo a posição de cada linha de ressonância definida pelo deslocamento químico isotrópico correspondente à média do campo magnético local na posição de cada tipo de núcleo.

## Acoplamento dipolar direto

A interação de um núcleo com o campo magnético de natureza dipolar produzido por um núcleo vizinho (sejam ou não eles da mesma espécie) pode ser descrita por um hamiltoniano construído de forma similar ao hamiltoniano que descreve a interação Zeeman (Equação 6.4):

$$\boldsymbol{H}_D = -\vec{\boldsymbol{\mu}}_I \cdot \vec{B}_{dip}^{(S)} \tag{6.35}$$

Nessa expressão, $\vec{B}_{dip}^{(S)}$ é o campo magnético de natureza dipolar produzido pelo momento magnético nuclear $\vec{\mu}_S$ (do núcleo com spin S) na posição o núcleo com momento magnético nuclear $\vec{\mu}_I$ (e spin I), o qual pode ser calculado diretamente a partir da expressão clássica do campo magnético gerado por um momento de dipolo magnético:[11]

$$\vec{B}_{dip}^{(S)} = \frac{\mu_0}{4\pi} \frac{3(\vec{\mu}_S \cdot \hat{r})\hat{r} - \vec{\mu}_S}{r^3},$$ (6.36)

onde $\mu_0$ é a permeabilidade magnética do vácuo e $\vec{r}$ é o vetor internuclear (que liga os núcleos com spins S e I), com módulo r e versor (isso é, vetor unitário) dado por $\hat{r}$. A orientação relativa desses vetores é indicada na Figura 6.5. Utilizando essa expressão, o hamiltoniano de acoplamento dipolar resulta em:

$$H_D = -\vec{\mu}_I \cdot \vec{B}_{dip}^{(S)} = -\frac{\mu_0}{4\pi} \frac{3(\vec{\mu}_I \cdot \hat{r})(\vec{\mu}_S \cdot \hat{r}) - \vec{\mu}_I \cdot \vec{\mu}_S}{r^3}$$ (6.37)

Esse hamiltoniano pode finalmente ser escrito em função dos operadores de spin associados aos dois núcleos, da seguinte forma:

$$H_D = \frac{\mu_0}{4\pi} \gamma_I \gamma_S \hbar^2 \, \vec{I} \cdot \tilde{D} \cdot \vec{S},$$ (6.38)

sendo o tensor $\tilde{D}$ dado por (ver Exercício 3):

$$\tilde{D} = \begin{pmatrix} (r^2 - 3x^2)/r^5 & -3xy/r^5 & -3xz/r^5 \\ -3xy/r^5 & (r^2 - 3y^2)/r^5 & -3yz/r^5 \\ -3xz/r^5 & -3yz/r^5 & (r^2 - 3z^2)/r^5 \end{pmatrix},$$ (6.39)

onde x, y e z são as componentes cartesianas do vetor $\vec{r}$. Observa-se desse modo geral que, ao contrário do tensor de blindagem $\tilde{\sigma}$, o tensor $\tilde{D}$ é axialmente simétrico e sempre possui **traço nulo**. Essa ausência de traço tem como consequência que os efeitos devidos ao acoplamento dipolar direto em um espectro de RMN provocam alargamento anisotrópico, mas não causam deslocamento da linha de ressonância (ao contrário da interação de deslocamento químico).[11,12] Outra característica importante do acoplamento dipolar é o rápido decaimento da magnitude do campo dipolar com a distância ($\sim 1/r^3$), o que significa que apenas as interações entre vizinhos próximos são, em geral, relevantes.

De forma similar ao discutido para o deslocamento químico, os efeitos do acoplamento dipolar direto em um espectro de RMN são calculados usando teoria de perturbação, considerando que a magnitude do hamiltoniano $H_D$ é pequena em comparação com a interação Zeeman com

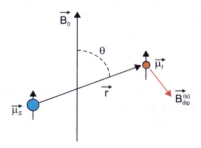

**Figura 6.5.** Interação dipolar entre dois momentos de dipolo magnético nucleares.

o campo magnético estático $\vec{B}_o$ (descrita pelo hamiltoniano $H_z$). No **caso heteronuclear** ($\gamma_I \neq \gamma_S$, que corresponde à interação entre núcleos diferentes, como entre $^{13}C$ e $^1H$ ou entre $^2H$ e $^1H$, por exemplo), o termo dominante (conhecido como **termo secular**) na correção introduzida pelo acoplamento dipolar é dado por:[4,11,17]

$$H_D^{sec} = -\frac{\mu_0}{4\pi} \frac{\gamma_I \gamma_S \hbar^2}{r^3} I_z S_z \left(3\cos^2\theta - 1\right)$$

(6.40)

onde $\theta$ é o ângulo entre o vetor internuclear $\vec{r}$ (que coincide com o eixo $Z$ do SEP do tensor $\tilde{D}$ – ver Exercício 4).

Observa-se que esse hamiltoniano descreve a interação do momento de dipolo magnético de um dos núcleos (p. ex.: $\vec{\mu}_I$) com a componente $z$ (ou seja, ao longo de $\vec{B}_0$) do campo magnético dipolar criado pelo outro núcleo:

$$B_{dip\ z}^{(S)} = \frac{\mu_0}{4\pi} \frac{\mu_S}{r^3} \left(3\cos^2\theta - 1\right)$$

(6.41)

No caso do acoplamento dipolar homonuclear (p. ex.: entre núcleos da mesma espécie, como $^1H$ e $^1H$), há um termo adicional no hamiltoniano dipolar secular, envolvendo as componentes transversais dos operadores de spin dos dois núcleos, com a mesma dependência geométrica em relação a $\theta$.[4,11]

Graças a essa dependência geométrica, em sólidos policristalinos o acoplamento dipolar dá origem a espectros de pó similares ao caso discutido para a anisotropia de deslocamento químico, porém mais complicados na sua forma por, em geral, envolverem interações entre vários pares de spins. Por outro lado, em líquidos (ou gases) o efeito do acoplamento dipolar direto é, na média, anulado pelo rápido movimento molecular, restando, contudo, contribuições relevantes para os processos de relaxação.[18]

## Acoplamento escalar

O acoplamento escalar ou acoplamento indireto tem muitas semelhanças na forma com o acoplamento dipolar direto. O hamiltoniano que descreve essa interação, dado na Equação 6.19, envolve também produtos das componentes dos operadores de spin de dois núcleos (que podem ser ou não da mesma espécie). O tensor $\tilde{J}$ é o tensor de acoplamento escalar (o qual é simétrico e com traço não nulo), cujas componentes dependem da interação entre os dois núcleos intermediada pelos elétrons nas ligações químicas entre os átomos correspondentes. Nesse ponto o acoplamento escalar difere completamente do acoplamento dipolar direto, que envolve uma interação através do espaço (ou seja, sem necessiadde de haver ligação química entre os átomos contendo os núcleos interagentes).[13] Uma das principais consequências da participação da nuvem eletrônica nessa interação é a existência de um efeito médio não nulo em espectros de RMN de líquidos.

Assim, nesses casos as linhas de ressonância para núcleos afetados pelo acoplamento escalar são desdobradas em multipletos cuja separação é proporcional ao traço do tensor $\tilde{J}$ (daí o nome de acoplamento *escalar*). Em sólidos policristalinos o acoplamento escalar também gera espectros de pó, de forma análoga ao encontrado para a anisotropia do deslocamento químico, mas esses efeitos são, em geral, obscurecidos pelas interações de deslocamento químico e dipolar direta e raramente são diretamente observáveis em espectros de RMN de sólidos.[10,11] Existem, contudo, métodos especiais para extrair os efeitos do acoplamento escalar em sólidos, o que possibilita a aquisição de informações sobre as ligações químicas envolvendo os átomos contendo os núcleos em questão e ajuda na elucidação estrutural do material.[19,20]

Fundamentos de Espectrometria e Aplicações

## Interação quadrupolar

O hamiltoniano que descreve a interação quadrupolar (Equação 6.20) pode ser diretamente obtido a partir da energia de interação eletrostática entre o momento de quadrupolo elétrico do núcleo (com spin $I > 1/2$) e o GCE na posição do núcleo (Equação 6.7), utilizando a expressão para o operador momento de quadrupolo elétrico nuclear escrita em função dos operadores de spin nuclear (Equação 6.15). Como definido em uma seção anterior, o tensor $\tilde{V}$, que representa o GCE na posição do núcleo, é simétrico (ver Equação 6.9) e com traço nulo (Equação 6.11), escrito na forma matricial como:

$$\tilde{V} = \begin{pmatrix} V_{xx} & V_{xy} & V_{xz} \\ V_{yx} & V_{yy} & V_{yz} \\ V_{zx} & V_{zy} & V_{zz} \end{pmatrix}$$

(6.42)

De modo análogo ao que foi descrito antes para os outros tensores envolvidos nas interações de spin nuclear, é possível escrever o tensor $\tilde{V}$ em um sistema de coordenadas no qual o tensor é diagonal (trata-se do SEP do tensor $\tilde{V}$), sendo essas coordenadas fixas em relação à orientação molecular ou à orientação do cristalito. Assim, o tensor é escrito na forma:

$$\tilde{V}^{SEP} = \begin{pmatrix} V_{XX} & 0 & 0 \\ 0 & V_{YY} & 0 \\ 0 & 0 & V_{ZZ} \end{pmatrix},$$

(6.43)

sendo os eixos $X$, $Y$ e $Z$ ordenados de acordo com a convenção $|V_{ZZ}| \geq |V_{YY}| \geq |V_{XX}|$.[11] Como o traço do tensor $\tilde{V}$ é nulo (em qualquer sistema de coordenadas), o GCE é completamente especificado no SEP usando apenas dois parâmetros. É comum, então, introduzir as seguintes definições:

$$eq = V_{ZZ},$$

(6.44)

$$\eta_Q = \frac{V_{XX} - V_{YY}}{V_{ZZ}}.$$

(6.45)

O parâmetro $eq$ corresponde, portanto, à componente de máxima magnitude do tensor GCE (às vezes, denominado anisotropia do GCE) e $\eta_Q$ é o parâmetro de assimetria do GCE. Dada a ordem utilizada para rotular os eixos do SEP, necessariamente o parâmetro de assimetria satisfaz a condição $0 \leq \eta_Q \leq 1$ (Exercício 5).

O hamiltoniano que descreve a interação quadrupolar pode, então, ser escrito como:

$$H_Q = \frac{e^2\, qQ}{4I\,(2I - 1)}\left[3I_z^2 - I^2 + \eta_Q\left(I_x^2 - I_y^2\right)\right],$$

(6.46)

onde todas as componentes do operador de spin nuclear correspondem aos eixos do SEP. Embora o sistema mais simples para manipular as componentes do tensor $\tilde{V}$ seja de fato o SEP, é necessário, contudo, transformar todas as componentes tensoriais para o sistema de laboratório para tornar possível o cálculo dos efeitos do hamiltoniano quadrupolar como uma perturbação ao hamiltoniano principal $H_z$, que descreve a interação com o campo magnético $\vec{B}_0$ e que envolve o operador $I_z$ (componente do operador de spin nuclear na direção de $\vec{B}_0$). Ao fazer essa transformação de coordenadas, o hamiltoniano quadrupolar passa a apresentar uma dependência angular com relação aos ângulos que relacionam o SEP do tensor $\tilde{V}$ ao sistema de laboratório.[11]

204

Usando, então, teoria de perturbação, é possível obter as correções nas energias de cada estado de spin nuclear afetado pela interação com o campo magnético aplicado (interação Zeeman) e pela interação quadrupolar.[10,11] Como o núcleo tem spin $I > 1/2$, há sempre mais que dois estados nucleares, caracterizados pelo número quântico $m$, com $m = -I, -I+1, ..., I-1, I$. Na ausência da perturbação associada à interação quadrupolar, a energia de cada nível (Equação 6.5) é dada por $E_m^{(0)} = m\hbar\omega_L$, onde o sobrescrito "0" significa que esta é a energia calculada na ausência da perturbação (termo de "ordem 0" na série perturbativa).[11] Assim, a diferença de energia entre qualquer par de níveis adjacentes é a mesma (ver Figura 6.6), de modo que há apenas uma frequência de transição observável por RMN, entre os níveis $m \leftrightarrow m-1$, coincidente com a frequência de Larmor:

$$\omega_m^{(0)} = \omega_L \qquad (6.47)$$

No caso mais simples (e frequentemente encontrado nos materiais) de um GCE com simetria axial ($\eta_Q = 0$), a correção de 1ª ordem (ou seja, a de maior magnitude) na energia do nível $m$ devida à interação quadrupolar é dada por:[11]

$$E_m^{(1)} = \frac{1}{4}\hbar\omega_Q (3\cos^2\theta - 1)\left[m^2 - \frac{1}{3}I(I+1)\right], \qquad (6.48)$$

onde o parâmetro $\omega_Q$ (com dimensão de frequência angular) é definido por:

$$\omega_Q = \frac{3e^2 qQ}{2I(2I-1)\hbar} \qquad (6.49)$$

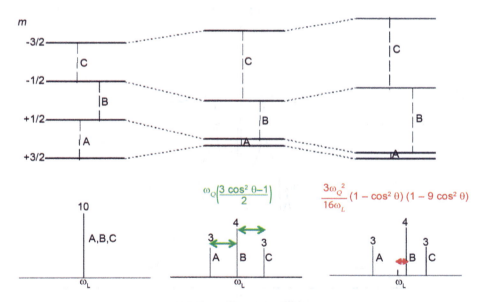

**Figura 6.6.** Efeito da perturbação quadrupolar sobre os níveis Zeeman para um núcleo com $I = 3/2$, em 1ª ordem (centro) e 2ª ordem para a transição central (direita) (à esquerda são mostrados os níveis Zeeman sem perturbação). São também mostradas (parte inferior) as linhas de ressonância que seriam detectadas no caso de um monocristal perfeito (com orientação fixa do SEP do tensor $\widetilde{V}$). Note que, em 1ª ordem, o efeito é um desdobramento simétrico em relação a $\omega_L$, ao passo que em 2ª ordem ocorre um deslocamento da linha central. Os números em cada linha de ressonância indicam a intensidade relativa de cada transição.

A frequência da transição $m \leftrightarrow m-1$ apresenta, então, a seguinte correção de 1ª ordem:

$$\omega_m^{(1)} = -\omega_Q \left(m - \frac{1}{2}\right) \frac{(3\cos^2\theta - 1)}{2}$$

(6.50)

Assim, o espectro de RMN afetado pela interação de quadrupolar em 1ª ordem é composto por um número de linhas de ressonância igual a $2I$, sendo a intensidade associada a cada transição $m \leftrightarrow m-1$ proporcional ao fator $I(I+1) - m(m-1)$.[11] Essas linhas são igualmente espaçadas e sua separação é proporcional a $\omega_Q$ (e, portanto, à magnitude do GCE) e também dependente da orientação molecular em relação à direção do campo magnético aplicado (ver Figura 6.6). Mais uma vez, o rápido movimento molecular em líquidos ou gases leva à anulação dos efeitos médios da interação quadrupolar, restando não nulas, contudo, as contribuições de origem quadrupolar para os processos de relaxação (que, quando presentes, em geral constituem o principal mecanismo de relaxação).[18] Já em sólidos policristalinos, a superposição das linhas de ressonância com frequências dependentes da orientação molecular (ou dos cristalitos) leva ao surgimento de espectros de pó bastante alargados e com um perfil típico da interação quadrupolar, como ilustrado na Figura 6.7.

A correção de 1ª ordem na frequência (Equação 6.50) se anula para o nível com $m = 1/2$, o que ocorre para qualquer núcleo que tenha spin semi-inteiro. Esse é o caso da grande maioria dos núcleos quadrupolares, tais como $^{23}$Na ($I = 3/2$), $^{25}$Mg ($I = 5/2$), $^{27}$Al ($I = 5/2$), $^{139}$La ($I = 7/2$) e muitos outros.[3,21] Nesses casos, a chamada **transição central** ($1/2 \leftrightarrow -1/2$) não é afetada pela interação quadrupolar em 1ª ordem (Figura 6.6). Por essa razão, essa é a transição que dá origem à linha de ressonância menos alargada pela anisotropia associada à interação quadrupolar em sólidos e,

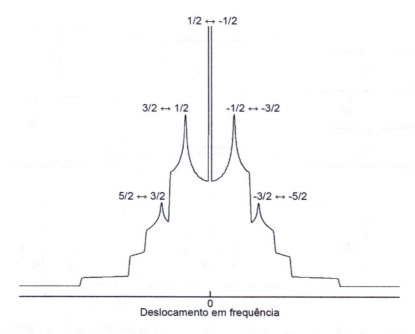

**Figura 6.7.** Simulação de um espectro de pó para a interação quadrupolar, no caso de um núcleo com $I = 5/2$ em um GCE sem simetria axial ($\eta_Q = 0{,}25$). São indicadas as principais singularidades correspondentes a diferentes transições ($m \leftrightarrow m-1$). A transição central ($1/2 \leftrightarrow -1/2$), por não ser afetada em 1ª ordem, tem amplitude muito elevada, ficando fora da escala da figura.

portanto, é a mais facilmente observada em espectros de RMN de núcleos quadrupolares com spin semi-inteiro.[21]

Como a interação quadrupolar tem, em geral, elevada magnitude, é necessário considerar a correção de 2ª ordem nas energias dos níveis, principalmente no caso da transição central (não afetada em 1ª ordem), para a qual a correção na frequência é dada por:[11]

$$\omega_{1/2}^{(2)} = -\frac{\omega_Q^2}{16\omega_L}\left[I\left(I+1\right)-\frac{3}{4}\right]\left(1-\cos^2\theta\right)\left(9\cos^2\theta-1\right)$$

(6.51)

Com essa correção, a linha de ressonância devida à transição central é deslocada da sua posição original (que, até a correção de 1ª ordem, coincidia com a frequência de Larmor), como ilustrado na Figura 6.6. É importante observar que a dependência angular dessa correção de 2ª ordem é distinta daquela correspondente à correção de 1ª ordem. Além disso, a correção de 2ª ordem é inversamente proporcional à magnitude da frequência de Larmor, o que significa que ela é tanto menos importante quanto maior for o campo magnético aplicado.[21]

Quando as singularidades típicas dos espectros de pó de núcleos quadrupolares (ver Figura 6.7) são diretamente observadas, é relativamente fácil extrair os parâmetros $eq$ e $\eta_Q$ por simulação espectral.[22] Na maioria dos casos reais, entretanto, a presença de outras interações sobrepostas à interação quadrupolar, a possível existência de distribuições contínuas dos gradientes de campo elétrico locais e a dificuldade de excitação de uma banda espectral suficientemente larga, entre outros fatores, tornam a observação do espectro de pó quadrupolar completo bastante difícil,[21] de forma que apenas a transição central é muitas vezes detectada em experimentos simples de RMN de núcleos quadrupolares conduzidos com amostras estáticas (ou seja, sem uso de técnicas especiais como as descritas em uma seção posterior).

## Outras interações

As interações até aqui descritas são as que normalmente ocorrem em materiais diamagnéticos; quando há a presença de elétrons com spins desemparelhados, como em substâncias paramagnéticas ou ferromagnéticas, a interação entre os momentos de dipolo magnético eletrônico e nuclear passa a desempenhar um importante papel na determinação do campo local em cada núcleo, de modo que termos correspondentes a essa interação devem ser acrescentados na expressão para o hamiltoniano total (Equação 6.16). Tal interação pode ocorrer por meio do acoplamento dipolar direto entre os momentos magnéticos eletrônico e nuclear (originando um termo similar a $H_D$) ou pela **interação de contato de Fermi** (devida à presença de elétrons com probabilidade não nula de serem encontrados na região nuclear).[13] A presença dessas interações, além de facilitar os processos de relaxação longitudinal, pode provocar dois efeitos importantes nos espectros de RMN de sólidos:

1. O alargamento anisotrópico da linha de ressonância, dando origem a espectros de pó similares àqueles descritos para a anisotropia de deslocamento químico;[23]

2. O deslocamento isotrópico na posição da linha de ressonância, devido ao desvio de contato e ao traço do tensor de interação dipolar elétron-núcleo (que não é nulo em materiais magneticamente anisotrópicos, originando o chamado **desvio de pseudocontato**).[13,24] Em materiais condutores, a interação entre o momento de dipolo magnético nuclear e os momentos de dipolo magnético associados aos spins dos elétrons de condução constitui a origem do efeito chamado **Knight shift** (aumento na frequência de ressonância para um dado núcleo em um metal em comparação com o mesmo núcleo em uma substância isolante); nesses casos é comum a introdução do tensor $\tilde{K}$, levando a um hamiltoniano similar a $H_{DQ}$ (Equação 6.17) para a descrição da interação entre os momentos magnéticos eletrônico e nuclear.[11,13,24]

## Manifestação das interações de spin nuclear nos espectros de RMN

Os alargamentos devidos às interações anisotrópicas descritas nesta seção somam-se para um sistema de núcleos em que todas elas estão envolvidas, de forma que o espectro resultante é constituído pela superposição dos diversos espectros de pó. O resultado é que o espectro de RMN obtido para uma amostra sólida policristalina é, em geral, muito largo, implicando que o tempo de relaxação transversal correspondente deve ser muito curto.[10] Esse fato tornou durante muitos anos a espectroscopia por RMN uma técnica quase exclusivamente aplicada a líquidos. Apenas com o advento das técnicas de alta resolução, descritas na próxima seção, é que passou a ser possível a eliminação total ou parcial desses alargamentos de origem anisotrópica e a extração de informações químico-estruturais relevantes em materiais sólidos. Assim, os espectros de RMN registrados com os métodos de alta resolução em sólidos apresentam-se semelhantes, em muitos aspectos, aos espectros obtidos em líquidos, sendo, em geral, possível obter com boa precisão nesses espectros os valores dos deslocamentos químicos isotrópicos para os diversos grupos quí-micos, além da possibilidade de medidas de tempos de relaxação, determinação de parâmetros da interação quadrupolar etc.

## TÉCNICAS DE ALTA RESOLUÇÃO EM RMN DE SÓLIDOS

Conforme descrito na seção anterior, as interações do núcleo com sua vizinhança apresen-tam um caráter anisotrópico em sólidos, o que se constitui na principal fonte de alargamento das linhas de ressonância obtidas em um experimento de RMN envolvendo materiais policris-talinos; ao contrário, em líquidos, o movimento isotrópico das moléculas provê um mecanismo natural de eliminação da anisotropia dessas interações, de modo que um espectro de RMN em um material no estado líquido ou em solução apresenta uma aspecto, em geral, bem resolvido, com os deslocamentos químicos isotrópicos e constantes de acoplamento escalar facilmente determináveis.

A fim de se obterem espectros bem resolvidos em materiais no estado sólido, com as linhas apresentando larguras tipicamente na faixa de ppm, é necessária a utilização de técnicas especiais, denominadas técnicas de alta resolução; serão descritas aqui sucintamente algumas das técnicas mais comumente aplicadas para esse fim. As duas primeiras são a rotação em torno do ângulo mágico (MAS, do inglês *magic angle spinning*) e o desacoplamento, as quais visam reduzir (ou eliminar completamente) o alargamento proveniente das interações anisotrópicas, sendo a pri-meira aplicável, em princípio, a qualquer das interações anteriormente discutidas e a segunda aos acoplamentos dipolares.

Um outro problema que dificulta a espectroscopia por RMN em sólidos é o fato de que, quan-do se trabalha com os núcleos chamados raros (tais como $^{13}C$ e $^{29}Si$), cuja abundância natural é baixa e cujo fator giromagnético é, em geral, pequeno, obtém-se baixa intensidade de sinal, o que requer a acumulação de um número de transientes demasiadamente grande. Entretanto, em muitos casos, esses núcleos, especialmente os não quadrupolares, apresentam elevados valores do tempo de relaxação longitudinal (muitas vezes da ordem de minutos ou até horas), o que restringe o número de transientes em um dado experimento.

A última técnica de alta resolução que será descrita nesta seção, denominada polarização cruzada (CP, do inglês *cross polarization*), tem por objetivo contornar esse problema de baixa sensibilidade de tais núcleos, por meio da promoção de sua interação com um sistema de nú-cleos abundantes (usualmente prótons) presentes no material. Essa técnica é frequentemente empregada para a RMN de núcleos raros em amostras com abundância de hidrogênio, sendo utilizada como alternativa à técnica de polarização direta (tal método direto de detecção tam-bém é denominado decaimento Bloch ou excitação com pulso simples).

## Rotação em torno do ângulo mágico (MAS)

Essa técnica, introduzida independentemente por Andrew e colaboradores[25] e por Lowe[26] no final da década de 1950, consiste na rotação da amostra como um todo em torno de um eixo inclinado de um ângulo de 54,74° (o chamado **ângulo mágico**) em relação à direção do campo magnético aplicado $\vec{B}_0$. O princípio por trás da técnica MAS está ligado à constatação de que as interações anisotrópicas descritas na seção anterior têm uma forma geométrica em comum.

Com efeito, pode ser observado nas Equações 6.17 a 6.20 que todos os hamiltonianos internos consistem em produtos tensoriais que envolvem os operadores de spin nuclear combinados com tensores de 2ª ordem simétricos característicos de cada interação. Utilizando as propriedades de transformação dos tensores de 2ª ordem sob rotações, tais hamiltonianos podem ser escritos em uma forma comum, com dependências angulares semelhantes envolvendo os harmônicos esféricos de 2ª ordem.[11,12]

Sob condições de MAS, todos os hamiltonianos de spin nuclear já descritos tornam-se periodicamente dependentes do tempo; para determinar seus efeitos em um espectro de RMN, é usual a aplicação da teoria do hamiltoniano médio,[27] o que corresponde, em 1ª ordem, a calcular os efeitos da rotação diretamente sobre os resultados da teoria de perturbação estacionária obtidos com os hamiltonianos estáticos. O resultado desse cálculo leva a expressões para a frequência de ressonância que dependem do tempo, como consequência do processo de rotação da amostra. Por exemplo, a expressão para a frequência de ressonância afetada pelo deslocamento químico (que deve ser comparada com a Equação 6.31) com utilização de MAS é a seguinte:

$$\omega = \omega_L \left(1 - \sigma_{iso}\right) - \omega_L \left(3\cos^2 \beta - 1\right) \frac{\zeta_{DQ}}{2}\left[\left(3\cos^2 \theta' - 1\right) + \eta_{DQ} \, \text{sen}^2 \, \theta' \cos 2\phi'\right] + \xi(t) \tag{6.52}$$

onde $\beta$ é o ângulo que o eixo de rotação faz com $\vec{B}_0$ e $\theta'$ e $\phi'$ são os ângulos que relacionam o SEP do tensor $\tilde{\sigma}$ com um sistema de coordenadas solidário ao rotor que contém a amostra sob rotação. O último termo $\xi(t)$ envolve funções periódicas dos tipos sen($\omega_r t$), cos($\omega_r t$), sen($2\omega_r t$) e cos($2\omega_r t$), onde $\omega_r$ é a frequência angular de rotação, além de termos geométricos que aparecem devido à rotação da amostra.[27]

Para frequências de rotação suficientemente altas (o quão altas será especificado mais adiante), esse termo pode ser ignorado, considerando que sua média temporal é nula, de modo que o espectro obtido tem um termo isotrópico dado por $\omega_L(1 - \sigma_{iso})$, correspondente ao deslocamento químico isotrópico observado em amostras líquidas, e uma parte anisotrópica semelhante à obtida com a amostra estática (dando origem a um espectro de pó), mas multiplicada pelo fator global $(3\cos^2 \beta - 1)/2$. Fica claro, então, que quando $\beta$ é igual ao ângulo mágico ($\theta_m = 54,74°$, tal que $\cos\theta_m = 1/\sqrt{3}$), o espectro consiste em apenas uma linha de ressonância, com frequência determinada unicamente pelo deslocamento químico isotrópico.

Na Figura 6.8 esse efeito é ilustrado esquematicamente para o caso da interação dipolar heteronuclear. Como essa interação tem simetria axial, a contribuição secular associada ao campo dipolar (Equação 6.41) contém apenas o termo geométrico envolvendo $(3\cos^2 \theta - 1)$, onde $\theta$ representa o ângulo entre o vetor internuclear e $\vec{B}_0$. Nesse caso, a rotação da amostra pode ser pictoricamente interpretada como um processo mediante o qual os vetores internucleares, que em uma amostra policristalina estão orientados aleatoriamente em relação a $\vec{B}_0$, têm seu ângulo com o eixo $z$ variado de maneira que, na média, tal ângulo seja igual ao ângulo mágico e, portanto, o termo geométrico anteriormente descrito se anule.[10]

As limitações da aplicabilidade da técnica MAS dizem respeito, em primeiro lugar, à magnitude da frequência de rotação $\omega_r$. Para baixos valores de $\omega_r$, a existência dos termos periódicos $\xi(t)$ leva ao surgimento no sinal livre de indução (conhecido pela sigla FID, do inglês *free induction decay*) dos chamados **ecos rotacionais** (similares àqueles que aparecem na tradicional experiência de ecos de spin[28]), que consistem em réplicas do sinal de RMN separadas no tempo por um

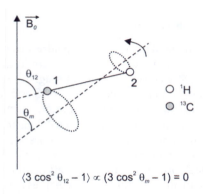

$$\langle 3\cos^2\theta_{12} - 1\rangle \propto (3\cos^2\theta_m - 1) = 0$$

**Figura 6.8.** Visualização da técnica MAS, para o caso da interação dipolar entre os núcleos $^{13}C$ e $^{1}H$.

intervalo igual ao período de rotação da amostra.[10,27] Quando é realizado o processo de transformada de Fourier do FID, surgem no espectro de RMN as **bandas laterais**, que são réplicas da linha de ressonância isotrópica separadas desta por uma frequência igual a $\omega_r$.

As bandas laterais estendem-se por uma região de frequências comparável à largura do espectro de pó correspondente à amostra estática, de modo que, para frequências de rotação baixas, é possível reproduzir o padrão de espectro de pó e obter informações a respeito das componentes principais dos tensores envolvidos. Mesmo para essas frequências baixas, entretanto, a linha de ressonância isotrópica e as bandas laterais apresentam-se estreitas. Para a obtenção de um espectro livre de bandas laterais, é, então, necessário utilizar valores de $\omega_r$ da ordem de três a quatro vezes maior que a largura do espectro de pó correspondente à amostra estática.[29] Esse raciocínio é válido para as interações de anisotropia do deslocamento químico, dipolar heteronuclear e quadrupolar (em 1ª ordem), as quais são chamadas de **inomogêneas** em virtude da similaridade entre seus efeitos e a existência de inomogeneidades no campo magnético aplicado;[10] para outra classe de interações, denominadas **homogêneas**, como a interação dipolar homonuclear, o estreitamento das linhas individuais por MAS só é conseguido quando a frequência de rotação é muito maior que o alargamento provocado pela interação considerada.[27]

Um exemplo do efeito da variação na frequência de rotação sobre as características de um espectro de RMN de sólidos é mostrado na Figura 6.9, na qual são exibidos os espectros de RMN de $^{13}C$ obtidos para uma amostra de hexametilbenzeno (HMB) com uso de MAS (e também de CP e desacoplamento heteronuclear de prótons, técnicas a serem descritas na sequência). Os espectros mostrados na figura foram registrados com diferentes valores da frequência de rotação ($\omega_r/2\pi$), variando na faixa de 3,0 a 14,0 kHz. Cada espectro é composto de duas ressonâncias, associadas aos grupos $CH_3$ e aos átomos de carbono aromáticos ($C_{aro}$). A linha de ressonância resultante de $C_{aro}$ é desdobrada em uma série de bandas laterais, cujo espaçamento aumenta com o aumento de $\omega_r/2\pi$ (de cima para baixo na figura). Essas bandas laterais estendem-se por uma faixa de frequências correspondente à anisotropia de deslocamento químico dos núcleos $^{13}C$ nos átomos $C_{aro}$, a qual é elevada devido à natureza planar dos anéis aromáticos.

Já o sinal resultante dos grupos $CH_3$ (que têm naturalmente grande mobilidade molecular por causa da rotação fácil em torno de um eixo ternário de simetria[18,30]) não apresenta grande anisotropia de deslocamento químico, não originando bandas laterais mesmo para a menor frequência de rotação utilizada. Da análise dessa sequência de espectros, fica claro que a escolha do maior valor possível da frequência de rotação possibilita o registro do espectro de mais simples interpretação, com as bandas laterais aparecendo com pequena intensidade e bem separadas do pico "verdadeiro", cuja posição coincide com o deslocamento químico isotrópico.

Por sua vez, o uso de baixas frequências de rotação é útil para a extração dos parâmetros característicos da anisotropia do deslocamento químico ($\zeta_{DQ}$ e $\eta_{DQ}$), visto que o perfil construído com as intensidades das bandas laterais reproduz o espectro de pó que seria obtido para a amostra

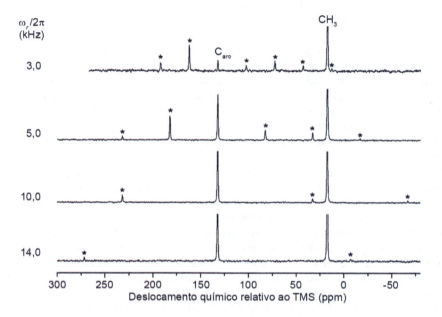

**Figura 6.9.** Sequência de espectros de RMN de $^{13}$C registrados para uma amostra de hexametilbenzeno (HMB) com uso de CP, desacoplamento heteronuclear de prótons e MAS, com diferentes valores da frequência de rotação ($\omega_r/2\pi$). Os espectros de RMN de $^{13}$C foram registrados à frequência de 100,50 MHz. Os asteriscos indicam as bandas laterais associadas à linha de ressonância devida aos átomos de carbono em planos aromáticos ($C_{aro}$), não sendo detectadas bandas laterais associadas à ressonância dos grupos $CH_3$.

estática e, portanto, pode ser usado para simulação espectral.[14] Além disso, a análise de espectros registrados com diferentes frequências de rotação constitui um método simples e eficaz para separar os picos "verdadeiros" das bandas laterais, uma vez que estas últimas têm suas posições alteradas com variação na frequência de rotação, o que não ocorre com os picos com posição determinada pelos deslocamentos químicos isotrópicos.

A presença das bandas laterais é indesejável quando o espectro é composto de várias linhas isotrópicas, de maneira que a superposição entre essas linhas e suas respectivas bandas laterais pode complicar a interpretação do espectro. Como já mencionado, para evitar ou minimizar a ocorrência das bandas laterais, é necessário que a frequência de rotação (que, com os equipamentos atualmente disponíveis, atinge tipicamente a faixa 2-70 kHz, dependendo do diâmetro do rotor) seja superior à largura do espectro de pó obtido com a amostra estática, de modo que as bandas mais próximas estejam tão afastadas da linha isotrópica que suas intensidades sejam desprezíveis. Essa condição pode ser satisfeita para valores moderados da anisotropia do deslocamento químico ou de acoplamentos dipolares heteronucleares.

Por outro lado, dificilmente ela será verificada para a interação quadrupolar, para elevadas anisotropias do deslocamento químico ou para os acoplamentos dipolares homonucleares.[10,31] Além disso, como a largura devida à anisotropia do deslocamento químico é diretamente proporcional à magnitude do campo aplicado (ver Equação 6.31), o uso de campos intensos, embora seja um fator de melhora na resolução espectral, pode ser prejudicial no que diz respeito ao aparecimento das bandas laterais. Quando não é possível utilizar uma frequência de MAS suficientemente alta, ainda assim as bandas laterais podem ser eliminadas ou bastante reduzidas com o uso de sequências de pulsos especiais, sendo a mais comum denominada supressão total de bandas laterais (conhecida pela sigla TOSS, do inglês *total suppression of spinning sidebands*).[29]

Entretanto, os uso desses métodos leva, em geral, a perdas de intensidade das ressonâncias envolvidas, de modo que é necessário considerar isso quando se deseja efetuar análise quantitativa de um espectro de RMN.

Outra limitação da técnica MAS consiste na existência de interações com termos geométricos diferentes daqueles anteriormente reportados e que, portanto, produzem alargamentos não totalmente eliminados por MAS. O exemplo mais comum é o da correção de 2ª ordem resultante da interação quadrupolar para a frequência da transição central de um núcleo com spin semi-inteiro, como pode ser observado na Equação 6.51. Por essa razão, espectros de RMN de muitos núcleos quadrupolares registrados com MAS são ainda afetados por um alargamento residual que pode ser substancial para as ressonâncias associadas a sítios com gradientes de campo elétrico intensos.[21]

O perfil da ressonância associada à transição central obtida em um experimento com MAS é característico da interação quadrupolar, podendo ser utilizado para extração dos parâmetros quadrupolares ($eq$ e $\eta_Q$) e do deslocamento químico isotrópico.[11] A Figura 6.10 mostra algumas simulações dessa ressonância para diferentes valores do parâmetro de assimetria ($\eta_Q$).

Observa-se que ocorre um alargamento assimétrico da linha de ressonância, com o espectro deslocado para frequências abaixo da posição correspondente ao deslocamento químico isotrópico. Em comparação com a largura da mesma ressonância obtida para uma amostra estática, ocorre um estreitamento parcial, tipicamente por um fator da ordem de 2-4.[11] Dependendo do valor de $\eta_Q$, as singularidades podem ser observadas em diferentes posições, nenhuma delas coincidindo, em geral, com a posição correspondente ao deslocamento químico isotrópico. Por essa razão, em espectros de RMN de núcleos quadrupolares não é correto rotular o eixo horizontal como "deslocamento químico", uma vez que as posições das ressonâncias presentes no espectro são afetadas pelo deslocamento químico e também pelas correções de 2ª ordem resultantes da interação quadrupolar.

Mesmo quando se trata de experimentos de RMN de núcleos com spin 1/2 (portanto, não quadrupolares), a interação dipolar entre esses núcleos e outros núcleos quadrupolares, eventualmente presentes nas vizinhanças, também produz contribuições que não são removidas por

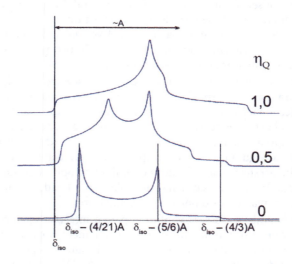

**Figura 6.10.** Simulações da linha de ressonância associada à transição central de um núcleo quadrupolar com spin semi-inteiro, para sítios com diferentes valores do parâmetro de assimetria do gradiente de campo elétrico ($\eta_Q$), sob condições de MAS e afetadas pela correção de 2ª ordem devida à interação quadrupolar. São indicadas as posições correspondentes ao deslocamento químico isotrópico ($\delta_{iso}$) e a algumas das principais singularidades, em função do parâmetro $A = [I(I+1) - 3/4]\,\omega_Q^2/\omega_L^2$.

MAS. Isso decorre da modificação nos autoestados do núcleo quadrupolar, introduzida pela perturbação $H_Q$, de maneira que, na interação dipolar entre este núcleo e aquele com spin 1/2, passam a estar envolvidas combinações de estados Zeeman com diferentes números quânticos $m$.[11] Exemplos desse tipo de acoplamento são encontrados em RMN de $^{13}$C para substâncias orgânicas onde estão presentes núcleos quadrupolares como $^{14}$N, $^{35}$Cl e $^{37}$Cl. Outro efeito não totalmente removido por MAS diz respeito ao alargamento provocado pela existência de uma suscetibilidade magnética anisotrópica (associada à circulação de elétrons), como encontrado em muitos materiais de carbono com arranjo atômico localmente semelhante ao grafite.[32]

## Desacoplamento

O principal motivo para o alargamento da linha de ressonância em espectros de RMN de núcleos raros com spin 1/2 é a interação dipolar com núcleos abundantes; em sólidos orgânicos, por exemplo, o espectro de RMN de $^{13}$C aparece bastante alargado devido à interação deste com os abundantes prótons (núcleos $^1$H) presentes no material. Uma ligação direta C-H, por exemplo, leva a um acoplamento dipolar heteronuclear que provoca um alargamento acima de 20 kHz (o que demandaria uma frequência de MAS em torno de 70 kHz para eliminação completa).[29]

A técnica de desacoplamento utiliza a irradiação do sistema de núcleos abundantes por meio de um campo de RF com frequência de Larmor correspondente a esses núcleos, enquanto é efetuada a observação dos núcleos raros (por meio da excitação e detecção tradicionais na RMN pulsada) em uma outra frequência (trata-se, portanto, de uma técnica de **ressonância dupla**[33]). Em uma análise semiclássica, a irradiação dos núcleos abundantes com um campo de RF intenso na direção transversal ao campo magnético aplicado $\vec{B}_0$ leva os momentos de dipolo magnético associados a esses núcleos, vistos em um sistema girante de coordenadas, a precessionar rapidamente em torno da direção do campo de RF, de modo que o campo magnético local produzido por eles sobre os núcleos raros terá, em média, um valor nulo.[10] A Figura 6.11 ilustra esquematicamente tal efeito. Os dois sistemas estarão, assim, efetivamente desacoplados do ponto de vista da interação dipolar (e também do acoplamento escalar), e o alargamento no espectro de RMN dos núcleos raros estará removido.

De forma análoga ao discutido para a técnica MAS, a redução do alargamento produzida pela técnica de desacoplamento só será efetiva se a magnitude do campo de RF de desacoplamento superar a largura associada ao acoplamento dipolar. Normalmente, a amplitude do campo de desacoplamento de prótons é medida pelo produto $\gamma_H B_{1H}/2\pi$ (dado em kHz, em geral), onde $\gamma_H$ é o fator giromagnético dos prótons e $B_{1H}$ é a amplitude do campo magnético de RF utilizado para prover o desacoplamento. Para um desacoplamento eficiente, são necessários campos de RF intensos (daí o nome **desacoplamento de alta potência**, muitas vezes utilizado), tipicamente na

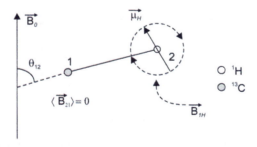

**Figura 6.11.** Visualização semiclássica da técnica de desacoplamento heteronuclear, para o caso da interação dipolar direta entre os núcleos $^{13}$C e $^1$H. $\vec{B}_{21}$ representa o campo magnético dipolar produzido pelo núcleo $^1$H sobre o núcleo $^{13}$C; $\vec{B}_{1H}$ representa o campo de desacoplamento; e $\vec{\mu}_H$ representa o momento de dipolo magnético do núcleo $^1$H.

faixa de centenas de kHz, já que o alargamento devido à interação dipolar é, em geral, grande e, além disso, existe uma faixa de frequências de ressonância para os núcleos abundantes a ser coberta na banda de excitação do campo de RF de desacoplamento.[29]

Deve ser considerado, neste ponto, que o uso de RF com alta potência durante longos tempos, como é necessário no desacoplamento com irradiação contínua (conhecido como CW, do inglês *continuous wave*) durante o registro do FID, pode causar dificuldades práticas como aquecimento da amostra e até a ocorrência de arcos elétricos. Níveis de potências menores podem ser empregados em esquemas de desacoplamento mais eficientes, como o método denominado modulação de fase de dois pulsos (TPPM, do inglês *two-pulse phase modulation*), no qual uma sequência com trens de pulsos com fases alternadas é utilizada em vez da irradiação contínua.[29]

Há ainda os métodos de desacoplamento homonuclear, utilizados para remover ou reduzir os efeitos do acoplamento dipolar homonuclear. Esses métodos são especialmente importantes no caso de experimentos envolvendo núcleos abundantes, como $^1H$ e $^{19}F$, por exemplo. Os métodos de desacoplamento homonuclear envolvem também sequências com múltiplos pulsos com modulação de fase.[29] Combinados com MAS em altas frequências de rotação (tipicamente acima de 50 kHz), os métodos de desacoplamento homonuclear têm possibilitado o registro de espectros de RMN de $^1H$ com elevada resolução para diversos materiais sólidos, em um método conhecido como espectroscopia com sequência de múltiplos pulsos combinada com rotação (CRAMPS, do inglês *combined rotation and multiple pulse sequence*).[34]

### Polarização cruzada (CP)

Como mencionado anteriormente, esta técnica tem por objetivo solucionar os problemas que a pouca abundância natural e o longo tempo de relaxação longitudinal trazem a uma análise envolvendo núcleos raros; será utilizado aqui como exemplo o caso de um sólido orgânico, com prótons em abundância e núcleos $^{13}C$ raros. O resultado da técnica CP é aumentar a magnetização dos núcleos $^{13}C$ às custas da magnetização dos prótons, bem como contornar o problema da utilização de longos tempo de repetição em experimentos de RMN de $^{13}C$ com polarização direta.

Este método, exemplificado novamente considerando a interação entre um par $^1H$-$^{13}C$ com acoplamento dipolar direto, envolve também um experimento de dupla ressonância, ilustrado na Figura 6.12. Inicialmente, a magnetização transversal dos núcleos $^1H$ (prótons), que são abundantes, apresentam forte polarização (isto é, diferença de população entre os seus dois níveis de spin nuclear, com $m = \pm 1/2$)[7] e tempo de relaxação longitudinal curto, é excitada por um pulso

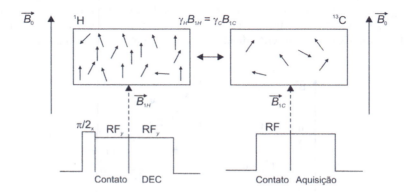

**Figura 6.12.** Ilustração da sequência de eventos envolvidos na realização de um experimento de CP para o caso dos núcleos $^1H$ e $^{13}C$, com excitação da magnetização transversal de prótons, transferência de polarização para os núcleos $^{13}C$ durante o tempo de contato e desacoplamento de prótons (indicado pelo acrônimo DEC) durante a aquisição do FID na frequência de RMN de $^{13}C$.

$\pi/2$ aplicado na frequência de ressonância dos prótons. A seguir, efetua-se uma modificação de 90° na fase desse campo de RF (denominado $\vec{B}_{1H}$), de modo que a magnetização fique com ele alinhada no sistema girante de coordenadas (processo denominado **travamento de spins** ou spin *locking*). Essa operação tem como resultado uma situação em que o sistema de prótons tem uma alta magnetização alinhada a um baixo campo magnético, pois $B_{1H} \ll B_0$.[10]

Como essa é uma situação de não equilíbrio, a magnetização dos prótons será progressiva-mente reduzida, em um processo denominado **relaxação spin-rede no sistema girante de co-ordenadas**, ao qual é associado um tempo de relaxação simbolizado por $T_{1\rho H}$.[10] Esse parâmetro, embora ligado a interações fisicamente semelhantes àquelas correspondentes à relaxação lon-gitudinal ou spin-rede no referencial de laboratório (caracterizada por um tempo de relaxação simbolizado por $T_1$), em geral é muito mais curto do que $T_1$, uma vez que a relaxação spin-rede no sistema girante de coordenadas deve envolver flutuações eletromagnéticas com frequências na faixa de dezenas ou centenas de kHz (ou seja, da ordem de $\gamma_H B_{1H}/2\pi$), enquanto na relaxação spin-rede no referencial de laboratório estão envolvidas flutuações com frequências na faixa de centenas de MHz (em torno de $\gamma_H B_0$).[18]

Havendo um mecanismo por meio do qual o sistema de núcleos $^{13}$C (que inicialmente en-contra-se em equilíbrio térmico, com a maior parte dos spins nucleares no mais baixo nível de energia) possa interagir com os prótons, então a polarização do sistema de prótons poderá ser progressivamente transferida para o sistema de núcleos $^{13}$C e ocorrerá um aumento na magne-tização transversal associada a tais núcleos; esse é o princípio básico da técnica CP, introduzido por Pines, Gibby e Waugh em 1973.[35] Para que seja possível a transferência de polarização, é necessário colocar esse sistema em contato "térmico" com o sistema de prótons, o que significa, em se tratando de sistemas nucleares, possibilitar a troca de energia Zeeman entre ambos. Deve-se, então, "preparar" o sistema de núcleos $^{13}$C para receber um *quantum* específico de energia, ocorrendo aí uma transição de spin enquanto uma transição correspondente (com variação de energia com sinal oposto) é verificada no sistema de prótons.[29] Isso é obtido irradiando-se o sis-tema de núcleos $^{13}$C com um campo de RF $\vec{B}_{1C}$, de forma que seja satisfeita a chamada **condição de Hartmann-Hahn**:[36]

$$\gamma_H \, B_{1H} = \gamma_C \, B_{1C}$$

(6.53)

Intuitivamente, essa relação pode ser interpretada como uma igualdade entre as frequências de precessão das magnetizações transversais de prótons ($\gamma_H B_{1H}$) e dos núcleos $^{13}$C ($\gamma_C B_{1C}$) nos respectivos sistemas girantes de coordenadas dos prótons e dos núcleos $^{13}$C, em torno de $\vec{B}_{1H}$ e de $\vec{B}_{1C}$, respectivamente. Assim, as suas componentes $z$ produzirão campos magnéticos oscilantes com essas frequências. Quando a condição de Hartmann-Hahn é satisfeita, as duas magnetiza-ções precessionam à mesma frequência nos respectivos sistemas girantes, o que significa que, nesses referenciais, os desdobramentos Zeeman são idênticos e é possível a ocorrência de troca de energia entre os dois sistemas, induzida pelas componentes flutuantes dos campos magnéticos se-gundo a direção $z$.[29] Assim, a polarização do sistema de núcleos $^{13}$C cresce às custas da polarização do sistema de prótons. É possível mostrar que a polarização do sistema de núcleos $^{13}$C pode ser aumentada em cada contato no processo de CP por um fator no máximo igual à razão dos fatores giromagnéticos dos dois núcleos em questão ($\gamma_H/\gamma_C \cong 4$), quando comparada com a excitação dos núcleos $^{13}$C com pulso simples (polarização direta).[35]

O intervalo de tempo durante o qual os campos de RF $\vec{B}_{1H}$ e de $\vec{B}_{1C}$ são mantidos com amplitudes satisfazendo a condição de Hartmann-Hahn (Equação 6.53) é denominado **tem-po de contato** (ver Figura 6.12). Quanto o campo $\vec{B}_{1C}$ é removido, a magnetização do sistema de núcleos $^{13}$C decai progressivamente a zero na presença de $\vec{B}_0$, com seu tempo de relaxação transversal característico, sendo o correspondente FID observado na frequência de RMN de $^{13}$C. Durante o registro do FID, o campo $\vec{B}_{1H}$ é usualmente mantido para conservar o pro-cesso de travamento de spins (visando o estabelecimento de novas transferências de polari-zação sem nova excitação de magnetização transversal dos prótons) e/ou para propiciar o

*Fundamentos de Espectrometria e Aplicações*

desacoplamento de prótons em relação aos núcleos $^{13}C$ (nesse caso eventualmente com uma amplitude diferente).

Enquanto a magnetização do sistema de prótons permanecer razoável (ou seja, para tempos pequenos em comparação com $T_{1\rho H}$), os contatos entre os dois sistemas podem ser repetidos por meio do restabelecimento da condição de Hartmann-Hahn; quando ocorrer uma atenuação apreciável em tal magnetização, recomeça-se o ciclo, com a aplicação de um novo pulso $\pi/2$ ao sistema de prótons. Como a excitação com pulso $\pi/2$, é efetuada no sistema de prótons, é importante observar que o tempo de repetição do experimento é ditado pela **relaxação longitudinal dos prótons**, em geral bem mais rápida do que a dos núcleos $^{13}C$. É esse último aspecto, juntamente com o aumento na magnetização dos núcleos $^{13}C$, já mencionado, que torna a técnica CP atrativa para núcleos raros que apresentam interação dipolar com núcleos abundantes.

A transferência de magnetização do sistema de prótons para o de núcleos $^{13}C$ é caracterizada por um parâmetro temporal denominado **tempo de polarização cruzada**, simbolizado por $T_{CH}$. Os valores de $T_{CH}$ (tipicamente na faixa de centenas de $\mu s$) para um dado grupo químico dependem de uma série de fatores, tais como mobilidade molecular e distância entre os átomos de carbono e de hidrogênio. Em geral, $T_{CH}$ tende a ser mais curto para átomos de carbono em grupos $CH_2$ e CH do que para aqueles em grupos $CH_3$ (para os quais a alta mobilidade molecular causa, na média temporal, uma redução no acoplamento dipolar direto), os quais, por sua vez, têm valores de $T_{CH}$ menores que átomos de carbono em grupos não hidrogenados.[37]

Por causa desses fatores, fica claro que o processo de CP **não** produz espectros de RMN quantitativos; além disso, o processo só será eficaz para situações em que $T_{CH} \ll T_{1\rho H}$, quando é possível acontecer a transferência de magnetização dos prótons para os núcleos $^{13}C$ sem haver substancial perda na magnetização do sistema de prótons. O tempo de contato é, assim, um parâmetro experimental de fundamental importância nos experimentos com CP, devendo ser escolhido no caso ideal bem acima de $T_{CH}$ e bem abaixo de $T_{1\rho H}$. É possível mostrar que a dinâmica de transferência de polarização simultânea à relaxação da magnetização dos prótons no sistema girante de coordenadas é descrita pela expressão:[37]

$$I(\tau) = I_0 \left( \frac{1}{\alpha} \right) \left[ 1 - \exp\left( \frac{-\alpha\tau}{T_{CH}} \right) \right] \left( \exp \frac{-\tau}{T_{1\rho H}} \right),$$

(6.54)

onde $I(\tau)$é a intensidade do sinal após um tempo de contato igual a $\tau$, $I_0$ é uma constante (igual à intensidade que seria obtida se a transferência de polarização fosse infinitamente rápida e se a relaxação da magnetização dos prótons fosse infinitamente lenta) e $\alpha = 1 - T_{CH}/T_{1\rho H}$ é um número em geral próximo a 1. À medida que o tempo de contato cresce, a intensidade do sinal inicialmente cresce, passa por um máximo (correspondente ao tempo de contato ótimo) e, a seguir, diminui (devido à relaxação spin-rede da magnetização dos prótons no sistema girante de coordenadas). Um gráfico simulado típico mostrando essa variação é exibido na Figura 6.13. Experimentos que produzem resultados como esse são conhecidos como experimentos com tempo de contato variável (VCT, do ingles *variable contact time*). Gráficos desse tipo são úteis não apenas para encontrar o tempo de contato ótimo, mas também para determinar os valores dos parâmetros $T_{CH}$ e $T_{1\rho H}$ correspondentes a cada ressonância presente no espectro, o que permite que as intensidades espectrais sejam corrigidas e utilizadas em análises quantitativas.[31,37]

Em muitos casos, é comum a ocorrência de situações em que ressonâncias associadas a diferentes grupos químicos estão associadas a diferentes valores de $T_{CH}$ e $T_{1\rho H}$, casos em que se faz necessária a otimização do tempo de contato para cada ressonância. As principais limitações da aplicabilidade da técnica CP estão relacionadas às possíveis variações nos parâmetros $T_{CH}$ e $T_{1\rho H}$; a existência de longos valores de $T_{CH}$ (p. ex.: em virtude de uma reduzida interação dipolar entre os sistemas de prótons e de núcleos $^{13}C$) e/ou de curtos valores de $T_{1\rho H}$ (causados pela existência de eficientes mecanismos de relaxação spin-rede no referencial girante, como ocorre quando há

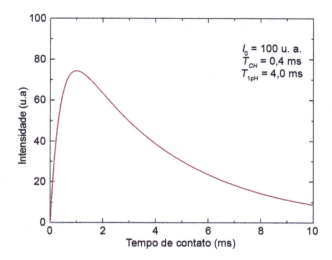

**Figura 6.13.** Simulação da dinâmica de transferência de polarização em um experimento de CP, conforme Eq. 6.54, construída utilizando-se os valores indicados.

centros paramagnéticos no material analisado) constituem fatores que inviabilizam o sucesso do processo de CP.[31,38]

Ao finalizar essa discussão, deve-se observar que existem muitas variantes do esquema original do experimento de CP. Exemplos incluem sequências de pulsos com uso de amplitudes variáveis dos campos $\vec{B}_{1H}$ e de $\vec{B}_{1C}$ visando otimizar o mecanismo de transferência de polarização (método conhecido como *ramp* CP ou VACP, do inglês *variable amplitude CP*);[29] ou os experimentos em que são introduzidos intervalos de tempo em diferentes partes da sequência com o objetivo de distinguir, no espectro de RMN, grupos com diferentes acoplamentos dipolares.[37] Talvez o mais conhecido desses métodos de "edição espectral" baseados em um experimento de CP seja o método de **defasamento dipolar** (DD); nessa sequência, um intervalo é introduzido após a transferência de polarização, durante o qual o desacoplamento é interrompido, visando remover ou reduzir a intensidade de sinais resultantes de grupos com forte acoplamento dipolar com prótons.[39]

É importante ainda ressaltar que, embora toda a discussão aqui apresentada tenha se limitado aos núcleos $^{13}C$ e $^{1}H$, o método de CP é igualmente útil e muito empregado para vários pares de núcleos apresentando acoplamento dipolar, seja com o objetivo de possibilitar um aumento no sinal de núcleos pouco abundantes, seja com o de permitir análises envolvendo edição espectral. Exemplos incluem experimentos de dupla ressonância envolvendo pares de núcleos como $^{1}H$-$^{13}C$, $^{1}H$-$^{15}N$, $^{1}H$-$^{29}Si$, $^{31}P$-$^{13}C$ ou $^{19}F$-$^{13}C$, entre outros.[29,40]

## Métodos avançados em RMN de sólidos

A combinação dos métodos CP, desacoplamento heteronuclear de prótons e MAS em um único experimento, é considerada atualmente a abordagem mais simples e rotineira para a obtenção de espectros de RMN de alta resolução em sólidos para núcleos pouco abundantes, incluindo $^{13}C$, $^{15}N$, $^{29}Si$ e outros. Essa abordagem foi utilizada pioneiramente na década de 1970 para a obtenção de espectros de RMN de $^{13}C$ de alta resolução em polímeros,[41] sendo na sequência empregada para estudos de diversos outros tipos de materiais.[10,31,37]

Com o extraordinário avanço tecnológico alcançado nas últimas décadas, testemunhado pela confecção de espectrômetros com campos magnéticos cada vez mais intensos, equipados com sondas de RF com vários canais de excitação/detecção de RF, com bobinas suportando altas potências de RF e com rotores que permitem elevadas frequências de rotação, utilizando esquemas eficientes para detecção do sinal de RMN, há hoje um vasto arsenal de métodos de RMN no estado sólido à disposição do espectroscopista. Também contribui para esse avanço o aprimoramento dos métodos teóricos/computacionais de simulação de espectros, de predição de parâmetros espectrais e de design de novas sequências ou de novos experimentos de RMN.

Entre os métodos avançados de RMN 1D (ou seja, com apenas um tempo de aquisição e realização de uma transformada de Fourier), merecem ser citados o defasamento dipolar (DD), brevemente descrito na seção anterior, e os métodos de ressonância múltipla destinados a identificar pares de núcleos com acoplamento dipolar heteronuclear, tais como ressonância dupla com ecos de spin (SEDOR, do inglês *spin echo double resonance*), ressonância dupla com ecos rotacionais (REDOR, do inglês *rotational echo double resonance*), ressonância dupla com eco transferido (TEDOR, do inglês *transferred echo double resonance*).[40] A partir dos resultados obtidos com esses experimentos, podem ser obtidas informações sobre a proximidade dos núcleos envolvidos, inclusive com estimativa da distância entre eles (já que, como pode ser observado na Equação 6.41, o acoplamento dipolar direto tem uma dependência bastante característica com a separação internuclear).

Experimentos com princípios similares podem ser aplicados para sistemas envolvendo núcleos quadrupolares, incluindo transferência de população por ressonância dupla (TRAPDOR, do inglês *transfer of populations by double resonance*) e ressonância dupla com passagem adiabática e eco rotacional (REAPDOR, do inglês "*rotational echo adiabatic passage double resonance*").[17,40]

Existem também diversos métodos de RMN 2D (ou seja, com um tempo de evolução e um tempo de aquisição e realização de transformada de Fourier em duas dimensões) para experimentos com sólidos. Muitos deles são adaptações de experimentos bem estabelecidos na espectroscopia de RMN em líquidos, como os experimentos de correlação heteronuclear (genericamente denominados HETCOR) e de correlação homonuclear (como o experimento COSY, do inglês *correlation spectroscopy*).[17,19,40] Há também os experimentos 2D destinados a caracterizar a anisotropia de deslocamento químico, permitindo a separação de deslocamentos químicos isotrópicos em um eixo e dos padrões de espectros de pó no outro eixo.[17]

Merecem finalmente destaque os vários métodos de RMN 2D envolvendo núcleos quadrupolares com spin semi-inteiro, destinados a obter espectros bidimensionais de alta resolução por meio da remoção dos termos anisotrópicos não eliminados por MAS (como discutido em uma seção anterior). Entre estes, sem dúvida a combinação de MAS com excitação de coerência de *quantum* múltiplo, experimento denominado MQ-MAS, oferece a abordagem mais rotineiramente utilizada na atualidade, possibilitando a obtenção de espectros 2D com resolução de deslocamentos isotrópicos em um eixo e dos padrões típicos de espectros afetados pela correção de 2ª ordem para a transição central no outro eixo.[21,40,42]

## APLICAÇÕES DE RMN NO ESTADO SÓLIDO

Nesta seção são sumarizadas e discutidas algumas aplicações importantes dos métodos de espectroscopia por RMN de sólidos descritos anteriormente. Uma das razões que tornam os métodos de RMN no estado sólido tão úteis para estudos de materiais dos mais diversos tipos consiste na aplicabilidade da técnica tanto para materiais cristalinos como para aqueles estruturalmente desordenados. Assim, se a difração de raios X, por exemplo, é uma técnica extremamente sensível à ordem cristalina, a espectroscopia por RMN fornece resultados dependentes dos detalhes do ambiente químico em torno de cada núcleo sonda, sendo útil para análises de vidros, carvões, polímeros e outros materiais.

Há vários textos compreensivos dedicados a discussões sobre aplicações de RMN de sólidos a diferentes classes de materiais (ver Bibliografia, ao final deste capítulo). O já mencionado livro de MacKenzie & Smith (2002) traz uma descrição detalhada das aplicações (agrupadas pelo tipo de núcleo sonda) de métodos de RMN de sólidos a vários materiais inorgânicos, incluindo vidros, cerâmicas, carbetos, nitretos, aluminas, aluminofosfatos, aluminossilicatos, zeólitas, compostos intermetálicos e ligas metálicas. Descrições de caráter similar são também encontradas nos textos de Fyfe (1984) e Klinowski (2005). Aplicações de RMN à ciência de polímeros são tratadas no excelente livro de Schmidt-Rohr & Spiess (1994), juntamente com uma descrição dos fundamentos teóricos de muitos métodos avançados de RMN de sólidos. O livro de Mirau (2005) é um outro bom texto tratando de aplicações de RMN de sólidos na área de polímeros.

Uma área em que a RMN de sólidos tem avançado muito ao longo da última década envolve o estudo de materiais biológicos, incluindo proteínas, ácidos nucleicos e membranas. A coletânea editada por Ramamorthy (2005) trata de várias dessas aplicações, assim como o volume editado por Harris e colaboradores (2009), dedicado ao tópico de cristalografia por RMN. Materiais carbonosos desordenados incluindo carvões minerais, turfas, ácidos húmicos, biocarvões, piches, negros de fumo e outros, constituem também vasto campo de uso de RMN de sólidos. Aplicações nessa área são descritas por Wilson (1987), com especial enfoque nas aplicações voltadas para a geoquímica, e por Freitas e colaboradores (2012).

## RMN de $^{27}$Al em aluminas

Materiais inorgânicos utilizados como suportes de catalisadores, incluindo sílicas mesoporosas, zeólitas, aluminofosfatos e aluminas ativadas, entre outros, usualmente são materiais com baixa (ou nenhuma) cristalinidade, carecendo, portanto, de ordem estrutural de longo alcance. Esses materiais são amplamente investigados por RMN de $^1$H, $^{27}$Al, $^{29}$Si e $^{31}$P, entre outros núcleos sondas.

O núcleo $^{27}$Al é um núcleo quadrupolar, com spin 5/2 e 100% abundante na natureza.[6] Como tem fator giromagnético razoável (pouco mais que um quarto do valor correspondente ao próton) e como os processo de relaxação longitudinal são normalmente eficientes (característica comum aos núcleos quadrupolares), os espectros de RMN de $^{27}$Al são, em geral, obtidos em pouco tempo e com boa relação sinal/ruído. A natureza quadrupolar desse núcleo, por outro lado, complica o registro e a interpretação de espectros de RMN de $^{27}$Al em sólidos em que os núcleos de $^{27}$Al não estão em sítios com simetria cúbica, casos em que os espectros são, quase sempre, largos e, no caso de experimentos com MAS, apresentam elevado número de bandas laterais.[43]

Um exemplo de espectro de RMN de $^{27}$Al registrado para uma alumina ativada utilizando excitação com pulso único e MAS é mostrado na Figura 6.14a. É apresentado o espectro registrado em uma larga janela espectral, sendo que a região mostrada cobre 600 kHz em torno da frequência de excitação, que foi, nesse caso, igual a 104,16 MHz (correspondendo a um campo aplicado de 9,4 T). Observa-se a ocorrência de picos intensos na região central (próxima de 0 kHz, ou seja, na região próxima da condição de ressonância), cercados de bandas laterais estendendo-se além dos limites da região apresentada. Como discutido anteriormente, essas bandas laterais são originadas pelo processo de MAS, estando separadas por um intervalo de frequência igual à frequência de rotação (14 kHz, neste caso).

No caso do núcleo $^{27}$Al, que é quadrupolar, com spin 5/2, a principal interação de natureza inomogênea (isto é, com efeitos similares aos associados a um campo magnético não homogêneo[10]), quando os núcleos estão em sítios com gradientes de campo elétrico não nulos, é a interação quadrupolar elétrica. Assim, as bandas laterais mostradas na Figura 6.14a correspondem às transições satélites, entre os níveis $\pm 5/2 \leftrightarrow \pm 3/2$ e $\pm 3/2 \leftrightarrow \pm 1/2$. Na Figura 6.14b, é mostrada apenas a região espectral em torno da frequência de ressonância, sendo os deslocamentos em frequência apresentados relativos à frequência de ressonância do pico único detectado em uma

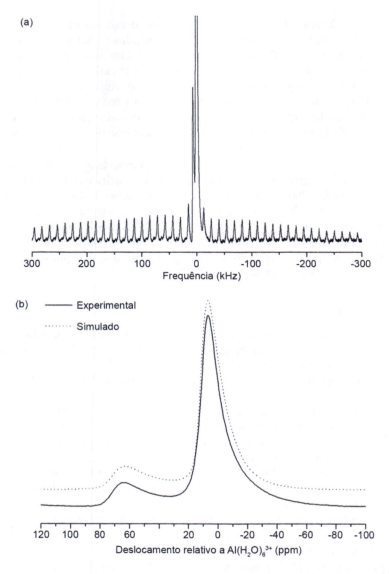

**Figura 6.14.** Espectro de RMN de ²⁷Al registrado para uma amostra de alumina ativada. Condições do experimento: frequência de 104,16 MHz (campo magnético de 9,4 T), temperatura ambiente, excitação com pulso único (ângulo de nutação $\pi/6$, com duração de 1,2 µs), MAS (14 kHz), janela espectral de 1,25 MHz. Em (a) é mostrado o espectro em uma larga região espectral em torno da frequência de ressonância, em que são visíveis as bandas laterais, e em (b) é mostrada apenas a região correspondente às transições centrais associadas aos sítios octaédrico (AlO$_6$) e tetraédrico (AlO$_4$), juntamente com o espectro simulado. Os deslocamentos em frequência na parte (b) são relativos a íons Al³⁺ em solução aquosa.

solução aquosa de nitrato de alumínio (concentração 1,02 M), que é a referência primária de deslocamentos para RMN de ²⁷Al.[6]

Os picos presentes nessa região correspondem às transições centrais ($1/2 \leftrightarrow -1/2$) para núcleos ²⁷Al presentes em dois diferentes sítios. O pico mais próximo da frequência correspondente à referência primária (0 ppm), com deslocamento em torno de 6,6 ppm, é associado a íons $Al^{3+}$ ligados a íons $O^{2-}$ em coordenação octaédrica (unidades $AlO_6$); já o pico com deslocamento próximo a 63,8 ppm é associado a íons $Al^{3+}$ ligados a íons $O^{2-}$ em coordenação tetraédrica (unidades $AlO_4$).[43]

Essas duas ressonâncias apresentam um perfil alargado de forma assimétrica, com um alargamento pronunciado para o sentido de frequências decrescentes. Esse perfil é típico de ressonâncias associadas à transição central para núcleos quadrupolares em ambientes estruturalmente desordenados, em que o gradiente de campo elétrico não é uniforme. A distribuição de distâncias interatômicas e ângulos de ligação normalmente causa uma distribuição de parâmetros quadrupolares superposta a uma distribuição de deslocamentos químicos, o que provoca o perfil alargado e assimétrico.[21] As formas de linha dessas duas ressonâncias podem ser simuladas utilizando um modelo que leva em conta as citadas distribuições.

Os resultados das simulações com tal modelo, obtidos com uso do programa DMFit,[22] são também mostrados na Figura 6.14b, em que pode ser observada a boa concordância entre essas simulações e o espectro experimental. Utilizando-se tal simulação, pode-se determinar com boa precisão a razão entre a quantidade de íons $Al^{3+}$ em sítios octaédricos e tetraédricos,[43,44] o que é um parâmetro importante para a caracterização de aluminas ativadas utilizadas como suportes de catalisadores. Pode-se, ainda, determinar os parâmetros quadrupolares associados a cada sítio (especialmente se resultados de experimentos realizados em diferentes campos magnéticos forem comparados[21]) e os deslocamentos químicos isotrópicos médios.

No caso do espectro mostrado, por exemplo, os deslocamentos químicos isotrópicos encontrados para os sítios $AlO_6$ e $AlO_4$ são 11,5 e 72,0 ppm, respectivamente, valores bastante distintos dos deslocamentos mencionados anteriormente observados para os picos (o que é uma característica comum em espectros de RMN de núcleos quadrupolares afetados por gradientes de campo elétrico com elevada magnitude).[43]

## RMN de $^{13}C$ em materiais lignocelulósicos e materiais carbonizados

Métodos baseados em RMN de $^{13}C$ no estado sólido têm sido vastamente utilizados para estudos de madeiras e outros materiais de origem vegetal, os quais têm sua estrutura majoritariamente constituída por lignina, celulose e hemicelulose. Esses materiais, denominados **lignocelulósicos**, têm grande importância em setores que incluem a produção de papel e o aproveitamento de resíduos da indústria agrícola e da fabricação de biodiesel, tais como bagaço de cana, casca de arroz, casca de coco e outros. Além disso, precursores de origem vegetal são importantes para a preparação e o entendimento sobre a formação de biocarvões, materiais que têm elevado interesse tendo em vista aplicações em solos e processos de sequestro de dióxido de carbono.[45]

Como o núcleo $^{13}C$ apresenta baixa abundância natural (1,1%),[6] um método rotineiramente utilizado para análises de materiais ricos em hidrogênio é a polarização cruzada via prótons combinada com rotação em torno do ângulo mágico e com desacoplamento de prótons durante o período de aquisição dos FID (experimentos CP/MAS).[31] Na Figura 6.15, são mostrados exemplos de espectros de RMN de $^{13}C$ registrados com CP/MAS para amostras de dois materiais lignocelulósicos, a casca de arroz (CA) e o endocarpo de babaçu (EB), e para uma amostra de uma turfa brasileira.

Os picos de ressonância observados para as amostras de CA e de EB podem ser identificados com as ressonâncias esperadas para os seus três constituintes principais, como descrito acima: lignina; celulose; e hemicelulose. Os picos mais pronunciados resultam da celulose: C–1 em 105,8 ppm; C–2, C–3 e C–5 em 73,2 e 75,5 ppm; C–4 em 84,4 e 89,3 ppm; C–6 em 63,5 e 65,0 ppm; a numeração utilizada em tal assinalamento refere-se ao esquema para a unidade repetitiva fundamental da celulose mostrado na Figura 6.16a.[46] O desdobramento das linhas de ressonância devidas a C–4 e C–6 (este último verificado apenas para a amostra de CA) é devido à ocorrência de regiões cristalinas e amorfas na estrutura da celulose: os picos em 89,3 e 65,0 ppm estão associados à parte cristalina (normalmente no interior das fibras celulósicas) e aqueles em 84,4 and 63,5, à parte amorfa (na superfície das fibras).

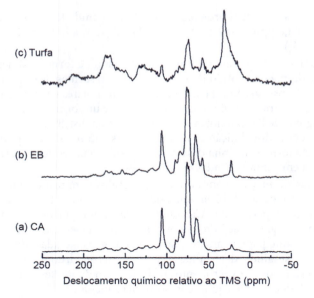

**Figura 6.15.** Espectros de RMN de ¹³C (CP/MAS) registrados à frequência de 100,50 MHz para amostras de: (a) casca de arroz (CA), (b) endocarpo de babaçu (EB) e (c) turfa.

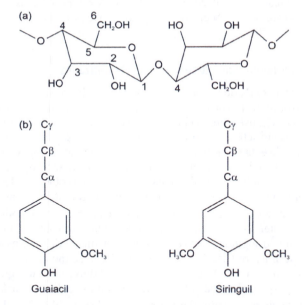

**Figura 6.16.** Esquemas das unidades monoméricas tipicamente presentes em (a) celulose e (b) lignina.

As ressonâncias resultantes de hemicelulose aparecem em grande parte superpostas aos picos da celulose em razão da natureza quimicamente semelhante desses dois carboidratos. Normalmente, essas ressonâncias são mais largas e têm posições ligeiramente deslocadas em relação às da celulose, de maneira que sua presença leva a um alargamento dos picos observados para o material lignocelulósico. Além disso, os dois picos bem definidos em 21,8 (grupo metil) e 174,3 ppm (grupo carboxil) são típicos de grupos acetatos presentes nas unidades de hemicelulose.[46] As ressonâncias correspondentes à lignina podem ser identificadas em 56,8 ppm, associadas a grupos metoxil, e entre 115 and 150 ppm associadas aos átomos de carbono tomando parte de anéis aromáticos (ver o esquema representativo das unidades químicas constitutivas da lignina, na Figura 6.16b). Os átomos de carbono nas cadeias alifáticas laterais produzem linhas de ressonância sobrepostas às linhas associadas aos carboidratos (mais intensas) acima descritas.

A análise do espectro correspondente à amostra de turfa (Figura 6.15) pode ser conduzida de maneira similar. Como a turfa é essencialmente constituída de resíduos vegetais em decomposição, é razoável que sejam encontrados nesse espectro muitas das linhas associadas à celulose, hemicelulose e lignina. Assim, o pico em torno de 56 ppm (grupo metoxil) e as linhas largas em torno de 130 e 150 ppm (átomos de carbono aromáticos não oxigenados e oxigenados, respectivamente) são originados da lignina; os picos em 74 e 105 ppm, bem como os fracos sinais em torno de 64 e 85 ppm, indicam a presença dos carboidratos. Os pronunciados picos em 171 e 210 ppm são respectivamente associados a grupos carboxil e carbonil e sugerem a ocorrência de um certo grau de oxidação no material natural. A existência de uma forte e larga ressonância entre 5 e 40 ppm, com pico em torno de 30 ppm, demonstra a presença de cadeias do tipo polimetileno e é usualmente associada à ocorrência de ácidos húmicos.[47]

É interessante observar que as linhas de ressonância presentes no espectro correspondente à turfa apresentam-se mais alargadas e menos definidas que nos casos das amostras de CA e de EB, o que obviamente está relacionado ao caráter parcialmente degradado das componentes da turfa. Entretanto, a presença de alguns picos bem resolvidos, como os assinalados aqui, indica que há ainda elementos identificados com os resíduos vegetais que deram origem ao material.

Em um estágio mais avançado de decomposição, caso dos querogênios, lignitos e carvões minerais, por exemplo, são observados espectros com resolução ainda menor do que o apresentado para a turfa, sendo normalmente identificadas apenas linhas largas de ressonância associadas a grupos alifáticos e aromáticos presentes nesses materiais.[31] Amostras de precursores orgânicos de origem vegetal ou animal carbonizados apresentam espectros de RMN de [13]C no estado sólido com características similares a esses materiais de origem geoquímica.[48,49]

Na Figura 6.17, são apresentados os espectros de RMN de [13]C registrados com CP/MAS para amostras de CA carbonizadas em várias temperaturas. A análise dessa sequência revela

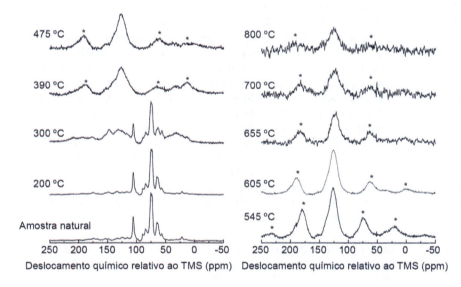

**Figura 6.17.** Espectros de RMN de [13]C (CP/MAS) registrados em temperatura ambiente e à frequência de 100,50 MHz para as amostras de casca de arroz (CA) carbonizadas nas diversas temperaturas indicadas, comparados com o espectro correspondente à amostra natural. Os asteriscos indicam a ocorrência de bandas laterais, correspondentes a uma frequência de rotação da amostra de 6,0 kHz.

Fundamentos de Espectrometria e Aplicações

claramente o progresso da carbonização do material lignocelulósico, evidenciando, inicialmente, as reações de pirólise da estrutura original e, a seguir, as reações de reorganização da estrutura em planos aromáticos.[48]

A amostra carbonizada a 200°C não revela nenhuma diferença apreciável em relação à amostra natural; as modificações na estrutura lignocelulósica começam a ficar aparentes a partir da temperatura de 300 ºC. Duas linhas de ressonância aparecem no espectro correspondente a essa amostra, uma em torno de 130 ppm (mais larga) e outra em 148 ppm, associadas respectivamente a átomos de carbono aromáticos não oxigenados e oxigenados.[31,49] A intensidade relativa dessas linhas aromáticas é muito maior do que aquela correspondente às ressonâncias da lignina na amostra natural, em que os picos mais pronunciados estão associados aos carboidratos; isso constitui sem dúvida uma indicação da degradação térmica dos grupos químicos da celulose e da hemicelulose, levando à perda de grupos alifáticos e à formação de estruturas aromáticas. Ao mesmo tempo, pode-se observar no espectro correspondente à amostra carbonizada a 300 °C a presença de uma ressonância em torno de 31 ppm, associada a cadeias alifáticas, possivelmente do tipo polimetileno, e o desenvolvimento de um fraco, mas perceptível, sinal em torno de 208 ppm, identificado com grupos do tipo cetona.[47,49]

Para temperaturas mais altas, pode-se observar o progressivo desenvolvimento de uma linha de ressonância aromática bem definida, centrada próximo a 125 ppm, o que ocorre simultaneamente à diminuição dos sinais referentes aos átomos de carbono aromáticos oxigenados (sinal largo em torno de 150 ppm) e a grupos alifáticos (em torno de 30 ppm). A partir da temperatura de carbonização de 390 °C, um notável conjunto de bandas laterais pode ser claramente observado, superpondo-se às residuais ressonâncias devidas a grupos alifáticos; a ocorrência dessas bandas (identificadas com asteriscos na Figura 6.17) indica a existência de uma elevada anisotropia de deslocamento químico, típica de compostos aromáticos.[31]

A amostra carbonizada a 605 °C apresenta o espectro com a melhor relação sinal/ruído, o que indica uma boa organização química do material (reduzindo a dispersão de deslocamentos químicos isotrópicos e portanto a largura da linha de ressonância) e uma boa eficiência do processo de CP. Assim, pode-se inferir que, nessa amostra, uma grande parte dos átomos de carbono está sendo efetivamente polarizada por meio da interação dipolar internuclear $^1H$-$^{13}C$, o que sugere a presença de um ainda razoável número de átomos de hidrogênio nas fronteiras dos planos aromáticos.

A qualidade dos espectros obtidos com CP começa a se deteriorar a partir da temperatura de carbonização de 655 °C, o que está associado a uma combinação de vários efeitos, incluindo:[31] o progressivamente mais baixo conteúdo de hidrogênio das amostras carbonizadas (provavelmente a principal razão); a possível presença de centros paramagnéticos, associados a impurezas minerais termicamente modificadas ou a radicais livres; o progressivo aumento na condutividade elétrica das amostras carbonizadas, deteriorando a qualidade da sintonia da sonda de RF em medidas que envolvem MAS (esse efeito pode ser tão importante que, para amostras carbonizadas em altas temperaturas, faz-se necessária a mistura da amostra pulverizada com pós-isolantes, para permitir uma melhor penetração da RF no material carbonoso e tornar possível a sintonia da sonda). Esses fatores explicam a baixa qualidade dos espectros registrados com CP para as amostras carbonizadas em temperaturas acima de 650 °C. Ainda assim, é possível observar que todas as amostras carbonizadas a partir dessa faixa de temperatura têm natureza essencialmente aromática, com uma única ressonância dominando o espectro de RMN de $^{13}C$.

Nos casos de amostras carbonizadas em temperaturas mais altas, espectros de RMN de $^{13}C$ registrados com polarização direta dos núcleos $^{13}C$ em experimentos de excitação com pulso único fornecem ainda valiosas informações sobre os detalhes químicos e estruturais das vizinhanças em torno dos átomos de carbono nos planos do tipo grafeno.[32] Esse mesmo método de análise tem vastas aplicações para análises de outros materiais à base de carbono contendo pouco ou nenhum teor de hidrogênio, o que inclui filmes de carbono amorfo, grafeno, grafite, negros de fumo, carbonos pirolíticos e outros materiais relacionados.[31]

## Ressonância magnética nuclear de $^{29}$Si em silicatos

Outro núcleo também com spin 1/2 e baixa abundância natural (4,7%) é o núcleo $^{29}$Si.[6] Estudos envolvendo RMN de $^{29}$Si são bastante úteis para a obtenção de informações de natureza química e estrutural a respeito de materiais como sílicas, vidros silicatos, zeólitas, carbetos de silício, nitretos de silício e outros materiais.[50] Um típico problema enfrentado em muitos desses estudos diz respeito ao longo tempo de relaxação longitudinal comumente encontrado para RMN de $^{29}$Si, especialmente no caso de materiais com alta cristalinidade. Como o núcleo $^{29}$Si não é quadrupolar, as interações de spin nuclear que se manifestam em espectros de RMN de $^{29}$Si são normalmente a interação dipolar heteronuclear (já que para materiais com isótopos de Si em abundância natural a quantidade de pares de núcleos $^{29}$Si próximos é muito pequena) e a interação de deslocamento químico, com seu valor isotrópico e sua parte anisotrópica.[50]

Em muitos materiais cerâmicos tecnologicamente importantes, os átomos de silício apresentam-se ligados quimicamente a quatro átomos de oxigênio, em coordenação tetraédrica (SiO$_4$). Os deslocamentos químicos em RMN de $^{29}$Si nesses materiais dependem do tipo de elemento na segunda esfera de coordenação em torno de um dado átomo de silício, do arranjo cristalino no material (ou da presença de defeitos estruturais) e da conectividade entre essas unidades.[50]

A notação $Q^n$ é utilizada para indicar o número de átomos de Si na segunda esfera de coordenação ou, equivalentemente, o número de átomos de oxigênio em ponte entre átomos de silício. Desse modo, unidades $Q^4$ correspondem a arranjos do tipo Si(OSi)$_4$ em estruturas tridimensionais de silicatos; unidades $Q^3$ a arranjos Si(OSi)$_3$(OX), onde X representa um outro elemento (H, Al, Na etc.); unidades $Q^2$ a arranjos Si(OSi)$_2$(OX)(OY); unidades $Q^1$ a arranjos Si(OSi)(OX)(OY)(OZ); e unidades $Q^0$ a arranjos em que não há qualquer átomo de Si na segunda esfera de coordenação.

O deslocamento químico associado a tais grupos (medido em relação ao TMS) é particularmente sensível à natureza dos átomos que tomam parte da ligação química com os átomos de oxigênio na segunda esfera de coordenação. Assim, um aumento na condensação a partir do tetraedro simples (unidades $Q^0$, correspondendo aos monossilicatos) para o tetraedro duplo (unidades $Q^1$, correspondendo aos dissilicatos), para as estruturas em cadeia (unidades $Q^2$), para as estruturas cíclicas em camadas (unidades $Q^3$) e para estruturas tridimensionais (unidades $Q^4$) causa desvios sucessivos (da ordem de 10 ppm) para valores mais baixos da frequência de ressonância.[10,51] É possível, desse modo, a identificação estrutural dos diversos arranjos associados aos átomos de silício, em particular com a diferenciação de grupos terminais ou superficiais para as cadeias de silicatos; existe ainda a possibilidade de ser detectada, em materiais cristalinos, a presença de átomos de silício quimicamente equivalentes mas localizados em sítios distintos do ponto de vista cristalográfico.[50,51]

Um exemplo de aplicação de RMN de $^{29}$Si no estado sólido pode ser encontrado no trabalho de Tambelli e colaboradores, que estudaram géis silicatos obtidos como consequência da deterioração de materiais de concreto que sofreram ataque alcalino em condições de campo reais.[52] Foram registrados espectros de RMN de $^{29}$Si com MAS para quatro géis retirados das paredes de uma usina hidroelétrica localizada em Minas Gerais, apresentando colorações distintas, reproduzidos na Figura 6.18. As linhas de ressonância observadas foram simuladas por picos gaussianos centrados nos deslocamentos químicos $-79$, $-88$, $-97$ e $-106$ ppm (valores correspondentes à amostra C na Figura 6.18; para as outras amostras os valores são similares), atribuídos a unidades $Q^1$, $Q^2$, $Q^3$ e $Q^4$, respectivamente.

A presença de uma ressonância fraca e estreita centrada em torno de $-107,5$ ppm no espectro registrado para a amostra D foi considerada indicação da presença de quartzo cristalino nessa amostra. A partir desses espectros, foi possível quantificar as intensidades relativas de cada contribuição e determinar o número médio de átomos de oxigênio não associados a pontes Si-O-Si, parâmetro utilizado como medida do grau de despolimerização da rede de silicatos em cada material analisado.[52]

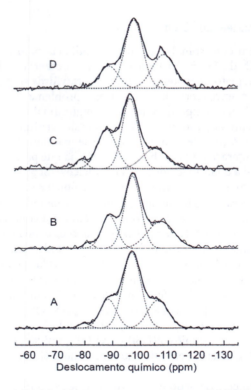

**Figura 6.18.** Espectros de RMN de $^{29}$Si (obtidos com excitação com pulso simples e MAS a 7,0 kHz) registrados para quatro amostras de géis silicatos. Os deslocamentos químicos são referidos ao TMS. Fonte: ilustração reproduzida da ref. 52, com autorização do detentor dos direitos autorais.

### EXERCÍCIOS

1. Obtenha a forma matricial do tensor $\tilde{V}$ dada na Equação 6.13, correspondente ao exemplo ilustrado na Figura 6.3.
2. Mostre que o termo angular $3\cos^2 \theta - 1$, comum para a parte secular das interações de spin nuclear, tem média espacial nula, quando todas as orientações moleculares (ou de cristalitos) são consideradas. Faça esse cálculo a partir da integral de superfície do termo citado na superfície de uma esfera de raio arbitrário.
3. Obtenha a forma matricial do tensor $\tilde{D}$ dada na Equação 6.39.
4. Mostre que o eixo principal do sistema de eixos principais (SEP) do tensor $\tilde{D}$ (definido na Equação 6.39), em relação ao qual existe simetria axial, coincide com a direção do vetor internuclear $\vec{r}$.
5. Mostre que o parâmetro de assimetria ($\eta_Q$) do tensor $\tilde{V}$ que representa o gradiente de campo elétrico, definido na Eq. 6.45, satisfaz a condição $0 \leq \eta_Q \leq 1$.
6. Faça um esboço dos níveis de energia e das frequências de transição esperadas em um espectro de RMN para um núcleo com spin $I = 1$ na presença de um gradiente de campo elétrico com simetria axial em um monocristal com orientação fixa em relação ao campo magnético externo, considerando apenas os efeitos da interação quadrupolar elétrica em 1ª ordem.

## REFERÊNCIAS BIBLIOGRÁFICAS

1. Levitt MH. Spin dynamics. Basics of nuclear magnetic resonance. p. 127-168. Chichester: John Wiley & Sons, 2001.

2. Freitas JCC, Bonagamba TJ. Os núcleos atômicos e a RMN. In: Villar JDF (ed.), Fundamentos e aplicações da ressonância magnética nuclear. n. 1. p. 1-70. Rio de Janeiro, Associação de Usuários de Ressonância Magnética Nuclear (AUREMN), 1999.

3. Krane KS. Introductory nuclear physics. p. 44-79. New York: John Wiley & Sons, 1988.

4. Levitt MH. Spin dynamics. Basics of nuclear magnetic resonance. p. 169-221. Chichester: John Wiley & Sons, 2001.

5. Slichter CP. Principles of magnetic resonance. 3rd ed., rev. p. 485-500. Berlin: Springer, 1996.

6. Harris RK, Becker ED, De Menezes SMC, Goodfellow R, Granger P. NMR nomenclature. Nuclear spin properties and conventions for chemical shifts (IUPAC recommendations 2001). Pure Appl. Chem. 73: 1795-1818, 2001.

7. Levitt MH. Spin dynamics. Basics of nuclear magnetic resonance. p. 23-42. Chichester: John Wiley & Sons, 2001.

8. Slichter CP. Principles of magnetic resonance. 3 ed., rev. p. 503-533. Berlin: Springer, 1996.

9. Reitz JR, Milford FJ, Christy RW. Fundamentos da teoria eletromagnética, 3 ed. p. 176-178. Rio de Janeiro: Editora Campus, 1982.

10. Gil VMS, Geraldes CFGC. Ressonância magnética nuclear. Fundamentos, métodos e aplicações. p. 729-793. Lisboa: Fundação Calouste Gulbenkian, 1987.

11. MacKenzie KJD, Smith ME. Multinuclear solid-state NMR of inorganic materials. p. 23-108. Amsterdam: Pergamon, 2002.

12. Haeberlen U. High resolution NMR in solids. In: Waugh JS (ed.). Advances in Magnetic Resonance, Supplement 1. p. 5-35. New York: Academic Press, 1976.

13. Slichter CP. Principles of magnetic resonance. 3 ed., rev. p. 87-144. Berlin: Springer, 1996.

14. Duer MJ. Introduction to solid-state NMR spectroscopy. p. 116-150. Oxford: Blackwell Science, 2004.

15. Harris RK, Becker ED, De Menezes SMC, Granger P, Hoffman RE, Zilm KW. Further conventions for NMR shielding and chemical shifts. Pure Appl. Chem. 80: 59-84, 2008.

16. Veloso DP, Seidl PR, De Menezes SMC. Parâmetros e símbolos a serem utilizados em ressonância magnética nuclear. Quím. Nova 22: 622-629, 1999.

17. Duer MJ. Introduction to solid-state NMR spectroscopy. p. 151-234. Oxford: Blackwell Science, 2004.

18. Gil VMS, Geraldes CFGC. Ressonância magnética nuclear. Fundamentos, métodos e aplicações. p. 401-497. Lisboa: Fundação Calouste Gulbenkian: 1987.

19. Lesage A, Emsley L. Through-bond heteronuclear single-quantum correlation spectroscopy in solid-state NMR, and comparison to other through-bond and through-space. J. Magn. Reson. 148: 449-454, 2001.

20. Massiot D, Fayon F, Deschamps M, Cadars S, Florian P, Montouillout V, et al. Detection and use of small J couplings n solid state NMR experiments. Comptes Rendus Chimie. 13: 117-129, 2009.

21. Smith ME, van Eck ERH. Recent advances in experimental solid state NMR methodology for half-integer spin quadrupolar nuclei. Prog. Nucl. Magn. Reson. Spectrosc. 34:159-201, 1999.

22. Massiot D, Fayon F, Capron M, King I, Le Calvé S, Alonso B, et al. Modelling one- and two-dimensional solid state NMR spectra. Magn. Reson. Chem. 40:70-6, 2002.

23. Nayeem A, Yesinowski J. Calculation of magic-angle spinning nuclear magnetic resonance spectra of paramagnetic solids. J. Chem. Phys. 89: 4600-4608, 1988.

24. Guimarães AP. Magnetism and magnetic resonance in solids. p. 159-188. New York: John Wiley & Sons, 1998.

25. Andrew ER, Bradbury A, Eades RG. Nuclear magnetic resonance spectra from a crystal rotated at high speed. Nature 182: 1659, 1958.

26. Lowe IJ. Free induction decays in rotating solids. Phys. Rev. Lett. 2: 285-287, 1959.

27. Maricq MM, Waugh JS. NMR in rotating solids. J. Chem. Phys. 70: 3300-3316, 1970.

28. Hahn EL. Spin echoes. Phys. Rev. 80: 580-594, 1950.

29. Duer MJ. Introduction to solid-state NMR spectroscopy. p. 60-115. Oxford: Blackwell Science, 2004.

30. Levitt MH. Spin dynamics. Basics of nuclear magnetic resonance. p. 479-511. Chichester: John Wiley & Sons, 2001.

31. Freitas JCC, Cunha AG, Emmerich FG. Solid-state nuclear magnetic resonance methods applied to the study of carbon materials. In: Radovic LR (ed.), Chemistry and physics of carbon. vol. 31, p. 85-170. Boca Raton: CRC Press, 2012.

32. Freitas JCC, Emmerich FG, Cernicchiaro GRC, Sampaio LC, Bonagamba TJ. Magnetic susceptibility effects on 13C MAS NMR spectra of carbon materials and graphite. Solid State Nucl. Magn. Reson. 20: 61-73, 2001.

33. Gil VMS, Geraldes CFGC. Ressonância magnética nuclear. Fundamentos, métodos e aplicações. p. 603-643. Lisboa: Fundação Calouste Gulbenkian, 1987.

34. Lesage A. Recent advances in solid-state NMR spectroscopy of I = 1/2 nuclei. Phys. Chem. Chem. Phys. 11: 6876-6891, 2009.

35. Pines A, Gibby MG, Waugh JS. Proton-enhanced NMR of dilute spins in solids. J. Chem. Phys. 59: 569-590, 1973.

36. Hartmann SR, Hahn EL. Nuclear double resonance in the rotating frame. Phys. Rev. 128: 2042-2053, 1962.

37. Wilson MA. NMR techniques and applications in geochemistry and soil chemistry. p. 62-94. Oxford: Pergamon Press, 1987.

38. Abelmann K, Totsche KU, Knicker H, Kögel-Knabner I. CP dynamics of heterogeneous organic material: characterization of molecular domains in coals. Solid State Nucl. Magn. Reson. 25: 252-256, 2004.

39. Opella SJ, Frey MH. Selection of nonprotonated carbon resonances in solid-state nuclear magnetic resonance. J. Am. Chem. Soc. 101: 5854-5856, 1979.

40. MacKenzie KJD, Smith ME. Multinuclear solid-state NMR of inorganic materials. p. 111-197. Amsterdam, Pergamon: 2002.

41. Schaefer J, Stejskal EO. Carbon-13 nuclear magnetic resonance of polymers spinning at the magic angle. J. Am. Chem. Soc. 98: 1031-1032, 1976.

42. Duer MJ. Introduction to solid-state NMR spectroscopy. Oxford: Blackwell Science, 235-292, 2004.

43. MacKenzie KJD, Smith ME. Multinuclear solid-state NMR of inorganic materials. p. 271-330. Amsterdam: Pergamon, 2002.

44. Lee MH, Cheng CF, Heine V, Klinowski J. Distribution of tetrahedral and octahedral Al sites in gamma alumina. Chem. Phys. Lett. 265: 673-676, 1997.

45. Chia CH, Munroe P, Joseph S, Lin Y. Microscopic characterisation of synthetic Terra Preta. Aust. J. Soil Res. 48: 593-605, 2010.

46. Wilson MA. NMR techniques and applications in geochemistry and soil chemistry. p. 139-160. Oxford: Pergamon Press, 1987.

47. Wilson MA. NMR techniques and applications in geochemistry and soil chemistry. p. 237-247. Oxford: Pergamon Press, 1987.

48. Freitas JCC, Bonagamba TJ, Emmerich FG. Investigation of biomass- and polymer-based carbon materials using 13C high-resolution solid-state NMR. Carbon 39: 535-545, 2001.

49. Kidena K, Murata S, Nomura M. Studies on the chemical structural change during carbonization process. Energy Fuels 10: 672-678, 1996.

50. MacKenzie KJD, Smith ME. Multinuclear solid-state NMR of inorganic materials. p. 201-268. Amsterdam: Pergamon, 2002.

51. Wilson MA. NMR techniques and applications in geochemistry and soil chemistry. p. 95-138. Oxford: Pergamon Press, 1987.

52. Tambelli CE, Schneider JF, Hasparyk NP, Monteiro PJM. Study of the structure of alkali–silica reaction gel by high-resolution NMR spectroscopy. J. Non-Cryst. Solids 352: 3429-3436, 2006.

## BIBLIOGRAFIA

1. Abragam A. Principles of nuclear magnetism. Oxford, Oxford University Press, 1983.
2. Apperley DC, Harris RK, Hodgkinson P. Solid state NMR: basic principles & practice. New Jersey: Momentum Press, 2012.
3. Cowan B. Nuclear magnetic resonance and relaxation. Cambridge: Cambridge University Press, 1997.
4. Duer MJ. Introduction to solid-state NMR spectroscopy. Oxford: Blackwell Science, 2004.
5. Ernst RR, Bodenhausen G, Wokaun A. Principles of nuclear magnetic resonance in one and two dimensions. Oxford: Oxford University Press, 1987.
6. Freitas JCC, Cunha AG, Emmerich FG. Solid-state nuclear magnetic resonance methods applied to the study of carbon materials. In: Radovic LR (ed.), Chemistry and physics of carbon, vol. 31, p. 85-170. Boca Raton: CRC Press, 2012.
7. Fyfe CA. Solid-state NMR for chemists. Guelph: CFC Press, 1984.
8. Gil VMS, Geraldes CFGC. Ressonância magnética nuclear: fundamentos, métodos e aplicações. Coimbra: Fundação Calouste Gulbenkian, 1987.
9. Harris RK, Wasylishen RE, Duer MJ (eds.). NMR crystallography. Chichester: John Wiley & Sons, 2009.
10. Klinowski J (ed). New techniques in solid-state NMR. Topics in Current Chemistry, Vol. 246. Berlin: Springer, 2005.
11. Levitt MH. Spin dynamics. Basics of nuclear magnetic resonance. Chichester: John Wiley & Sons, 2001.
12. MacKenzie KJD, Smith ME. Multinuclear solid-state NMR of inorganic materials. Amsterdam: Pergamon, 2002.
13. Mirau PA. A practical guide to understanding the NMR of polymers. Hoboken: John Wiley & Sons, 2005.
14. Ramamoorthy A (ed.). NMR spectroscopy of biological solids. Boca Raton: CRC Press, 2005.
15. Schmidt-Rohr J, Spiess HW. Multidimensional solid-state NMR and polymers. London: Academic Press, 1994.
16. Slichter CP. Principles of magnetic resonance. 3rd ed., rev. Berlin: Springer, 1996.
17. Wilson MA. NMR techniques and applications in geochemistry and soil chemistry. Oxford, Pergamon Press, 1987.

# 7

# Fundamentos de RMN em Baixo Campo e Aplicações

André Alves de Souza
Lúcio Leonel Barbosa
Luiz Alberto Colnago
Rodrigo Bagueira de Vasconcellos Azeredo

## SUMÁRIO

Introdução
Fundamentos
  O fenômeno da RMN
    Momento magnético e *spin* nuclear
    Precessão, polarização e relaxação
      longitudinal
    Ressonância e relaxação transversal
  Medidas de relaxação e difusão molecular
    Medida do tempo de relaxação
      longitudinal (T1)
    Medida do tempo de relaxação
      transversal (T2)
    Coeficiente de difusão translacional
    Relaxação e difusão multiexponencial
    Experimentos Bidimensionais (RMN 2D)
Instrumentação
  Equipamentos convencionais
    Magneto
    Transmissor
    Sonda
    Chave T/R

    Receptor
    Pré-amplificador
    Conversor analógico-digital
    Detector
    Unidade de gradiente de campo
      magnético pulsado
Aplicações
  Métodos homologados
    Análises quantitativas
    Conteúdo de hidrogênio em destilados
      médios derivados do petróleo
    Conteúdo de sólidos em matérias graxas
      comestíveis
    Determinação simultânea de óleo e
      umidade em grãos e sementes
  Demais aplicações
    Em alimentos/agropecuária
    Em Petróleo
    Em eletroquímica: monitoramento online
      de reações químicas

# INTRODUÇÃO

A Ressonância Magnética Nuclear (RMN) vem se destacando como uma das principais técnicas espectroscópicas com inúmeras aplicações em diversos ramos da ciência, tais como Química, Física, Medicina e Engenharias. Sua popularidade é tamanha, que a definição para a RMN pode ser encontrada até mesmo em um dos mais populares glossários da língua portuguesa do Brasil. Segundo o dicionário Aurélio, a RMN é definida da seguinte forma:

"Técnica que emprega a absorção de radiação eletromagnética (com frequências na faixa das ondas de rádio) por certos núcleos atômicos, para determinar a estrutura de moléculas e que também é usada em medicina com fins diagnósticos. [Também se diz, apenas, ressonância magnética nuclear.]"

A possibilidade de manipular os *spins* nucleares, em uma ou mais dimensões, permite o desdobramento da técnica de RMN em um grande número de experimentos. Essa característica confere à RMN uma versatilidade única quando comparada com as demais espectroscopias. Os experimentos são desenvolvidos principalmente de acordo com a resposta que se deseja obter, as propriedades da substância e do tipo de elemento químico a ser analisado.

Com relação às suas aplicações, a RMN pode ser dividida em três grandes classes: a espectroscopia de alta resolução; a tomografia; e a RMN em baixo campo. Embora não seja unânime, e nem tenha pretensão de estabelecer limites rígidos entre as classes, os autores do presente capítulo acreditam que essa classificação seja bastante útil, principalmente para fins didáticos, conforme mostrado a seguir:

1. Espectroscopia de RMN em alta resolução – certamente a mais difundida na química, baseia-se nas diferenças de frequência de ressonância entre núcleos de um mesmo isótopo, quando expostos a ambientes magnéticos distintos, produzidos pelos seus próprios ambientes químicos. Logo, essa modalidade recorre à transformada de Fourier para a conversão do sinal de RMN no domínio do tempo (FID ou eco) em espectros (domínio da frequência), possibilitando discriminar os núcleos de acordo com sua localização na estrutura da molécula. A maioria dos elementos da tabela periódica tem ao menos um isótopo passível de investigado por meio da RMN em alta resolução, que se beneficia da utilização de campos magnéticos mais intensos para aumentar a resolução espectral, além da sensibilidade dos experimentos. Embora seja notável o crescente número de equipamentos comerciais utilizando magnetos permanentes, principalmente nos espectrômetros portáteis, geralmente os equipamentos de alta resolução empregam magnetos supercondutores que variam de 4,7 a 22,4 Teslas (200 a 950 MHz para frequência do $^1H$).

2. Tomografia por RMN – usada principalmente no diagnóstico médico. As imagens internas do corpo humano são geradas pela codificação espacial da água e gordura, por meio da aplicação de gradientes de campo magnético. Para aumentar o contraste das imagens, utilizam-se principalmente as diferenças nos tempos de relaxação magnética dos núcleos de $^1H$ presentes nos vários tecidos do corpo humano. Embora menos comum, os fenômenos do deslocamento químico e difusão molecular também são usados para gerar contrastes. Além de a tomografia por RMN (ou MRI, do inglês *magnetic resonance imaging*) ser um método de diagnóstico bastante consolidado na prática clínica, a tomografia funcional, outra variação da técnica, vem permitindo expandir a compreensão das funções cerebrais, tais como memória, linguagem e controle da motricidade. Os tomógrafos comerciais utilizam magnetos supercondutores e magnetos permanentes, variando de 0,3 a 3 Teslas (12,8 a 128 MHz). Nessa classe de experimentos, a imagem é produzida por meio da conversão do sinal de RMN no domínio do tempo para o domínio de frequência, por meio da transformada de Fourier.

3. RMN em baixo campo – os experimentos de RMN em baixo campo (RBC) baseiam-se principalmente no registro da amplitude do sinal no domínio do tempo (FID ou eco), em

um ou mais pontos, ou na medição dos tempos de relaxação magnética e difusão molecular. Por essa razão, o campo magnético empregado nesses equipamentos geralmente é inferior a 2,1 Teslas (90 MHz) e pouco homogêneo quando comparado ao usado com equipamentos de alta resolução. Esse tipo de ressonância também é denominado RMN de baixa resolução, ou RMN no domínio do tempo. Além dessas denominações, também se diz RMN de bancada, uma alusão ao pequeno porte do magneto desses equipamentos, que permite que sejam instalados sobre as bancadas dos laboratórios.

Os núcleos mais comumente observados na RMN em baixo campo são: $^{1}H$, $^{19}F$, $^{23}Na$ e $^{31}P$; estes núcleos apresentam alta abundância natural e receptividade. A RBC é uma técnica de quantificação simples, rápida, não destrutiva, não invasiva e livre de resíduos, em que a concentração do analito é determinada por meio da comparação da intensidade do sinal de RMN da amostra com a de um padrão. Um dos grandes atrativos dessa técnica é permitir a análise de amostras brutas demandando mínima ou nenhuma preparação, ao contrário da RMN de alta resolução em solução, em que normalmente a amostra deve ser diluída em um solvente deuterado apropriado.

Características adicionais, tais como o baixo custo, robustez, a facilidade operacional e de interpretação dos resultados, vêm fazendo com que as indústrias e laboratórios de pesquisa substituam, total ou parcialmente, as técnicas convencionas (extrativas, gravimétricas, titulométricas, etc.) pela RBC. Entre os setores da indústria que mais utilizam essa técnica, destacam-se: alimentos (teor de água e gordura em alimentos); têxtil (óleo residual em fibras); petróleo (índice de hidrogênio em combustíveis e teor de água no óleo cru); e farmacêutica (flúor em dentifrícios). Além da quantificação por meio da intensidade do sinal medida em um determinado instante, outra modalidade da RBC bastante difundida é a medição da evolução temporal da amplitude do sinal, por meio dos fenômenos de relaxação magnética e difusão molecular. Tais aplicações são denominadas relaxometria e difusiometria, respectivamente.

É importante mencionar que até a publicação da 1ª edição deste livro, ainda não existia nenhum livro na língua portuguesa, ou sequer um capítulo, que descrevesse a RMN de baixo campo. Logo, considerando sua crescente importância, tanto na indústria quanto na pesquisa científica, o objetivo deste capítulo é apresentar os principais fundamentos e aplicações da técnica. Com o intuito de abordar o tema de forma direta e didática, o presente capítulo foi dividido em três partes. Em Fundamentos, os princípios da técnica, incluindo os processos de relaxação e difusão, são apresentados utilizando exclusivamente o modelo vetorial. Na Instrumentação, são discutidas as configurações dos equipamentos de baixo campo, pontuando as principais diferenças em relação aos demais. Por último, em Aplicações, são discutidos os principais métodos de quantificação homologados por agências certificadoras, bem como as demais aplicações que, apesar de não homologadas, são amplamente utilizadas em diversas áreas.

## FUNDAMENTOS

## O fenômeno da RMN

A resposta de uma substância mediante a aplicação de um campo magnético externo $B_0$ é caracterizada pelo surgimento de uma magnetização $M_0$, dada pela seguinte equação:

$$M_0 = \frac{B_0 \cdot \chi}{\mu_0} V$$

(7.1)

na qual $\mu_0$ é a permeabilidade magnética do vácuo, V é o volume da amostra e $\chi$ é a sua susceptibilidade magnética, uma grandeza adimensional que responde pela propensão do material em desenvolver um momento magnético líquido quando exposto a um campo magnético externo. A susceptibilidade, por sua vez, pode ser descrita pela soma de três termos principais:

$$X = X_e + X_L + X_n \qquad (7.2)$$

na qual $X_e$ e $X_n$ são, respectivamente, as susceptibilidades paramagnéticas eletrônica e nuclear, que respondem pelo aumento do momento magnético sentido pela amostra. Já $X_L$ é a susceptibilidade diamagnética eletrônica que responde pela diminuição do momento magnético pela ação do campo magnético contrário, gerado pela circulação eletrônica induzida pelo próprio campo externo, $B_0$.

A componente nuclear da susceptibilidade é várias ordens de grandeza menor do que as componentes eletrônicas, por essa razão é de difícil detecção por meio de métodos estáticos. Entretanto, as técnicas de RMN são particularmente úteis para detecção da magnetização resultante do paramagnetismo nuclear. Como será visto a seguir, é essa magnetização, mais especificamente a sua componente transversal, a responsável pela geração do sinal de RMN.

## Momento magnético e spin nuclear

Além da massa e carga, os nucleões (prótons e nêutrons) são dotados de outras duas importantes propriedades: o magnetismo e o *spin*. Tais propriedades são de fundamental importância para a observação do fenômeno da RMN.

Com relação ao magnetismo nuclear, os nucleões têm um momento magnético intrínseco μ, individual, permanente e que não advém de movimentação de carga elétrica. Para os isótopos com número de massa e número atômico par, a distribuição pareada dos nucleões resulta em um momento magnético nuclear nulo. Para as demais situações, o isótopo apresentará um momento magnético nuclear não nulo, tornando-o passível de observação por meio da RMN.

Além do momento magnético, os nucleões contam com uma propriedade denominada *spin*, cuja evidência experimental foi produzida pela primeira vez por Stern e Gerlach no início da década de 1920. Embora o *spin* seja um fenômeno quântico, ele pode ser tratado classicamente e considerado um momento angular intrínseco e permanente, que também não advém de rotação. Enquanto vetor, esse momento angular de *spin* nuclear L, ou simplesmente *spin*, tem a mesma direção do momento magnético μ.

As propriedades momento magnético e *spin* estão correlacionadas por meio de uma constante de proporcionalidade denominada de razão magnetogírica γ, da seguinte forma:

$$\mu = \gamma L \qquad (7.3)$$

A razão magnetogírica é específica de cada núcleo, ou seja, cada isótopo observável por RMN tem um valor único que o distingue dos demais. Ela pode apresentar valores positivos, quando o *spin* e o momento magnético apontam para o mesmo sentido e negativos quando os sentidos são opostos (Figura 7.1).

Para um dado conjunto de núcleos na ausência de interação com um campo magnético, a distribuição dos momentos angular de *spin* e magnético associados é isotrópica, ou seja, a resultante

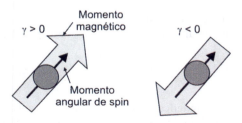

**Figura 7.1.** Representação do momento magnético e angular (*spin*) do núcleo para constante magnetogírica positiva (γ > 0) e negativa (γ < 0). Adaptada de Levitt.[1]

desse sistema vetorial é nula, tal como mostrado na Figura 7.2a. A Figura 7.2b utiliza o recurso da esfera de distribuição de momentos magnéticos, proposta por Hanson[2], na qual estes foram transladados para a origem do sistema de coordenadas cartesianas (0,0,0).

## Precessão, polarização e relaxação longitudinal

Quando uma amostra contendo núcleos atômicos sensíveis à RMN é submetida ao campo magnético externo $B_0$, os momentos magnéticos experimentam um torque $\tau$ dado pelo seguinte produto vetorial:

$$\tau = \mu \times B_0 \tag{7.4}$$

Entretanto, os momentos nucleares não se alinham na direção de $B_0$, tal qual o ponteiro de uma bússola faria quando submetida ao campo magnético terrestre. Em vez disso, o torque exercido sobre os momentos magnéticos, associado ao momento angular de *spin*, faz os núcleos precessionarem ao redor de $B_0$. Esse movimento, análogo ao movimento de giro do pião sob o efeito da gravidade, pode ser descrito em termos da variação do momento angular com o tempo:

$$\tau = \frac{dL}{dt} \tag{7.5}$$

A substituição das equações 7.3 e 7.4 em 7.5 resulta na seguinte expressão:

$$\frac{d\mu}{dt} = -\gamma \left( \mu \times B_0 \right) \tag{7.6}$$

cuja solução para um campo magnético externo $B_0$ descreve um movimento de precessão do núcleo com velocidade angular $\omega_0$, dada por:

$$\omega_0 = -\gamma B_0 \tag{7.7}$$

Nessa equação, o sinal negativo indica o sentido horário do movimento de precessão.

Uma vez que cada isótopo apresenta um valor próprio para a constante magnetogírica, os seus núcleos precessionarão com uma frequência de precessão única, também chamada de frequência de Larmor, para um campo magnético de mesma intensidade. Para a grande maioria das

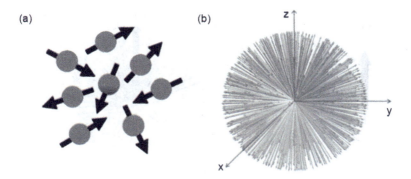

**Figura 7.2.** (a) Representação dos momentos magnéticos nucleares distribuídos aleatoriamente no plano, na ausência de interação com o campo magnético estático; e (b) esfera de distribuição de Hanson para um determinado número de núcleos quando os momentos magnéticos são transladados para a origem. Adaptada de Hanson.[2]

aplicações da RMN, a frequência de Larmor situa-se na faixa das frequências de rádio (MHz), ou seja, os núcleos precessionarão ao redor de $B_0$ a milhões de ciclos por segundo.

Nos primeiros instantes da aplicação do campo, os núcleos permanecem precessionando ao redor do campo em um ângulo fixo, determinado pelo exato momento em que foram submetidos a $B_0$, conforme ilustrado na Figura 7.3a para um único momento magnético. Apesar do intenso movimento de precessão, a distribuição dos momentos magnéticos mostrada na Figura 7.3b permanece isotrópica. Entretanto, essa condição não perdura indefinidamente.

Os núcleos atômicos, além do campo magnético estático, estão também sob a influência de um campo oscilante local $B_{osc}$ produzido pelo próprio meio, ou seja, pelos momentos magnéticos nucleares e eletrônicos presentes na estrutura molecular. Desse modo, os núcleos precessionam ao redor de um campo que resulta da soma entre o campo estático externo $B_0$ e os campos microscópicos locais $B_{osc}$.

Considerando que os campos locais oscilam aleatoriamente, tanto na intensidade quanto na direção, a precessão de cada núcleo individual será ligeiramente diferente do núcleo vizinho. Com o tempo, cada núcleo vai se reorientar ao redor de $B_0$ de acordo com a agitação térmica molecular, assumindo diferentes ângulos de precessão. Entretanto, durante esse processo, a probabilidade dos momentos magnéticos se reorientarem na direção de $B_0$ é ligeiramente maior, pois essa é a orientação de mais baixa energia magnética $E_{mag}$, expressa pelo seguinte produto escalar:

$$E_{mag} = -\mu \cdot B_0 \tag{7.8}$$

na qual o sinal negativo indica que a energia magnética é mais baixa quando $\mu$ e $B_0$ têm a mesma direção e sentido.

Essa redistribuição dos momentos magnéticos a favor do campo magnético, fenômeno denominado polarização, é tão sutil que é praticamente imperceptível. Entretanto, ele é suficiente para gerar uma magnetização líquida, $M_0$, resultante da soma vetorial dos momentos magnéticos individuais presentes na amostra, dada pela seguinte equação:

$$M_0 = \sum_i \mu_i \tag{7.9}$$

Enquanto os núcleos estiverem sob a influência do campo estático, os momentos magnéticos permanecem em equilíbrio dinâmico se reorientando continuamente no espaço, mas mantendo a magnetização resultante apontada na direção de z, o eixo de aplicação do campo $B_0$, conforme ilustrado na Figura 7.3b.

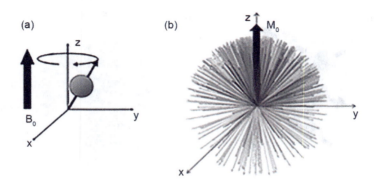

**Figura 7.3.** (a) Representação do movimento de precessão para um único núcleo ao redor do campo estático $B_0$; e (b) esfera de distribuição de Hanson para um conjunto de núcleos em equilíbrio dinâmico, onde se observa a magnetização resultante $M_0$. Adaptada de Hanson.[2]

Entretanto, o campo estático não altera a projeção dos momentos magnéticos individuais no plano $xy$, permanecendo distribuídos isotropicamente nesse plano sem direção preferencial. Sendo assim, um conjunto de núcleos submetido a um campo magnético estático, quando em equilíbrio térmico, produz uma magnetização resultante de componente longitudinal máxima $M_z = M_0$ e componente transversal nula $M_{xy} = 0$.

Um aspecto fundamental do fenômeno de polarização é que ele não ocorre de forma instantânea. O processo se desenvolve exponencialmente com o tempo, fazendo com que a magnetização cresça até alcançar o valor máximo de equilíbrio $M_0$, conforme mostrado na Figura 7.4. A dinâmica desse fenômeno pode ser descrita em função de $M_z$ da seguinte forma:

$$\frac{dM_z}{dt} = -\frac{M_z - M_0}{T_1} \tag{7.10}$$

Cuja solução é dada por:

$$M_z(t) = M_0 \left(1 - e^{-(t - t_i)/T_1}\right) \tag{7.11}$$

na qual $t_i$ é o tempo inicial a partir do qual a amostra é submetida ao campo $B_0$, e $T_1$ é a constante de tempo com a qual a magnetização cresce exponencialmente até a condição de equilíbrio, denominada tempo de relaxação longitudinal. O termo relaxação faz referência ao fenômeno de restauração de um novo estado de equilíbrio a partir de uma perturbação do sistema, ou seja, a partir da aplicação do campo magnético externo $B_0$.

Durante o movimento de rotação da molécula ao redor do seu próprio eixo, o campo $B_{osc}$ é modulado de acordo com o tempo de correlação $\tau_c$, tempo que a molécula leva para completar uma volta completa. Por sua vez, quanto mais componentes dos campos locais $B_{osc}$ oscilando na frequência de Larmor, ou seja, quando $\omega_{osc} = \omega_0$, mais curto, ou eficiente, será o processo de polarização ou relaxação longitudinal. Assumindo a interação dipolar como o mecanismo de relaxação predominante quando comparado aos demais (p. ex.: relaxação paramagnética eletrônica, quadruplar, anisotropia de descolamento químico e *spin* rotação), a condição de máxima eficiência é alcançada quando o tempo de correlação for equivalente a $\tau_c = 2/\omega_0$. A Figura 7.5 ilustra a geração desse campo local por meio da interação dipolar entre dois núcleos de uma mesma molécula.

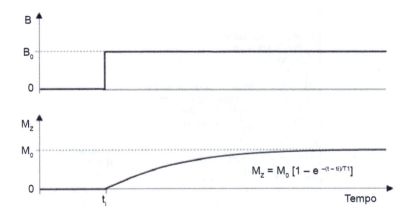

**Figura 7.4.** Representação do processo de polarização dos momentos magnéticos nucleares iniciado no instante $t_i$ até o estabelecimento da condição de equilíbrio térmico, na qual $M_z = M_0$.

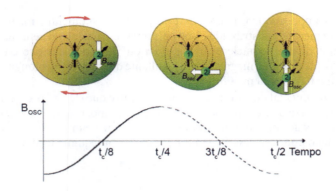

**Figura 7.5.** Representação da geração do campo magnético oscilante $B_{osc}$ durante o movimento de rotação de uma molécula, através da interação dipolar entre dois núcleos de uma mesma molécula. Adaptada de Levitt[1].

Por outro lado, a diminuição na eficiência do processo de polarização pode ser observada quando os tempos de correlação são demasiadamente curtos (p. ex.: moléculas pequenas ou líquidos pouco viscosos), pois predominam as componentes dos campos $B_{osc}$ oscilando com frequências muito superiores à frequência de Larmor, $\omega_{osc} > \omega_0$. O efeito análogo de diminuição na eficiência da polarização é observado para tempos de correlação muito longos (p. ex.: moléculas grandes ou líquidos muito viscosos), uma vez que, nesse caso, predominam as componentes dos campos locais $B_{osc}$ oscilando com frequências inferiores à frequência de Larmor, $\omega_{osc} < \omega_0$. A Figura 7.6 ilustra a relação entre a mobilidade molecular, expressa em termos de $\tau_c$, e o tempo de relaxação longitudinal $T_1$.

Como será visto mais adiante, a técnica de relaxometria por RMN em baixo campo se vale dessa correção entre o tempo de relaxação e a mobilidade molecular para determinar indiretamente propriedades físico-químicas de diversos materiais, tal como a viscosidade em petróleos, por exemplo.

*Ressonância e relaxação transversal*

Embora seja possível detectar o sinal de RMN diretamente a partir da magnetização longitudinal, sua realização não é trivial, demandando um tipo de instrumentação muito específica do

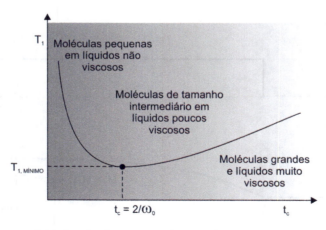

**Figura 7.6.** Relação entre mobilidade molecular, expressa pelo tempo de correlação $\tau_c$, e o tempo de relaxação longitudinal.

tipo SQUID (*superconducting quantum interference device*). Então, o que se faz nas aplicações convencionais da RMN é reorientar a magnetização resultante paralelamente ao plano $xy$ e detectar o seu retorno à condição de equilíbrio.

A reorientação da magnetização resultante dá-se por meio da aplicação de um campo magnético oscilante $B_1$ perpendicularmente a $B_0$, sob a forma de um pulso de radiofrequência em ressonância com a frequência de Larmor, $\omega_1 = \omega_0$. Quando tal condição é alcançada, a magnetização $M_0$ passa a precessionar também ao redor de $B_1$. Desse modo, é possível definir precisamente o ângulo de deflexão da magnetização controlando a duração do pulso $t_p$, de acordo com a seguinte expressão:

$$\theta = \gamma B_1 t_p \tag{7.12}$$

Por exemplo, o pulso de 90° aplicado ao longo do eixo $x$ deflete todos os momentos magnéticos individuais de sua orientação original, resultando na transferência do eixo de polarização de $z$ para $y$, conforme ilustrado na Figura 7.7a. O efeito do pulso pode ser mais facilmente visualizado, considerando que o observador gira com a mesma frequência do campo oscilante $B_1$, recurso denominado referencial girante. O emprego do sistema de coordenadas girantes geralmente é indicado por meio de apóstrofos, $x'$ e $y'$, conforme mostrado na Figura 7.7b.

Interrompida a aplicação do campo $B_1$, os momentos magnéticos retornam à condição de equilíbrio térmico inicial por meio de dois processos simultâneos, independentes e irreversíveis, que são a relaxação magnética longitudinal e a transversal. A relaxação longitudinal que se segue após o término do pulso é responsável pelo restabelecimento da condição inicial da projeção da magnetização resultante sobre o eixo $z$, ou seja, $M_z = M_0$. Logo, esse fenômeno é análogo ao processo de polarização.

A relaxação transversal, por sua vez, é a responsável por restabelecer a condição inicial da projeção da magnetização resultante sobre o plano $xy$, ou seja, $M_{xy} = 0$. Uma vez que os núcleos precessionam sob a influência da flutuação aleatória dos campos magnéticos locais $B_{osc}$, a coerência de fase entre os momentos magnéticos, gerada durante a polarização e transferida para o plano $x'y'$ pela aplicação do pulso de rf, se perde gradualmente. Durante esse processo, ilustrado na Figura 7.8, a magnetização transversal decai exponencialmente com o tempo até se anular por completo, ou seja, até $M_{xy} = 0$. A dinâmica desse processso pode ser descrita por meio da evolução temporal da magnetização transversal $M_{xy}$:

$$\frac{dM_{xy}}{dt} = -\frac{M_{xy}}{T_2} \tag{7.13}$$

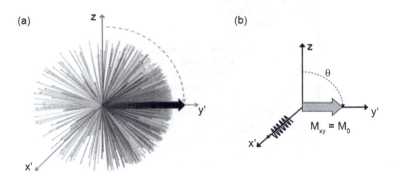

**Figura 7.7.** (a) Efeito do pulso de 90° sobre a esfera de Hanson; e (b) apenas a magnetização resultante representada no sistema de coordenadas girantes, indicados pelos eixos $x'$ e $y'$. Adaptada de Hanson[2].

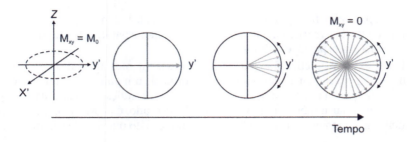

**Figura 7.8.** Evolução da perda de coerência de fase entre os momentos magnéticos para o processo de relaxação transversal $T_2$, resultando no decaimento exponencial da intensidade da magnetização $M_{xy}$.

Cuja solução é:

$$M_{xy}(t) = M_0 \, e^{-t/T_2} \qquad (7.14)$$

na qual $T_2$ é a constante de tempo denominada tempo de relaxação transversal, com a qual a magnetização evolui até a condição de equilíbrio térmico, $M_{xy} = 0$.

Para moléculas pequenas e líquidos pouco viscosos, os tempos de correlação $\tau_c$ são tão curtos quando comparados à frequência de Larmor, que os núcleos passam a perceber uma média dos campos oscilatórios $B_{osc}$. Nessa faixa de mobilidade, os processos de relaxação longitudinal e transversal têm uma dinâmica semelhante, resultando em tempos de relaxação $T_1$ e $T_2$ equivalentes. Com o aumento do tempo de correlação, cada núcleo individualmente passa a perceber um campo $B_{osc}$ próprio, acelerando a perda de coerência entre os momentos magnéticos no plano transversal.

Desse modo, enquanto a relaxação longitudinal alcança um ponto mínimo para o valor de $T_1$ para uma faixa intermediária de mobilidade, a diminuição de mobilidade molecular torna a relaxação transversal cada vez mais eficiente, acarretando na diminuição progressiva de $T_2$. A partir desse ponto, para moléculas grandes e líquidos muito viscosos, os tempos $T_1$ e $T_2$ passam a divergir. A Figura 7.9 ilustra essa correlação entre os dois fenômenos. Como será visto mais adiante, a técnica de relaxometria por RMN constantemente se vale dessa característica para discriminar constituintes com diferentes mobilidades em sistemas multicomponentes.

A modulação da intensidade de $M_{xy}$, com o tempo, é responsável direta pela geração do sinal de RMN por meio do processo de indução de Faraday. Durante a relaxação transversal, a variação

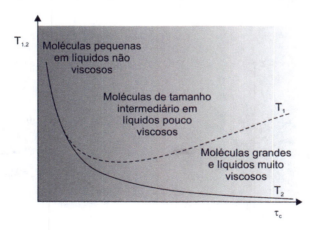

**Figura 7.9.** Relação entre os tempos de relaxação longitudinal $T_1$ e transversal $T_2$ em função do tempo de correlação $\tau_c$, considerando a interação dipolar como principal mecanismo de relaxação.

do fluxo magnético no interior de uma bobina, na qual a amostra está inserida, induz uma pequena corrente elétrica que decai exponencialmente com o tempo a uma taxa de $1/T_2$. Essa corrente elétrica constitui o sinal de RMN, denominado FID (*Free Induction Decay*). O diagrama mostrado na Figura 7.10 resume o processo de geração do sinal FID.

Em geral, o sinal de RMN é pouco intenso e bastante afetado pelo ruído térmico, ou ruído de Johnson, aquele com origem na agitação térmica de cargas no interior do condutor. Um parâmetro utilizado para verificar a qualidade do sinal é a chamada razão sinal/ruído (S/R). Para se aumentar essa razão, utiliza-se a técnica de promediação, que consiste em repetir o mesmo experimento sucessivamente, sob as mesmas condições, e calcular a média dos sinais adquiridos em cada experimento. Com a promediação, a amplitude do sinal de RMN, de origem sistemática, aumenta linearmente, enquanto o ruído, de origem aleatória, aumenta com a raiz quadrada do número de experimentos promediados. Assim, a razão S/R para um número n de experimentos promediados pode ser calculada pela relação:

$$\frac{S}{R} \propto \frac{n}{\sqrt{n}} = \sqrt{n}$$

(7.15)

No processo de promediação, um tempo de espera mínimo deve ser adicionado ao final da sequência de pulsos, com o intuito de garantir que a magnetização líquida $M_0$ se recupere ao longo do eixo z, antes que o próximo experimento se inicie. Esse tempo de espera deve ser escolhido entre $3T_1$ e $5T_1$, para garantir que a magnetização $M_z$ terá recuperado, respectivamente, entre 95 e 99% de seu valor de equilíbrio térmico, $M_0$.

## Medidas de relaxação e difusão molecular

### Medida do tempo de relaxação longitudinal ($T_1$)

A técnica mais utilizada na determinação de $T_1$ é a inversão-recuperação (IR). A Figura 7.11 mostra o esquema dessa técnica, que consiste na aplicação de um pulso de inversão de 180° e um pulso de leitura de 90°, a partir do qual o sinal FID é detectado, separados por um tempo $t_n$ durante o qual se desenvolve o processo de relaxação longitudinal.

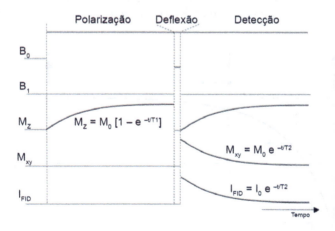

**Figura 7.10.** Diagrama simplificado do processo de geração do sinal FID de RMN em três etapas: polarização dos momentos magnéticos nucleares através da aplicação do campo magnético $B_0$; deflexão da magnetização longitudinal $M_z$ através do campo oscilatório pulsado $B_1$; e detecção da intensidade do sinal de RMN no domínio do tempo $I_{FID}$ durante o processo de relaxação da magnetização transversal $M_{xy}$.

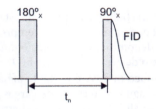

**Figura 7.11.** Esquema da técnica de Inversão-Recuperação, para determinação do tempo de relaxação longitudinal $T_1$.

O pulso de 180° inverte a magnetização no equilíbrio térmico $M_0$, deslocando-a do eixo +z para o eixo -z. Durante o tempo de espera $t_n$, os momentos magnéticos relaxam, fazendo com que a magnetização retome sua orientação inicial, segundo a dinâmica descrita pela Equação 7.11. Em seguida, o pulso de leitura de 90° deflete a magnetização longitudinal $M_z$ na direção do plano x'y' e o sinal FID, $I^{IR}(t_j)$, é detectado. Assim, para se obter o valor de $T_1$, realizam-se várias medições incrementando $t_n$ até que o sinal detectado alcance um valor máximo. De posse do conjunto de dados experimentais contendo n pares de valores $(t_j, I^{IR}(t_j))$, o tempo de relaxação $T_1$ é calculado empregando o método dos mínimos quadrados, que busca o melhor ajuste entre a curva experimental e a descrita pela seguinte equação:

$$I^{IR}(t_j) = I_0 \left(1 - 2e^{-t_j/T_1}\right) \quad (7.16)$$

na qual $I_0$ é o sinal extrapolado para t = ∞, correspondente à magnetização de equilíbrio térmico.

Um esquema vetorial pictórico desse experimento, em termos da dinâmica da magnetização longitudinal, é mostrado na Figura 7.12. Para valores de $t_n$ muito curtos em relação ao tempo de relaxação $T_1$, a magnetização permanece quase toda invertida, produzindo um sinal negativo após o pulso de 90°, tempo $t_n = 0$ na Figura 7.12. Para um valor de $t_n$ igual a $T_1.\ln(2)$, a magnetização se anula, $M_z = 0$, e não se observa nenhum sinal após o pulso de 90°, tempo $t_n = t_1$ na Figura 7.12. A partir desse ponto, o sinal de RMN após o pulso de 90° é positivo, atingindo um máximo ($M_z = M_0$) para $t_n > 5T_1$.

A Tabela 7.1 exemplifica valores característicos para os tempos de relaxação longitudinal e transversal medidos por Venâncio e colaboradores.[3] para uma série de amostras líquidas, empregando a técnica IR para $T_1$ e CPMG, técnica descrita a seguir, para $T_2$.

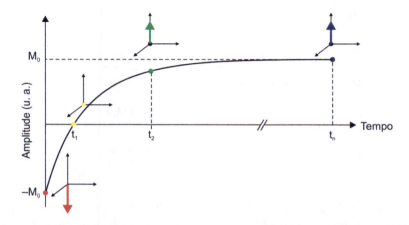

**Figura 7.12.** Representação pictórica da dinâmica da magnetização submetida à sequência de pulsos do experimento Inversão-Recuperação. Cada ponto da curva representa a magnitude da magnetização longitudinal $M_z$.

**Tabela 7.1.** Tempos de relaxação longitudinal e transversal medidos a 25°C para diferentes amostras e núcleos, empregando um equipamento de 2 Teslas (85,1 MHz para $^1H$).

| Amostra | $T_1$ (ms) | $T_2$ (ms) |
|---|---|---|
| água deionizada ($^1H$) | 2430±10 | 2120±4 |
| acetona ($^1H$) | 4520±30 | 4260±2 |
| óleo vegetal ($^1H$) | 199,60±0,01 | 127,00±0,01 |
| ácido fosfórico ($^1H$) | 191,00±0,03 | 140,0±0,3 |
| ácido fosfórico ($^{31}P$) | 746±44 | 178,0±0,3 |
| 2,2,2-trifluoretanol ($^{19}F$) | 2008±13 | 1832±10 |
| trifluralina ($^{19}F$) | 272,00±0,02 | 127,00±0,01 |

## Medida do tempo de relaxação transversal ($T_2$)

Em um campo magnético estático perfeitamente uniforme, ou seja, quando $\Delta B_0 = 0$, espera-se que o sinal FID, após o pulso de 90°, relaxe com uma constante de tempo igual a $T_2$. No entanto, núcleos situados em regiões distintas da amostra estão sujeitos a campos ligeiramente diferentes, provocando uma diferença em suas frequências de Larmor. Essas diferenças causam uma defasagem entre os momentos magnéticos que, por sua vez, faz com que o sinal de RMN decaia mais rapidamente. Logo, a taxa de relaxação efetiva medida experimentalmente por meio do FID pode ser representada pela soma das taxas intrínseca, que depende das interações entre as moléculas da amostra, e instrumental, que se correlaciona com a heterogeneidade do campo magnético, da seguinte forma:

$$\frac{1}{T^*_{2,\text{FID}}} = \left(\frac{1}{T_2}\right)_{\text{intrínseca}} + \left(\frac{1}{T_2}\right)_{\text{instrumental}} \quad (7.17)$$

na qual $T^*_{2,\text{FID}}$ é o tempo de relaxação efetivo do sinal FID. Obviamente, do ponto de vista físico e/ou químico, a taxa de relaxação instrumental não tem qualquer informação útil acerca da amostra.

Em 1950, Hahn[4] demonstrou que a aplicação de dois pulsos de 90°, de mesma fase separados por um tempo τ, produz um sinal de RMN denominado eco, cuja amplitude máxima em 2τ independe da heterogeneidade do campo $B_0$. Posteriormente, Carr e Purcell[5] propuseram a substituição do segundo pulso de 90° da sequência de Hahn por um pulso de 180° de mesma fase, resultando na sequência mostrada na Figura 7.13. Nesse caso, o sinal de eco gerado é duas vezes mais intenso do que o eco de Hahn.

Aplicando uma sucessão de pulsos de 180° idênticos espaçados por 2τ, Carr e Purcell conseguiram medir o sinal de RMN isento da influência da heterogeneidade do campo. Entretanto, nessa técnica, imperfeições na calibração dos pulsos de rf podem se acumular durante a aplicação dos muitos pulsos de 180° da sequência. Foi então que Meiboom e Gill[6], em 1958, modificaram

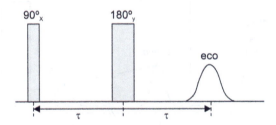

**Figura 7.13.** Técnica de eco de *spin*, mostrando a formação do eco após a aplicação do pulso de refocalização 180°, com máximo em 2τ.

a técnica de CP (Carr-Purcell) introduzindo uma alteração de π/2 na fase dos pulsos de 180°, em relação ao pulso de 90°. Essa modificação faz com que a imperfeição de cada pulso de 180° seja compensada pelo pulso subsequente. Essa sequência modificada por Meiboom e Gill ficou conhecida como CPMG (Carr-Purcell-Meiboom-Gill), que ainda hoje é a mais utilizada na determinação do tempo de relaxação transversal $T_2$. A dinâmica dos momentos magnéticos para o primeiro eco da sequência CPMG está mostrada na Figura 7.14.

De acordo com o esquema da Figura 7.14, o pulso de 90° aplicado em $x$' deflete a magnetização $M_0$ para o eixo $y$'. Durante o tempo τ, os momentos magnéticos com frequências de precessão mais baixas (aqueles sob influência do campo $B_0 - \Delta B_0/2$) sofrem um atraso com relação à frequência central $\omega_0$, enquanto aqueles com frequências mais altas (sob influência do campo $B_0 + \Delta B_0/2$) se adiantam com relação a $\omega_0$. Após o tempo τ, o pulso de refocalização aplicado em $y$' rebate os momentos 180° ao redor desse eixo, invertendo seu sentido de rotação. Uma vez que a velocidade angular permanece inalterada, eles se interceptam sobre o eixo $y$' após um tempo 2τ, contado a partir do pulso de 90°. Nesse ponto, o eco atinge sua máxima amplitude independente da heterogeneidade do campo $B_0$. A Figura 7.15 mostra um esquema dessa sequência de pulsos, apresentando os demais ecos gerados pelos pulsos de refocalização subsequentes.

Por meio da sequência de CPMG são medidas as intensidades de n ecos para diversos tempos t = 2nτ, até que o eco não seja mais observado. De posse dos dados experimentais, conjunto contendo n pares de valores ($t_j$, $I^{CPMG}(t_j)$) medidos para um tempo τ fixo, o tempo de relaxação $T_2$ é calculado de forma análoga ao $T_1$, minimizando a diferença entre os valores medidos e os estimados pela equação:

$$I^{CPMG}(t_j) = I_0 e^{-t_j/T_2} \qquad (7.18)$$

na qual $I_0$ é a intensidade do sinal extrapolado para t = 0, correspondente à magnetização de equilíbrio térmico.

Esse processo de refocalização descrito é válido apenas quando as frequências de precessão permanecem constantes durante todo o tempo de execução da técnica. Quando há troca

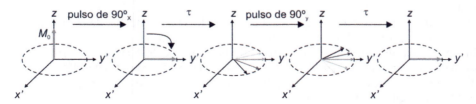

**Figura 7.14.** Dinâmica de refocalização dos momentos magnéticos durante a sequência de pulsos eco de *spin*.

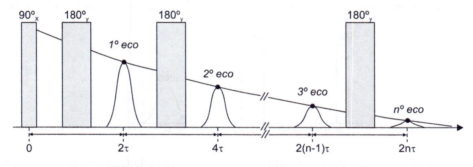

**Figura 7.15.** Esquema da sequência de pulsos CPMG, para determinação da constante de relaxação transversal $T_2$.

de posição entre os momentos magnéticos devido à difusão translacional molecular, quando na presença de um gradiente de campo, ocorre uma perda de coerência irreversível entre esses momentos. Nesse caso, a taxa de relaxação efetiva medida por meio do sinal do eco passa a depender também de um termo de relaxação difusiva conforme descrito pela seguinte equação:

$$\frac{1}{T_{2,\,eco}^{*}} = \left(\frac{1}{T_2}\right)_{int\,rín\,seca} + \left(\frac{1}{T_2}\right)_{difusiva}$$

(7.19)

Para um eco produzido a partir da aplicação de dois pulsos de 90° e 180° o tempo de relaxação difusiva pode ser descrito da seguinte forma:

$$\left(\frac{1}{T_2}\right)_{difusiva} = \frac{\gamma^2 G^2 D \tau^2}{3}$$

(7.20)

na qual $\gamma$ é a constante magnetogírica, G é o gradiente de campo magnético, D é o coeficiente de difusão translacional das moléculas da amostra analisada e $\tau$ é o tempo entre os pulsos de 90° e 180°.

O que se faz na prática para evitar a contribuição da relaxação difusiva sobre o $T_2$ obtido experimentalmente é, de acordo com a Equação 7.20, diminuir ao máximo o parâmetro $\tau$, e/ou manter o campo magnético estático o mais uniforme possível, de forma a minizar G.

## Coeficiente de difusão translacional

A RMN é uma das técnicas mais poderosas no estudo do fenômeno de difusão molecular. A difusão consiste no processo aleatório de transporte de massa devido à agitação térmica das moléculas, conhecida como movimento Browniano. A dependência do coeficiente de autodifusão com a viscosidade $\eta$ e a temperatura T é dada por meio da equação de Stokes-Einstein:

$$D = \frac{KT}{6\pi\eta r}$$

(7.21)

na qual r é o raio hidrodinâmico considerando uma partícula de geometria esférica, e K é a constante de Boltzman.

A aplicação da RMN no estudo da difusão molecular se iniciou em 1950, por meio do trabalho pioneiro de Hahn que descreveu o efeito da difusão molecular sobre o sinal de RMN. Entretanto, o método para se medir a o coeficiente de difusão independente do efeito de $T_2$ foi proposto apenas em 1954 por Carr e Purcell[5], que encontraram o valor de D = (2,5 ± 0,3)x$10^{-9}$ m$^2$ s$^{-1}$ para a água pura a 25°C.

Stejskal e Tanner[7], por sua vez, propuseram em 1965 um método mais eficaz, muito utilizado atualmente, para se medir o coeficiente de difusão denominado eco estimulado com gradientes de campo pulsado, ou PFG-STE (*pulsed-field gradient, stimulated echo*). O eco estimulado é um tipo de eco gerado no tempo $2\tau_1 + \tau_2$, a partir de três pulsos de 90° consecutivos, em que os dois primeiros são espaçados por $\tau_1$ e os dois últimos espaçados por $\tau_2$, conforme mostrado na Figura 7.16. Nessa sequência, G é a intensidade do gradiente de campo, $\delta$ é a duração dos pulsos de gradiente e $\Delta$ é o tempo de difusão.

Após o primeiro pulso de 90° da sequência PFG-STE defletir a magnetização para o plano $x'y'$, a posição espacial dos momentos magnéticos é codificada por meio da defasagem imposta pelo pulso de gradiente G. Então, um segundo pulso de 90° retorna a magnetização para a direção

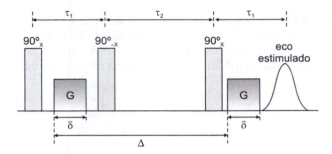

**Figura 7.16.** Sequência de pulsos PFG-STE para medição do coeficiente de difusão translacional (D).

do eixo z, onde permanece durante o tempo $\tau_2$. O processo de difusão se desenvolve durante o período $\Delta$, até que o último pulso de 90° deflete a magnetização do eixo z de volta ao plano x'y'. A posição dos momentos é decodificada por meio do segundo pulso de gradiente G, refocalizando um eco estimulado no tempo $2\tau_1 + \tau_2$. Desse modo, a troca de posição entre os núcleos durante o tempo $\Delta$ resultante do fenômeno da difusão causa uma perda irreversível de coerência que, por sua vez, reduz a amplitude do eco estimulado cuja amplitude é dada por:

$$I^{STE}(\tau_1, \tau_2, G, \delta, \Delta) = \frac{1}{2} I_0 e^{\left[-\left(\frac{2\tau_1}{T_2}\right) - \frac{\tau_2}{T_1}\right]} e^{-\gamma^2 G^2 \delta^2 D (\Delta - \delta/3)}$$

(7.22)

Empregando a sequência PFG-STE, são realizados n experimentos sucessivos variando um dos parâmetros, G, $\delta$ ou $\Delta$, até que não seja mais possível detectar o eco estimulado. Variando apenas G e mantendo fixos todos os demais parâmetros, ao final do experimento são obtidos n pares de valores $(G_j, I^{STE}(G_j))$. Então, o coeficiente de difusão translacional D é calculado ajustando os dados experimentais a seguinte equação:

$$\frac{I^{STE}(G_j)}{I^{STE}(0)} = e^{-\gamma^2 G_j^2 \delta^2 D (\Delta - \delta/3)}$$

(7.23)

na qual a razão $I^{STE}(G_j)/I^{STE}(0)$ é a atenuação do eco estimulado devido a difusão.

Com relação à escolha do parâmetro a ser variado durante a sequência PFG-STE, ela dependerá das características tanto da amostra quanto do instrumento utilizado. Por exemplo, ao se variar o tempo de difusão $\Delta$, o eco estimulado passa a ser modulado em função da relaxação longitudinal. Assim, uma escolha sensata seria aplicá-lo somente em fluidos que tenham processos difusivos rápidos quando comparados ao valor de $T_1$, tal como amostras gasosas. Variar a duração do gradiente $\delta$, por sua vez, pode fazer com que ambos mecanismos de relaxação modulem a intensidade do eco, pois quando a magnetização encontra-se no plano x'y', ela está suscetível tanto à relaxação longitudinal como à transversal. Por último, a variação do G, obtido pelo aumento da corrente elétrica que circula na bobina geradora de gradiente, não implica a modulação do eco por processos de relaxação, pois não existe variação no tempo. Entretanto, o tempo entre o término do gradiente e a aquisição do eco estimulado deve ser suficiente para dissipar correntes parasitas durante o pulso de gradiente. Caso contrário, o eco estimulado pode ser distorcido.

## Relaxação e difusão multiexponencial

Em sistemas multicomponentes, tais como o petróleo (cuja composição gira em torno de centenas de milhares de compostos), o processo de relaxação resulta da contribuição de cada componente individual da amostra. Nesses casos, os processos de relaxação devem ser tratados como fenômenos multiexponenciais descritos pelas equações:

$$M_z^{IR}(t) = \int \left(1 - 2e^{-t/T_1}\right) f\left(T_1\right) dT_1$$

(7.24)

$$M_{xy}^{CPMG}(t) = \int e^{-t/T_2} f\left(T_2\right) dT_2$$

(7.25)

nas quais $M_z^{IR}(t)$ e $M_{xy}^{CPMG}(t)$ são, respectivamente, as componentes longitudinal e transversal da magnetização nuclear que evoluem durante as sequências de IR e CPMG, e $f(T_1)$ e $f(T_2)$ são as funções intensidade das distribuições de cada tempo de relaxação $T_1$ e $T_2$, respectivamente.

Uma vez que $M_z^{IR}(t)$ e $M_{xy}^{CPMG}(t)$ representam a transformada de Laplace das funções $f(T_1)$ e $f(T_2)$, e que se essas funções de distribuição não são conhecidas, mas sim o comportamento dessas componentes da magnetização durante os processos de relaxação, a solução desse problema é definida como um problema inverso. Nesse caso, uma das abordagens mais comuns para obter o perfil de relaxação da amostra é aplicar a transformada inversa de Laplace às curvas experimentais de relaxação, descritas pelas seguintes equações:

$$I^{IR}\left(t_j\right) = \sum_{k=1}^{m} A\left(T_{1,k}\right)\left(1 - 2e^{-t_j/T_{1,k}}\right) + \varepsilon\left(t_j\right)$$

(7.26)

$$I^{CPMG}\left(t_j\right) = \sum_{k=1}^{m} A\left(T_{2,k}\right) e^{-t_j/T_{2,k}} + \varepsilon\left(t_j\right)$$

(7.27)

nas quais $I^{IR}(t_j)$ e $I^{CPMG}(t_j)$ são, respectivamente, os pontos experimentais das curvas de IR e CPMG, medidos em cada tempo $t_j$; $T_{1,k}$ e $T_{2,k}$ são os tempo de relaxação de componente, $A(T_{1,k})$ e $A(T_{2,k})$ são, respectivamente, as intensidades de cada componente dos tempos de relaxação longitudinal e transversal, e $\varepsilon(t_j)$ é o ruído presente na medida.

Entre os métodos usados para resolver a transformada inversa de Laplace das curvas de relaxação e obter as distribuições $A(T_{1,k})$ e $A(T_{2,k})$, também conhecidas como espectros de relaxação, o método de mínimos quadrados com critério de não negatividade é um dos mais utilizados. Por se tratar de um problema mal posto, para assegurar que a solução será única e estável, também é acrescido a esse método um esquema de regularização, como o de Tikhonov.

A Figura 7.17a apresenta curvas de relaxação $T_2$ de $^1H$, obtidas por Ramos e colaboradores[8] por meio da técnica CPMG, para quatro tipos diferentes de petróleos: leve; médio; pesado; e extrapesado. Observa-se que quanto mais pesado o petróleo, mais rápido é o decaimento da curva de relaxação. A Figura 7.17b mostra as respectivas distribuições, ou espectros de relaxação, de $T_2$ obtidas a partir da transformada inversa de Laplace das curvas mostradas na Figura 7.17a. Como era de se esperar, quanto mais pesado o petróleo, mais as distribuições dos tempos de relaxação se concentram nos tempos $T_2$ mais curtos. Além disso, a Figura 7.17b mostra que a natureza multicomponente do petróleo impõe um espalhamento dos seus tempos de relaxação por mais de uma década na escala logarítmica.

Em sistemas multicomponentes, diferenças nos processos difusivos de cada componente pode levar a um comportamento multiexponencial do sinal de RMN. Nesses casos, em vez de um único valor, é mais razoável representar o sistema por uma distribuição de valores para o coeficiente de autodifusão D. Logo, de forma análoga à relaxação multiexponencial, um espectro de difusão $A(D_k)$ pode ser calculado por meio da transformada inversa de Laplace à curva experimental obtida pela técnica PFG-STE:

$$\frac{I^{STE}\left(G_j\right)}{I^{STE}\left(0\right)} = \sum_{k=1}^{m} A\left(D_k\right) e^{-D_k \gamma^2 \delta^2 G_j^2 \left(\Delta - \delta/3\right)} + \varepsilon\left(G_j\right)$$

(7.28)

na qual a razão $I^{STE}(G_j)/I^{STE}(0)$ é a atenuação do eco estimulado para cada valor de G, mantidos os demais parâmetros constantes.

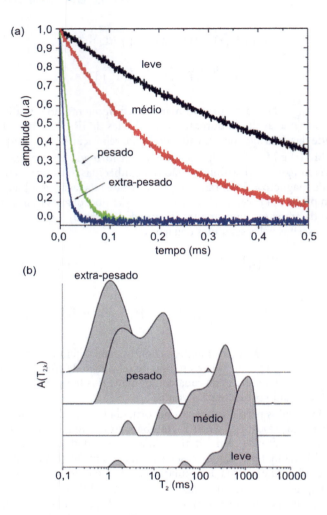

**Figura 7.17.** (a) Curvas de relaxação transversal de ¹H obtidas através da técnica CPMG, medidas em 2MHz, para diferentes tipos de petróleo: leve, médio, pesado e extrapesado; e (b) suas respectivas distribuições de $T_2$.

## Experimentos bidimensionais (RMN 2D)

Uma vez que a RBC é uma técnica de baixa resolução, a interpretação dos fenômenos de relaxação e difusão pode levar a resultados ambíguos, principalmente quando aplicada a sistemas multicomponentes. Nesses casos, as técnicas bidimensionais que correlacionam os tempos de relaxação $T_1$ e $T_2$ e o coeficiente de difusão D em um único experimento podem ser bastante úteis. Por exemplo, os mapas de correlação produzidos pelas técnicas $T_1$-$T_2$ e D-$T_2$ permitem determinar, para cada componente, o tempo de relaxação transversal $T_2$ e os respectivos valores de $T_1$ e D.

A técnica bidimensional consiste em uma sequência de dois ou mais pulsos, na qual um evento $t_1$ é incrementado em experimentos sucessivos e independentes. Desse modo, o sinal de RMN adquirido a cada experimento durante o tempo $t_2$ passa a ser uma função bidimensional de $t_1$ e $t_2$. Essa ideia, originalmente sugerida por Jenner em 1971, foi aplicada pela primeira vez em um experimento bidimensional do tipo $T_1$-$T_2$ em 1981 por Peemoeller e colaboradores.[9] Entretanto, somente após o surgimento de um algoritmo capaz de processar os mapas de correlação multidimensionais em computadores pessoais, demonstrado em 2002 por Venkataramanan e colaboradores[10], é que a utilização do experimento $T_1$-$T_2$ e demais variações ganharam momento na RBC.

A Figura 7.18 ilustra as sequências de IR/CPMG (Figura 7.18a) e PFG-STE/CPMG (Figura 7.18b), as mais difundidas para a obtenção dos mapas de correlação $T_1$-$T_2$ e D-$T_2$. Enquanto na sequência IR/CPMG o incremento é no tempo entre os pulsos de inversão e leitura $t_n$, na sequência PFG-STE/CPMG é o gradiente pulsado que é incrementado a cada experimento. O resultado desses experimentos, exemplificado na Figura 7.19, é um conjunto de curvas do tipo CPMG cuja amplitude de cada eco, além de decair exponencialmente com a relaxação transversal, é modulada a cada incremento pelos fenômenos da relaxação longitudinal e difusão.

Nas curvas de relaxação CPMG obtidas por meio da técnica IR/CPMG (Figura 7.19a), o valor inicial da magnetização para a primeira curva é máximo negativo (-$M_0$), visto que sua aquisição ocorreu logo após o pulso de inversão de 180°. Conforme o tempo entre os pulsos $t_n$ do bloco IR é incrementado, a magnetização relaxa longitudinalmente até alcançar o equilíbrio térmico, retomando o seu valor máximo positivo (+$M_0$). Já para a técnica PFG-STE/CPMG (Figura 7.19b), o valor inicial para a primeira curva de relaxação CPMG é máximo, pois o gradiente G nesse ponto é zero. Conforme o gradiente é incrementado a cada experimento, a magnetização decai exponencialmente devido ao fenômeno de difusão molecular translacional.

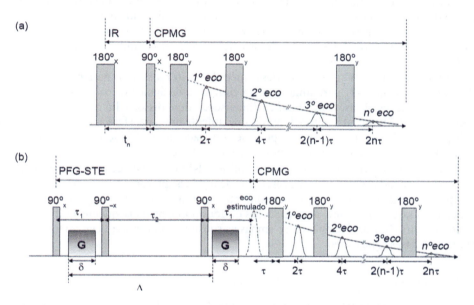

**Figura 7.18.** Sequências de pulsos dos experimentos bidimensionais: (a) IR/CPMG que correlaciona $T_1$ e $T_2$; e (b) PFG–STE/CPMG que correlaciona D e $T_2$.

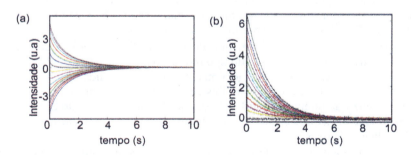

**Figura 7.19.** Comportamento da magnetização obtido nos experimentos bidimensionais: (a) IR/CPMG que correlaciona $T_1$ e $T_2$; e (b) PFG-STE/CPMG que correlaciona D e $T_2$.

Fundamentos de Espectrometria e Aplicações

A descrição da evolução da magnetização transversal para as técnicas bidimensionais IR/CPMG e PFG-STE/CPMG pode ser feita por meio das seguintes integrais:

$$M_{xy}^{IR/CPMG}(t) = \iint e^{-t/T_2}\left(1 - 2e^{-t/T_1}\right) f\left(T_1, T_2\right) dT_1\, dT_2 \tag{7.29}$$

$$M_{xy}^{PFG-STE/CPMG}(t) = \iint e^{-t/T_2} e^{-\gamma^2 G^2 \delta^2 D(\Delta - \delta/3)} g(D,T_2)\, dD dT_2 \tag{7.30}$$

nas quais $f(T_1,T_2)$ representa a distribuição bidimensional das intensidades de cada componente de tempos de relaxação $T_1$ e $T_2$, $g(D,T_2)$ representa a distribuição bidimensional das intensidades de cada componente de coeficiente de difusão translacional D e do tempo de relaxação $T_2$.

Uma vez que $M_{xy}^{IR/CPMG}(t)$ e $M_{xy}^{PFG-STE/CPMG}(t)$, novamente, representam as transformadas de Laplace da funções $f(T_1,T_2)$ e $g(D,T_2)$, respectivamente, a inversão bidimensional das curvas de relaxação CPMG permite calcular essas distribuições e estabelecer para cada componente a relação entre os diferentes fenômenos de relaxação e difusão. Essa inversão também é realizada por meio da minimização da equação do erro quadrático médio, aplicado separadamente a cada um dos decaimentos medidos, porém tratados matricialmente, uma vez que ambas as dimensões estão agora intrinsecamente correlacionadas. A descrição em detalhes do método de inversão multidimensional das curvas de relaxação pode ser encontrada em Venkataramanan e colaboradores.[10]

Exemplos de mapas 2D resultantes desse método estão mostrados na Figura 7.20. A Figura 7.20a mostra o mapa $T_1$-$T_2$ para uma amostra composta de água e óleo, no qual é possível distinguir claramente essas fases em ambas as dimensões. Além disso, a diferença na razão $T_1/T_2$ de cada componente é marcante, sendo de aproximadamente um para a fase água e aproximadamente dois para a fase óleo. Essa diferença pode ser utilizada na qualificação dos hidrocarbonetos, pois quanto maior for essa razão, mais pesado será o petróleo.

A Figura 7.20b mostra o mapa D-$T_2$ para uma emulsão composta de água e óleo, cuja componente água foi dopada com um agente relaxante, de modo a apresentar valores de $T_2$ semelhantes. Como pode ser visto no mapa, a análise somente da dimensão de $T_2$ não permite distinguir os sinais de cada fase. No entanto, as correlações obtidas no mapa consequente à diferença nos coeficientes de difusão translacional entre ambas as substâncias permitem claramente distinguir e quantificar as fases água e óleo.

## INSTRUMENTAÇÃO

Os equipamentos de RMN (alta resolução, tomógrafos e baixo campo) compartilham uma estrutura básica bastante similar, podendo ser divididos em cinco módulos principais: magneto – que produz o campo $B_0$ necessário para polarizar os núcleos; transmissor – que gera o pulso de radiofrequência; receptor – que amplifica e digitaliza o sinal de RMN; chave T/R – que isola o transmissor do receptor; e sonda – por meio da qual o campo $B_1$ é gerado e o sinal de RMN captado. A Figura 7.21 ilustra como esses módulos são interligados.

Ao contrário da maioria dos equipamentos de RMN de alta resolução, que utilizam dois ou mais canais de rf, os de baixo campo são do tipo monocanal, já que nessa modalidade observa-se apenas um núcleo por vez. Além disso, geralmente são do tipo banda estreita, operando quase exclusivamente na frequência do $^1$H e $^{19}$F. Tais características simplificam a construção desses instrumentos, reduzindo também os custos de sua produção. Dependendo do nível de sofisticação e da quantidade de acessórios, um espectrômetro de RBC pode custar hoje entre dezenas e centenas de milhares de reais.

A seguir será apresentada uma descrição geral de cada um dos módulos do instrumento de RMN de baixo campo convencional, enfatizando as particularidades frente aos de alta resolução e tomógrafos.

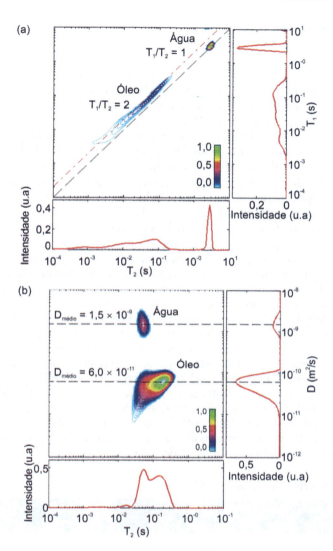

**Figura 7.20.** Mapas bidimensionais de ¹H medidos em 2 MHz: (a) IR/CPMG, mapa $T_1$-$T_2$, de uma amostra de água e óleo; e (b) PFG–STE/CPMG, mapa D-$T_2$, para uma emulsão composta de água dopada e óleo. As distribuições à direita e abaixo dos mapas mostram as projeções de cada dimensão.

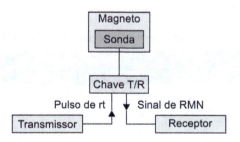

**Figura 7.21.** Diagrama genérico de um equipamento de RMN dividido em cinco módulos principais: magneto, transmissor, receptor, chave T/R e sonda.

# Equipamentos convencionais

## Magneto

Embora algumas modalidades de RMN não dependem do campo magnético estático produzido pelo instrumento (p. ex.: ressonância quadrupolar nuclear, RMN em campo zero ou no campo da Terra), para a maioria delas, incluindo a RBC, o magneto é um componente fundamental.

Enquanto a maioria dos instrumentos de alta resolução e boa parte dos tomógrafos empregam magnetos supercondutores, os magnetos permanentes predominam nos equipamentos de RBC. Os campos produzidos por esses magnetos situam-se entre 0,046 e 2,1 Teslas, que equivalem às frequências de ressonância de 2 a 90 MHz para o núcleo de $^1$H, por exemplo.

A baixa sensibilidade da técnica de RMN, quando comparada às demais espectroscopias, faz com que nesses campos apenas os isótopos com alta sensibilidade relativa (mais abundantes e com elevada constante magnetogírica), tais como o $^1$H, $^{19}$F, $^{23}$Na e $^{31}$P, sejam passíveis de detecção. A Tabela 7.2 apresenta as propriedades dos núcleos mais comuns na RBC.

Idealmente, o magneto permanente deve produzir um campo forte, uniforme e estável, a partir de um volume relativamente pequeno de material. Entretanto, até a década de 1980, os materiais magnéticos disponíveis, tais como Alnicos (Al, Ni, Co e Fe) e Ferrites (cerâmicos), limitavam o aprimoramento dos magnetos. Com o surgimento das ligas metálicas de terras-raras, tais como NdFeB e SmCo, foi possível alcançar as características técnicas desejadas, fato que impulsionou o desenvolvimento da RBC. A Tabela 7.3 apresenta um comparativo entre as principais propriedades dos materiais magnéticos empregados na construção dos magnetos permanentes.

A remanecência $B_r$ que é a magnetização residual após a saturação do material, indica a força do ímã. A coercitividade $H_c$ responde pela estabilidade do material frente a um campo desmagnetizante contrário (ou reverso). Já o produto de energia máximo $B.H_{máx}$, produto da indução magnética pelo campo desmagnetizante, corresponde à densidade máxima de energia armazenada pelo ímã por unidade de volume. A partir desses dados, pode-se concluir, por exemplo, que um magneto permanente construído de NdFeB produzirá um campo 3,4 vezes maior do que o gerado por um de Ferrite, com as mesmas dimensões. Ou ainda, que um magneto de NdFeB terá um volume 9,6 vezes menor do que um de Alnico, mantido o mesmo campo.

**Tabela 7.2.** Núcleos mais observados através da RBC.

| Núcleo | Constante magnetogírica ($\times 10^7$ rad.Tesla$^{-1}$.s$^{-1}$) | Frequência de Larmor* (MHz) | Abundância natural (%) | Sensibilidade relativa ao $^1$H (%) |
|---|---|---|---|---|
| $^1$H | 26,750 | 60,000 | 99,98 | 100 |
| $^{19}$F | 25,180 | 56,446 | 100 | 83,30 |
| $^{23}$Na | 7,076 | 15,871 | 100 | 9,25 |
| $^{31}$P | 10,840 | 24,289 | 100 | 6,63 |

(*) Para um campo magnético de 1,4093 Teslas.

**Tabela 7.3.** Propriedades magnéticas dos materiais empregados na construção de magnetos permanentes para RBC.

| Material | $B_r$ (Tesla) | $H_c$ ($\times 10^6$ A/m) | $B.H_{máx}$ ($\times 10^6$ Tesla.A/m) | $T_c$ (%/°C) | $T_{máx}$ (°C) | $T_{Curie}$ (°C) |
|---|---|---|---|---|---|---|
| NdFeB | 1,410 | 1,026 | 0,382 | -0,12 | 80 | 310 |
| SmCo | 1,160 | 0,756 | 0,247 | -0,03 | 350 | 825 |
| Alnico | 0,700 | 0,151 | 0,040 | -0,02 | 540 | 860 |
| Ferrite | 0,420 | 0,235 | 0,033 | -0,20 | 300 | 800 |

Fonte: Magnet Sales & Manufacturing Company.[11]

Uma vez que os equipamentos de baixo campo geralmente não contam com dispositivos de correção de desvios do campo, semelhantes aos encontrados na maioria dos equipamentos de RMN de alta resolução e tomografia, um cuidado adicional a ser observado no projeto dos magnetos permanentes para RBC é a dependência do campo magnético com a temperatura.

O aumento da temperatura provoca uma flutuação térmica que induz variações aleatórias nas orientações individuais dos momentos magnéticos atômicos, resultando na diminuição do campo magnético. O coeficiente de temperatura $T_c$ indica o percentual dessa variação de campo magnético com a temperatura. Por exemplo, com base na Tabela 7.3, pode-se concluir que com um aumento de 5 °C, o campo produzido por um magneto de NdFeB sofre um decréscimo de 0,6%, enquanto para um de SmCo esse decréscimo é de apenas 0,15%. Além da temperatura de Curie $T_{Curie}$, na qual o material pode ser completamente desmagnetizado, existe ainda a temperatura máxima de operação $T_{máx}$, que deve ser respeitada.

Essa dependência do campo com a temperatura demanda um bom isolamento e controle térmico eficiente, evitando, assim, desvios indesejados na frequência de ressonância, que, em última instância, afetam a acurácia e reprodutibilidade das medições. Geralmente, o magneto permanente é encerrado em um compartimento térmico mantido a uma temperatura entre 5 e 10 °C acima da temperatura externa.

Com relação à geometria dos magnetos permanentes, a configuração H, a mais tradicional na RBC, é constituída de ímãs cilíndricos, axialmente polarizados. Os ímãs são montados em oposição de face, afastados por uma distância d, suportados por uma estrutura de aço de baixo carbono que fecha o circuito magnético. A região útil de medida, onde a sonda é inserida, situa-se no meio da linha central que une os dois ímãs, tal como apresentado na Figura 7.22a. Considerando que o campo magnético nessa região diminui com o aumento da distância entre os ímãs (Figura 7.22b), quanto maior o espaço necessário para fazer caber uma determinada amostra, menor será a frequência de Larmor.

O campo magnético pode ser aumentado por meio do aumento do tamanho físico dos ímãs. No entanto, isso normalmente eleva o peso do magneto e pode comprometer sua viabilidade técnica. Raramente, os magnetos para RBC ultrapassam uma centena de quilos e, na maioria das vezes, o equipamento pode ser facilmente instalado sobre a bancada de qualquer laboratório. A Figura 7.23 apresenta alguns modelos de equipamento de RBC, evidenciando essa característica.

Ainda que menos crítico do que na espectroscopia de RMN de alta resolução, o ajuste da homogeneidade do campo magnético também é uma preocupação nos equipamentos de baixo campo. Durante a etapa de instalação, um ajuste de homogeneidade é realizado mecanicamente,

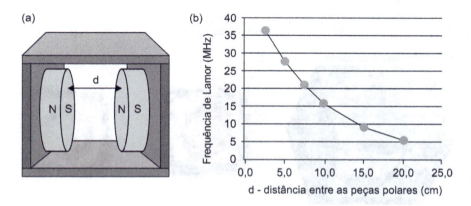

**Figura 7.22.** (a) Magneto de configuração H, frequentemente utilizado nos equipamentos de RBC; e (b) distância entre as peças polares contra a frequência de Larmor para ¹H, calculada para dois cilindros de NdFeB com 25 cm de diâmetro e 7,5 cm de altura.

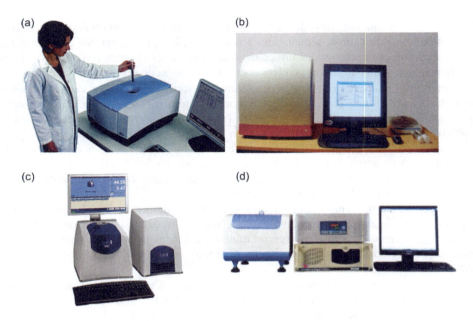

**Figura 7.23.** Alguns modelos de equipamentos de RBC comerciais que empregam magnetos com a configuração H: (a) Minispec (Bruker, Alemanha)[12]; (b) SLK-100 (Spinlock, Argentina)[13]; (c) MQC (Oxford Instruments, Reino Unido)[14]; e (d) NM12 (Niumag Corporation, China)[15].

por meio de parafusos de ajuste que corrigem o paralelismo das peças polares do magneto, mostrados na Figura 7.24a. Essa operação busca corrigir eventuais desvios durante o transporte, além de influências do ambiente (p. ex.: proximidade de materiais ferromagnéticos). Se mantidas as condições iniciais, dificilmente se faz necessário algum ajuste após a instalação.

Em alguns tipos de magnetos permanentes, um refinamento do campo, complementar ao mecânico, é realizado por meio de bobinas de ajuste. Geralmente, essas bobinas são planares e trabalham aos pares, acopladas as faces internas do magneto. Controlando a corrente contínua que passa por meio delas, pequenos campos magnéticos adicionais são gerados compensando os desvios do campo principal. A Figura 7.24b mostra um par de bobinas de ajuste projetado por Terada e colaboradores.[16]

Uma vez que na RBC são toleradas variações de até 0,01% no valor do campo magnético (ou 100 partes por milhão, medido no centro do volume útil de detecção), não é necessário ajustar a

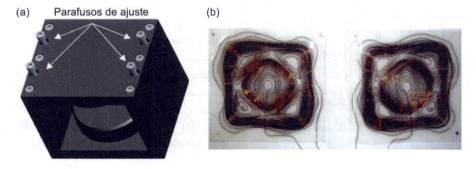

**Figura 7.24.** Dispositivos de ajuste de homogeneidade de campo magnético para magnetos permanentes: (a) mecânico, através de parafusos (SpinCore Technologies, EUA)[17]; e (b) elétrico, empregando bobinas planares.

homogeneidade a cada troca de amostra. Essa é uma das características que conferem a robustez e agilidade requeridas no monitoramento de processos industriais em linha, diretamente no local onde o processo fabril é executado.

Uma segunda configuração de magneto bastante interessante, denominada Halbach, consiste em um arranjo periódico de quatro ou mais pequenos ímãs, permitindo que o circuito magnético se feche sem que seja necessário o uso da estrutura de aço. A Figura 7.25a ilustra um arranjo do tipo Halbach empregando 16 peças. Quando comparado aos magnetos do tipo H, essa configuração permite a geração de campos magnéticos bastante homogêneos a partir de magnetos mais compactos, leves e com campo periférico menos intenso. Embora essa tecnologia não seja nova, ainda são poucos os fabricantes que oferecem equipamentos de baixo campo comerciais baseados nessa configuração. A Figura 7.25b mostra um equipamento comercial para análises de meios porosos, que utiliza magneto do tipo Halbach.

## Transmissor

A função principal do transmissor é controlar os eventos da sequência, gerando os pulsos de rf de acordo com a frequência, fase, duração e potência desejada. Para fins didáticos, após omitir detalhes do seu funcionamento, o transmissor pode ser subdividido em cinco estágios principais: sintetizador de rf; modulador de fase; programador de pulsos; porta de rf; e amplificador. O diagrama da Figura 7.26 mostra como esses estágios estão conectados.

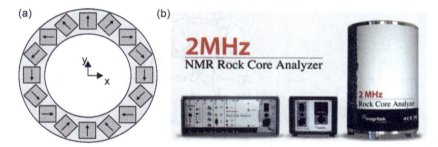

**Figura 7.25.** (a) Ilustração de um magneto com configuração tipo Halbach, composto por um arranjo de 16 ímãs; e (b) equipamento de RBC comercial Rock Core Analyzer (Magritek, Nova Zelândia)[18] que emprega um magneto cilíndrico com a configuração Halbach.

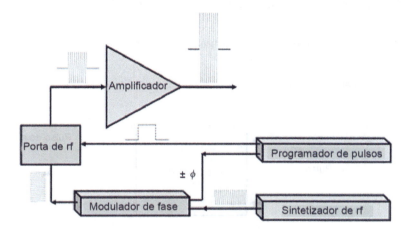

**Figura 7.26.** Principais estágios do transmissor de um equipamento de RBC pulsado.

a. sintetizador – gera um sinal elétrico de rf contínuo do tipo:

$$S(t) = \cos(\omega_1 t + \phi)$$ (7.31)

na qual S(t) é amplitude do sinal, $v_1$ é frequência e $\phi$ a fase da onda. Nesse estágio, o sinal é de baixa potência, alguns milésimos de Watts.

b. modulador de fase – sincroniza o sinal de rf produzido pelo sintetizador de acordo com a fase do pulso que se deseja aplicar. A fase é fundamental no controle da direção azimutal da magnetização transversal $M_{xy}$. A Figura 7.27 ilustra o efeito da aplicação de um pulso de 90° com diferentes valores de fase (0, $\pi/2$, $\pi$ e $3\pi/2$).

c. porta de rf – responsável por modular o sinal de rf sob a forma de um pulso de duração $t_p$, conforme ilustrado na Figura 7.28.

d. programador de pulso – controla os principais eventos e parâmetros da sequência de pulsos (tempo de duração e fase dos pulsos, tempo de repetição da sequência, etc.).

e. amplificador – eleva a potência do pulso de rf de forma que o campo $B_1$ seja suficiente para defletir a magnetização. Segundo Clark[19], a potência (P) do amplificador é determinada principalmente pela frequência de ressonância e características da sonda, dada pela seguinte equação:

$$P = \frac{v_1 V B_2^1}{Q \cdot 9}$$ (7.32)

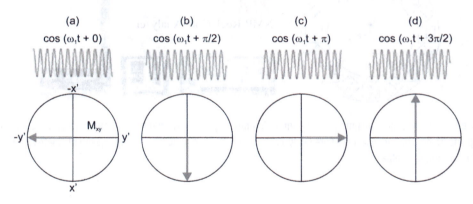

**Figura 7.27.** Relação entre a fase do pulso e direção da magnetização transversal $M_{xy}$: (a) 0; (b) $\pi/2$; (c) $\pi$; e (d) $3\pi/2$.

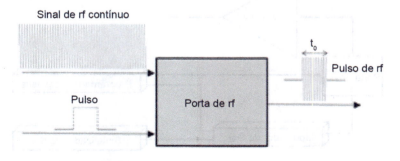

**Figura 7.28.** Geração do pulso de rf a partir do sinal elétrico contínuo.

na qual V é o volume da bobina de rf e Q é o fator de qualidade da sonda, parâmetro de construção que varia com sua sensibilidade.

De acordo com a Equação 7.12, para obter o máximo de sinal de RMN de $^1$H por meio de um pulso de 90° graus com a duração de 10 μs, é preciso aplicar um campo $B_1$ de aproximadamente 6 Gauss. Logo, aplicando a Equação 7.32 para uma frequência de 60 MHz, considerando uma bobina com 8 cm$^3$ (um solenoide com 15 mm de diâmetro por 45 mm de comprimento) e um fator de qualidade de 95, o amplificador de potência do transmissor precisa produzir aproximadamente 20 watts, valor típico para os amplificadores usados em RBC que raramente ultrapassam centenas de watts.

O fato de o campo estático $B_0$ não ser perfeitamente uniforme (ou seja, $\Delta B_0 > 0$) produz uma distribuição de frequências de ressonância na amostra analisada. Por essa razão, o transmissor deve ser capaz de satisfazer a condição de ressonância, $v_0 = v_1$, para todos os núcleos que precessionam no intervalo $\Delta v_0$. Entretanto, o pulso de rf retangular tem a propriedade de excitar uma banda de frequências cujo perfil é descrito por uma função do tipo *sinc*, ou sen(x)/x, conforme mostrado na Figura 7.29.

Entretanto, a banda de excitação do pulso não é uniforme no intervalo, compreendido entre $-1/t_p \leq v_1 \leq +1/t_p$, e apenas uma fração produzirá uma deflexão uniforme da magnetização. Por exemplo, um pulso de rf de 10 μs, valor típico para equipamentos de baixo campo, produz uma banda de 200 kHz, sendo que apenas 10%, 20 kHz centrados em $v_1$, apresenta desvios menores que 2% nos extremos.

## Sonda

Além de posicionar a amostra no centro do magneto, é por meio da sonda que o pulso de rf gerado é convertido no campo oscilatório $B_1$ e o sinal de RMN subsequente captado. A Figura 7.30a mostra o interior do magneto de um equipamento de baixo campo, no qual se observa a sonda posicionada entre as peças polares que constituem o magneto.

A sonda é construída a partir de um circuito ressonante, indutivo-capacitivo, mostrado na Figura 7.30b. O indutor L é a bobina de rf na qual a amostra é inserida, e o capacitor em paralelo $C_p$, é responsável pelo ajuste da frequência do circuito $\omega_{osc}$, descrita pela seguinte expressão:

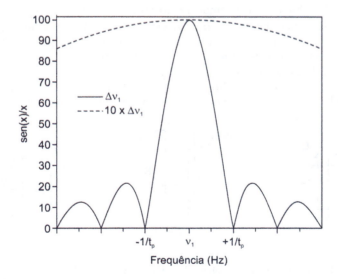

**Figura 7.29.** Perfil de excitação |sen(x)/x| para um pulso de rf retangular com duração $t_p$ e $t_p/10$.

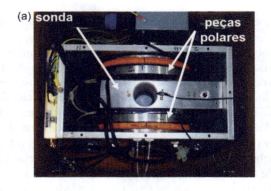 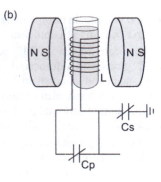

**Figura 7.30.** (a) Sonda posicionada entre as peças polares do magneto do equipamento de RBC; e (b) representação do circuito indutivo-capacitivo que compõe a sonda (bobina indutora L, capacitores em paralelo $C_p$ e série $Cs$).

$$\omega_{osc} = \left(LC_p\right)^{-1/2} \tag{7.33}$$

Quando sintonizado na frequência do pulso de rf, $\omega_{osc} = \omega_1$, o circuito maximiza tanto a conversão do pulso no campo $B_1$, quanto a conversão da magnetização transversal $M_{xy}$ no sinal de RMN. Adicionalmente, um capacitor em série $C_s$, ligado ao circuito, compatibiliza a impedância da sonda com a impedância do transmissor e do receptor, tipicamente 50 Ohms, valor-padrão para dispositivos de rf.

O tipo de bobina de rf mais utilizada na construção de sondas para RBC é a solenoidal. Além de construção simples, essa geometria tem uma maior sensibilidade ao sinal de RMN quando comparada às demais geometrias, tais como tipo sela ou Helmholtz, todas mostradas na Figura 7.31.

Segundo Landee e colaboradores,[20] a indutância da bobina solenoidal pode ser estimada pela seguinte expressão:

$$L = \frac{0,4\,n^2\,r^2}{9r + 10x} \tag{7.34}$$

na qual r é o raio da bobina, x o seu comprimento e n o seu número de espiras.

Embora o aumento na indutância se traduza em um ganho de sensibilidade, ele deve ser feito com parcimônia, pois também implica o aumento do tempo de recuperação da corrente de reverberação da sonda $t_{sonda}$. Esse fenômeno pode ser explicado da seguinte forma: durante o pulso, o campo magnético $B_1$ induz correntes parasitas nas partes metálicas da sonda, também chamadas de correntes de Foucault. Naturalmente, os polos magnéticos formados por essas correntes tendem a se alinhar com campo $B_0$ fazendo a sonda oscilar mecanicamente. O deslocamento

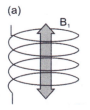 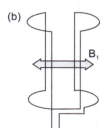 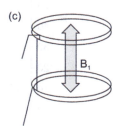

**Figura 7.31.** Alguns tipos de bobinas de rf usadas em RMN: (a) solenoidal; (b) sela; e (c) Helmholtz. A seta indica a direção do campo $B_1$ gerado em cada geometria.

da sonda no interior do magneto, por sua vez, induz uma corrente elétrica oscilante na bobina, passível de ser detectada pelo receptor, denominada corrente de reverberação magneto-acústica.

Em baixas frequências, como no caso dos equipamentos de baixo campo, o tempo $t_{sonda}$ é ainda mais longo, pois o amortecimento da reverberação ocorre em um determinado número de ciclos. Geralmente, esse tempo é da ordem de microsegundos, integrando parte do chamado tempo morto, $t_{morto}$, decorrido entre o término do pulso e o início da detecção do sinal de RMN livre de influências espúrias. Esse é um parâmetro de construção muito crítico nos equipamentos de RMN, principalmente quando se utilizam magnetos pouco homogêneos, ou quando se deseja observar sinais em materiais com baixa mobilidade.

Assim como nas demais modalidades de RMN, na RBC existem diversos tipos de sondas. Uma vez que na maioria dos equipamentos elas são intercambiáveis, frequentemente se adquire mais de um tipo de sonda em função da técnica escolhida e do tamanho da amostra a ser analisada. Os três tipos principais de sondas empregadas na RBC são: razão; absoluta; e multipropósito.

As sondas absolutas são construídas a partir de bobinas de rf mais longas, com mais espiras, apresentado alto fator de qualidade, Q. Esse fator é dado pela razão entre a indutância L e a resistência R da bobina, dada por:

$$Q = \frac{2\pi \nu_1 L}{R}$$

$$(7.35)$$

Quanto maior o fator Q, mais sensível é a bobina; por outro lado, mais longo será o seu tempo de recuperação, $t_{sonda}$. Logo, esse tipo de sonda é usado em análise de amostras líquidas ou com $T_2$ mais longos, como na determinação do conteúdo de hidrogênio em destilados do petróleo.

As sondas do tipo razão, por sua vez, são construídas com bobinas mais curtas, ou seja, com menos espiras e menor Q. Embora menos sensíveis e de menor volume útil, têm um tempo de recuperação $t_{sonda}$ bastante curto (< 10 μs). Tais características fazem dessas sondas muito úteis nas medições da razão entre duas fases com diferente mobilidade, como na determinação do conteúdo de sólidos em matérias graxas comestíveis.

Já as sondas do tipo multipropósito são bastante versáteis, conciliando uma boa sensibilidade com um tempo de recuperação $t_{sonda}$ relativamente curto. Geralmente, essas sondas são empregadas nas quantificações do teor de água e óleo em sementes oleaginosas.

## Chave T/R

Uma vez que o sinal de RMN tem cerca de μV, o receptor deve ser sensível o bastante para detectar um sinal tão pequeno. Por outro lado, o receptor será danificado caso um pulso com alta potência incida diretamente sobre ele. Esse problema, comum a todos os tipos de equipamento de RMN, é contornado por meio do emprego da chave T/R, também conhecida como duplexador, dispositivo responsável por isolar o transmissor do receptor impedindo a comunicação direta entre eles.

Existem diversos tipos de chave T/R, entre eles os que empregam circuitos ativos, por exemplo aqueles que comutam eletronicamente os estágios de transmissão e recepção, e circuitos passivos como aqueles construídos a partir de cabos de λ/4 e pares de diodos cruzados, como o ilustrado na Figura 7.32.

Nesse tipo de chave, o comprimento do cabo coaxial l, distância entre os pontos A e B, é dimensionado para um quarto do comprimento da onda λ gerada pelo transmissor. Na prática, o comprimento do cabo é menor do que λ/4, pois se deve considerar a velocidade de propagação da onda por meio do cabo, conforme mostrado na seguinte expressão:

$$I = 0,25 \left( \frac{f c}{\nu} \right)$$

$$(7.36)$$

na qual f é o fator de velocidade (igual a 0,66, para um cabo com dielétrico de polietileno) e c é a velocidade da luz (2,997 × 10⁸ m/s). Adicionalmente, na sua terminação, ponto B, pares de diodos cruzados conectam o cabo λ/4 ao terra.

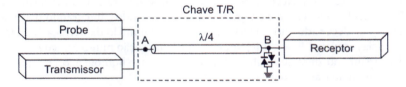

**Figura 7.32.** Representação da chave T/R passiva, constituída por um cabo λ/4 e pares de diodos cruzados, comumente encontradas nos equipamentos de RBC.

Quando uma onda incide em A com mais de 0,65 volts, tensão de barreira do diodo, o ponto B do cabo λ/4 comporta-se como uma terminação com impedância descasada. Nesse caso, a onda é refletida pelo cabo, defasada de 180° com relação à onda incidente, estabelecendo uma interferência destrutiva entre elas, denominada onda estacionária. Assim, evitam-se danos tanto ao receptor, provocado pela onda incidente, quanto ao transmissor, provocado pela onda refletida. Já o sinal de RMN, incapaz de superar a tensão de barreira dos diodos, é captado normalmente pelo receptor por meio do cabo λ/4.

Dependendo do campo magnético e, consequentemente, da frequência de operação do equipamento de RMN, o comprimento do cabo de λ/4 pode ser excessivamente longo. Por exemplo, para um instrumento operando em 2 MHz para o ¹H (aproximadamente 0,046 Teslas), frequência típica dos analisadores de rochas porosas usados pela indústria de petróleo, o comprimento do cabo λ/4, calculado por meio da Equação 7.36, deveria ser de aproximadamente 25 metros. Nesses casos, o cabo pode ser substituído por um circuito de elementos condensados (*lumped elements*) que possibilita a construção de uma chave T/R muito mais compacta e de mesma eficácia.

## Receptor

O receptor é o módulo do instrumento responsável por detectar e digitalizar o sinal de RMN gerado pela amostra. Omitindo maiores detalhes do seu funcionamento, o receptor pode ser dividido nos seguintes estágios: pré-amplificador; detector; e conversor analógico-digital.

### Pré-amplificador

A primeira etapa de recepção do sinal de RMN, assim como nos aparelhos de radiodifusão, é a pré-amplificação. Nessa etapa, empregando um amplificador de baixo ruído, a tensão do sinal de RMN é elevada a cerca de 1 V, o que garante que ela possa ser adequadamente processada nos estágios subsequentes. Por exemplo, supondo um sinal de RMN de 1 mV, o ganho do amplificador deve ser em torno de 60 dB (decibéis), conforme mostrado na seguinte equação:

$$\text{ganho} = 20 \log \left( V_{\text{sinal}} / V_{\text{ref}} \right), \quad (7.37)$$

na qual $V_{\text{sinal}}$ é a tensão do sinal de RMN e $V_{\text{ref}}$ é uma tensão de referência, nesse caso, 1 V.

Apesar de toda a proteção fornecida pela chave T/R, parte do pulso de rf incide no pré-amplificador, saturando os seus componentes eletrônicos. Enquanto essa potência não é dissipada, o sinal de RMN não pode ser detectado adequadamente. Desse modo, além do baixo ruído e do elevado ganho, o tempo de recuperação do pré-amplificador $t_{\text{preamp}}$ é um parâmetro fundamental, pois, somado ao tempo de recuperação da sonda, compõe o tempo morto total do equipamento de RMN, definido pela seguinte equação:

$$t_{morto} = t_{sonda} + t_{preamp}$$ (7.38)

## Conversor analógico-digital

O processo de digitalização do sinal é a conversão de uma grandeza física contínua que varia com o tempo, tal qual a corrente elétrica que constitui o sinal de RMN, em um conjunto de bits. Desse modo, informação contida no sinal original pode ser armazenada para posterior processamento e análise. Além disso, o processo de digitalização pode reduzir distorções indesejadas e melhorar a sua razão S/R.

A digitalização é realizada por um dispositivo denominado conversor analógico-digital, ou simplesmente CAD. Entre as especificações importantes do CAD, estão a frequência de amostragem e a resolução. Segundo o teorema da digitalização de Nyquist-Shannon, para digitalizar precisamente um sinal analógico, o conversor CAD deve ter frequência de amostragem duas vezes superior à frequência mais alta que se deseja digitalizar. Por exemplo, para um sinal oscilando a 60 MHz, o conversor deve ser capaz de amostrar a 120 MHz, ou seja, um ponto a cada 8,33 ns.

Já a resolução do conversor responde pelo número de valores discretos empregados para representar o sinal analógico em um dado intervalo. Como os valores são gerados no sistema binário, esse número será uma potência de dois. Por exemplo, um CAD de 14 bits, valor típico encontrado nos equipamentos de baixo campo, é capaz de converter um sinal em $2^{14}$ níveis discretos.

## Detector

Até o final dos anos 2000, não havia conversores rápidos o bastante para digitalizar o sinal de RMN diretamente na frequência de ressonância. Desse modo, um recurso bastante utilizado era reduzir a frequência do sinal antes da sua digitalização.

Uma estratégia de redução muito utilizada é combinar o sinal de RMN, com frequência $\nu_0$, com um sinal de referência de frequência $\nu_{ref}$, por meio de misturadores duplamente balanceados. Dessa combinação, resulta um sinal com uma componente de alta frequência ($\nu_0 + \nu_{ref}$) e outra de baixa ($\nu_0 - \nu_{ref}$). O sinal de alta frequência é posteriormente removido por meio de um filtro, enquanto o de baixa frequência, denominada frequência intermediária $\nu_{fi}$, segue para o CAD. Esse esquema de detecção é realizado em dois canais defasados de 90° entre si, denominados A e B, ou real e imaginário. A Figura 7.33 ilustra esse esquema de detecção em quadratura de fase.

Com o avanço da eletrônica digital, o surgimento de CAD's bem mais velozes possibilitou a construção de equipamentos de RMN com detecção de sinal feita na frequência original de ressonância. Nesse esquema, após a etapa de pré-amplificação, o sinal é encaminhado diretamente para o conversor no qual é digitalizado em apenas um canal. Todas as etapas que se seguem ao CAD são realizadas digitalmente. A Figura 7.34 ilustra um exemplo típico de um detector digital.

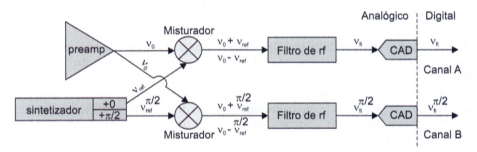

**Figura 7.33.** Esquema de detecção do sinal de RMN em quadratura de fases, empregando misturadores duplamente balanceados. A linha pontilhada separa os estágios analógicos e digitais do detector.

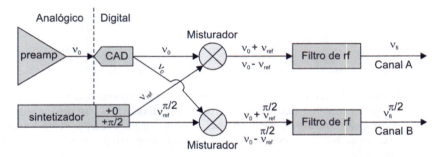

**Figura 7.34.** Esquema de detecção digital do sinal de RMN, na qual após a etapa da pré-amplificação, todas as demais etapas são realizadas digitalmente. A linha pontilhada separa os estágios analógicos e digitais do detector.

## Unidade de gradiente de campo magnético pulsado

O gradiente de campo magnético é uma variação, geralmente linear, do campo estático $B_0$ ao longo de uma direção específica. Embora seja possível produzir gradientes permanentes por meio de uma modificação na geometria do magneto, o que se faz na prática é induzir esse gradiente de forma pulsada por meio de uma unidade geradora. Nos equipamentos de baixo campo, o gradiente de campo magnético gerado pode variar de unidades a dezenas de Teslas/m.

Esse acessório é um dos mais importantes nos equipamentos de RMN. Para algumas modalidades, tal como a tomografia por RMN, é um item imprescindível. Na tomografia, o gradiente é fundamental para codificar o sinal de RMN de acordo com a posição espacial dos momentos magnéticos da amostra. Por essa razão, os tomógrafos são dotados de três unidades responsáveis por gerar gradientes ao longo de cada eixo do sistema de coordenadas cartesianas: Gx; Gy; e Gz.

Nos equipamentos de RMN de alta resolução, principalmente em solução, a unidade de gradientes é tão importante para as operações de rotina que ele é um item de série na maioria desses equipamentos. Além das medidas de difusão, os equipamentos de alta resolução empregam gradientes pulsados no mapeamento da homogeneidade do campo, seleção de coerências entre estados de *spin* e supressão de sinais indesejáveis, tais como solventes e água. Já na RBC, esse acessório é usado quase exclusivamente nas medições do coeficiente de difusão translacional molecular.

Uma unidade de gradiente típica compreende três módulos principais: o programador de pulsos de gradiente; o amplificador de gradiente; e a bobina de gradiente. O programador de pulsos é o mesmo que controla os pulsos de rf e demais eventos da sequência de pulsos. O amplificador de gradiente, dispositivo distinto e independente do amplificador de pulsos de rf, eleva o sinal do pulso de gradiente até a potência desejada. A bobina converte a corrente elétrica vinda do amplificador em um campo magnético que aponta da direção do campo $B_0$, mas que varia ao longo de um eixo predefinido. Dependendo da quantidade de calor gerada pela bobina de gradiente durante o pulso, a unidade também pode contar com um sistema de refrigeração a ar ou a água.

A direção do gradiente é determinada pela geometria da bobina. Nos equipamentos de RBC que empregam magnetos do tipo H, as bobinas de gradiente são em sua maioria biplanares. A Figura 7.35a ilustra um par de bobinas biplanares, projetadas para produzir um gradiente de campo magnético na direção do eixo *x*. Geralmente, nos equipamentos de baixo campo, a bobina de gradiente trabalha fixada à sonda, conforme mostra a Figura 7.35b.

Um aspecto importante a ser observado é que, de forma análoga ao que acontece durante o pulso de rf, ao ser ligada e desligada durante o pulso de gradiente, a bobina produz campos periféricos capazes de induzir correntes parasitas nas partes metálicas do equipamento. Até que essas correntes sejam dissipadas, a aquisição do sinal de RMN também fica prejudicada. O tempo entre o término do pulso de gradiente e a dissipação dessas correntes é denominado tempo morto do gradiente, $t_{grad}$. Esse tempo, em torno de alguns ms, pode ser bastante crítico dependendo da aplicação.

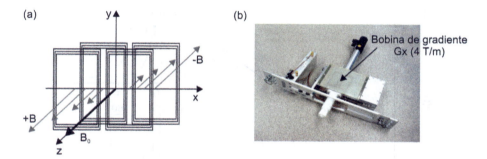

**Figura 7.35.** (a) Esquema de uma bobina de gradiente biplanar indicando o campo magnético B produzido ao longo do eixo x (Gx); e (b) sonda para equipamento de baixo campo Minispec da Bruker, na qual pode-se observar a bobina de gradientes de 4 Teslas/m.

Um dos recursos para se minimizar a indução dessas correntes é a utilização de bobinas de gradiente ativamente blindadas. Proposto primeiramente por Mansfield e colaboradores,[21] esse esquema consiste em uma bobina dotada de duas camadas, uma interna que produz o gradiente desejado e outra externa que produz um campo secundário que se opõe ao campo periférico gerado pela primeira camada. Esse efeito de cancelamento, conhecido com blindagem, reduz significativamente as correntes parasitas, encurtando o tempo $t_{grad}$.

## APLICAÇÕES

### Métodos homologados

*Análises quantitativas*

A quantificação por RMN se baseia na premissa de que a amplitude do sinal produzido por um núcleo no domínio do tempo é diretamente proporcional à quantidade de moléculas das quais o referido núcleo faz parte. Desse modo, após a calibração do equipamento contra um padrão, é possível quantificar o analito de interesse em uma amostra qualquer por meio de uma única medida. Embora seja possível calibrar com o padrão em uma única concentração, para a obtenção de melhores resultados, geralmente utilizam-se duas ou mais concentrações para construção de uma curva analítica ou padrão, conforme ilustrado na Figura 7.36a.

As técnicas mais utilizadas nas quantificações por RMN são FID ou CPMG, mostradas nas Figuras 7.36b e 7.36c, respectivamente. Na técnica FID, como não é possível adquirir o sinal imediatamente após o término do pulso de rf, ou seja, no tempo t=0, somente depois de transcorrido o tempo morto o sinal pode ser registrado e corretamente correlacionado com a concentração do analito. Entretanto, retardar demais a medição do sinal implica a sua atenuação devido à heterogeneidade do campo magnético, geralmente muito elevada nos magnetos permanentes que equipam os espectrômetros de RMN de baixa resolução que operam no domínio do tempo.

A aquisição do sinal em tempos bem mais longos, quando comparado ao tempo morto, possibilita filtrar os sinais de RMN das contribuições indesejáveis dos componentes que relaxam mais rápido do que o analito de interesse. Esse recurso, denominado filtragem por $T_2$, como será visto a seguir, é utilizado na quantificação do teor de óleo em grão e sementes oleaginosas, entre outras aplicações.

Nos casos em que o sinal do analito de interesse relaxa mais rápido do que os demais componentes, a calibração da resposta do equipamento pode ser realizada utilizando-se a diferença ou a razão entre as amplitudes de dois pontos do sinal RMN, conforme ilustrado na Figura 7.37a. O primeiro ponto adquirido nos primeiros instantes do decaimento do FID, $t = t_1$, reflete

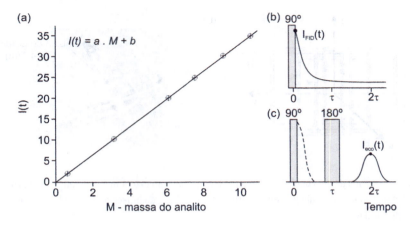

**Figura 7.36.** Quantificação por RMN empregando apenas um ponto: (a) curva de calibração, intensidade do sinal versus massa do analito, $I(t) = a.M + b$, na qual a e b são os coeficientes de regressão linear; (b) utilização da sequência FID para medição de $I(t)$; e (c) utilização da sequência eco de *spin*, também para medição de $I(t)$.

a contribuição de todos os componentes da amostra passíveis de serem detectados. O segundo ponto, adquirido mais adiante, $t = t_2$ no mesmo sinal FID (Figura 7.37b) ou no sinal eco subsequente (Figura 7.37c), reflete a contribuição dos componentes que relaxam mais lentamente. Logo, por meio da diferença, ou a razão, entre eles é possível quantificar apenas os componentes mais rápidos. Essa técnica, como será visto a seguir, é utilizada na determinação do conteúdo se sólidos em matérias graxas, entre outras aplicações.

Com relação à escolha dos padrões para calibração do equipamento, uma vez que nem sempre é viável utilizar uma amostra real, idêntica àquela que se deseja quantificar, é possível empregar um padrão artificial, amostra com características bastante similares a do analito de interesse. Entre as características cuja compatibilidade deve ser observada, destacam-se a quantidade de núcleos por unidade volumétrica (ou densidade do núcleo a ser observado) e o tempo de relaxação transversal.

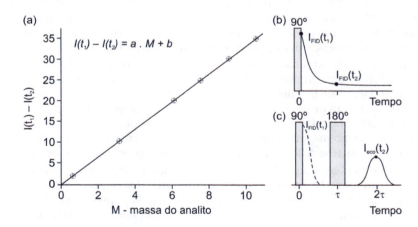

**Figura 7.37.** Quantificação por RMN empregando a diferença entre dois pontos: (a) curva de calibração, diferença entre dois pontos do sinal de RMN versus massa do analito, $I(t_1) - I(t_2) = a.M + b$, na qual a e b são os coeficientes de regressão linear. As principais técnicas utilizadas são: (b) medição da diferença entre pontos na técnica FID, $I(t_1) - I(t_2)$; e (c) sequência eco de *spin* com medição da diferença entre pontos, um no FID e outro no eco, $I(t_1) - I(t_2 = 2\tau)$.

As medições por RMN, geralmente, não duram mais do que poucos segundos e, se observados todos os cuidados, oferecem uma ótima exatidão e reprodutibilidade. No caso das quantificações empregando amostras homogêneas, não é preciso sequer pesar a amostra, bastando certificar-se de que sua altura no tubo de análise exceda a região sensível da sonda, ou que se mantenha rigorosamente idêntica à dos padrões empregados na calibração. No caso de amostras heterogêneas, sua altura nunca deve ultrapassar a região ótima de medida estipulada pelo fabricante, garantindo assim que a amplitude do sinal de RMN varie linearmente com a massa do analito. Geralmente, as amostras heterogêneas também necessitam ser pesadas, exceto se a técnica escolhida utilizar a razão entre dois pontos.

Além do posicionamento adequado da amostra na região de detecção, o controle de temperatura também é bastante importante. Uma vez que a magnetização líquida obedece a lei de Curie, a amplitude do sinal de RMN é inversamente proporcional à temperatura absoluta. Logo, considerando que a grande maioria dos magnetos permanentes é mantida aquecida para evitar desvios na intensidade do campo gerado, a amostra a ser quantificada deve ser analisada idealmente na mesma temperatura na qual o equipamento foi calibrado.

Entre as aplicações quantitativas da RMN no domínio do tempo mais utilizadas na indústria destacam-se: conteúdo de sólidos em produtos saturados comestíveis, lubrificantes residuais em fibras têxteis; óleo residual em petiscos fritos (*snacks*); umidade em alimentos sólidos com baixo teor de gordura, tais como, farináceos, açúcar e doces; determinação do teor de óleo e umidade em sementes oleaginosas; flúor em cremes dentais; hidrogênio em combustíveis, entre outras.

A seguir, serão apresentadas aplicações da técnica cujos métodos se encontram homologados por organizações certificadoras, tais como ASTM (American Society for Testing and Materials), IUPAC (International Union of Pure and Applied Chemistry), ISO (International Organization for Standardization), AOCS (American Oil Chemists' Society), USDA (United States Department of Agriculture).

## Conteúdo de hidrogênio em destilados médios derivados do petróleo

O conteúdo de hidrogênio é um parâmetro que se correlaciona muito bem com diversos aspectos de qualidade das frações destiladas do petróleo, principalmente para os combustíveis. Por exemplo, quanto menor o conteúdo de hidrogênio presente na composição dos combustíveis usados na aviação, maior a propensão à formação de fuligem durante o processo de combustão.

Quando esses resíduos carbonosos incandescem, eles irradiam uma quantidade significativa de calor que, quando somado ao calor gerado naturalmente pelos gases de combustão, pode levar a fraturas e falhas prematuras na turbina de uma aeronave. A Figura 7.38 mostra uma simulação feita por Dworkin e colaboradores,[22] exemplificando a correlação entre a temperatura da chama (Figura 7.38a) e a concentração de fuligem (Figura 7.38b) formada durante o processo de combustão, em função das distâncias radial (r) e longitudinal (z) do queimador.

Tal efeito é tão crítico que, em alguns países, o conteúdo de hidrogênio é um dos parâmetros obrigatórios a serem observados na comercialização de combustíveis, principalmente para uso na aviação militar. Geralmente expresso em percentual mássico, o conteúdo teórico de hidrogênio ($CH^{teórico}$) para um composto puro é calculado da seguinte forma:

$$CH^{teórico}[\%] = 100\,\frac{n}{PM}$$

(7.39)

na qual n é o número de átomos de hidrogênios em sua estrutura e PM é o peso molecular do composto.

Segundo a Agência Nacional de Petróleo (ANP), por exemplo, as frações de destilados são classificadas com base em seus pontos de ebulição e grau API, conforme mostra a Tabela 7.4.

Experimentalmente, o conteúdo de hidrogênio em destilados médios derivados do petróleo, em que se enquadra o combustível para aviação, pode ser determinado pelo método ASTM

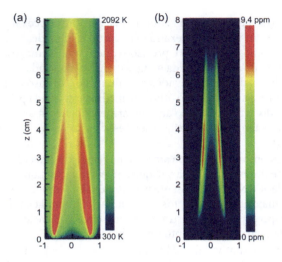

**Figura 7.38.** Simulação do processo de combustão em função da distância radial (r) e longitudinal (z) do queimador: (a) mapa de contorno da temperatura da chama; e (b) concentração de fuligem.

D5291[24]. O método baseia-se na análise elementar (carbono, hidrogênio e nitrogênio – composição CHN), obtida por meio da queima de uma determinada massa de combustível e medição dos gases $CO_2$, $H_2O$ e $N_2$ produzidos durante a combustão.

Uma alternativa simples, rápida, não destrutiva à análise elementar, é a determinação do conteúdo de hidrogênio por RMN de $^1$H no domínio do tempo descrito na norma ASTM D7171[25] desenvolvida para destilados médios derivados do petróleo. Certamente o mais simples de todos apresentados até agora, o método consiste no registro da amplitude do FID em um único ponto, I(t), gerado por uma determinada massa de amostra após a aplicação de um pulso de 90°, conforme ilustrado na Figura 7.39.

Após a calibração da resposta do equipamento contra dois ou mais padrões, cujo conteúdo de hidrogênio teórico é conhecido, o conteúdo mássico de hidrogênio por RMN ($CH^{RMN}$) é determinado da seguinte forma:

$$CH^{RMN}\left[\%\right] = 100\,\frac{I(t) - b}{a.M^{tot}} \tag{7.40}$$

na qual, $M^{tot}$ é a massa total da amostra obtida por pesagem; a e b são os coeficientes de regressão linear previamente obtidos para as curvas de calibração utilizando padrões, geralmente compostos de alta pureza (mínimo de 99%) cujo conteúdo mássico de hidrogênio é calculado com base na fórmula molecular. A Tabela 7.5 apresenta alguns dos principais padrões empregados nessa calibração.

**Tabela 7.4.** Pontos de corte para derivados leves, derivados médios e resíduos pesados obtidos do petróleo nacional.

| Grau API | Pontos de corte |||
|---|---|---|---|
| | Frações de destilados leves | Frações de destilados médios | Frações de resíduos pesados |
| Menor que 27 | Até 290°C | 290°C a 380°C | Acima de 380°C |
| Igual ou maior que 27 e menor que 36 | Até 270°C | 270°C a 450°C | Acima de 450°C |
| Igual ou maior que 36 | Até 210°C | 210°C a 500°C | Acima de 500°C |

Fonte: Agência Nacional do Petróleo (ANP).[23]

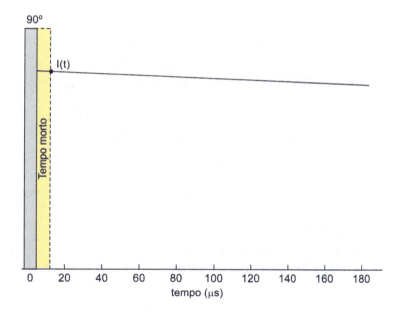

**Figura 7.39.** Representação de parte do FID de ¹H de uma amostra de destilado médio de petróleo. A amplitude do sinal medido logo após o tempo morto I(t) é proporcional à quantidade de hidrogênio presente nas estruturas de todos os compostos que compõe essa fração.

**Tabela 7.5.** Alguns padrões utilizados na calibração de medições do conteúdo teórico de hidrogênio por RMN.

| Composto padrão | Fórmula molecular | Conteúdo de hidrogênio (%) |
|---|---|---|
| Dodecano | $C_{12}H_{26}$ | 15,386 |
| 2-nonanona | $C_9H_{18}O$ | 12,756 |
| acetate de octila | $C_{10}H_{20}O_2$ | 11,703 |
| acetate de ciclohexila | $C_8H_{14}O_2$ | 9,924 |
| acetato de 2-feniletila | $C_{10}H_{12}O_2$ | 7,367 |

## Conteúdo de sólidos em matérias graxas comestíveis

Óleos e gorduras, produtos formados principalmente por triacilgliceróis (TAG), são ingredientes largamente utilizados nas formulações dos mais diversos produtos alimentícios, pães, biscoitos, bolos, sorvetes, chocolates, entre outros. Os triacilgliceróis, ou triglicerídeos, são ésteres de glicerol constituídos por uma molécula de glicerol ligada a três moléculas de ácidos graxos (Figura 7.40).

Apesar de ambos pertencerem à mesma família, óleos e gorduras podem ser diferenciados de acordo com sua temperatura de fusão. Segundo o Regulamento Técnico para Óleos Vegetais, Gorduras Vegetais e Creme Vegetal[26] editado pela Agência Nacional de Vigilância Sanitária (ANVISA), o produto que se apresenta na forma líquida à temperatura de 25 °C é designado de "óleo", enquanto o produto que se apresenta na forma sólida ou pastosa à temperatura de 25 °C pode ser designado de "gordura".

Além dos aspectos nutricionais, a proporção entre as fases sólida (gorduras) e líquida (óleos) respondem por inúmeras propriedades funcionais e sensoriais dos alimentos. Por exemplo, o ponto de fusão das gorduras é fundamental para determinar a textura e a palatabilidade dos alimentos. Por essa razão, conhecer o comportamento de matéria graxa sólida em função da temperatura é de fundamental, tanto para o desenvolvimento de novos produtos, quanto para o controle de qualidade de formulações já comercializadas.

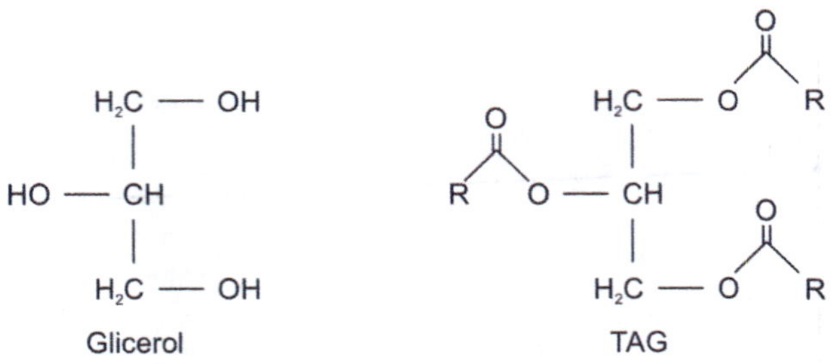

Fundamentos de Espectrometria e Aplicações

**Figura 7.40.** Estruturas químicas do glicerol e triacilglicerol (TAG), na qual R = cadeia aquílica

Em função da grande demanda da indústria, principalmente a de alimentos, por quantificações rápidas e precisas do conteúdo de gorduras, tanto em matérias primas quanto em produtos acabados, surgiu uma das aplicações mais difundidas da RMN no domínio do tempo. Trata-se da medida relativa do conteúdo de sólidos em matérias graxas (SFC, do inglês *solid fat content*) por RMN de $^1$H. O SFC é determinado por meio da razão, expressa em percentagem, entre as amplitudes do sinal provenientes da fase sólida e da matéria graxa total (fase líquida + sólida), em uma data temperatura:

$$\text{SFC}\left[\%\right] = 100\frac{\text{IS}}{\text{IL} + \text{IS}}$$

(7.41)

na qual, IS e IL são, respectivamente, as intensidades dos sinais de RMN de $^1$H da fases sólidas e líquidas.

O SFC é mundialmente aceito como uma alternativa ao tradicional Índice de sólidos graxos (SFI, do inglês *solid fat index*), determinado por meio da técnica de dilatometria. A medida do SFI se baseia na premissa de que as moléculas de gordura apresentam um arranjo espacial mais eficiente do que os óleos, consequentemente, ocupando um menor volume. Desse modo, por meio da medida do aumento do volume da matéria graxa no momento da liquefação da fase sólida, é possível correlacionar empiricamente esse grau de expansão com seu conteúdo relativo de gorduras. Quando comparada à SFC a determinação do SFI é lenta, laboriosa e depende de operadores experientes para obtenção de uma boa exatidão e reprodutibilidade. Além disso, a geração de bolhas e a presença de emulsificantes podem afetar os resultados da determinação do SFI. Cabe ressaltar que, assim como no SFI, o SFC é obtido, geralmente, para uma faixa de temperatura que varia de 10° a 40 °C, em incrementos de 5 °C, resultando na chamada curva de sólidos ou curva de derretimento.

Existem dois métodos para a determinação do SFC, o direto, que mede diretamente a amplitude do sinal proveniente das duas fases, e o indireto que mede diretamente o sinal da fase líquida e calcula a amplitude do sinal da fase sólida. Como será visto a seguir, ambos se baseiem na diferença existente entre os tempos de relaxação transversal dos núcleos $^1$H da fase sólida ($T_{2,gorduras}$ ~ 10 μs) e líquida ($T_{2,óleos}$ ~ 100 μs).

O SFC por meio do método direto consiste na tomada da amplitude em dois pontos distintos do FID, em uma dada temperatura, gerado após a aplicação do pulso de 90°, conforme ilustrado na Figura 7.41. A amplitude do sinal registrada em $t_1 = 11$ μs, $I^T(t_1)$ correspondente à matéria graxa total, debitada a parte do sinal da fase sólida que relaxa durante o tempo morto. Por sua vez, a amplitude registrada em $t_2 = 70$ μs, $I^T(t_2)$, corresponde apenas à matéria graxa na fase líquida. A diferença entre as amplitudes do sinal em $t_1$ e $t_2$, $I^T(t_1) - I^T(t_2)$, é proporcional ao conteúdo de sólidos. Reescrevendo a Equação 7.41, o conteúdo de sólidos graxos pelo método direto é obtido da seguinte forma:

$$\text{SFC}_{direto}\left[\%\right] = 100\frac{f\left(I^T\left(t_1\right) - I^T\left(t_2\right)\right)}{I^T\left(t_2\right) + f\left(I^T\left(t_1\right) - I^T\left(t_2\right)\right)}$$

(7.42)

na qual f é o fator empírico de correção aplicado para compensar a perda de parte do sinal da fase sólida que relaxa durante o tempo morto.

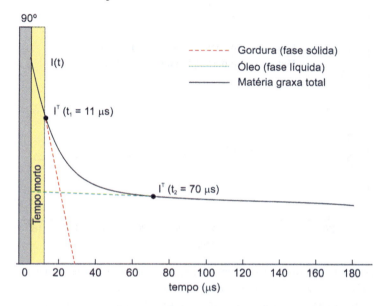

**Figura 7.41.** Representação do FID de ¹H de uma amostra de matéria graxa parcialmente cristalizada numa temperatura T. A amplitude do sinal adquirido no tempo $t_1 = 11$ μs é proporcional à matéria graxa total aparente, enquanto no tempo $t_2 = 70$ μs a amplitude do sinal é proporcional apenas à matéria graxa líquida.

Já o SFC determinado pelo método indireto utiliza apenas a amplitude do sinal no tempo t = 70 μs, medido em duas temperaturas distintas conforme ilustrado também na Figura 7.42. Quando T = 60 °C a amplitude do sinal, $I^{60}(t)$, é proporcional à matéria graxa total, enquanto em temperaturas mais baixas, T < 60 °C, a amplitude do sinal, $I^T(t)$, é proporcional apenas à matéria graxa líquida. A diferença entre as amplitudes do sinal nas duas temperaturas, $I^{60}(t) - I^T(t)$, proporcional ao conteúdo de sólidos na matéria graxa. Reescrevendo a Equação 7.41, o conteúdo de sólidos graxos pelo método indireto é obtido da seguinte forma:

$$\text{SFC}_{\text{indireto}}\left[\%\right] = 100 \frac{I^{60}(t) - c^T \cdot I^T(t)}{I^{60}(t)} \tag{7.43}$$

na qual, $c^T$ é o fator de correção aplicado para compensar a dependência do sinal de RMN com a temperatura.

A experiência sugere que os métodos direto e indireto produzem resultados bastante equivalentes. Entretanto, o método indireto é ligeiramente mais exato do que o método direto, além de bem mais rápido, fornece uma repetitividade um pouco superior. Os métodos homologados para a determinação relativa do conteúdo de sólidos graxos são: método direto – AOCS Cd 16b-93[27] e ISO 8292-1[28]; método indireto – AOCS 16b-81[29], ISO 8292-2[30] e o IUPAC 2.150[31].

## Determinação simultânea de óleo e umidade em grãos e sementes

A importância da determinação do teor de umidade com o qual grãos e sementes são armazenados, transportados e comercializados, reside principalmente na garantia de eficiência na conservação pós-colheita, reduzindo perdas e preservando a qualidade dos produtos estocados. Há também uma preocupação quanto ao risco de adulteração com água durante as operações de

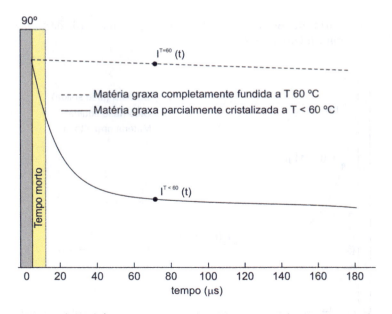

**Figura 7.42.** Representação do FID de ¹H para uma amostra de matéria graxa, em duas temperaturas distintas, T = 60 °C (completamente fundida) e T < 60 °C (parcialmente cristalizada). A amplitude do sinal medido em t = 70 μs para amostra completamente fundida é proporcional à matéria graxa total, enquanto para a parcialmente cristalizada é proporcional apenas à matéria graxa líquida.

compra e venda, visto que sua comercialização é feita em sua grande maioria com base no seu peso, do qual a água também faz parte.

Com relação à determinação do teor de óleo em sementes, ela é particularmente importante para fins de seleção de indivíduos mais produtivos em programas de melhoramento genético. Além disso, a determinação do teor de óleo residual em tortas e farelos é de grande importância para avaliação da eficiência dos processos industriais de extração e beneficiamento. Por exemplo, nas plantas de produção de biocombustíveis, o teor de óleo das tortas é constantemente monitorado para minimizar as perdas.

Geralmente expresso em termos da base úmida, o teor de umidade em grãos e sementes é calculado do seguinte modo:

$$\text{umidade}\left[\%\right] = 100 \, \frac{M^{\text{água}}}{M^{\text{tot}}} \tag{7.44}$$

E, do mesmo modo, o teor de óleo:

$$\text{óleo}\left[\%\right] = 100 \, \frac{M^{\text{óleo}}}{M^{\text{tot}}} \tag{7.45}$$

nas quais $M^{\text{água}}$ e $M^{\text{óleo}}$ são, respectivamente, as massas de água e óleo, e $M^{\text{tot}}$ é a massa total úmida da semente (matéria vegetal seca + massa de água + massa de óleo).

Existem diversas técnicas para a quantificação dos teores de umidade, entre elas destacam-se: gravimetria por secagem por meio de agentes dessecantes, estufas, fornos e radiação infravermelho; destilação, tipo Brown-Duvel ou Dean-Stark; titulométrico por Karl-Fischer. Já a quantificação de óleo em grãos utiliza principalmente a extração contínua por solventes que se baseia na solubilidade dos lipídeos em solventes orgânicos apolares tais como hexano, éter de petróleos. Em um aparato do tipo Soxhlet, após diversos ciclos de extração, os solventes voláteis são posteriormente removidos por evaporação e o resíduo oleoso não volátil é quantificado gravimetricamente. Todos esses métodos, tanto para água quanto para óleo, são destrutivos, invasivos e bem mais demorados quando comparados a RMN. Além disso, nenhum deles permite a medida simultânea da água e óleo em uma única etapa.

Os grãos e sementes constituem sistema multicomponente composto por uma parte sólida (proteínas e carboidratos) cujos sinais de RMN de $^1$H decaem muito rápido, ou seja, têm tempos de relaxação transversais muito curtos ($T_2 < 10$ µs), para serem detectados pelos equipamentos de RMN de bancada. Pelas mesmas razões, os sinais das moléculas de água quimicamente associadas à matriz sólida, denominadas de água de constituição ou estrutural, também não são detectadas. Desse modo, apenas os sinais de $^1$H proveniente dos lipídeos e dos demais tipos de água, são passíveis de medição por esses equipamentos.

Os métodos homologados para a determinação absoluta do teor de óleo e umidade em grãos e sementes oleaginosas por RMN são ISO 10565[32] e AOCS AK 4-95[33], para sementes intactas, e ISO 10632[34] e AOCS AK 5-0135 para resíduos de sementes. Ambos os métodos se baseiam na tradicional sequência de eco de *spin* com a tomada da amplitude do sinal em dois pontos, um no FID e outro no eco, conforme ilustrado na Figura 7.43.

Após a aplicação do pulso de 90°, a amplitude do primeiro ponto do FID registrada no tempo $t_1$=50 µs, $I(t_1)$, correspondente à quantidade de água e óleo presentes na amostra analisada. Após um período de defasagem de 3,5 ms, aplica-se um pulso de 180° que refocaliza a magnetização transversal sob a forma de eco com sua amplitude máxima em $t_2$=7 ms, $I(t_2)$. Uma vez que todo o sinal da água relaxou irreversivelmente durante o período de 7 ms, a amplitude do eco é diretamente proporcional apenas à quantidade de óleo presente na amostra. A quantidade de água, por sua vez, é proporcional à diferença entre as amplitudes do FID e eco, $I(t_1) - I(t_2)$. Reescrevendo as Equações 7.44 e 7.45, os teores de óleo e umidade por RMN podem ser calculados da seguinte forma:

$$\text{umidade}^{RMN}\left[\%\right] = 100 \frac{\left(I\left(t_1 = 50\mu s\right) - I\left(t_2 = 7ms\right)\right) - b^{água}}{a^{água} M^{tot}} \qquad (7.46)$$

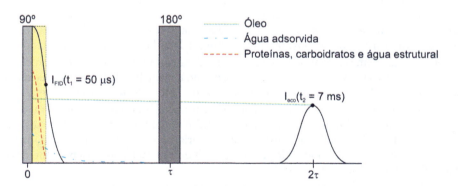

**Figura 7.43.** Representação da sequência de eco de *spin* aplicada a uma semente oleaginosa, onde se observa que o sinal de RMN de $^1$H das proteínas, carboidratos e água estrutural decaem durante o tempo morto. O sinal após tempo o morto (t = 50 µs) é devido à água adsorvida e ao óleo. A amplitude do eco adquirido no tempo $t_2$ = 7 ms é proporcional apenas á quantidade de óleo. A quantidade de água adsorvida é proporcional a diferença entre a amplitude do FID e do eco, $I(t_1 = 50$ µs$) - I(t_2 = 7$ ms$)$.

Fundamentos de Espectrometria e Aplicações

$$\text{óleo}^{\text{RMN}}\left[\%\right] = 100\,\frac{I\left(t_2 = 7\,\text{ms}\right) - b^{\text{óleo}}}{a^{\text{óleo}}\,M^{\text{tot}}}$$

(7.47)

nas quais, $M^{\text{tot}}$ é a massa total da amostra obtida por pesagem; $a^{\text{óleo}}$, $b^{\text{óleo}}$ e $a^{\text{água}}$, $b^{\text{água}}$ são, respectivamente, os coeficientes de regressão linear previamente obtidos para as curvas de calibração do óleo e água.

Apesar das inúmeras vantagens da RMN sobre os demais métodos, cabe ressaltar que a técnica se aplica apenas a sementes e grãos com baixo teor de umidade. Uma vez que a água livre pode apresentar tempos de relaxação $T_2$ maiores do que o óleo, ou muito próximos, amostras que apresentam um excesso de água devem ser previamente secas para evitar erros na quantificação. Para contornar essa limitação, o método híbrido USDA/GIPSA FGIS00-101[36] combina duas técnicas distintas, a gravimetria por secagem em estufa para a quantificação da água, e a RMN empregando o eco de *spin* para a quantificação do óleo. Embora seja aplicável a qualquer teor de água, esse método, além de bem mais demorado, é considerado destrutivo, pois, embora não demande a trituração da amostra, o processo de secagem provoca lesões e morte do embrião, inviabilizando a germinação das sementes.

## Demais aplicações

Além das aplicações homologadas, há uma enorme quantidade de outras aplicações da RBC desenvolvidas e que têm sido largamente utilizadas. Por não serem homologadas, será apresentada apenas uma descrição sucinta dessas aplicações, sem entrar em detalhes técnicos e experimentais. As principais aplicações da RBC estão nas áreas de petróleo/petroquímica, alimentos/agricultura e nas áreas de produtos químicos/farmacêuticos/materiais.

### Aplicações em alimentos/agropecuária

A indústria de alimentos é o maior setor industrial do mundo e sua principal fonte de matéria prima é a agropecuária. Assim, os principais usos da RBC estão nesses dois setores, como pôde ser verificado pelos métodos homologados. Recentemente, alguns artigos de revisão fizeram um levantamento bastante extenso dessas aplicações.

Além da análise quantitativa do teor de gorduras e umidade, a RBC vem sendo largamente aplicada para estudos da qualidade dos produtos. As principais aplicações estão nas áreas de análise da composição química, detecção de adulterações, otimização de parâmetros de processamento e determinação de propriedades físicas. Essas análises envolvem alimentos como nozes, frutas e verduras, carnes (peixe, bovina, suína e frango), bebidas não alcoólicas e alcoólicas.

As técnicas que vêm sendo usadas para tais finalidade são FID, eco de *spin* e, principalmente, a sequência de pulsos CPMG. Esta última tem sido usada na análise de frutas frescas, na medição do teor de sólidos solúveis totais (Brix), relacionada com o teôr de açúcares solúveis.

A sequência CPMG vem sendo usada para determinar, além do teor de gordura, os tipos de água presentes em carnes suína, aves, bovina e pescados. Como o teor de gordura e os diferentes tipos de água estão relacionadas a propriedades sensoriais como sabor, suculência, dureza, etc., os dados de CPMG têm sido modelados com métodos quimiométricos para previsão dessas propriedades de maneira não destrutiva.

As técnicas de medida do coeficiente de difusão mono ou bidimensionais (1D e 2D) têm sido usadas para estudar transporte de água em plantas vivas e em frutas após a colheita.

Além dessas sequências de pulsos mais conhecidas, outras sequências tal como precessão livre em onda contínua (CWFP, do inglês *continuous wave free precession*) e suas variantes, têm sido aplicadas na análise de qualidade e quantificação de óleos em sementes e carnes. Além disso, foi demonstrado recentemente por Colnago e colaboradores.[37] o seu grande potencial para análise *online* do teor de óleo em sementes, com potencial para análise de mais de 20 mil amostras por hora.

As técnicas de RBC também vêm sendo aplicadas na análise de umidade em madeiras, em fibras vegetais e na qualificação de óleos em sementes oleaginosas intactas para produção de biodiesel. Na avaliação de qualidade de biodiesel, a RBC tem sido usada na previsão da viscosidade, número de iodo e também o número de cetano dos óleos vegetais. O número de cetano é o indicador da qualidade de ignição do combustível em motor do ciclo diesel.

Por fim, vale destacar que há uma enormidade de outras aplicações nas áreas de alimentos/agricultura não mencionadas aqui e podem ser encontradas em diversos artigos de revisão.

## Aplicações em petróleo

De acordo com Speight,[38] o significado de petróleo é "óleo de rocha". O termo petróleo é usado para descrever uma mistura de fluídos que é rica em hidrocarbonetos acumulados em reservatórios subterrâneos.

A RBC é uma ferramenta de análise de valor incomparável para caracterização de reservatórios de petróleo e dos fluídos neles contidos. Dois grandes campos de aplicações podem ser destacados pela RBC na área do petróleo: petrofísica e fluídos. No campo de petrofísica, as principais aplicações se referem à determinação da porosidade, permeabilidade, distribuição de tamanho de poros, estimativa do volume recuperável e irredutível de petróleo, identificação de água e hidrocarbonetos bem como a razão volumétrica entre eles, medidas *in situ* de formações petrolíferas em profundidade (perfilagem de poços reservatório). Tais informações são obtidas por meio de sequências de pulsos de CPMG, IR e, mais recentemente, as técnicas 2D $T_1$-$T_2$ e D-$T_2$ vêm ganhando força.

A RBC também tem notáveis aplicações na área de fluídos de reservatório, na qual a técnica possibilita a determinação de uma ampla quantidade de propriedades físicas e químicas consideradas primordiais no setor de produção e exploração (processos *upstream*) e de refino (processos *dowstream*). Entre elas, pode-se citar viscosidade, densidade, índice de hidrogênio relativo, grau API, teor de água e hidrocarbonetos, distribuição de tamanho de gota de emulsões água/óleo e óleo/água, entre outras.

## Aplicações em eletroquímica: monitoramento online de reações químicas

O monitoramento *online* de uma reação química tem como objetivo a obtenção de informações em tempo real, tais como alterações na concentração dos reagentes e produtos, pH, densidade e viscosidade. Com esse monitoramento, pode-se automatizar o controle de processos, otimizar o uso de reagentes e solventes, evitando desperdícios, minimizar a produção de rejeitos químicos e reduzir os custos de energia e mão de obra empregados.

Diversas técnicas espectroscópicas (UV-Visível, infravermelho próximo (NIR), médio (FTIR), Raman e RMN em alto campo) e não espectroscópicas (cromatografia gasosa e análise por injeção em fluxo) vêm sendo utilizadas em controle de processos e monitoramento de reações químicas *online*. No entanto, essas técnicas analíticas normalmente requerem a destruição da amostra e dissolução com solventes orgânicos, o que inevitavelmente conduz alterações químicas e estruturais que podem comprometer as análises. Nesse contexto, a RBC surge como uma alternativa interessante para monitoramento não destrutivo de processos industriais.

Dalitz e colaboradores[39] fizeram recentemente uma revisão do uso da RBC no monitoramento de reações e processos químicos. Alguns exemplos das aplicações desenvolvidas são a monitorar reações de polimerização de resinas epóxi comerciais e relacionar os tempos de relaxação longitudinal e transversal com a viscosidade do meio reacional. Também, foi recentemente demonstrada por Cabeça e colaboradores[40] a aplicação da sequência CPMG em um sensor de RMN unilateral para monitorar uma reação de transesterificação (conversão de triglicerídeos em éster metílico de ácido graxo – biodiesel), diretamente no meio reacional.

Outra importante aplicação desenvolvida, publicada em 2010 por Barbosa e colaboradores,[41] foi o monitoramento de reações de eletrodeposição de íons $Cu^{2+}$ *in situ*. Para tal, uma célula eletroquímica foi acoplada a uma sonda de RBC. A Figura 7.44 apresenta o arranjo espectroeletroquímico utilizado que consiste no acoplamento da célula eletroquímica com a sonda de RBC.

Neste trabalho, a RBC foi usada como um detector de variações de concentração durante a eletrólise de íons $Cu^{2+}$ complexados com sorbitol em meio aquoso. O tempo de relaxação $T_2$ medido pela técnica CPMG possibilitou verificar uma redução de 10% na concentração da espécie $[Cu(sorb)]^{2-}$ durante a eletrólise. Outro trabalho a respeito do acoplamento de RMN com eletroquímica utilizando uma diferente geometria de célula e eletrodos para quantificação da redução eletroquímica do íon cobre em meio aquoso foi realizado pelo mesmo grupo de pesquisa[42]. Os resultados mostraram aumento na sensibilidade de determinação da concentração do íon cobre e menor interferência mútua (RMN-eletroquímica) devido à utilização de microeletrodos e de materiais não magnéticos na célula eletroquímica.

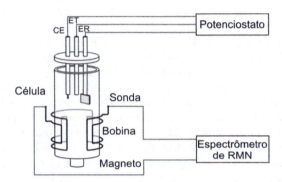

**Figura 7.44.** Célula espectroeletroquímica de RMN acoplada à eletroquímica, para medidas *in situ* de espécies paramagnéticas de $[Cu(sorb)]^{2-}$. As siglas CE, ET e ER, representam contra-eletrodo, eletrodo de trabalho e eletrodo de referência, respectivamente.

## EXERCÍCIOS

1. Dê uma definição do fenômeno de RMN.
2. O que é a razão magnetogírica e qual sua importância na RMN?
3. Quais as principais características que diferenciam a RBC da RMN em alta resolução?
4. Por que ocorre a precessão nuclear ao se colocar uma amostra com momento magnético em um campo magnético estático?
5. Quanto tempo tem que se esperar para fazer uma análise por RMN, após colocar no magneto uma amostra com $T_1 = 1$ minuto?
6. Por que o núcleo $^1H$ é o mais estudado em RBC?
7. Por que o pulso de rf tem que ser da ordem de até algumas dezenas de microssegundos?
8. O que é *free induction decay* (FID)?
9. Por que não se usa o isótopo $^{12}C$ para análises por RMN?
10. Quais são os processos de relaxação que ocorrem no sinal de RMN após um pulso de rf? Qual a influência de cada tempo de relaxação nas análises por RMN?
11. Quais as principais vantagens da RBC sobre os métodos clássicos de análise por via úmida (extração, dosagem, secagem etc)? Dê alguns exemplos.
12. Por que a sequência CPMG é mais usada do que a inversão-recuperação (IR) em análises qualitativas?
13. Faça um diagrama em blocos de um aparelho de RBC e descreva a função de cada bloco.

14. No caso de magnetos com geometria H, qual a influência da distância entre os polos magnéticos sobre a frequência de Larmor?

15. O que é o tempo morto de um espectrômetro de RMN? Qual sua influência na análise quantitativa de materiais muito viscosos ou sólidos?

16. Quais as principais técnicas bidimensionais de RBC utilizadas?

## BIBLIOGRAFIA

1.   Levitt, M. Spin dynamics: basics of nuclear magnetic resonance, 2nd ed. Chichester: John Wiley & Sons, 2009.

2.   Hanson, LG. Is quantum mechanics necessary for understanding magnetic resonance? Concepts in Magnetic Resonance, Part A, 32A(5):329-340, 2008.

3.   Venâncio, T, Engelsberg, M, Azeredo, RBV, Alem, NER, Colnago, LA. Fast and simultaneous measurement of longitudinal and transverse NMR relaxation times in a single continuous wave free precession experiment. Journal of Magnetic Resonance, 173:34–39, 2005.

4.   Hahn, EL. Spin echoes. Physical Review, 80:580-594, 1950.

5.   Carr, HY, Purcell, EM. Effects of diffusion on free precession in nuclear magnetic resonance experiments. Physical Review, 94:630-638, 1954.

6.   Meiboom, S, Gill, D. Modified spin-echo method for measuring nuclear relaxation times. The Review of Scientific Instruments, 29:93-102, 1958.

7.   Stejskal, EO, Tanner, JE. Spin diffusion measurements: spin echoes in the presence of a time-dependent field gradient. Journal of Chemical Physics, 42:288, 1965.

8.   Ramos, PFO, Toledo, IB, Nogueira, CM, Novotny, EH, Vieira, AJM, Azeredo, RBV. Low-field 1H NMR relaxometry and multivariate data analysis in crude oil viscosity prediction. Chemometrics and Intelligent Laboratory Systems, 99:121-126, 2009.

9.   Peemoeller, H, Shenoy, RK, Pintar, MM. Two-dimensional NMR time evolution correlation spectroscopy in wet lysozyme. Journal of Magnetic Resonance, 45:193-204, 1981.

10.  Venkataramanan, L, Song, YQ, Hurlimann, MD. Solving Fredholm integrals of the first kind with tensor product structure in 2 and 2.5 dimensions, IEEE Transactions on Signal Processing, 50:1017-1026, 2002.

11.  Magnet Sales & Manufacturing Company. Disponível em: <http://www.magnetsales.com>. Acessado em: 12 maio 2013.

12.  Bruker Corporation. Disponível em: <http://www.bruker.com>. Acessado em: 12 maio 2013.

13.  Spinlock SRL. Disponível em: <http://nmr-spectrometers.com>. Acessado em: 12 maio 2013.

14.  Oxford Instruments Co. Disponível em: <http://www.oxford-instruments.com>. Acessado em:12 maio 2013.

15.  Niumag Corporation. Disponível em: <http://en.niumag.com>. Acessado em: 12 maio 2013.

16.  Terada, Y, Tamada, D, Kose, K. Development of a temperature-variable magnetic resonance imaging system using a 1.0 T yokeless permanent magnet. Journal of Magnetic Resonance, 212: 355-361, 2011.

17.  SpinCore Technologies Inc. Disponível em: <http://www.spincore.com>. Acessado em: 12 maio 2013.

18.  Magritek. Disponível em: <http://www.magritek.com>. Acessado em: 12 maio 2013.

19.  Clark, WG. Pulsed nuclear resonance apparatus. Review of Scientific Instruments, 35:316-333, 1964.

20.  Landee, RW, Davis, DC, Albrecht, AP. The electronic designers' handbook. New York: McGraw Hill Book Co., 1957.

21.  Mansfield P, Turner R, Chapman BLW, Bowley, RM. Magnetic field screens, US patent number 4,978,920, 1985.

22.  Dworkin, SB, Zhang, Q, Thomson, MJ, Slavinskaya, NA, Riedel, U. Application of an enhanced PAH growth model to soot formation in a laminar coflow ethylene/air diffusion flame. Combustion and Flame, 158(9): 1682-1695, 2011.

23.  Agência Nacional do Petróleo, Gás Natural e Biocombustíveis (ANP). Disponível em: <http://www.anp.gov.br>. Acessado em: 12 maio 2013.

24. American Society for Testing and Materials. Standard test methods for instrumental determination of carbon, hydrogen, and nitrogen in petroleum products and lubricants. D5291-10, 2010.

25. American Society for Testing and Materials. Standard test method for hydrogen content of middle distillate petroleum products by low-resolution pulsed nuclear magnetic resonance spectroscopy. D7171-05, 2011.

26. Agência Nacional de Vigilância Sanitária (ANVISA). Regulamento Técnico para Óleos Vegetais, Gorduras Vegetais e Creme Vegetal. Resolução de diretoria colegiada no 270, de 22 de setembro de 2005.

27. American Oil Chemist Society. Solid fat content (SFC) by low resolution magnetic resonance (NMR), using the direct method. Cd 16b-93, 2000.

28. International Organization for Standardization. Animal and vegetable fats and oils – determination of solid fat content by pulsed NMR - Part 1: Direct method. 8292-1, 2008.

29. American Oil Chemist Society. Solid fat content (SFC) by low resolution nuclear magnetic resonance (NMR), using the indirect method. Cd 16-81, 2000.

30. International Organization for Standardization. Animal and vegetable fats and oils – determination of solid fat content by pulsed NMR - Part 2: Indirect method. 8292-2, 2008.

31. International Union of Pure and Applied Chemistry. Solid content determination in fats by NMR – low-resolution nuclear magnetic resonance. 2.150 (ex 2.323), 1987.

32. International Organization for Standardization. Simultaneous determination of oil and water contents: method using pulsed nuclear magnetic resonance spectrometry. 10565, 1995.

33. American Oil Chemist Society. Simultaneous determination of oil and moisture contents of oilseeds using pulsed NMR spectroscopy. Ak 4-95, 1995.

34. International Organization for Standardization. Simultaneous determination of oil and water contents: method using pulsed nuclear magnetic resonance spectrometry. 10632, 1993.

35. American Oil Chemist Society. Simultaneous determination of oil and moisture contents of oilseed residues using pulsed NMR spectroscopy. AOCS AK 5-01, 2001.

36. United States Department of Agriculture/Grain Inspection, Packers & Stockyards Administration. FGIS00-101.

37. Colnago LA, Azeredo RBV, Machi-Netto A, Andrade FD, Venâncio T. Rapid analyses of oil and fat content in agri-food products using continuous wave free precession time domain NMR. Magnetic Resonance in Chemistry, 49, S113, 2011.

38. Speight, JG. Handbook of petroleum analysis. John Wiley & Sons, 1-7, 2001.

39. Dalitz, F, Cudaj, M, Maiwald, M, Guthausen, G. Process and reaction monitoring by low-field NMR spectroscopy. Progress in Nuclear Magnetic Resonance Spectroscopy, 60:52-70, 2012.

40. Cabeça LF, Marconcini LV, Mambrini GP, Azeredo RBV, Colnago LA. Monitoring the transesterification reaction used in biodiesel production with a low cost unilateral nuclear magnetic resonance sensor. Energy & Fuels, 25:2696, 2011.

41. Barbosa LL, Carlos IA, Colnago LA, Nunes LMS. Low-field NMR-electrochemical cell for in situ measurements of paramagnetic ions. ECS Transactions, 25:215-218, 2010.

42. Nunes LMS, Cabeça LF, Barbosa, LL, Colnago LA. In situ quantification of Cu(II) during an electrodeposition reaction using time-domain NMR relaxometry. Analytical Chemistry, 84:6351, 2012.

# Respostas dos Exercícios

## CAPÍTULO 1

1. a. (F) Normalmente, o uso de matrizes orgânicas (como DHB ou alfaciano) inviabiliza ou dificulta a interpretação do espectro de MALDI-MS nessa região.
   b. (F) A fonte de EI gera espécies $M^{\bullet+}$ mas a pressões reduzidas ($< 10^{-6}$ âmbar)
   c. (V)
   d. (F) A fonte de EI é usado para molécular com Mw menores do que 500 Da.
   e. (F) A fonte de MALDI forma moléculas monocarregadas.
   f. (V)
   g. (F) A fonte de APCI é usado principalmente para moléculas de baixa-polaridade como hormônios, hidrocarbonetos, etc.
   h. (F) No funcionamento da fonte de APCI não é usada uma lâmpada de UV, apenas um probe adicional de descarga corona.
   i. (V)
   j. (F) A fonte DART pode gerar moléculas protonadas ($MH^+$) ou íons moleculares ($M^{\bullet+}$).
   k. (F) Na fonte EASI não é usado temperatura de aquecimento no capilar metálico.

2. $- Mw = z_1(m_1 - m_p) = 21(808,1 - 1,0073) = 16948,9$ Da
   $- Mw = z_1(m_1 - m_p) = 20(848,5 - 1,0073) = 16949,8$ Da

3. a. $R = m/\Delta m = 194,1022/0,044 = 4411$
   b. O analisador usado foi um TOF.
   c. Em geral a resolução de um íon diminui com o aumento de sua razão $m/z$. Portanto, é de se esperar que a resolução do íon de $m/z$ 423,1949 seja menor do que o íon de $m/z$ 194,1022. Uma outra explicação pode ser dada pela relação sinal/ruído onde ela é maior para o íon de $m/z$ 194,1022.

4. A perda do poder de resolução do setor magnético é devido à dispersão de energia cinética de íons de $m/z$. Na prática os íons provenientes da fonte de íons sempre tem uma distribuição de energia cinética e consequentemente velocidades diferentes. Com o objetivo de minimizar esta dispersão, um seletor de velocidades (setor eletrostático -E) pode ser acoplado ao setor magnético – B. O objetivo deste seletor é uniformizar a velocidades de íons de mesma $m/z$ evitando dispersão e consequentemente aumentando resolução e exatidão.

5. a. Em geral, a resolução de massas dos analisadores quadrupolares são baixas ($R = 1$).
   b. O gás de colisão fica localizado no q2. Normalmente, Hélio ou Argônio são usados como gás de colisão.
   c. *full scan*: faixa de varredura em um determinado intervalo de $m/z$; *SIM*: monitoramento de um único íon; *MRM*: monitoramento múltiplo de reações. Para um sistema GC-MS, o mais adequado para quantificação é o modo *SIM*; já para um sistema triploquadrupolo é o MRM.

Fundamentos de Espectrometria e Aplicações

6.  a.  quadrupolo < *ion trap* < TOF < *Orbitrap* < FT-ICR
    b.  quadrupolo < *ion trap* < TOF < *Orbitrap* < FT-ICR
    c.  FT-ICR < *Orbitrap* < TOF < *ion trap* < quadrupolo
    d.  Quadrupolo < *ion trap* < *Orbitrap* < FT-ICR < TOF

7.  a.  Aprisionar íons e realizar MSn.
    b.  O IT 3D consiste em um eletrodo hiperbólico simétrico na forma de um anel ou "dough-nut" ("ring electrode") é posicionado entre dois eletrodos hiperbólicos ("end cap electro-des"). Aplica-se sobre o ring electrode uma voltagem AC (rf) de amplitude (V) variável e freqüência (~1,1 MHz) fixa (V + coswt) que cria um potencial quadrupolar tridimensio-nal aprisionador. Os eletrodos end cap são aterrados (V = zero). Não se aplica normalmen-te voltagem dc (U), portanto os QIT podem ser classificados como quadrupolos «rf-only» tridimensionais. O IT 2D (LIT) confina íons radialmente por um campo de radiofrequên-cia (RF) bidimensional e axialmente pela aplicação de potencias DC. O LIT tem a mesma estrutura que um quadrupolo, um arranjo de quatro superfícies elétricas. No entanto, é utilizado para aprisionar, manipular e ejetar íons de acordo com $m/z$. O LIT desempenha todas funções do IT 3D, no entanto pode acomodar uma população maior de íons e evita fenômenos de space-charge.

8.  a.  Dispersão no tempo de íons por aceleração seguida da medidas de seus tempos de voo "livre". Através de um tubo de comprimento L (~ 1 m) sob alto vácuo, íons formados por ionização pulsada (~ 0,25 a 1 ms) são acelerados pela aplicação de uma voltagem V (~ 1-10 KV), e adquirem velocidades proporcionais as suas $m/z$'s. Ocorre dispersão em tempo, e íons de diferentes $m/z$'s chegam ao detector em tempos diferentes. Aumento de resolução é obtido aumentando L ou evitando dispersão cinética dos íons no momento do "pusher" – aceleração dos íons – "momento de largada"
    b.  Dispersão espacial dos íons: íons estão em posições diferentes da placa de aceleração.
        Dispersão temporal: íons formados em tempos diferentes.
        Dispersão cinética: íons com velocidades com momentos diferentes.
    c.  O TOF é um analisador pulsado. Necessita de "pacote de íons". É acoplado a quadrupolos e *ion traps* que "fornecem" ao TOF os "pacotes de íons" necessários. Desvantagem é que sem o acoplamento com outros analisadores, deve-se gerar íons de forma pulsada (MALDI).

9.  a.  O "pacote" de íons, previamente acumulados, ao entrarem na célula de ICR são aprisio-nados pelos eletrodos de aprisionamento por meio da aplicação do campo magnético. Na presença do campo magnético, estes íons passam a executar uma trajetória circular. Para que haja detecção de sinal, pulsos de radiofrequência são emitidos pelos eletrodos de excitação. A absorção de energia cinética pelos íons ocasiona o aumento do raio de sua trajetória. Essa excitação ocorrerá somente se a frequência da fonte for ressoante com a frequencia ciclotrônica do íon. A frequência ciclotrônica dos íons coerentemente ex-citados é determinada pela medida da imagem da corrente que o pacote de íons induz no eletrodo metálico à medida que os íons circulam próximo ao eletrodo. A imagem de corrente é registrada em função do tempo e é conhecida como o transiente ou FID (*free induction decay*). A transformada de Fourier dessas séries registradas ao longo do tempo da imagem de corrente corresponde na extração das séries de frequências para cada pacote de íons com valores iguais de $m/z$. Funções de calibração simples convertem esses valores de frequência em valores de $m/z$.
    b.  Os analisadores ICR e *Orbitrap* operam em modo pulsado, necessitam portanto de "paco-tes de íons". Esses pacotes são fornecidos pelo *ion trap* – LIT (LTQ-FT-Ultra) ou octapolo – Solarix –Brucker.
    c.  Análise de misturas complexas.
    d.  Baixa faixa dinâmica e baixa capacidade para quantificação.

Anexo – Respostas dos Exercícios

## CAPÍTULO 2

1. Esta pergunta admitirá uma série de respostas, mas todas devem estar baseadas no fato de que os gases causadores do efeito estufa absorvem a radiação infravermelha refletida pela Terra, mantendo o calor nos domínios da atmosfera, em vez de se dissipar para o universo. Um relação entre as absorções no infravermelho médio e a eficiência no efeito estufa deve estar evidenciada na resposta.

2. O diesel comercial apresenta um nítido pico de estiramento C=O ($\sim$ 1.750 cm$^{-1}$), e um ligeiro pico de estiramento C-O ($\sim$ 1.250 cm$^{-1}$), oriundos da adição de biodiesel, que são ésteres metílicos ou etílicos, em baixas concentrações.

3. A resposta desta pergunta deve conter discussões sobre: (a) atividade no infravermelho dos componentes da mistura, (b) discussões sobre intensidade dos picos e concentrações relativas, (c) homogeneidade da mistura, (d) caráter de sobreposição de bandas na espectrometria do infravermelho, (e) tratamento multivariado de dados.

4. Item "Aspectos teóricos", da introdução do capítulo.

5. Considerar medidas por transmissão via células seladas (medidas quantitativas) ou pressionando uma gota do líquido entre duas janelas de transmissão (medidas qualitativas). A depender do volume da amostra e da intensidade de suas absorções no infravermelho, também considerar medidas por ATR.

## CAPÍTULO 3

1. Entre os compostos apresentados, temos um ácido graxo de cadeia longa (**1**), um aldeído aromático (**2**), um policetídeo (**3**) e um composto esteroidal (**4**).
   O composto **1** apresenta uma grande cadeia alquílica. Ao ser submetido à espectroscopia, na região do ultravioleta, somente se observariam transições $\sigma \to \sigma^*$ sendo somente observadas absorções na região do ultravioleta de vácuo.
   O composto **2** é um aldeído aromático simples e, como explicitado em absorções de compostos aromáticos simples e sem substituintes que elevem suas absorções, para o composto em questão se observa absorção máxima 244 nm.
   O composto **3** é um policetídeo natural que apresenta em sua estrutura diversas ligações duplas, carboxilas, carbonila e heteroátomos. Muitas duplas ligações têm conjugação com a carbonila e, portanto, há um acréscimo muito grande na absorção por esse composto. Devido à sua complexidade estrutural, presença de diversos grupos químicos e duplas ligações conjugadas à carbonila, sua absorbância chega à região do ultravioleta visível.
   O composto **4** é um esteroide que segue a regra de Woodward-Fieser para dienos e, para a estrutura proposta, não apresenta absorção em comprimentos de onda elevados.
   Portanto, o composto que apresenta maior absorção na região do ultravioleta é o **3**.

2. Para o composto **5**:
   - Valor base = 214 nm
   - Substituinte alquila = 10 nm
   - $\lambda_{max}$ = 224 nm
   Para o composto **6**:
   - Valor base = 214 nm
   - Resíduos de anel = 15 nm
   - Grupo polar = 5 nm
   - Dupla exocíclica = 5 nm

279

$- \lambda_{max} = 239$ nm

Para o composto 7
- Valor base = 214 nm
- Resíduos de anel = 15 nm
- Dupla exocíclica = 5 nm
$- \lambda_{max} = 234$ nm

Para o composto 8
- Valor base = 214 nm
- Substituintes alquila ou resíduos de anel = 20 nm
- Dupla exocíclica = 5 nm
$- \lambda_{max} = 239$ nm

Para o composto 9
- Valor base = 214 nm
- Resíduos de anel = 15 nm
- Grupo polar = 6 nm
- Dupla exocíclica = 5 nm
$- \lambda_{max} = 240$ nm

Para o composto 10
- Valor base = 253 nm
- Resíduos de anel = 10 nm
$- \lambda_{max} = 263$ nm

Para o composto 11
- Valor base = 253 nm
- Substituinte alquila ou resíduos de anel = 20 nm
$- \lambda_{max} = 273$ nm

3. Para o composto 12
- Cetona cíclica $\alpha,\beta$-insaturada em anel de 6 membros: 215 nm
- Resíduos de anel em $\alpha$: 10 nm
- Grupo polar, -OH na posição b: 30 nm
$- \lambda_{max} = 255$ nm

Para o composto 13
- Cetona cíclica $\alpha,\beta$-insaturada em anel de 6 membros: 215 nm
- Substituintes alquila em $\beta$: 24 nm
$- \lambda_{max} = 239$ nm

Para o composto 14
- Cetona cíclica $\alpha,\beta$-insaturada em anel de 6 membros: 215 nm
- Dupla ligação estendendo conjugação = 30 nm
- Resíduo de anel em $\beta$ = 12 nm
- Resíduo de anel em $\delta$ = 18 nm
- Dupla ligação exocíclica = 5
$- \lambda_{max} = 280$ nm

Para o composto 15
- Cetona acíclica $\alpha,\beta$-insaturada: 215 nm
- Grupamento alquila em $\alpha$ = 10 nm
- Grupamento alquila em $\beta$ = 24 nm
$- \lambda_{max} = 249$ nm

Anexo – Respostas dos Exercícios

Para o composto 16

– Cetona cíclica α,β-insaturada em anel de 6 membros: 215 nm
– Dupla ligação estendendo conjugação = 30 nm
– Resíduo de anel em δ = 18 nm
– $\lambda_{max}$ = 263 nm

Para o composto 17

– Cetona cíclica α,β-insaturada em anel de 6 membros: 215 nm
– Resíduo de anel em α = 10 nm
– Resíduo de anel em β = 12 nm
– Resíduo de anel em δ = 18 nm
– Dupla ligação exocíclica = 5 nm
– $\lambda_{max}$ = 260 nm

4. Esperam-se absorções distintas para os compostos 18 e 19. O composto 18 apresenta um resíduo de anel na posição α e um resíduo de anel na posição β. O composto 19 apresenta dois resíduos de anel na posição b. Portanto a diferença de absorção entre os dois compostos será de apenas 2 nm. Os dois compostos, portanto, apresentariam mesmas curvas de UV com diferença muito pequena sendo dificultada sua diferenciação pela técnica de HPLC-UV.

5. Pela regra empírica para derivados benzoíla, temos que, para compostos do tipo $ArCO_2R$, o valor base é 230 nm. Entretanto, por essa regra não podemos inferir nada sobre o grupo $-NO_2$ presente na molécula na posição *meta*, pois esse grupamento não é descrito na regra. Dessa forma, verifica-se que a regra não se aplica a todos os compostos derivados benzoíla. Assim, sabemos que o composto 20 absorverá mais que 230 nm, entretanto a partir da regra não há como prever quanto.

6. O primeiro passo seria realizar o experimento de espectroscopia na região do ultravioleta utilizando o mesmo aparelho e as mesmas condições experimentais (solvente, temperatura, cubeta). Posteriormente, analisar os dados espectrais obtidos. O composto 21 será aquele que apresentar o maior comprimento de onda, pois esse composto apresenta uma maior conjugação em relação ao composto 22.

## CAPÍTULO 4

1. a. singleto em 2 ppm
   b. singleto em 2,3 ppm (-CH₃); sinais entre 7 e 7,4 ppm integrando para 5H aromáticos.
   c. sinal em 2,9 ppm (-CH₃); sinal em 3,7 ppm (-OCH₃); sinal em 5,8 ppm (H olefínico geminal ao éster) e sinal em 6,9 ppm (H olefínico geminal ao -CH₃.
   d. sinais em 7,5ppm (integrando para 2H), 7,6 ppm (1H) e em 7,9 ppm (2H orto ao aldeído) para os hidrogênios aromáticos e um singleto em 10 ppm para o hirogênio do aldeído.

2. a. um único sinal
   b. três sinais.
   c. quatro (incluindo o H do álcool)
   d. dois (incluindo o H do álcool).

3. a. não há
   b. acoplamento entre os grupos CH₂
   c. CH₃: dupleto, integrando para 6 H; CH: sinal com nove linhas, integrando para 1H, CH₂: dubleto integrando para 2H.
   d. não há.

281

4. acetato de butlia
5. a. *iso*-butanol
   b. *n*-butanol
   c. *terc*-butanol

## CAPÍTULO 5

1. (4) 15,0    (1) 28,0    (3) 61,0    (2) 158,0

2.
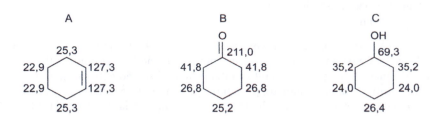

3. Os satélites são observados em espectros de RMN de ¹H em razão do acoplamento ¹H-¹³C. Para o espectro de RMN de ¹H, o sinal de maior intensidade corresponde somente ao ¹H diretamente ligado ao ¹²C, que é um nuclídeo mais abundante, embora seja magneticamente inativo. Assim, os sinais mais intensos de ¹H não apresentam acoplamento ¹H-¹²C. Todavia, o acoplamento correspondente à ligação ¹H-¹³C (169,9 Hz, neste caso) aparece na forma de satélite em virtude da baixa abundância isotópica do ¹³C.
   Já para o espectro de RMN de ¹³C, o acoplamento ¹³C-¹H é observado intensamente (e não na forma de satélite), em virtude de a grande probabilidade dos nuclídeos ¹³C estarem conectados a ¹H. No entanto, como esses espectros são rotineiramente obtidos desacoplados, o sinal aparece como singleto e não há satélite a ser observado.

4. a. Hibridização e anisotropia magnética justificam as diferenças no deslocamento químico do grupo CH₂ destacado.
   b. Embora os carbonos destacados sejam de alcenos, o efeito mesomérico (ressonância) implica menor deslocamento químico o primeiro composto.
   c. O grupo nitrila blinda o carbono sp² por duas razões: efeito mesomérico e anisotropia da ligação C≡N, comparativamente ao grupo CH₂OH que somente exerce o efeito indutivo fraco de desblindagem pela alta eletronegatividade do oxigênio da hidroxila (OH), que está relativamente distante da dupla ligação.
   d. O grupo nitrila tem ressonância com a ligação dupla no primeiro composto e, portanto, o carbono sp² terminal apresenta menor deslocamento químico, comparativamente ao composto que tem o grupo CH₂OH.
   e. Em virtude da menor eletronegatividade do bromo, comparativamente ao oxigênio da metoxila, o carbono sp² vizinho ao Br é mais blindado (efeito indutivo).
   f. O carbono sp² terminal da molécula metoxilada é mais blindado que o carbono sp² da molécula bromada, pois, diferentemente do caso anterior, o efeito mesomérico (ressonância) entre a dupla ligação e os pares de elétrons livres da OCH₃ promove uma deslocalização da nuvem eletrônica e a respectiva blindagem desse núcleo.

Anexo – Respostas dos Exercícios

5.

(a)

121,4 — 153,1 — O — 169,0 — 26,0
128,9 / 125,3 / 121,4 / 128,9 — 26,0 — O

(b)

129,7 — 130,5 — 167,0 — O — 59,1
128,4 / 132,8 / 129,7 / 128,4 — O — 13,6

(c)

F — O
53,9 — O — 77,1 — 88,2 — 37,4 — 177,0 — OH

(d)

53,9 — O — 145,3 — 93,8 — 7,3

(e)

25,2 — 28,5 — O — 26,8
16,0 — S — 36,0 — 175,7 — N — H

(f)

23,9
30,4 — N — 49,9 — 23,9
H

(g)

43,0 — O
25,8 — 208,2
32,0 — 43,0
25,8

(h)

125,0 — NO₂
116,6 — 141,0
HO — 163,4 — 116,6 — 125,0

(i)

68,3 — 151,1 — N — 147,5
80,4 — 132,6 — 122,8
25,5 — 135,9

(j)

130,3 — 48,0
128,7 — 31,2 — CHO
128,7 — 130,3 — 200,5

6.

O — NH₂
HO — 176,0 — 53,8 — 177,6 — OH
37,8 — O

Espectro A
ácido aspártico

O — NH₂
HO — 177,0 — 28,6 — 177,0 — OH
28,6 — O

Espectro B
ácido succínico

O — 28,7 — O
HO — 177,0 — 57,1 — 180,7 — OH
33,6 — NH₂

Espectro C
ácido glutâmico

OH
185,2 — O⁻Na⁺
23,0 — 71,4 — O

Espectro D
lactato

7. a.

Ciclamato de sódio — Sacarina — Sorbitol

b. Para a quantificação, é primordial que os sinais estejam em região descongestionada. Além disso, os melhores sinais para a quantificação de $^{13}C$ são aqueles mais hidrogenados, pois geralmente esses carbonos têm tempos de relaxação menores (quanto menor o tempo de relaxação do $^{13}C$, mais rápido será o experimento quantitativo). Dessa forma, os melhores sinais são, por exemplo: 65,2 (CH₂) ou 65,4 (CH₂) ppm para o sorbitol; 120,0 (CH) ou 123,3 (CH) ppm para a sacarina e 33,2 ppm (CH₂) para o ciclamato de sódio.

8. a. A relação sinal/ruído do espectro aumentaria. Essa relação aumenta de acordo com a raiz quadrada do número de aquisições acrescentadas. Se o número de aquisições aumentou quatro vezes, então a relação sinal/ruído aumentaria por um fator de 2.

b. Não, o tempo de espera foi muito curto, além disso não há evidências de que a sequência de pulsos aplicada não utilizava o efeito NOE.

c. Os sinais teriam basicamente as mesmas intensidades; os valores das integrais seriam próximos a 1 para todos os sinais.

9.

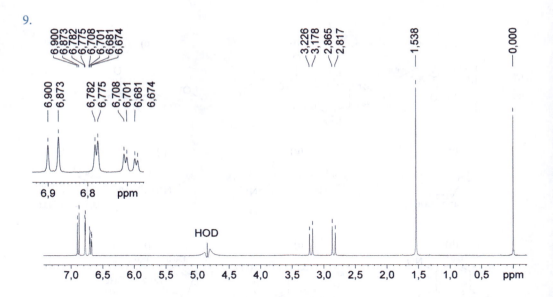

10.

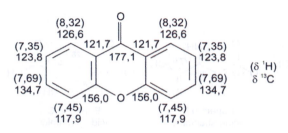

Xantona

11.

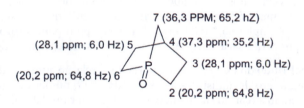

Ácido ascórbico

12.

7 (36,3 PPM; 65,2 hZ)

(28,1 ppm; 6,0 Hz) 5 — 4 (37,3 ppm; 35,2 Hz)

(20,2 ppm; 64,8 Hz) 6 — 3 (28,1 ppm; 6,0 Hz)

2 (20,2 ppm; 64,8 Hz)

Anexo – Respostas dos Exercícios

**13.**

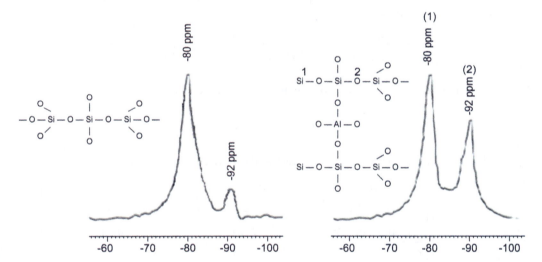

**14.**

## CAPÍTULO 6

1. As componentes do tensor $\widehat{V}$ são definidas pela Equação 6.9:

$$V_{jk} = \left( \frac{\partial^2 V}{\partial x_j\, \partial x_k} \right)_0.$$

Assim, é necessário inicialmente calcular o potencial eletrostático $V(\vec{r}) = V(x, y, z)$ para o arranjo de cargas elétrica pontuais mostrado na Figura 6.3. O potencial Coulombiano de cada carga pontual é calculado por:

*Fundamentos de Espectrometria e Aplicações*

$$V_j(\vec{r}) = \frac{1}{4\pi\varepsilon_0} \frac{q_j}{|\vec{r} - \vec{r}_j|},$$

onde $\vec{r}_j$ é o vetor posição de cada carga (com índice j). O potencial total é dado pela soma das contribuições devidas a cada carga:

$$V(\vec{r}) = \frac{1}{4\pi\varepsilon_0} \sum_{j=1}^{6} \frac{q_j}{|\vec{r} - \vec{r}_j|}.$$

Para o arranjo da Figura 6.3, temos:

$$V(\vec{r}) = \frac{1}{4\pi\varepsilon_0} \left[ \begin{array}{l} \dfrac{(-q)}{\sqrt{(x-d)^2 + y^2 + z^2}} + \dfrac{(-q)}{\sqrt{(x+d)^2 + y^2 + z^2}} + \dfrac{(-q)}{\sqrt{x^2 + (y-d)^2 + z^2}} + \\[3mm] \dfrac{(-q)}{\sqrt{x^2 + (y+d)^2 + z^2}} + \dfrac{q}{\sqrt{x^2 + y^2 + (z-d)^2}} + \dfrac{q}{\sqrt{x^2 + y^2 + (z+d)^2}} \end{array} \right].$$

Tomando a primeira derivada em relação a x, temos:

$$\frac{\partial V}{\partial x} = \frac{1}{4\pi\varepsilon_0} \left\{ \begin{array}{l} \dfrac{(q)(x-d)}{\left[(x-d)^2 + y^2 + z^2\right]^{3/2}} + \dfrac{(q)(x+d)}{\left[(x+d)^2 + y^2 + z^2\right]^{3/2}} + \dfrac{(q)(x)}{\left[x^2 + (y-d)^2 + z^2\right]^{3/2}} + \\[3mm] \dfrac{(q)(x)}{\left[x^2 + (y+d)^2 + z^2\right]^{3/2}} + \dfrac{(-q)(x)}{\left[x^2 + y^2 + (z-d)^2\right]^{3/2}} + \dfrac{(-q)(x)}{\left[x^2 + y^2 + (z+d)^2\right]^{3/2}} \end{array} \right\}.$$

A menos de um sinal, esta é a componente x do campo elétrico:

$$E_x(\vec{r}) = -\frac{\partial V(\vec{r})}{\partial x}.$$

Tomando mais uma derivada obtemos três das nove componentes do tensor $\tilde{V}$:

$$\frac{\partial^2 V}{\partial x^2} = \frac{1}{4\pi\varepsilon_0} \left\{ \begin{array}{l} \dfrac{(q)(1)}{\left[(x-d)^2 + y^2 + z^2\right]^{3/2}} + \dfrac{(-3)(q)(x-d)^2}{\left[(x-d)^2 + y^2 + z^2\right]^{5/2}} + \dfrac{(q)(1)}{\left[(x+d)^2 + y^2 + z^2\right]^{3/2}} \\[4mm] \dfrac{(-3)(q)(x+d)^2}{\left[(x+d)^2 + y^2 + z^2\right]^{5/2}} + \dfrac{(q)(1)}{\left[x^2 + (y-d)^2 + z^2\right]^{3/2}} + \dfrac{(-3)(q)(x^2)}{\left[x^2 + (y-d)^2 + z^2\right]^{5/2}} \\[4mm] \dfrac{(q)(1)}{\left[x^2 + (y+d)^2 + z^2\right]^{3/2}} + \dfrac{(-3)(q)(x^2)}{\left[x^2 + (y+d)^2 + z^2\right]^{5/2}} + \dfrac{(-q)(1)}{\left[x^2 + y^2 + (z-d)^2\right]^{3/2}} \\[4mm] + \dfrac{(-3)(-q)(x^2)}{\left[x^2 + y^2 + (z-d)^2\right]^{5/2}} + \dfrac{(-q)(1)}{\left[x^2 + y^2 + (z+d)^2\right]^{3/2}} + \dfrac{(-3)(-q)(x^2)}{\left[x^2 + y^2 + (z+d)^2\right]^{5/2}} \end{array} \right\}$$

$$\frac{\partial^2 V}{\partial x \partial y} = \frac{1}{4\pi\varepsilon_0} \left\{ \begin{array}{l} \dfrac{(-3)(q)(x-d)(y)}{\left[(x-d)^2+y^2+z^2\right]^{5/2}} + \dfrac{(-3)(q)(x+d)(y)}{\left[(x+d)^2+y^2+z^2\right]^{5/2}} + \dfrac{(-3)(q)(x)(y-d)}{\left[x^2+(y-d)^2+z^2\right]^{5/2}} + \\[4mm] \dfrac{(-3)(q)(x)(y+d)}{\left[x^2+(y+d)^2+z^2\right]^{5/2}} + \dfrac{(-3)(-q)(x)(y)}{\left[x^2+y^2+(z-d)^2\right]^{5/2}} + \dfrac{(-3)(-q)(x)(y)}{\left[x^2+y^2+(z+d)^2\right]^{5/2}} \end{array} \right\}.$$

$$\frac{\partial^2 V}{\partial x \partial z} = \frac{1}{4\pi\varepsilon_0} \left\{ \begin{array}{l} \dfrac{(-3)(q)(x-d)(z)}{\left[(x-d)^2+y^2+z^2\right]^{5/2}} + \dfrac{(-3)(q)(x+d)(z)}{\left[(x+d)^2+y^2+z^2\right]^{5/2}} + \dfrac{(-3)(q)(x)(z)}{\left[x^2+(y-d)^2+z^2\right]^{5/2}} + \\[4mm] \dfrac{(-3)(q)(x)(z)}{\left[x^2+(y+d)^2+z^2\right]^{5/2}} + \dfrac{(-3)(-q)(x)(z-d)}{\left[x^2+y^2+(z-d)^2\right]^{5/2}} + \dfrac{(-3)(-q)(x)(z+d)}{\left[x^2+y^2+(z+d)^2\right]^{5/2}} \end{array} \right\}.$$

Essas componentes são, a menos de um sinal, iguais às primeiras derivadas da componente x do campo elétrico e, portanto, são denominadas de componentes do tensor gradiente de campo elétrico.

Avaliando essas componentes na origem e utilizando a definição da Equação 6.9, obtemos:

$$V_{xx} = \frac{\partial^2 V}{\partial x^2}\bigg|_{0,0,0} = \frac{1}{4\pi\varepsilon_0} \left\{ \frac{q}{d^3} + \frac{(-3q)}{d^3} + \frac{q}{d^3} + \frac{(-3q)}{d^3} + \frac{q}{d^3} + \frac{q}{d^3} + \frac{(-q)}{d^3} + \frac{(-q)}{d^3} \right\} = \frac{1}{4\pi\varepsilon_0} \frac{(-4q)}{d^3},$$

$$V_{xy} = \frac{\partial^2 V}{\partial x \partial y}\bigg|_{0,0,0} = 0 \quad V_{xz} = \frac{\partial^2 V}{\partial x \partial z}\bigg|_{0,0,0} = 0.$$

As outras componentes são calculadas de forma análoga.

2. O cálculo do valor médio do termo $3\cos^2\theta - 1$ é conduzido pela integral abaixo, escrita em coordenadas esféricas e realizada sobre a superfície de uma esfera com raio arbitrário:

$$\left\langle 3\cos^2\theta - 1 \right\rangle = \frac{\int (3\cos^2\theta-1)dA_{esf}}{\int dA_{esf}} = \frac{1}{4\pi R^2} \int_0^{2\pi}\int_0^\pi (3\cos^2\theta-1)R^2 \, sen\theta \, d\theta \, d\phi = \frac{2\pi R^2}{4\pi R^2} \int_{-1}^{1} (3u^2-1)du = 0,$$

onde na última etapa foi utilizada a substituição $u = -\cos\theta$.

3. O hamiltoniano de acoplamento dipolar direto é dado pela Equação 6.37:

$$H_D = -\vec{\mu}_I \cdot \vec{B}_{dip}^{(S)} = -\frac{\mu_0}{4\pi} \frac{3\left(\vec{\mu}_I \cdot \hat{r}\right)\left(\vec{\mu}_S \cdot \hat{r}\right) - \vec{\mu}_I \cdot \vec{\mu}_S}{r^3}$$

Utilizando as definições $\vec{\mu}_s = \gamma_s \hbar \vec{S}$ e $\vec{\mu}_s = \gamma_I \hbar \vec{I}$, essa expressão fica da seguinte forma:

$$H_D = -\frac{\mu_0}{4\pi}\gamma_I\gamma_S\hbar^2 \frac{3\left(\vec{I}\cdot\hat{r}\right)\left(\vec{S}\cdot\hat{r}\right) - \vec{I}\cdot\vec{S}}{r^3}$$

$$= -\frac{\mu_0}{4\pi}\gamma_I\gamma_S\hbar^2 \frac{3\left(\mathbf{I}_x x + \mathbf{I}_y y + \mathbf{I}_z z\right)\left(\mathbf{S}_x x + \mathbf{S}_y y + \mathbf{S}_z z\right) - r^2\left(\mathbf{I}_x\mathbf{S}_x + \mathbf{I}_y\mathbf{S}_y + \mathbf{I}_z\mathbf{S}_z\right)}{r^5}.$$

Esse hamiltoniano consiste na soma de 9 termos do tipo:

Fundamentos de Espectrometria e Aplicações

$$-\frac{\mu_0}{4\pi}\gamma_I\gamma_S\hbar^2\frac{\mathbf{I}_x\mathbf{S}_x(3x^2-r^2)}{r^5} \quad, \quad -\frac{\mu_0}{4\pi}\gamma_I\gamma_S\hbar^2\frac{3\mathbf{I}_x\mathbf{S}_y xy}{r^5} \quad, \quad -\frac{\mu_0}{4\pi}\gamma_I\gamma_S\hbar^2\frac{3\mathbf{I}_x\mathbf{S}_z xz}{r^5} \quad, \text{etc.}$$

Esses termos podem facilmente ser arranjados na forma de um produto de matrizes:

$$H_D = \frac{\mu_0}{4\pi}\gamma_I\gamma_S\hbar^2 \begin{pmatrix} \mathbf{I}_x & \mathbf{I}_y & \mathbf{I}_z \end{pmatrix} \begin{pmatrix} (r^2-3x^2)/r^5 & -3xy/r^5 & -3xz/r^5 \\ -3xy/r^5 & (r^2-3y^2)/r^5 & -3yz/r^5 \\ -3xz/r^5 & -3yz/r^5 & (r^2-3z^2)/r^5 \end{pmatrix} \begin{pmatrix} \mathbf{S}_x \\ \mathbf{S}_y \\ \mathbf{S}_z \end{pmatrix}.$$

Essa forma coincide com a expressão dada na Equação 6.38, sendo a matriz $3 \times 3$ correspondente identificada com o tensor $\tilde{D}$ fornecido na Equação 6.39.

4.  A forma geral do tensor $\tilde{D}$ em um sistema arbitrário de coordenadas cartesianas é:

$$\tilde{D} = \begin{pmatrix} (r^2-3x^2)/r^5 & -3xy/r^5 & -3xz/r^5 \\ -3xy/r^5 & (r^2-3y^2)/r^5 & -3yz/r^5 \\ -3xz/r^5 & -3yz/r^5 & (r^2-3z^2)/r^5 \end{pmatrix}.$$

No SEP, o tensor $\tilde{D}$ é, por definição, diagonal. Assim, as coordenadas $X$, $Y$ e $Z$ do vetor internuclear $\vec{r}$ no SEP deverão ser tais que os termos fora da diagonal sejam todos nulos. Esses termos fora da diagonal envolvem os produtos $XY$, $XZ$ e $YZ$. Para isso basta que duas das suas coordenadas sejam nulas, por exemplo, $X = 0$ e $Y = 0$. Dessa forma, o SEP estará orientado com seu eixo $Z$ ao longo da direção do vetor internuclear $\vec{r}$. Nesse caso, teremos ainda $|\vec{r}| = r = |Z|$. Nesse sistema, o tensor $\tilde{D}$ será então escrito como:

$$\tilde{D}^{SEP} = \begin{pmatrix} 1/r^3 & 0 & 0 \\ 0 & 1/r^3 & 0 \\ 0 & 0 & -2/r^3 \end{pmatrix}.$$

Assim, o tensor $\tilde{D}^{SEP}$ é diagonal e com traço nulo, além de apresentar simetria axial ($\tilde{D}^{SEP}_{xx} = \tilde{D}^{SEP}_{yy}$) em torno do eixo $Z$ (coincidente com a direção do vetor internuclear).

5.  De acordo com a convenção $|V_{zz}| \geq |V_{yy}| \geq |V_{xx}|$, a componente $V_{zz}$ é necessariamente aquela com maior magnitude, dentre as componentes do tensor $\tilde{V}$ no seu sistema de eixos de principais. Suponhamos inicialmente a condição $V_{zz} > 0$. Como o traço do tensor $\tilde{V}$ é nulo (Equação 6.11), o que vale em qualquer sistema de coordenadas, então essas componentes não são independentes:

$$V_{xx} + V_{yy} + V_{zz} = 0 \Rightarrow V_{xx} = -V_{yy} - V_{zz} \quad ; \quad V_{yy} = -V_{xx} - V_{zz}.$$

Como $|V_{zz}| \geq |V_{yy}| \geq |V_{xx}|$ e $V_{zz} > 0$, decorre necessariamente que $V_{xx} \leq 0$ e $V_{yy} < 0$. Assim, valem as expressões abaixo:

$$V_{xx} - V_{yy} = |V_{yy}| - |V_{xx}| \geq 0 \quad, \quad |V_{yy}| - |V_{xx}| \leq V_{zz}.$$

Logo, vale também a expressão:

$$0 \leq \frac{V_{xx} - V_{yy}}{V_{zz}} \leq 1 \quad, \text{ou} \quad 0 \leq \eta_Q \leq 1$$

O caso $V_{zz} < 0$ é tratado de forma análoga.

288

6. Para um núcleo com spin $I = 1$, as correções de primeira ordem nas energias dos níveis de energia são (conforme a Equação 6.48):

$$E_1^{(1)} = \frac{1}{4}\hbar\omega_Q(3\cos^2\theta - 1)\left(\frac{1}{3}\right),$$

$$E_0^{(1)} = \frac{1}{4}\hbar\omega_Q(3\cos^2\theta - 1)\left(\frac{-2}{3}\right),$$

$$E_{-1}^{(1)} = \frac{1}{4}\hbar\omega_Q(3\cos^2\theta - 1)\left(\frac{1}{3}\right),$$

sendo $\omega_Q = 3e^2qQ/2\hbar$ (como definido na Equação 6.49).

As frequências das transições $m \leftrightarrow m - 1$, corrigidas até primeira ordem pela interação quadrupolar, são:

$$\omega_1 = \omega_L + \frac{\omega_Q}{4}(3\cos^2\theta - 1) \quad \text{e} \quad \omega_0 = \omega_L - \frac{\omega_Q}{4}(3\cos^2\theta - 1)$$

Em primeira ordem, o espectro é assim composto por duas linhas simetricamente espaçadas em torno da frequência de Larmor, como ilustrado na figura abaixo. Para núcleos com *spin* inteiro não há transição central ($1/2 \leftrightarrow -1/2$) e, portanto, não há transição de quantum simples ($\Delta m = \pm 1$) não afetada pela correção de primeira ordem. Assim, não é em geral necessário recorrer à correção de segunda ordem.

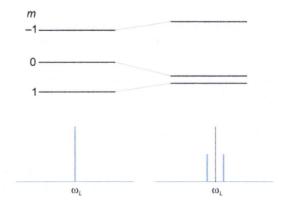

## CAPÍTULO 7

1. A RMN é uma técnica espectroscópica usada para observar transições de *spin* nuclear quando uma amostra é colocada em um campo magnético estático, B0, e irradiada com um campo magnético oscilante, B1, com frequência na região das ondas de rádio. A condição de RMN ocorre quando a frequência ($\nu = \omega_L/2\pi$) do campo B1 é igual a $\omega_L = -\gamma B_0$.

2. A razão magnetogírica ($\gamma$) é a razão entre o momento magnético e o momento angular de *spin*, e é uma constante específica de cada isótopo. Ela está relacionada com a frequência de ressonância e consequentemente com a intensidade do sinal de RMN.

Fundamentos de Espectrometria e Aplicações

3. Elas são:

   – Na RBC, o magneto quase sempre é permanente enquanto na Alta Resolução são utilizados magnetos supercondutores. Normalmente, o campo magnético B0 em RBC é menor do que 2,1 T (90 MHz para $^1$H), enquanto em Alta Resolução $B_0$ é igual ou maior que 4,7 T (200 MHz para $^1$H);

   – O campo magnético B0, em RBC, é centenas de vezes menos homogêneo do que os empregados em Alta Resolução;

   – Na RBC normalmente se observa o sinal no domínio do tempo, enquanto na Alta Resolução sempre no domínio da frequência;

   – Na RBC não se observa o deslocamento químico, acoplamento *spin-spin* e parâmetros espectrais observados na Alta Resolução;

   – O custo dos aparelhos de RBC são pelo menos a metade do custo de um aparelho de Alta Resolução.

4. Quando uma amostra com núcleos atômicos sensíveis a RMN é submetida a um campo magnético externo $B_0$, os momentos magnéticos nucleares não se alinham de acordo com o eixo de polarização, geralmente o eixo z, tal qual o ponteiro de uma bússola faria quando submetida ao campo magnético terrestre. Ao invés disso, graças ao momento angular de *spin*, os núcleos começam imediatamente a precessionar ao redor desse campo, executando um movimento análogo ao movimento de giro do pião sob o efeito da gravidade. A frequência de precessão, denominada frequência de Larmor $\omega_L$, depende da intensidade do campo magnético estático e da constante magnetogírica, dada pela seguinte equação: $\omega_L = -\gamma B_0$.

5. É necessário esperar um tempo igual a 5 vezes $T_1$, ou seja, 5 minutos.

6. Devido à sua alta abundância natural, 99,98%, e alta constante magnetogírica, $26,65 \times 10^7$ radT$^{-1}$s$^{-1}$. Esses dois fatores levam à maior intensidade do sinal de $^1$H em relação a outros isótopos investigados por RMN. O trítio, $^3$H, isótopo radioativo do hidrogênio, tem maior constante magnetogírica do que o $^1$H, mas é pouco usado em RMN por sua radioatividade e curto tempo de meia vida.

7. O pulso de rf tem que ser da ordem de alguns microssegundos para gerar uma banda de excitação capaz de excitar, ao mesmo tempo, todas as frequências de ressonância com o mesmo ângulo de deflexão.

8. O FID é o sinal de RMN induzido pela precessão da magnetização transversal e detectado pela sonda de RMN.

9. O isótopo $^{12}$C apresenta número atômico (Z) e número de massa (A) pares, e portanto apresenta momento angular de *spin* nulo. Essa característica torna esse núcleo magneticamente inativo. A análise de RMN de carbono se faz com o isótopo $^{13}$C, cuja abundância natural é de 1,1%.

10. Os dois processos de relaxação que ocorrem com os momentos magnéticos após a etapa de excitação são: processo de relaxação longitudinal, que decai exponencialmente com a constante de tempo $T_1$, e o processo de relaxação transversal, que decai exponencialmente com a constante de tempo $T_2$. A constante $T_1$ está relacionado com o retorno da magnetização ao equilíbrio térmico, podendo levar à saturação do sinal se o tempo de espera entre sucessivas aquisições não for de aproximadamente 5 vezes $T_1$. A constante $T_2$ está relacionado com o desaparecimento do sinal de RMN no domínio do tempo. Se esse tempo for muito curto, como no caso de materiais sólidos e muito viscosos, o sinal de RMN pode desaparecer durante o tempo morto do espectrômetro. Os tempos de relaxação longitudi-

nal e transversal também são importantes porque dependem da mobilidade molecular do material, servindo como uma sonda de suas propriedades físico-químicas (viscosidade, densidade etc).

11. As principais vantagens da RBC são: tempo de análise da ordem de segundos, preservação da integridade química da amostra, não necessidade de preparação da amostra, análise não invasiva, dispensando diluição ou dissolução da amostra com solventes. Alguns exemplos de métodos certificados são: medida da razão sólido–liquido em margarinas, teôr de óleo em sementes, e teôr de hidrogênio em combustíveis.

12. O cálculo de $T_1$ pela técnica de inversão-recuperação necessita da aquisição de dezenas de dados da intensidade do sinal de RMN em função do tempo de espera ($t_n$) entre o pulso de 90 e 180°. Como o tempo de espera entre cada aquisição tem que ser da ordem de 5 vezes $T_1$, isso torna o tempo de análise muito longo (dezenas de minutos a horas, dependendo do $T_1$ da amostra ser medido). Este fato pode inviabilizar seu uso rotineiro em análises qualitativas. Com a sequência CPMG, obtêm-se todo o decaimento do sinal em uma única aquisição, permitindo a medição do sinal com boa razão sinal-ruído em alguns minutos.

13. O diagrama em blocos é:

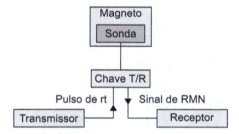

O magneto tem a função de polarizar os núcleos; a sonda tem tanto a função de converter o pulso de rf no campo magnético oscilante $B_1$, quanto captar o sinal de RMN induzido pela amostra; o transmissor é a fonte geradora de pulsos de rf com a frequência de ressonância, fase, duração e potência desejadas; o receptor amplifica e detecta o sinal de RMN; e a chave T/R isola o transmissor do receptor.

14. O aumento da distância entre os polos de um magneto provoca redução da intensidade do campo magnético e consequentemente a redução do valor da frequência de ressonância.

15. O tempo morto ($t_{morto}$) é o intervalo de tempo decorrido entre o término do pulso de rf e o início da detecção do sinal de RMN, livre de interferências instrumentais. No caso de equipamentos de baixo campo, $t_{morto}$ situa-se na faixa de 10 a 100 μs. Este tempo é crítico para análises quantitativas de materiais sólidos ou muito viscosos, uma vez que o tempo de relaxação desses materiais pode ser inferior a $t_{morto}$, fazendo com que seu sinal não seja detectado, conduzindo a perda de informação.

16. Técnica IR/CPMG para determinação da correlação entre $T_1$ e $T_2$, e técnica PFG-STE/CPMG para determinação da correlação entre o coeficiente de difusão translacional (D) e $T_2$.

# Índice Remissivo

## A

Absorção
  de compostos, 107
  gráfico de, 104
  UV para alguns cromóforos conjugados, dados, 108

Absortividade molar, 102, 119

Acetato de etila, espectro de RMN de $^1$H do, 139

Ácido (s)
  carboxílicos, regras empíricas para, 111
  crítico, espectro de RMN de $^{13}$C do, 160
  palmítico, espectro de infravermelho do, 78

Acoplamento(s), 154
  a cinco ligações, alguns sistemas que apresentam, 147
  a longa distância para sistemas bicíclicos, 146
  constnate de, 141
  de dois átomos de hidrogênio separados a três ligações, 142
  dipolar direto, 203
  escalar, 205
  heteronuclear, 200
  homonuclear, 200

Acrilato de metila, espectro de RMN de $^1$H do, 144

Adutos do gás reagente, formação de, 13

Alargamento anisotrópico, 209

Alcanos, 106

Aldeídos, regras empíricas para, 111

α-amilase, análise por eletroforese da, 62

Alimentos/agropecuária, aplicações da RBC, 274

Alumínio, 170

Amostras diluídas, obtenção de espectros de $^{13}$C em, alternativas, 167

Amplificador, 258

Analisador (es)
  de massas, 23
    comparação entre, 23
    resolução em, 24
  de setor magnético, 25
  monoquadrupolar, 27
  *Orbitrap* e ICR, comparação do poder de resolução entre, 34
  TOF, diagrama esquemático de um, 32

Análise por injeção em fluxo, 123

Analito(s)
  análise de múltiplos, 119
  em uma mostra, gráfico para determinação da concentração de, 119

Anéis aromáticos de carbonos blindados, 162

Ângulo mágico, 210
  rotação em torno do, 211
  visualização da técnica, 212

Anisotropia
  diamagnética, 140
  do deslocamento químico, 200, 201
  efeito de, 140

APCI, ver Ionização química à pressão atmosférica

APPI, ver Fotoinonização à pressão atmosférica

ATR, ver Espectrometria no infravermelho por reflexão total atenuada

Auxócromo, 100

## B

Bandas laterais, 212
  supressão totala de, 213

*Beam valve*, 35

*Bending*, 76

Benzeno, deslocamento químico de, 162

Benzoíla, regras empíricas para cálculo da banda principal de derivados, 112

Biomolécula analisável, áreas de atuação da MS, 62

Blindagem
  eletrônica, 160
  por anisotropia magnética em sistemas π, 167

Bobina(s)
de gradiente biplanar, 265
de rf usadas em RMN, 260

Bolha de gás, 16

Boro, 170

Bromoprida, espectros ESI (+)-MS w ESI(+)-MS/MS da, 55

# C

Cadeia carbônica, 88

Calutron, 2

Campo magnético
efetivo, surgimento de um, 137
induzido, 200
oscilante, geração de, 240

Cânfora, espectro de RMN de $^{13}$C da, 155

Carbono(s)
equivalentes, 159
interfaces das medidas dea composição
isotópica de, 26

Carga elétrica não esférica, interação de uma
distribuição de, 196

Célula
espectroeletroquímica de RMN acoplada à
eletroquímica, 276
para medição de líquidos, esquema, 82

Chave T/R, 261, 262

*Chemical abstract*, 53

# C

*Clusters*
de água, 21
de gotículas de material condensado, 16

Cobalto, 171

Cobre, 171

Cocaína, EASI-MS para amostras de, 52

Coeficiente de difusão translacional, 247

Colisão, 29

*Collision cell*, 35

Composto(s)
arompáticos, 109
carboxílicos, 109
contendo oxigênio, nitrogênio, enxofre ou
halogênio em sua estrutura, 106
orgânicos,absorções características de
alguns, 106

típicos ionizados seletivamente por
*electrospray*, 37

Condição de Hartmann-Hahan, 217

Cone
de blindagem e desblindagem, 141
de Taylor, 11, 35

Constante
de acoplamento para alguns sistemas
orgânicos, faixa de, 146
de blindagem, 201
de Planck, 74

Conteúdo
de hidrogênio, 267
em destilados médios derivados do
petróleo, 267
de sólidos em matérias graxas
comestíveis, 269
teórico de hidrogênio por RMN, padrões de
calibração e medições do, 269

Contração, 197

Conversor analógico-digital, 263

Copo de Faraday, 25

Correlçação de $^1$H-$^{13}$C
a longa distância da cânfora, 160
diretamente ligados da cânfora, mapa
de, 159

Criossonda refrigerada a hélio, 168

Cromatografia líquida de alta eficiência com
detector de ultravioleta visível, 121

Cromatograma de separação dos
antibióticos trimetoprim e
sulfametoxazol, 122

"Cromóforo", 100

Cubetas, da luz com um sólido, tipos, 117

Curva de relação transversal de $^1$H, 250

# D

DART (*direct analysis in real time*), 4
fonte de, esquema gerla de uma, 20

Defasamento dipolar, 219, 220

Defeito de massa, 6
de Kendrick, 40

Deformações
angulares, 74, 76
axiais, 74

Delta de Kronecker, 195

Desacoplamento
de alta potência, 215

heteronuclear, visualização semiclássica da técnica, 215

Desblindagem
eletrônica, 160
por anisotropia magnética em sistema $\pi$, 167

Descarga irradiante, 20

DESI, ver *Desorption Electrospray Ionization*

DESI-MS
esquema, 19
*imaging*, aplicação, 43

Deslocamento
batocrômico, 100
hipsocrômico, 100
isotrópico, 209
origem dos, 141
químico(s), 136, 199, 200
anisotropia do, 200
de carbonos
blindados/desblindados por efeito mesomérico, 162
com hibridização, 161
de carbonos blindados e desblindados, 161
de hidrogênio, gráfico de uma faixa de 0 a 12 ppm, 139
de multinúcelos, 172
de RMN
de $^{13}$C, 149, 156
de $^{15}$N, 172
de $^{17}$O, 175
de $^{19}$F, 176
de $^{27}$Al, 174
de $^{29}$Si, 174
de $^{31}$P, 176
em anéis aromáticos de carbonos blindados, 162
fatores que afetam, 138

*Desorption Electrospray Ionization*, 18

Desreplicação, 56

Dessorção/ionização por matriz assistida por Laser, 15
fonte de ionização por, ilustração esquemática, 16

Detector, 263

Determinação simultânea de óleo e umidade em grãos e sementes, 271

Deutério, 169

Diagrama de van Krevelen, 40

Dienos, regras de Woodwaard-Fieser para, 107

Diferença de energia, 133

em relação ao aumento do campo externo aplciado, 134

Difusão multiexponencial, 248

Dinâmica da magnetização, representação pictórica, 244

Dipolo(s)
magnético
momento de, 192
nuclear, movimento de precessão do, 194
oscilantes, demonstração de, 76

*Direct analysis in real time*, 19

Dispositivo de ajuste de homogeneidade de campo magnético para magnetos permanentes, 256

Documentoscopia, 44

Droga de abuso, 49

*Droplet pick-up*, 19

## E

EASI (*easy ambient sonic-spray ionization*), 5

EASI(+)-FT-ICR MS para notas autênticas de cédulas, 47

EASI(+)-MS
de amostras vendidas como LSD, 51
de comprimidos vendidos como *ectasy*, 50
para notas falsas, perfis químicos obtidos usando, 48

EASI-MS para amostras de cocaína, 52

*Easy ambient sonic spray ionization*, ilustração de fonte, 22

Ecos rotacionais, 211

Efeito(s)
da largura da fenda, 115
de anisotropia, 140
de perturbação quadrupolar, 207
do pulso de 90 graus sobre a esfera de Hanson, 241
hipercrômico, 100
hipocrômico, 100
mesomérico, 162
nuclear *overhauser*, 156
*space charge*, 35
Zeeman, 194

EI (ionização por elétrons), 2

EI-MS *versus* CI-MS, 10

Eletroferograma com separação de paracetamol e fenacetina, 123

Eletroforese capilar com detector de
ultravioleta visível, 122

Eletronegatividade, 138

Eletroquímica, aplicações da RBC, 275

Energia
eletrônica, níveis de, 102
potencial, 133

Enonas, regras de Woodward-Fieser para, 110

Enxofre, 171

Enzimas aminolíticas produzidas pelo
fungo *Paecilomyces variotti*, protocolo de
purificação, 62

Equipamento
de RBC, 256
de ressonância magnética nuclear, diagrama
genérico, 253

Equivalência, 138
magnética, 142

Esfera de distribuição de Hanson, 237

Espectro (s)
ATR
do biodiesel de soja, 94
no infravermelho médio de uma
gasolina automotiva, 95
da carvona nas sondas BBO, HR-MAS e
TXI, 168
de DART-MS em condições normais, 21
de DI-MS do extrato bruto da *Streptomices*
AMC23, 58
de EI-MS, 8
de ESI FT-ICR MS de um petróleo pesado,
expansão de um segmento de um, 38
de ESI(-)-FT-ICR MS, para um óleo cru
brasileiro, 39
de ESI(+)-MS, 12
de infravermelho ATR de um composto
hidrocarbônico, 91, 92, 93
de íons, 58
de MALDI(+)-MS
de oligômeros, 17
para corantes de violeta de metila, 45
de pó
para anisotropia do deslocamento
químico, simulação, 203
para interação quadrupolar, simulação,
208
de RMN
a partir do ácido crítico, 160
de alta resolução, 203
de $^1$H do etanol em $CDCI_3$, 137
de $^1$H do acetato de etila, em $CDCI_3$, 139

de $^1$H do acrilato de metila, 144
de $^{13}$C da cânfora, 155, 156
de $^{13}$C do ácido crítico, 160
de $^{13}$C, sequência, 213
de segunda ordem, 147
sistemas de acoplamentos na evolução
de um, 148
de transmitância e de absorbância do
entanol no infravermelho médio, 79
do acetato de etila, expansão do, 143
*full scan* na inserção direta dos extrados
produzidos pela *Streptomyces* AMC14, 57
infravermelho de líquidos, medição do, 82
na região do ultravioleta, faixa de
comprimento de ondas do, 100
NIR de uma solução etanol-água, 79
no infravermelho médio de um meio
racional ao longo do tempo, 95
obtenção do, 134
*softwares* para simulação de, 176

Espectrofotômetro(s), 104
de UV-Vis, diagrama de um, 105

Espectrometria
de massas, 1
aplicações
área de atuação, 62
no desenvolvimento de métodos
analíticos, 52
desenvolvimentos históricos, 4
histórico, 2
terminologia, 2, 5
do infravermelho, algumas propriedades e
materiais utilizados na, 82
no infravermelho por reflexão total
atenuada, 83

Espectrômetro
de infravermelho baseado no
interferômetro de Michelson, 80
de massas, 2
diagrama esquemático, 5
FT-ICR MS6

Espectroscopia
de RMN em alta resolução, 234
de ultravioleta visível
áreas que empregam, 124
principais técnicas, 120
na região do ultravioleta, 100
visível, aplicações
qualititativas, 112
quantitativas, 115

Estado(s)
de *spin*, 132
energéticos, 132

Estanho, 172

Estatística multivariada, 91

Ésteres conjugados, regras empíricas
   para, 111

Etanol
   em CDCI$_3$, espectro de RMN de $^1$H, 137
   no infravermelho médio, espectro de
      transmitância e de absorbância do, 79

Exercício(s)
   fundamentos
      da espectrometria de massas e
         aplicações, 63-65
      da espectroscopia na região do
         ultravioleta e aplicações, 124-127
      da espectroscopia do infravermelho e
         aplicações, 96
      da RMN e aplicações, 148-151, 177-187
      da RMN em baixo campo e aplicações,
         276, 277
      da RMN no estado sólido e aplicações,
         228
   respostas dos, 279-293

Experimento(s)
   bidimensionais, 250
   de DEPT-45, 90 e 135, 158
   de RMN para observação dos núcleos de
      $^{13}$C, 157
   interpretação de, 86

# F

Faixa das microondas, 194

Farmacocinética, estudos de, 54

Fator giromagnético, 193

Fenômeno
   da RMN, 235
   de reflexão, 118

Flúor, 170

Fósforo, 171

# G

Gas
   eletrode, 21
   heater, 21

Gel de eletroforese de α-amilase
   purificada, 61

Glicerol, estrutura química, 270

Gráfico(s)

da absorbância em função do comprimento
   de onda, 104
de absorção, 104
de decaimento, 135
de Kendrick, 40
de números de carbono versus DBE de
   umna amosstra de diesel, 41
obtidos por titulação
   espectrofotométrica, 122

Grupos funcionais, 90
   frequências características de alguns, 76
   identificação de, 87, 91

# H

Hamiltonianos
   extrnos, 199
   internos, 199
   Zeeman, perturbações ao, 199

Hartmann-Hahn, condição de, 217

Hexapolo, 28, 35

Hibridização, 140

Hidrogênio(s)
   ligação de, 141
   vinílicos, expansão dos sinais e valores de
      constnate de acoplamento para, 145

# I

ICR, ver Ressonância ciclotrônica de íons

Imaging MS, 40

Índice de sólidos graxos, 270

Indutância da bobina solenoidal, 260

Infravermelho
   afastado, 77
   distante, 77
   médio, 77
   próximo, 77
      do etanol, espectro do, 78

Injeção em fluxo, análise por, 123

Instrumento de Nier, 2

Insulator cap, 20

Integração dos sinais no espectro de
   RMN, 138

Intensidade, variação de, 158

Interação(ões)
   da luz com um sólido, tipos, 117
   de contato de Fermi, 209
   de spin nuclear, nos espectros de RMN, 210

dipolar
    entre dois momentos de dipolo
      magnético nucleares, 204
    magnética direta, 199
  homogêneas, 212
  quadrangular elétrica, 197
  quadrupolar, 199, 206
  Zeeman, 203
Interferômetro de Michelson, 80
Íon(s)
  análogos, 5
  isotopólogos, 5
  isotopoméricos, 5
  "molecular", 5
  precursor de m/z 787, proposta de
    fragmentação, 59
  radiculares, formação dos, 15
  trap, 30
Ionização
  ambiente, técnicas de, 17
  métodos de, 7
  Pennin, 20
  por APPI, fonte de, ilustração
    esquemática, 14
  por *electrospray*, 10
  por elétrons, 4, 7
    fonte de, esquema geral, 9
  por MALDI, ilustração esquemática de uma
    fonte de, 16
  química, 4, 9
    à pressão atmosférica, 13
Irradiação contínua, 216
Isóbaro, 5
Isótopo, 5

## K

*Knight shift,* 209

## L

LDI-MS (*Laser desorption ionization mass
spectrometry*), 44
Lei
  de Beer, 89
  de Lanbert-Beer, 104, 119
Lente skimmer, 35
Ligação de hidrogênio, 141
Linha
  de campo magnético, 165

de ressonância associada à transição de
  um núcleo quadrupolar com *spin* semi-
  inteiro, simulações, 214
Lítio, 170
LSD EASI(+)-MS de anistras vendidas
  como, 51

## M

Magnetização, comportamento da, 151
Magneto, 254
  com configuração tipo Halbach, 257
  de configuração H, 255
Magnéton
  de Bohr, 193
  nuclear, 193
MALDI, ver Dessorção/ionização por matriz
  assistida por laser, 1
MALDI-IMS, 40
  de tecido, fluxograma geral de um
    experimento de, 42
Mapas dimensionais de $^1$H, 153
Massa
  analisadores de, 23
  de Kendrick, 38
  exata, 5
  média, 6
  molar, 6
  monoisotópica, 6
  nominal, 6
Matérias graxas comestíveis, 269
Medição
  de amostras gasosas, 83
  do espectro de transmissão de sólidos, 83
Medida (s)
  com uma única reflexão total atenuada,
    acessório para, 85
  de ATR com múltiplas reflexões, acessório
    para, 84
  de relaxação, 243
  de tempo de relaxação
    longitudinal, 243
    transversal, 245
  por reflexão, 83
  por transmissão, 82
Menadiona, reação de epoxidação da,
  esquema, 93
Metaboloma, espectrometria
  de massas aplicadas no estudo
  do, 55

Método(s)
  avançados em RMN de sólidos, 219
  de ionização, 7
Metodologia *pepetide mapping*, 59
Mistura, análise de, 91
Mobilidade molecular, 240
Modulador de fase, 258
Monocromador, 105
Molécula
  analisável, áreas de atuação da MS, 62
  de $CO_2$, modos vibracionais da, 77
Momento(s)
  angular de *spin*, 236
  de dipolo magnético, 192
     nuclear, 193
  de quadrupolo elétrico, 194, 196
  magnético, 132, 134, 236
     dinâmica de fefocalização dos, 246
     nucleares, orientação dos, 133
     processo de polarização dos, 239
Movimento(s)
  de precessão do momento de dipolo
     magnético nuclear, 194
  de precessão para um único núcleo ao redor
     de campo estático, 238
  oscilatórios, 75
MS, ver Espectrometria de massas
MSn(*multistage mass spectrometry*),
  experimentos, 46
Multinúcleo, deslocamentos químicos
  de, 172
Multipolo, característica dos
  diferentes, 29

# N

Níquel, 171
NIR, ver Infravermelho próximo
Nitrogênio, 170
Notação de Pople, 147
Núcleo(s)
  atômicos, 191
  de $^1H$ e $^{13}C$, propriedades de, 154
  relacioados ao número de *spin*,
     propriedades dos, 169
Nucleotídeo de $^{13}C$, 153
Número
  de *spin*, propriedades dos núcleos
     relacionados ao, 169

quântico
  de *spin* nuclear, 132
  magnético, 132

# O

Oblata, forma, 197
Onda (s)
  da radiação eletromagnética, comprimento
     de, 101
  eletromagnéticas, 73
Operador hamiltoniano, 193
*Orbitrap*, 33
Oxigênio, 170

# P

Parábola espectrográfica, 2
*Penning trap*, 34
  ciclotrônica de íons com transformada de
     Fourier, 34
Pepetídeo padrão de fragmentação por MS/
  MS, 61
*Peptide mass fingerprint*, 59
Peso molecular, 6
Petróleo, aplicações da RBC, 275
Petroleômica, 36
Pico de alta intensidade, interpretação, 87
Platina, 172
Poder de resolução, 7
Polarização
  cruzada, 210, 216
  dinâmica de transferência de, simulação,
     219
Ponto
  de corte para  derivados e resíduos obtidos
     do petróleo nacional, 268
  isobéstico, 121
População, 133
Porta de rf, 258
Prata, 172
Pré-amplificador, 262
Processo de combustão, 268
Produtos tensoriais, 199
Processo
  de combustão, 268
  de relaxação, 156

299

Programador de pulso, 258

Prolata, forma, 197

Propriedades nucleares, 169
   de interesse para RMN
      momento de diplolo magnético, 192
      momento de quadrupolo eléterico, 194
      *spin* nuclear, 191

Proteoma empregando espectrometria de massas, esquema para análise, 60

Proteômica, espectrometria de massas na, 56

Protocolo de purificação de enzimas aminolíticas produzidas pelom fungo *Paecilomyces variotti*, 62

Próton, relação longitudinal dos, 218

Pulso
   de radiofrequência, 135
   de rf, gerção do, 258

# Q

Quadrupolo, 27
   elétrico, momento de, 194

Quadrupolo-tempo de voo, 19

Química forense, 44

# R

Radiação
   espalhada em comprimentos de onda extremos, 115
   faixa da, 77
   no infravermelho, 73
   ultravioleta, absorção da, 101

Radiofrequência, 134

Razão
   giromagnética, 193
   m/z, 4
   magnetogírica, 193

RBC, ver ressonância magnética nuclear em baixo campo

*Real time*, 19

Receptor, 262

Reflexão (ões)
   difusa, 85, 86
   mediadas por, 83
   total atenuada, 83

Refocalização dos momentos magnéticos, dinâmica de, 246

Regra(s)
   de Woodward-Fieser
      para algumas substâncias, exemplos de utilização, 109
      para dienos, 107
      para enonas, 110, 111
   empíricas para
      aldeídos, ácidos carboxílicos e ésteres conjugados, 111
      cálculo da banda principal em derivados benzoila, 112

Relação
   entre fase de pulso e direção da magnetização transversal, 258
   massa/carga, 5

Relaxação
   longitudinal, 135, 218
   multiexponencial, 248
   *spin*-rede do sistema girante de coordenadas, 217
   transveral, 135, 136

Resolução
   de massas, 7
   em analisadores de massas, 24

Ressonância, 8
   ciclotrônica de íons
      cela de, esquema de funcionamento, 35
      com transformada de Fourier, 34
   dupla, técnica, 215
   magnética
      nuclear, 131, 153
         de $^{13}$C em materiais carbonizados, 223
         de $^{13}$C em materiais lignocelulósicos, 223
         de $^{27}$AI em aluminas, 221
         de $^{29}$Si em silicatos, 227
         de alta resolução, espetroscopia de, 234
         de hidrogênio, 168
         de sólidos, 190, 219, 220
         em baixo campo, 233
            magnetos permanentes para, construção de, 254
            núcleos observados através da, 254
         equipamentos de, 252
         fenômeno da, 235
         multinuclear, 168
         no estado sólido, aplicações, 220
         sites da internet com dados de, 175
         tomografia por, 234

Ródio, 172

Rotação em torno do ângulo mágico, 211

# S

Sensibilidade entre fontes de APPI e de APCI na detecção da molécula de reserpina, 16

Sequência
de eco de *spin,* 273
de espectros de RMN de $^{13}C$, 213
de pulsos
CPMG, 246
dos experimentos bidimensionais, 251
PFG-STE, 248

Silício, 171

Sinal (is)
de DMN de $^{13}C$, 154
de RMN
de $^{13}C$ dos solventes deuterados, 155
detecção do, 263, 264
FID de RMN, processo de geração, 243

Sintetizador, 258

Sistema (s)
de eixos principais do tensor momento de quadrupolo elétrico, 196
EASI-MS, 22
triploquadrupolar, 29

Site na internet com dados de ressonância magnética nuclear, 176

Sobreposições dos orbitais, 146

*Softwares* para simulação de espectros, 176

Sólidos, medição do espectro de transmissão de, 83

Solução etanol-água, espectro NIR de uma, 79

Solventes, 114
deuterados, sinais de RMN de $^{13}C$, 155
limite inferior dos compromidos de onda dos, 115

Sonda, 259
posicionada entre as peças polares do magneto do equipamento de RBC, 260

*Space charge*, efeito, 35

*Spin* nuclear 191, 236
interações de, 198

*Stretching,* 76

Supressão total de bandas laterais, 213

# T

Técnica (s)
de alta resolução em RMN de sólidos, 210
de Carr-Purcell, 246
de desacoplamento heteronuclear, 215
de eco de *spin,* 245
de inversão/recuperação, 244
de ionização ambiente, 17
de ressonância dupla, 215
que empregam espectroscopia de ultravioleta visível
análise por injeção em fluxo, 123
cromatografia líquida de alta eficiência com detector de ultravioleta visível, 121
eletroforese capilar com detector de ultravioleta visível, 127
titulação fotométrica e espectrofotométrica, 120
TEEM, 20

TEEM (*tubable energy electron monochromator*), 20

Tempo
de polarização cruzada, 218
de relaxação longitudinal e transversal, 245
de voo, 31

Tensor(es)
cartesdianos de segunda ordem, 195
de blindagem, 200
gradiente de cmapo elétrico, 195
momento de quadrupolo elétrico, 195

Teorema da projeção,ilustração semiclássica do, 192

Teoria
da radiação ultravioleta, 101
de perturbação, 201

Titulação
Espectrofotométrica, 120
gráficos gerais obtidos por, 122
fotométrica, 120

TOF, ver Tempo de voo

Tomografia por RMN, 234

TOSS (*total suppression of spinning sidebands*), 213

Traço nulo, 200

Transferência de prótons, 13

Transformada de Fourier, 80

Transições eletrônicas em alguns grupamentos químicos, 102

Transmissor, 257
de um equipamento de RBC pulsado,
estágios, 257
Travamento de *spins*, 217
Triacilglicerol, estrutura química, 270
Triângulo de Pascal, descrição do, 144

## U

Ultravioleta no composto etano, valor de
absorção, 106
Unidade
de gradiente de campo magnético pulsado,
264
de intensidade de reflectância difusa,
proposta por Kubelka-Munk, 86

## V

Valores de constante de acoplamento para os
hidrogênios vinílicos, 145
Vibração (ões)
axiais, 76
molecular, alguns tipos, 74